序 PREFACE

随着国民经济的高速增长,我国电力工业得到快速发展,2011 年全国用电量为 4.72 万亿 kW·h,发电装机容量达到 10.56 亿 kW,分别居于世界第一位和第二位。与此同时,我国电网发展速度更快,截至 2011 年年底,全国电网 220kV 及以上输电线路回路长度为 48.03 万 km,公用变电设备容量为 21.99 亿 kV·A,位居世界第一。由于我国能源与负荷呈逆向分布,能源远距离输送现象突出,而直流输电具有送电距离远、送电容量大、控制灵活等特点,适合电力系统之间的网络互联及巨型水电、火电基地电力外送等,因而是目前我国电网发展中所迫切需要的技术。

高压直流输电技术起步在 20 世纪 50 年代,而突破性的发展是在 80 年代,进入 21 世纪后,更是备受关注。我国直流输电技术也是在 20 世纪 80 年代得到重要发展,建成了代表当时世界先进水平的葛洲坝—上海±500kV 直流输电工程。随后我国在发展直流输电方面的步伐不断加快,到 2011 年已经有 17 个直流工程输送超过 4000 万 kW 的电力。当前我国直流输电工程的运行规模和建设规模都是世界第一。特别是在 2010 年和 2011 年相继建成投产了±800kV 云南—广东特高压直流工程和±800kV 向家坝—上海特高压直流工程,使我国直流输电技术达到世界先进水平乃至领先于世界。

在这种背景下,我国对高压直流输电技术的人才需求量迅速增大,越来越多的高校的电气工程专业开设了高压直流输电课程。与此同时,广大的电气工程师为适应工作需要,也热切地希望学习高压直流输电技术。为此迫切需要一本理论与实践结合紧密、系统性强的教材,以满足研究生、本科生的教学,并满足电气工程师的进修以及相关科研的需求。本书恰针对上述目的而编写。

本书系统地介绍了高压直流输电系统的基本概念与原理,换流器工作原理与运行工况,直流输电的运行方式及其稳态特性,换流站主设备的作用原理、结构特点与技术要求,直流输电线路的运行特性,谐波产生的原理与滤波器的结构、特性、功能特点,直流输电系统的控制原理、方式及调节特性,直流输电系统的保护构成及其原理,直流输电系统的损耗计算方法,直流输电系统的可靠性评估的数学模型与方法,特高压直流输电的技术特点和运行,以及柔性直流输电、多端直流输电和电容换相换流器等前沿技术。

直流输电在我国电网的发展中占有非常重要的位置。我国需要着力发展高压、特高压直流输电技术,提高设备制造水平和生产能力,并结合我国的电网结构研究相应的控制保护技术、系统稳定技术和直流输电可靠性技术,研究符合中国特点的运行技术。直流输电技术的研究,必定会带动柔性交流输电技术的发展和应用,带动现代电力系统(包括配电系统)采用新的技术进行改造和再装备。因此,做好直流输电的研究、规划和建设,是今后一个时期我国电网发展的重要任务。

愿本书对我国直流输电技术的进步和人才培养做出贡献!

中国工程院院士

李立浧

2012 年 7 月

全国工程专业学位研究生教育国家级规划教材

高压直流输电原理与应用

张勇军　主编
陈碧云　副主编

清华大学出版社
北京

内 容 简 介

本书介绍高压直流输电基本原理和工程应用,内容共 11 章,涉及直流输电的基本概念和原理、换流电路工作原理、换流站及主设备、直流输电线路、谐波与滤波器、直流系统的控制和保护、直流系统的功率损耗及可靠性评估、特高压直流输电以及直流输电新技术。

本书主要供电气工程专业硕士研究生、工学硕士研究生,以及电气工程及其自动化等相关专业的本科生教学和科研使用,并可供直流输电工程的设计与运行人员参考。

图书在版编目(CIP)数据

高压直流输电原理与应用/张勇军主编. —北京:清华大学出版社,2012.8(2021.2重印)
(全国工程专业学位研究生教育国家级规划教材)
ISBN 978-7-302-30090-8

Ⅰ. ①高…　Ⅱ. ①张…　Ⅲ. ①高电压－直流－输电技术－研究生－教材　Ⅳ. ①TM726.1

中国版本图书馆 CIP 数据核字(2012)第 214277 号

责任编辑:张占奎
封面设计:何凤霞
责任校对:赵丽敏
责任印制:沈　露

出版发行:清华大学出版社
　　　　网　　　址:http://www.tup.com.cn,http://www.wqbook.com
　　　　地　　　址:北京清华大学学研大厦 A 座　　　　邮　　编:100084
　　　　社 总 机:010-62770175　　　　　　　　　　　邮　　购:010-62786544
　　　　投稿与读者服务:010-62776969,c-service@tup.tsinghua.edu.cn
　　　　质量反馈:010-62772015,zhiliang@tup.tsinghua.edu.cn
印 装 者:北京九州迅驰传媒文化有限公司
经　　销:全国新华书店
开　　本:185mm×230mm　　　印　张:19.5　　　字　数:423 千字
版　　次:2012 年 8 月第 1 版　　　　　　　　印　次:2021 年 2 月第 4 次印刷
定　　价:55.00 元

产品编号:047632-02

近年来,高压直流输电在世界范围内都得到了快速发展和应用,特别是在我国。目前我国已成为全世界直流输电容量最大、直流工程项目最多、直流电压等级最高的国家。未来 20 年,随着电网建设和新能源开发利用进程的加快,我国直流输电技术将得到进一步的强化。高压直流输电已经成为当前电力行业中最富有吸引力、最引人关注的一个发展方向。

目前越来越多的学生选修高压直流输电方面的课程,工程领域专业培训对此的需求也越来越大,因而对兼顾直流输电基本原理和工程应用两个方面的有系统性、针对性的教材需求非常迫切。本书正因应这一目的而编写。

全书共分为 11 章,内容涉及直流输电的基本概念和原理、换流电路工作原理、换流站及主设备、直流输电线路、谐波与滤波器、直流系统的控制和保护、直流系统的功率损耗及可靠性评估、特高压直流输电以及直流输电新技术等。

本书主要面向电气工程专业硕士研究生、工学硕士研究生以及电气工程及其自动化等相关专业的本科生教学和科研,并对直流输电工程的设计与运行提供参考。

本书由张勇军任主编,陈碧云任副主编,李晓华、史丹参加了部分编写;其中第 4 章、第 6 章前 5 节、第 9 章主要由陈碧云执笔,第 7 章前 4 节主要由李晓华执笔,第 8 章主要由史丹执笔,其余部分由张勇军执笔;全书由张勇军统稿和校对;全书由王渝红、韩永霞审核。

我们在编写过程中先后得到了 任震 、郝艳捧、欧阳森、朱革兰等的指导和帮助,在此谨表谢意。

本书的编写得到"全国工程硕士专业学位教育指导委员会推荐教材"的立项,并得到了中国南方电网有限责任公司超高压公司多个部门的专家帮助,提供了丰富的文件资料,在此表示衷心的感谢! 本书在编写过程中参考了大量文献,但由于编写时间长、修改内容多,对某些重要文献的列举或标注可能有所遗漏,在此谨对所有相关文献的作者表示感谢,并对遗漏标注的参考文献作者表示诚恳的歉意。

由于编者水平和经验所限,书中难免有错漏之处,希望得到读者的批评和指正。

编　者

2012 年 5 月

目录

CHAPTER

1 绪 论

1.1 直流输电的发展历史

　　人们对电的应用和认识以及电力科学的发展都是起源于直流电。伽尔阀尼、伏特、奥斯特、欧姆、安培等人的发明均与直流相关。直流电最早的广泛实际应用，是由蓄电池供电的以大地作回路的直流电报。

1.1.1 早期电力传输技术回顾

　　电气照明和动力最早也是采用由直流发电机提供的直流电。先是有了以定电流串联运行并由串接发电机供电的碳弧灯，后来又出现了以定电压并联运行且由并接发电机供电的碳丝白炽灯。1882年，爱迪生在纽约珍珠街建造的世界上首座电站开始投入运行。该电站以110V的直流通过地下主管道向供电半径约1.6km的地区供电。它装备了由蒸汽机驱动的爱迪生双极直流发电机。短短几年内，类似电站在世界上多数大城市的中心地区相继投运。

　　但是19世纪末出现的变压器、多相电路和感应电机，催生了交流电力系统。

　　结构简单、牢固耐用且效率很高的变压器使得不同的电压等级在发电、输电、配电、用电中的应用成为可能。特别地，它使长距离高电压输电成为可能。通常远离用电负荷中心的水电的开发促进了这种输电方式。变压器的雏型是1851年由列姆勒夫提出的感应线圈，一直到19世纪80年代，在探索变压器的研制中不断有所突破。1882年，莫斯科全球展览会上，乌莘金首次展出了有升压、降压变压器的高压变电装置。翌年，法国高拉德和英国吉布斯创制了一台具有实用价值的电力变压器，容量为5kV·A。这种早期变压器，当时被人们称为"二次发电机"。与此同时，美国西屋电气公司对高拉德、吉布斯两人创制的开磁路式变压器结构进行了革新，1885年制成具有现代实用性能的电力变压器，为之后三相交流输配电系统的发明与发展创造了条件。

　　感应电机，尤其是多相式感应电机，同样因其结构简单、牢固耐用、造价低廉的特点而被广泛应用于工业与民用领域。直流电动机和直流发电机的换向器除了需要较大维护量外，也限制了直流电机的电压、转速和容量的提高。由于每个换向片的电压不宜超过 22 V 以免出现过度的电弧,因此高电压的换向器需要很多的换向片,从而导致电机直径很大。但大直径的电机转速不能太高,以保证换向器和绕组可以承受离心力,而低速电机比起同容量的高速电机更笨重、更昂贵。在高转速下性能很好的汽轮机的出现,又给了交流发电机一个大大的优势。

1888 年,由费朗蒂设计的伦敦泰晤士河畔的大型交流电站开始输电。用钢皮铜心电缆将 10 kV 的交流电送往 10 km 外的市区变电站,降为 2500 V 后再分送到各街区的二级变压器,降为 100 V 供用户照明。此后,由于直流电机串接运行复杂,而高电压大容量直流电机又存在换向困难等技术问题,直流输电在技术和经济上都不能与交流输电相竞争,因此发展缓慢。同时,交流系统由于自身的优势,其应用变得日益广泛。电力的发、输、配、用都逐渐采用交流方式。如果在某些特殊场合需要直流,如可调速电机驱动和电解过程等,则可以通过同步转换器或者整流器将交流电转换成直流电。

20 世纪 50 年代后,电力需求日益增长,远距离大容量输电线不断增加,电网扩大,交流在超高压长距离输电中也显现了该技术的弊端,例如:交流输电线路走廊宽,费用高,传输稳定性差;交流输电网络过大导致整个系统阻抗减小,电网短路容量增大,使得系统原有的断路器和与短路容量有关的电气设备有可能无法继续使用;交流电晕损耗与电磁辐射严重,等等。单一采用交流输电,一味提高交流电压等级,已不是大电网、大容量、远距离输电的最佳办法。在一定条件下,采用直流输电更为合理,比交流电有更好的经济效益和运行特性。因此尽管交流输电占据了绝对的优势,直流输电依然保持着顽强的生命力。当然,直流输电也不能完全取代交流输电,而是作为交流输电的补充,可以在交流系统中采用直流系统输送部分电力或者用直流系统连接两个交流系统。电力系统的各个环节,仍然维持以交流为主体的局面。

1.1.2   高压直流输电技术的发展

直流输电要求在直流线的送端能将交流电转换成直流电,在其受端将直流电转换成交流电。其可行性和优越性取决于高电压大功率换流器的研制。在适当的换流器研制出来之前,法国工程师雷诺-杜里设计的杜里直流系统(Thury system)成为早期著名的高压直流输电模式。

如图 1-1 所示,在输电线的送端,相当数量的由原动机驱动的串接直流发电机串联起来以形成所需的高电压,而在受端,数量相当的串接直流电动机也串联起来,以驱动低压直流或交流的发电机。杜里系统以定电流运行。高压串联线路中每台电机的电压可以通过可调电刷来调整。

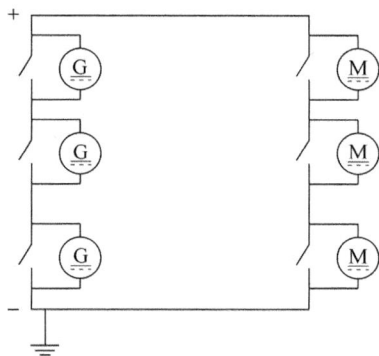

图 1-1   杜里直流输电系统示意图

　　串联电路一般只有一点接地,多数电机绕组对地电位会很高,对如此高的电压要在绕组和基座之间提供绝缘不大可行,为此要采用另外的办法,在地面上浇一层又一层沥青混凝土以安置基座来使其对地绝缘,并使用绝缘联轴器实现与主驱动电机或受驱动电机的绝缘。

　　杜里直流输电系统的操作和量测都很简单,每台机组装设有一个短接开关,一台机组退出运行的步骤是将其端电压降到零然后将其短接,投运的过程则反之操作。仪表只需用到一个电流表和一个电压表。

　　从 1880—1911 年,欧洲至少安装了 19 个杜里系统,基本上用于水电。其中最重要的是1906 年安装在法国阿尔卑斯山区的杜里系统,该系统从毛提尔到里昂,全长 180km,其中4.5km 为地下电缆,其余为架空裸导线。起先其以 57.6kV,75A 输送 4.3MW 的额定功率。建造该系统的目的是加强原有的交流系统并与之相结合。毛提尔水电站有 4 台涡轮机,分别驱动 4 台 3.6kV 的发电机。在里昂,高压直流输送的大部分电力转换成交流电,其余转换成 600V 直流电供给城市有轨交通系统,总效率高达 70.5%。

　　1911 年,人们在该线路中间即拉-不里多尔市(串联)增加了第二座水电站,容量为6MW,线路电流因而增加了一倍,达到 150A。1912 年,第三座水电站在离毛提尔 11km 以外的波泽尔投运,容量为 9MW,使该系统的总发电功率达到 19.3MW,最高电压为 125kV,总长度达 225km。这条线路一直运行到 1937 年才拆除。

　　尽管采用大量换向器串联使用,杜里系统的运行还是稳定可靠的。然而正如前面所述,直流电机的缺陷使得它无法再适应后来更大传输功率的需求,高压直流输电的进一步发展需要比电动机-发电机组更好的换流器。

　　高压直流输电技术发展史上的几个重要里程碑如下:

　　1882 年,法国物理学家德普勒完成了第一次直流输电试验,用装设在米斯巴赫煤矿中的直流发电机以 1500～2000V 电压,沿 57km 电报线路把电力送到在慕尼黑举办的国际展览会上。

　　1954 年,出现第一条工业性高压直流输电线路,瑞典在本土和果特兰岛之间建成一条海底电缆直流输电线(20MW,100kV,200A,96km,汞弧阀)。1970 年该线路电压提高到150kV。用汞弧整流取代直流电机旋转换流,消除了火花现象是一大进步。然而汞弧整流易发生逆弧现象,导致换流失败;且汞蒸汽有毒,危害人体健康。另外在传输电力时,电压变换与提升也是当时直流的一大难题。从用电侧来看,直流与交流用于照明时,效果相同;如果是动力负荷,情况就不一样了——交流电动机结构简单,使用方便,这在当时技术条件下也是直流无法比拟的。汞弧整流“先天不足”,令早期直流输电步履维艰。

　　进入 20 世纪 70 年代,大功率晶闸管等电力电子器件在制造、使用上技术日臻完善,也为直流输电东山再起提供了新的机遇。1972 年,加拿大伊尔河直流输电工程首次采用晶闸管阀(旧称可控硅阀,320 MW,±80kV,2kA,0km,非同步联络站)。以晶闸管换流为基础的新一代直流输电从此步入新的发展时期。

　　随着科学技术的不断进步,电力电子技术、计算机技术、光纤技术和新材料技术的发展,促进了直流输电技术不断改进和提高,使之更趋成熟,在电力发展中的应用将更为广泛。

1. 大容量和直接触发式晶闸管的应用

直流输电的关键设备换流器最初使用水银汞弧阀,在 20 世纪 70 年代开始逐步被晶闸管所替代。早期的晶闸管是用空气冷却,80 年代后采用水冷却,大大减少了控制阀的几何尺寸,使换流器的结构更为紧凑。随着电力电子技术的发展,晶闸管承受电压和电流的能力不断增强,控制阀中使用的晶闸管数量不断减少。1985 年英—法直流联网工程中,2 个 ϕ56mm 的晶闸管并联后电流为 1850A,要用 125 个晶闸管串联才能够承受额定电压,每极 500MW 用了 3000 个组件。而在 1997 年印度的 Chandrapur 直流背靠背互联工程中,用单个 ϕ100mm 晶闸管额定电流就达 2450A,反向承受电压 6kV,最大持续电流 4000A。54 个晶闸管串联成一个阀,每极 500MW 仅用了 648 个组件,比 12 年前减少了近 75%。现在 ϕ150mm 晶闸管反向承受电压已超过 8kV,控制阀中串并联晶闸管的数量进一步减少,使换流器成本进一步降低。

晶闸管技术的另一个突出发展是出现了直接触发晶闸管。普通晶闸管需较大的触发功率,在门极设有触发脉冲放大、保护和监测的电子单元,并需要有抽取能量的电路。光脉冲控制发生器处于地电位,由光纤与处于高电位的晶闸管绝缘。由于这个电子单元处于高电位,运行维护都极为不便。在采用了直接触发晶闸管后,脉冲信号可用光信号通过光纤直接触发晶闸管。这种晶闸管的触发放大和保护监测等已与主管合为一体,取消了门极的外加电子单元,大大简化了控制阀电路。

2. 电容换相换流器技术(capacitor commutated converter,CCC)

传统的直流输电换流器在工作时要从交流电网吸收大量的无功功率,约占直流输送功率的 40%～60%,因此需要大量无功补偿设备,同时要求受端交流系统有足够的容量,否则易产生换相失败。串联电容器换相电路(见图 1-2)可望解决这个问题。在换流变压器和换流器之间接入一个固定电容器,这种串联电容器换相电路能进一步提高换流器的转换效率,减少换流器的无功消耗,有效减少因受端交流系统扰动引起换相失败的可能性,提高直流输电运行的稳定性。如果与有源滤波器相结合,甚至可以取消大型并联补偿装置。巴西和阿根廷已经采用了 ABB 制造的基于 CCC 技术的背靠背直流输电。

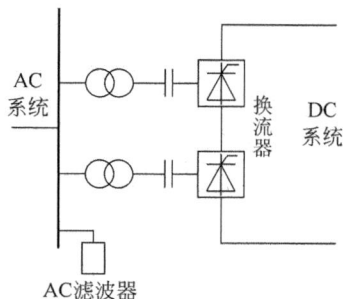

图 1-2   串联电容器换相电路

3. 柔性直流输电技术

柔性直流输电(也就是轻型直流输电,HVDC-Light)是在绝缘栅双极晶闸管(insulted

gate bipolar transistor,IGBT)和电压源换流器基础上发展起来的一种新型直流输电技术。自 1999 年连接瑞典大陆与哥特兰岛之间的第一条商业化轻型高压直流输电线路投入运行以来,柔性直流输电技术以其自身的优点得到工程界的高度重视和快速发展。传统的换流器中晶闸管触发后,只能在电流过零点才能自然关闭,而且两端交流系统必须是有源的。而新型的电压源换流器(voltage source converters,VSC)使用大功率门极关断晶闸管,可自由地控制电流的导通或关断,从而使换流器具有更大的控制自由度。其主要特点有:

(1) 高级别的可控性

采用脉宽调制(pulse width modulation,PWM)的 VSC 可独立地控制有功和无功功率,类似于一个可以瞬时控制有功功率和无功功率的发电机,有利于交流系统电压的稳定。

(2) 与交流系统的无缝连接能力

由于工作时不需要外加的换相电压,克服了传统直流输电受端电网必须是有源网络的约束,可向无源网络负荷供电。

(3) 减少了谐波的产生

IGBT 开关频率较高,经过低通滤波器后就可得到所需的交流电压,甚至可不用变压器,所需滤波器容量也大大减少。

(4) 设备损耗大

由于使用 IGBT 高速地开通与关断电流,栅源之间的电容高速地充放电,当输送功率较大时,这部分充放电损耗是相当可观的。

目前由于设备技术上的原因,柔性直流输电技术只用于较低电压、较小功率的情况。1997 年,世界上第一个 3MW、±10kV 的 VSC-HVDC 输电工程在瑞典的 Hellejon 投入运行。1999 年连接两个 500kV 和一个 275kV 系统,容量为 37MW 的 VSC-HVDC 式三端背靠背工程在日本的 Shin Shinano 变电站投入运行。随着可再生能源接入系统的不断增加,柔性直流输电技术的发展速度越来越快。

4. 新型直流电缆

由 ABB 公司制造的新型交联聚乙烯直流电缆,承受电压能力强,可靠性高,有非常好的柔性和机械强度。更突出的是单位长度的质量很轻,一根 30MW,100kV 的直流电缆每米质量仅为 1kg,便于使用传统敷设机械进行敷设。与其他还在使用的老式电缆不同,轻型高压直流输电电缆的固体绝缘层内不含任何用于绝缘或冷却的液体介质,因此对环境没有任何危害。这种电缆的使用寿命至少在 40 年以上,从经济角度看,在相同功率下,比交流架空输电线路更具竞争力,而且更安全。另外,气体绝缘直流开关装置(直流 GIS)也在开发中,瑞典哥德兰的直流系统已部分使用 150kV 的直流 GIS。

5. 特高压直流输电

提高直流远距离输电的电压,可将线损降低到最低限度。架空直流输电电压已从最初

的 $\pm100\mathrm{kV}$ 上升到 $\pm800\mathrm{kV}$;海底直流输电电压也在逐年提高,目前最高电压已达 $\pm450\mathrm{kV}$。当然电压的提高和设备的投资之间有一个平衡,现在 $\pm500\mathrm{kV}$ 输电技术已相当成熟且广泛应用,而 $\pm800\mathrm{kV}$ 直流输电在我国可望得到长足的发展。

1.1.3　高压直流输电的基本概念

直流输电的基本原理如图 1-3 所示。直流输电系统包括两个换流站 CS_1 和 CS_2 及直流线路。换流站中的换流器可以实现交流电与直流电的相互转换。

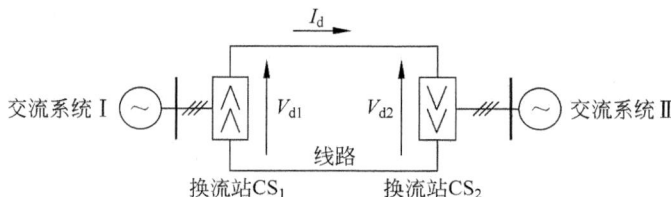

图 1-3　直流输电的示意图

换流器由一个或者多个换流桥串联或者并联组成。目前直流输电系统均采用三相桥式换流电路,每一个桥有 6 个桥臂。由于桥臂具有可控的单向导通能力,所以又称阀、阀臂。阀臂由汞弧阀或电力电子开关器件(如晶闸管元件等)串联构成,现代直流输电已经基本上淘汰了汞弧阀构造的换流器。

从交流电力系统 I 向系统 II 输电时,换流站 CS_1 将送端系统 I 的三相交流电转换成直流电,通过直流输电线路将功率输送到换流站 CS_2,再由 CS_2 把直流电转换成三相交流电。通常把交流转换成直流称为整流,而将直流转换成交流称为逆变。因此 CS_1 也称为整流站,而 CS_2 又称为逆变站。

设 CS_1 的直流输出电压为 V_{d1},CS_2 的直流输入电压为 V_{d2},则直流线路电流 I_d 为

$$I_d = \frac{V_{d1} - V_{d2}}{R} \tag{1-1}$$

式中,R 为直流线路的电阻。应该注意,直流线路只输送有功功率而不输送无功功率。CS_1 送出功率和 CS_2 接收的功率分别为

$$P_{d1} = V_{d1}I_d, \quad P_{d2} = V_{d2}I_d \tag{1-2}$$

两者之差即为直流线路的损耗:

$$\Delta P = I_d(V_{d1} - V_{d2}) \tag{1-3}$$

当 CS_2 作为逆变站运行时,其直流电压 V_{d2} 的方向与作为整流站运行的 CS_1 的直流电压 V_{d1} 相反。当 $V_{d1} > V_{d2}$ 时,就有电流沿图 1-3 所示方向流通。通过改变 V_{d1} 和 V_{d2} 就可以调节电流 I_d。如果需要,通过调节可以保持输送的电流或者功率不变。应该指出,如果 V_{d2} 的极性不变,即使把它调节得大于 V_{d1},CS_2 仍然不能向 CS_1 送出反向的电流和功率。这是

由于换流器只能单向导通之故。要改变功率的传输方向,就需要将 CS_2 工作在整流状态,同时将 CS_1 作逆变运行。

1.1.4 国外高压直流输电工程代表性案例

表 1-1 列出了国外大容量直流输电工程典范。

表 1-1 国外大容量直流输电工程典范

线路或系统名	输送容量/MW	目 的	系统连接方式	直流电压/kV	直流电流/A	直流输电距离/km	交流侧电压/kV	短路容量比
太平洋直流联络线	3100	美国西海岸的西北部同西南部联网(双极 1 回)		±500	3100	1362	230 500	4.9
纳尔逊河直流系统	3468	加拿大北部水电向南部地区输送(双极 2 回)		±463 ±500	1800 1800	897 930	230	2.3~2.5
伊泰普直流系统	6300	巴西伊泰普水电站向圣保罗地区送电(双极 2 回)		±600	2610	783 806	345	1.9

加拿大的纳尔逊河直流输电系统是北美容量最大的,也是两个最早的直流输电系统之一。该双极输电系统,从马尼托巴北部的纳尔逊河上的水电站向温尼伯湖附近的多尔西换流站输电 3800MW,距离 900km。部分电能还输送到美国中西部的工业中心。原先的双极线路采用汞弧整流阀,但在 1990—1992 年,1 号极已用现代晶闸管技术更新改造。该直流输电系统不仅远距离输送大量电力,而且还起到电力振荡阻尼作用,有助于受端交流电力系统的频率控制和稳定。

太平洋联络线与纳尔逊河系统属同一时期,从俄勒冈的 Celilo 将哥伦比亚河的 3100MW 水电向南输送 1400km 到达洛杉矶附近的 Sylmar。直流输电线路与超高压交流线路并联运行,有助于太平洋沿岸交流系统的控制和稳定。

还有一个北美的例子是 2250MW 魁北克至新英格兰的直流输电工程,它开发了魁北克北部詹姆斯湾地区丰富的水电资源。该系统不但向南输电 1500km 到新英格兰的桑迪庞德,而且通过尼科莱中间换流站向蒙特利尔市供电。

世界上最大的水电站之一伊泰普水电站位于巴西和巴拉圭边界。原装机12GW,后来新增2台700MW机组,增容至13.4GW。这些电力输送到巴西圣保罗附近的工业中心。约一半电力通过2回750kV交流线路输电800km。但是,由于稳定性原因,不可能用交流输送全部电力,其中6300MW需经±600kV双极直流线路送出。

直流输电技术的发展显著地促进了电力系统的发展,主要表现在以下几方面。

1. 扩大了在远距离输电和联网中的应用优势

大电网互联可提高供电的可靠性和电网运行的经济效益。但是,直接采用交流互联会因电网的扩大而带来短路容量增大、潮流控制困难、事故范围扩大等一系列问题。而采用直流输电联网则可避免。在北美、欧洲和中国都已广泛采用直流输电进行两个不同步系统的背靠背直流互联来交换功率。同时,为了提高直流输电联网的灵活性,防止功率振荡以保持系统的稳定,也出现了多端直流输电和交直流混合联网的互联形式。目前,全世界已投入运行的高压直流输电工程总数已超过100项,总输送容量超过100GW。

2. 推动了电力市场化的运作

电力市场开放已成为全球性的电力改革潮流。开放的目的是提供可靠、安全和经济的电力,这就要求处于发电和用电之间的输电网能有效控制系统潮流,允许电力在电网中自由传输,这是互联电网商业化运营的基础。实现这一目标需要更为灵活的电网控制手段。而交流联网的潮流很难实行实时控制,直流输电技术显示出其独特的作用。直流联网输送电力可方便地严格按计划实时控制,不会受到二端交流电网运行工况的影响,也不会出现潮流绕道或环流现象。这样两个电网之间购电合同的签订和执行就比纯交流电网的连接要容易得多。

3. 促进了可再生能源的开发和应用

随着能源紧缺和环境污染等问题的日益严峻,大力开发和利用可再生清洁能源成为当今世界能源技术发展的主流。直流输电因其在大规模远距离和海底电缆输电方面的优越性,促进了大型水电、大规模陆地风电和海上风电的开发和应用;而柔性直流输电也在分布式中小规模的风能、太阳能等可再生能源接入方面展示了其技术上的优越性。例如,柔性直流输电能够给风电场提供良好的动态无功支撑,减少或避免风电场的无功补偿设备投资;能提供优异的并网性能,减轻风电场电压波动对交流系统的影响,并改善风电场对系统波动的抗干扰能力;能够提供电压支撑作用,提升风电场在交流系统发生故障情况下的低电压穿越能力;另外柔性直流输电不受距离限制,因此也是国外大型远距离海上风电场并网的唯一选择。因此,柔性直流输电目前已成为国际上公认的风电场并网的最佳技术方案。

1.1.5　高压直流输电在中国的发展

中国高压直流输电起步较晚,1977 年曾建成一条 31kV 直流输电工业性试验电缆线路。1987 年自行研制、建设了浙江舟山海底直流输电工程,并于 1989 年投运了 ±500kV 的葛南直流输电工程。随着"西电东送"战略的实施,直流输电在中国有了广泛的应用,如表 1-2 所示。

表 1-2　中国已建成的直流输电工程

系　统	起 止 地 点	型　式	功率 /MW	电压 /kV	距离 /km	总投资 /亿元	投产年
舟山	浙江舟山	海缆/架空	50	−100	12/42	0.46	1987
葛南	葛洲坝—上海南桥	架空线	1200	±500	1046	9.37	1989
天广	天生桥—广州北郊	架空线	1800	±500	980	39.8	2001
嵊泗	上海芦潮港—嵊泗	海缆/架空	60	±50	59.7/6.5		2003
三常	三峡—江苏常州	架空线	3000	±500	890		2003
三广	三峡—广东惠州	架空线	3000	±500	940	16.2	2004
高肇	安顺高坡—广东肇庆	架空线	3000	±500	882	56.3	2004
灵宝	河南灵宝	背靠背	360	±120	0	5.4	2005
三沪	三峡—上海华新	架空线	3000	±500	1049	70	2007
兴安	贵州兴仁—深圳宝安	架空线	3000	±500	1225	80	2007
高岭	秦皇岛高岭	背靠背	1500	±500	0	22.3	2008
灵宝(扩)	河南灵宝	背靠背	750	±120	0	29	2009
德宝	四川德阳—陕西宝鸡	架空线	3000	±500	534	57	2009
楚穗	云南楚雄—广州增城	架空线	5000	±800	1418	137	2009
复奉	向家坝(复龙)—上海奉贤	架空线	6400	±800	1907	233	2010
呼辽	呼盟伊敏—辽宁穆家	架空线	3000	±500	987		2010
宁东	宁夏银川—山东青岛	架空线	4000	±660	1300		2011

中国在发展直流输电方面的步伐在不断加快,从 1989 年 ±500kV 葛南直流投运以来,到 2011 年已经有 17 个直流工程为我国电网输送超过 42GW 的电力。其中,最引人注目的是全世界电压等级最高的 ±800kV 云南—广东特高压直流工程(简称楚穗直流)和 ±800kV 向家坝—上海特高压直流工程(简称复奉直流)的建成投运,成为直流输电发展史上的里程碑。

目前全世界的直流输电工程约 100 个,总输电距离超过 10 000km。中国高压直流输电技术虽然起步较晚,但发展迅速,目前无论是输送容量还是输电距离,都已成为直流输电第一大国,直流工程建设技术处于国际领先。

中国南部是直流输电高度密集的区域,到 2010 年初,已经建成运行 5 条直流,均在 1000km 左右,包括:

(1) 天广±500kV 直流输电工程,西起黔、桂交界的天生桥,东至广州北郊,线路全长 980km,双极输送容量 180 万 kW。广州换流站通过两回 220kV 线路与紧邻的广州北郊变电站相连,接入广东电网。于 1998 年 4 月开工,2000 年 12 月单极投产。该工程的投产,使南方电网成为全国第一个交直流并列运行的大电网,运行的可靠性大大增加。工程大量采用了新技术、新设备,有一些是在世界上首次用于高压直流工程,如有源直流滤波器、直流光纤 CT、合成材料穿墙套管等。2004 年该线送广州 57.66 亿 kW·h。设备可用率:极 1 为 93.7%;极 2 为 85.44%。2005 年能量可用率为 98.70%,但其国产化率仅为 5%。

(2) 三广±500kV 直流输电工程北起湖北江陵换流站,南至广东鹅城换流站,全长 940km,输送容量为 3GW,三峡电站建成后约 1/6 的电量将通过此线路送入广东,每年输送总量近 200 亿 kW·h。该工程总投资 16.2 亿元,于 2002 年开工,2003 年 12 月实现单极投运,到 2004 年 4 月实现了双极试运行,该线规定国产化率为 50%。2004 年全年送电 90.11 亿 kW·h,设备可用率极 1 为 96.72%,极 2 为 96.49%。

(3) 贵广±500kV 直流输电工程(简称高肇直流)西起贵州省安顺市高坡换流站,东至广东省肇庆市高要肇庆换流站,线路全长 882km,双极额定功率 3GW,是国家"西电东送"的重点建设项目。该工程于 2001 年 1 月 25 日开工,2004 年 7 月 16 日实现单极投运,到 2004 年 10 月双极运行,总投资 56.3 亿元。该工程由德国西门子公司总承包,事先西安电力电子所引进西门子公司光控直径 125mm 晶闸管技术,并按期交付 778 只光控晶闸管。该工程还采用不少新技术,如光控晶闸管、SINADYND 实时多处理器控制保护系统、全球卫星定位、直流光检测元件和光纤通信等,国产化率为 30%。投运以来截至 2005 年 12 月 12 日共送电 143.7 亿 kW·h,2005 年能量利用率为 99.5%。

(4) 贵广二回±500kV 直流输电工程(简称兴安直流),西起贵州兴仁,东到深圳宝安,1225km,输送容量 3GW,投运时间为 2007 年。

(5) 云广±800kV 直流输电工程(简称楚穗直流)2006 年开工,2009 年上半年单极投产,形成 2.5 GW 的输电能力,2010 年上半年双极建成投产,该工程成为世界上第一个特高压直流输电工程。

由此,南方电网形成了一个既有特高压±800kV 直流输电,也有超高压 500kV 直流和 500kV 交流输电的混合电网,堪称世界上最复杂的电网。该区域电网交直流混合运行,系统稳定控制复杂,难度大;直流多馈入到一个大型受端电网,交、直流故障相互影响大;系统存在大扰动后功角失稳、电压失稳和频率失稳等运行风险。

由于能源资源分布的极不平衡,西电东送将是南方电网电力工业可持续发展的重要任务之一。预计到 2015 年将有 7 回直流落点广东,输电总容量近 20GW;2020 年西电送广东需要超过 40GW。另外据国家电网公司和南方电网公司的初步规划,今后 15 年间,我国远距离大型输电工程大部分采用直流输电送出。预计到 2020 年我国直流输电工程约达 27 项,总容量超过 60GW(其中背靠背 4 个,总容量 2.76GW)。直流输电在我国展示了广阔的应用前景。

我国在早期远距离大容量高压直流输电工程(即葛南和天广直流)中,从工程设计到设备制造完全依赖国外公司(ABB 和西门子)。考虑到我国高压直流输电规模将不断扩大,为扶植民族工业,有关部门提出了高压直流输电工程国产化的建设方针。于是,在接下来的三常高压直流输电工程建设中,在引进设备的同时,进行了技术引进和技术转让,部分主要设备(如换流变压器、平波电抗器和晶闸管元件等)在国内制造厂进行了试制,标志着我国高压直流输电国产化的起步。三广和高肇两个高压直流输电工程仍为外商总包,但加大了中方的介入程度,国产化率达到 30%左右。此后,国内各相关企业加大消化力度,在直流设备的制造技术、工艺水平和产品质量等方面都取得了不同程度的进步,并逐步掌握了高压直流输电工程的核心技术,国产化水平取得了实质性提高。三沪和兴安直流工程采用中方为主、联合设计、合作生产、外方把关的建设模式,国产化率可以达到 70%左右。灵宝背靠背工程是检验高压直流输电国产化能力的验证工程,从工程设计、系统研究、设备制造到工程实施与管理,全部由国内单位负责。

通过几个工程与外商的合作、技术引进与消化、科研攻关以及工程试验,国内打造出了一支专业队伍,已经基本具备了高压直流输电工程建设全面国产化的能力。

1.2 高压直流输电的基本接线方式

目前直流输电大多数是两端供电系统,常见的接线类型如图 1-4 所示。

1.2.1 单极线路方式

直流输电系统中,极就是指换流站(或者换流器)的直流端点。

单极方式通常是用一根架空导线或者电缆线,以大地或者海水作为返回线路而组成的直流输电系统,如瑞典的哥特兰岛直流工程、意大利撒丁岛直流工程等,如图 1-4(a)所示。这种输电方式能节省线路投资。出于对造价的考虑,常采用这类系统,对电缆传输来说尤其如此。这类结构也是建立双极系统的第一步。由于正常运行时电流需流经大地或者海水,要注意接地电极的材料、埋设方式和对地下埋设物的腐蚀以及对地下通信线路、航海罗盘和海洋生物的影响等问题。通常用正极接地、负极性运行的方式较多,主要因为负极性架空线路的电晕无线电干扰较小,而且受到雷击的机率也稍小。

当大地电阻率过高,或不允许对地下(水下)金属结构产生干扰时,可用一根低绝缘导线金属回路代替大地作回路,在一侧换流站进行单点接地,形成金属性回路的导体处于低电

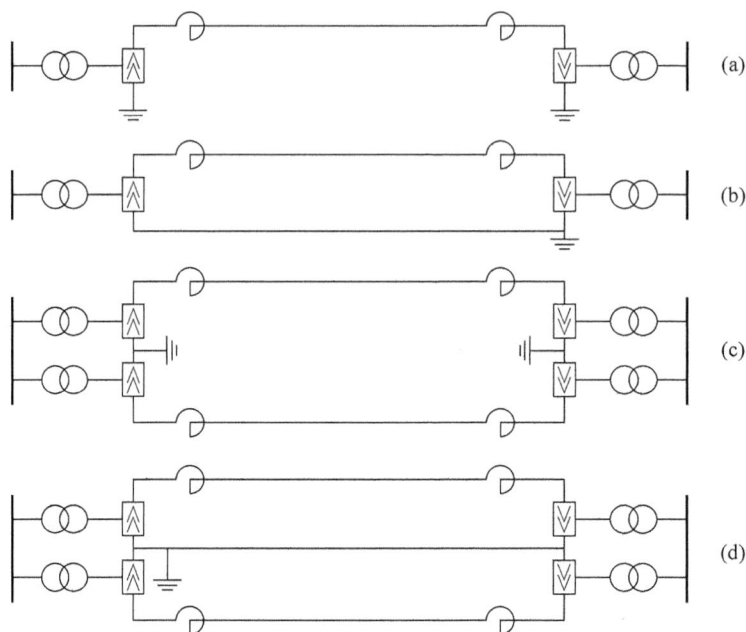

图 1-4　两端直流系统的接线方式

压,如图 1-4(b)所示。该方式避免了电流从大地中或者海水中流过,又把某一导线的电位箝制到 0。缺点是当负荷电流在流过导线时要产生一定的电压降,从而要考虑适当的绝缘强度。这种方式主要用于无法采用大地或者海水作为回路的情况以及作为双极方式的过渡方案。

同极方式如图 1-4(c)或(d)所示。导线数不少于两根,所有导线同极性。通常最好为负极性,因为它由电晕引起的无线电干扰较小。这样的系统采用大地作为回路,当一条线路发生故障时,换流器可为余下的线路供电,这些导线有一定的过载能力,能承受比正常情况更大的功率。在考虑连续的地电流是可接受的情况下,同极联络线具有突出的优点。

1.2.2　双极线路方式

双极线路方式有两根不同极性(即正、负极)的导线,可具有大地回路或者中性线回路。主导设计思想是一个极的设备事故不影响到其他极的正常运行。在努力使设备事故导致的停运范围减少到最小的同时,对双极共用设备(中性线或双极共用的控制系统等)来说,争取(多路)复用,这种措施对提高设备可靠性也是非常有效的。

(1) 双极两线中性点两端接地方式

如图 1-4(c)所示,整流站和逆变站的中性点均接地,双极对地电压分别为 $+V$ 和 $-V$。

它可以看做两个对称的一线一地制单极系统叠加而成,理论上,两个接地点之间不存在直流电流。实际上,正常运行时,由于两侧变压器的阻抗和换流器控制角的不平衡,在回流电路将有不平衡电流流过,但数值较小,因此大大减轻了其对地下金属设备的腐蚀。并且,任何一极故障,健全极还可以用大地或海水作回流电路维持单极运行方式,保持输送 50% 电力,或利用换流器及线路的过载能力,承担更多的负荷。

(2) 双极中性点单端接地方式

这种运行方式在整流侧或者逆变侧中性点单端接地,正常运行时和上述第一种方式相同,避免了双极中心点接地方式引起的腐蚀,但是当一条线路故障时就不允许继续运行。

(3) 双极中性线方式

将双极两端的中性点用导线连接起来就构成双极中性线方式,如图 1-4(d) 所示。该方式在整流侧或逆变侧任一端接地,容许单极连续运行:当一极发生故障时,仍能够用健全极继续输送功率,同时避免了利用大地或者海水作为回路的缺点。第三条导线(中性线)的绝缘要求低,还可作为架空线的屏蔽线。如果它完全绝缘,还可作为一条备用线路。在实际直流输电工程建设中,双极系统常常分期建设,为及早发挥工程效益,先建成其中一极作为单极系统运行。我国已建成的直流工程基本上都采用此种方式。

直流输电运行方式对交流系统会产生重要的影响,比如在单极大地回线方式或双极严重不对称方式运行时,对交流系统中性点接地运行的变压器将产生影响,根据直流输电的输送功率不同,影响程度有所不同。直流输电单极大地回线方式运行时,入地电流使接地极周围地电位升高,导致附近不同位置交流变电站之间出现直流地电位差。对于中性点接地且有关联的交流变电站,接地极入地电流引起的地电位变化会在交流侧绕组电流中产生直流分量,两者共同作用使换流变压器产生直流偏磁现象。变压器的损耗、温升以及 50Hz 的噪声(正常时基波噪声频率为 100Hz)都有明显增加。直流偏磁现象影响变压器正常工作,严重时还会损坏变压器。直流分量的引入还将引起变压器严重饱和而导致电压波形严重畸变。电网电压总畸变率大幅升高,有可能导致变电站带串联电抗器的电容器组因严重谐波过电流而损坏。因此不宜将直流输电系统单极大地回线方式作为长期运行的正常方式,只应作为处理故障的应急方式。

在双极不对称运行的情况下,直流输电对交流系统的影响与不对称程度有关,与单极大地回线方式运行的影响情况相近。不同直流输电系统按单极大地回线方式或双极不对称方式运行时,它们会分别在系统中接地变压器的中性线上产生一个直流分量,在部分接地变压器中性线中这两个直流分量可能方向相反、相互抵消,而在另一部分接地变压器中性线中这两个直流分量可能方向相同、相互叠加,这与直流输电系统是哪一极在运行、变压器以及直流输电系统接地极的地理位置等有关。

图 1-5 给出了高肇直流系统的接线示意图,可见该直流系统属于双极两线中性点两端接地方式这种典型的接线方式。

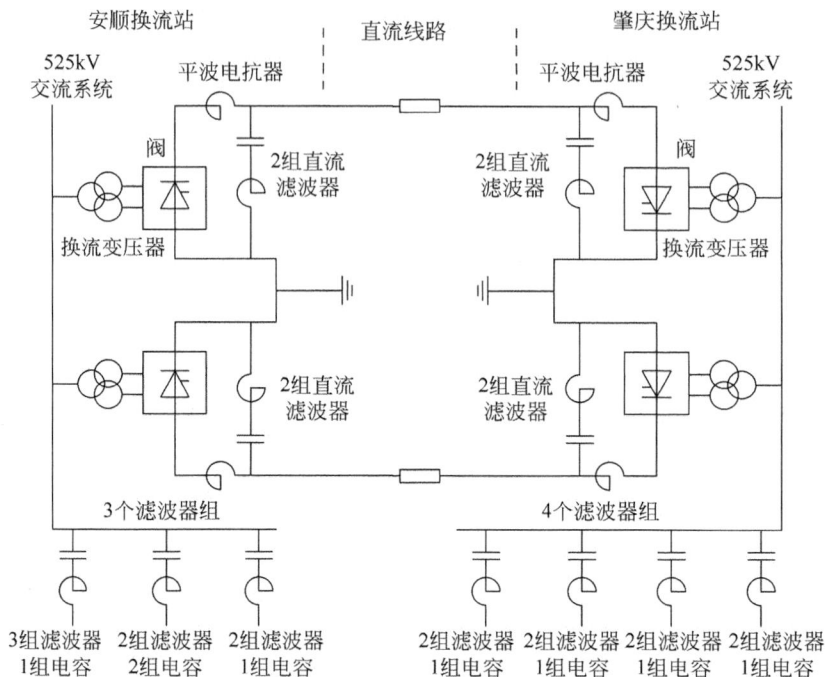

图 1-5　高肇直流系统接线示意图

1.2.3　背靠背换流方式

　　将整流站和逆变站建在一起的直流系统为"背靠背"换流站。位于不同区域的电网有时差且可以错峰,迫切需要联网时,可能由于各区频率偏差较大,没有多余旋转备用,交流同步联网几乎不可能。采用直流背靠背联网的优点是:①费用相对较低;②易于双向调节区域间潮流;③需要时随时可通过旁路转换成交流连接。直流背靠背联网无直流线路、直流滤波器、直流开关场等,直流侧损耗小;对换流变压器、换流阀、平波电抗器等与直流电压有关的设备绝缘水平要求降低,可减少设备造价。该方式没有直流输电线路,可以选用较低的额定电压,适合于不同频率或者相同额定频率非同步运行的两个交流系统之间的互联。

　　"背靠背"换流站目前应用较多,主要是互联电网时限制短路电流的增加,提高电网运行的稳定性,以及不同频率电网之间互联时起变频站作用。此外在系统增容时能够限制短路容量,以避免大量电气设备的更换。

　　连接西北与华中电网的灵宝背靠背直流换流站(位于河南省灵宝县)是我国第一个区域电网背靠背直流联网工程,2005 年投产,容量 360MW,直流电流 3kA,西北侧交流电压330kV,华中侧交流电压 220kV。值得一提的是,此换流站由国内自主成套设计,采用引进国际先进技术的国产设备,包括换流阀、换流变压器、直流平波电抗器、直流控制保护设备等。

2008 年 11 月 25 日,我国自主设计、制造、建设的又一直流输电工程——东北—华北联网秦皇岛高岭背靠背换流站工程竣工并投运,换流站的设备国产化率达到 100%,标志着我国直流工程建设、运行和装备制造水平跨入世界先进行列。高岭背靠背换流站工程是世界上单个换流容量最大的背靠背换流站工程,工程一期建设 2 个换流单元,容量 2×750MW,动态投资 22.3 亿元。在该换流站投运之前,东北电网和华北电网间是以"长链式"交流联网,这不仅影响输电效率、加大输电损耗,而且两大电网间一方发生故障很容易波及到另一方。高岭背靠背换流站的建成投产将有效改变这一状况,它实现了对两大电网的有效隔离,不仅消除了东北和华北两大电网之间的相互影响,而且还极大地增强了互联电网的输送能力和东北、华北两大电网间的互为备用能力,可以有效调节两大电网错峰容量。

1.2.4　多端方式

多端直流(multi-terminal direct current,MTDC)输电系统是指与交流电力系统有 3 个及以上连接节点的直流输电系统。多端直流系统可以多电源供电或多落点受电,还可联系多个交流电网,可将交流电网分成多个独立运行的孤立电网。多端直流系统中,每个换流站的交流侧分别与各自的交流电网相连,直流侧通过直流线路相互连接,形成直流网络。多端直流系统直流侧的接线方式,有换流站并联、串联方式以及输电线路分支形、闭环形等方式。

多端直流输电系统可以解决多电源供电和多落点受电的输电问题,由于其控制保护系统以及运行操作复杂,应用和发展受到限制。虽然目前应用尚不成熟,但是多端直流输电系统有着重要的潜在应用价值,因此,有关的研究工作仍然非常活跃,并取得了一些运行经验。如意大利到撒丁岛和柯西嘉岛的三端直流输电工程于 20 世纪 80 年代投运;美国波士顿经加拿大魁北克到詹姆斯湾拉迪生的五端直流输电工程,全长 1500km,1992 年全线建成投入运行。

与双端直流输电系统只有一条直流传输线不同,多端直流输电系统需要多条直流传输线,因此根据运行条件和设计要求的不同,可以组成多种拓扑结构的接线方式。总的来说,可以分为并联和串联两种接线方式。

(1) 并联型 MTDC 输电系统

所有换流站都并联连接,运行在同一直流电压下,直流输电网络既可以是放射形的,也可是网状的,或者是两者相组合。在并联多端直流输电系统中,换流站之间的功率分配主要靠改变换流站的电流来实现。其中,由一个换流站来控制直流电压,并维持电流及整个多端直流输电系统的功率平衡,其他换流站则按给定的电流(或功率)运行。图 1-6 即为并联多端直流输电系统单接线示意图。

(a) 放射形

(b) 环网形

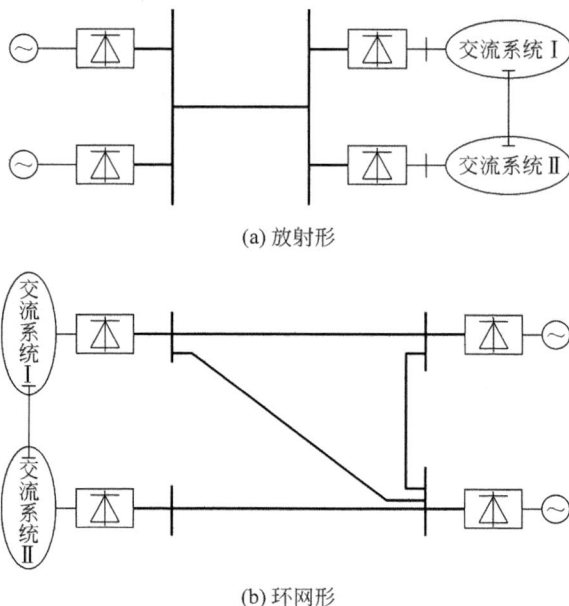

图 1-6   并联 MTDC 输电系统接线图

（2）串联型 MTDC 输电系统

换流站串联连接，流过同一直流电流，直流线路只在一处接地，换流站之间的功率分配主要靠改变直流电压来实现。在串联型多端直流输电系统中，一般由一个换流站承担整个串联电路中直流电压的平衡，同时也起调节电流的作用。图 1-7 给出了一种串联型多端直流输电系统的接线图。从距离较远的发电厂，用直流输电系统把电力分送给大城市中几个配电网或一个大的配电网的几个馈电点，就是适宜采用这种输电系统的一个例子。

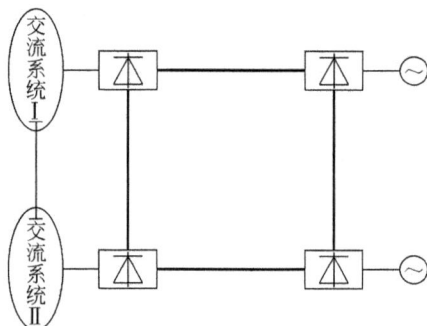

图 1-7   串联 MTDC 输电系统接线图

当然，MTDC 输电系统的接线方式也可是混合接线方式，即既有串联又有并联的接线方式。与串联接线方式相比，并联接线方式直流输电的线路损耗较小，易于控制，进一步扩展的灵活性较高,具有相对最少的运行问题,因而在多数工程中被广泛接受。

1.3 直流输电的优缺点

1.3.1 直流输电的优势

在可比条件下与高压交流输电相比较时,高压直流输电具有许多优点。

1. 输送相同功率时,线路的造价低

对于双极输电的直流系统和三相送电的交流系统,前者用到 2 根导线,后者用到 3 根导线。如果每根导线的截面和绝缘水平均相同,则直流线路每根导线输送的功率 P_d 为

$$P_d = V_d I_d \tag{1-4}$$

而交流线路每根导线输送的功率 P_a 为

$$P_a = V_a I_a \cos\varphi \tag{1-5}$$

式中,V_d 为直流线路的对地电压;V_a 为交流线路对地电压的有效值,即相电压的有效值;I_d 为直流线路电流有效值;I_a 为交流线路电流有效值;$\cos\varphi$ 为交流线路的功率因数,对交流远距离输电通常较高,这里取 0.945。

当两者采用相同的电流密度时,每根导线载流相等,即有 $I_d = I_a$。如果交流线路和直流线路所需的绝缘水平按过电压倍数而定,分别为 $\sqrt{2}k_a V_a$ 和 $k_d V_d$,假定过电压倍数 $k_d = k_a$(对于超高压架空线路,有 $k_a = 2 \sim 2.5$,$k_d = 2$),因此当线路具有相同的绝缘水平时有 $V_d = \sqrt{2}V_a$,从而有

$$P_d = 1.5 P_a \tag{1-6}$$

可见只有 2 根导线的直流线路与有 3 根导线的交流线路可输送的总功率相当。因此直流输电可以节省大量的有色金属、钢材、绝缘子和线路金具,同时减少大量的运输安装费用。另外,直流输电对其线路走廊、铁塔高度和占地面积等方面均比交流输电具有优越性。直流输电可以充分利用线路走廊资源,其线路走廊宽度约为交流输电线路的一半,且送电容量大,单位走廊宽度的送电功率约为交流的 4 倍。如直流 ±500kV 线路走廊宽度约为 30m,送电容量达 3GW;而交流 500kV 线路走廊宽度为 55m,送电容量却只有 1GW。

2. 线路有功损耗小

由上述分析可知,2 根导线的直流输电与 3 根导线的交流输电的输电能力相当,因此在输电损耗方面,直流输电将比交流输电少 1/3 左右;同时由于直流线路没有感抗和容抗,线路上也就没有无功损耗;在电晕损耗方面,当导线表面电场强度相同时,直流架空线路

年平均电晕损耗仅为交流线路的 $50\%\sim65\%$（这主要因为直流和交流的电晕产生机理不同，而且在恶劣气候下直流电晕损耗比交流要小得多）；在无线电干扰方面，直流线路也比交流线路要小。因此直流线路与交流线路相比，无论是投资方面还是运行费方面均更为经济。

3. 适合于海下输电

海下输电必须采用电缆。直流电缆线路不受交流电缆线路那样的电容电流困扰，没有磁感应损耗和介质损耗，基本上只有芯线电阻损耗，绝缘水平相对较低。电缆的绝缘在直流电压和交流电压作用下的电位分布、电场强度和击穿强度都不一样。以同样厚度、同样截面积的油浸纸绝缘电缆为例，用于直流时的允许工作电压比在交流下高约 3 倍。因此，在有色金属和绝缘材料相同的条件下，2 根芯线的直流电缆的输送功率比 3 根芯线的交流电缆输送功率大得多。所以采用直流电缆在投资上比采用交流电缆经济得多。

直流电缆的年运行费比相应的交流电缆也要低。因为运行中交流电缆除了芯线的电阻损耗之外，还有绝缘介质损耗以及铅包皮和铠装中的磁感应损耗；而直流电缆基本上就只有电阻损耗。此外直流电缆绝缘的老化要慢得多，使用寿命更长。

直流线路导线之间和导线对地之间虽然存在着电容，但由于直流线路在正常运行时电压纹波很小，所以基本上没有电容电流。而高压交流输电中产生很大的电容电流，一方面会引起沿线电压的变化，必须采用并联电抗器进行补偿，另一方面会降低输电功率。以 220kV 电缆线路为例，每相每千米的电容电流为 23A 左右，当电缆长达 40km 时每相电容电流就达到 920A，几乎占用了芯线的全部载流容量，可以承担的负载电流就很小了。而海底电缆在中途采用并联补偿非常困难，所以当海底电缆较长时，采用交流输电是不可能的。

4. 不受系统稳定极限的限制

在交流输电系统中，所有连接在电力系统中的同步发动机必须保持同步运行。所谓"系统稳定"，就是指在系统受到扰动后所有互联的同步发动机具有保持同步运行的能力。由于交流系统具有电抗，输送的功率有一定的极限，当系统受到某种扰动时，有可能使线路上的输送功率超过其极限。这时送端的发电机和受端的发电机可能失去同步而导致系统解列，造成严重的停电事故。

交流电力系统中输送的功率为

$$P = \frac{E_S E_R}{x}\sin\delta = P_M \sin\delta \tag{1-7}$$

式中，E_S、E_R 分别是交流系统送端和受端的电动势；x 是系统两个电动势之间的总等值电抗，包括输电线路、发电机和变压器的电抗；δ 是系统两个电动势之间的相角差；P_M 是输送功率的静态稳定极限。

由式(1-7)可知,线路越长,x越大,静态稳定极限也越小,从而限制了长距离的交流输电。

如果以直流线路连接两个交流系统,由于直流线路没有电抗,因而也就没有稳定问题,使得直流输电不受输电距离限制。直流系统本身配有调制功能,可以根据系统的要求做出反应,对机电振荡产生阻尼,阻尼低频振荡,提高电力系统暂态稳定水平。此外,由于直流输电与系统频率、系统相位差等无关,从而可以采用直流线路连接两个频率不同的交流系统,还可以用来提高与直流线路并列运行的交流输电系统的稳定性。

5. 直流联网对电网间干扰小

现代电力技术的发展方向是大电网互联,但对于几个大电网,如果采用交流联网,互联电网间正常运行变化相互干扰,各个电网的故障相互影响,容易造成联络线功率大幅度波动,甚至剧烈振荡,增加了系统发生稳定破坏事故的几率。而采用直流联网方式,能有效地隔断各互联的交流同步电网之间的相互影响,有利于提高电能质量,特别是当一个系统发生连锁反应故障时,可以避免和减轻对另一个系统的影响。实行非同步联网运行的两端电网可以分别按各自的频率和电压独立运行,各自进行调频、调压、独立调度、互不干扰。这有利于联合电网以及所联各网的调度管理,也是减少互联系统大面积停电事故次数和损失的一个有力手段。

随着地区经济的发展,我国已自然形成了东北、华北、西北、华中、华东、南方及一些省区的区域电网。合理地互联这些电网,可取得良好的水火互补、错峰填谷、减少备用容量、事故支援等经济效益,并减小大面积停电的几率,便于电网各自管理,故高压直流(包括直流背靠背)技术十分适于联网。

6. 直流输电的接入不会增加原有电力系统的短路电流容量

采用交流线路连接两个交流系统时,系统容量的增加将增大短路电流,从而可能超过原有断路器的遮断容量,引发设备更换的需求。采用直流线路连接两个交流系统则没有这方面的问题:直流系统不传送短路功率,其"定电流控制"将快速地把短路电流限制在额定电流值之内,即使在暂态过程中也不超过2倍额定值。这种"隔离作用"使两网都不会增加短路容量,从而避免了需要更换更大容量的开关设备。

7. 输送功率的大小和方向可以快速控制和调节,运行可靠

直流联网的输送功率可按规定和需要来控制,不受两端交流电网的条件影响,而且直流输电通过晶闸管换流器可以方便迅速地调节有功功率以及实现潮流翻转。既可以在正常运行时稳定地输出功率,也可以在事故情况下通过直流线路实现表现正常的交流系统对另一侧事故系统的紧急支援。如果设备绝缘薄弱或线路沿线某段大雾,还可降压运行,从而提高了运行的可靠性。

　　直流输电联网对互联的两个交流电网起着"隔离作用",使故障电网对另一电网的影响很小,从而可减少联合大电网的大面积停电事故发生的几率,提高大系统运行的可靠性。

　　由于直流输电导线少,其架空线路绝缘子数量也比交流线路要少,从这方面讲线路发生故障的几率也相应减少。对于交直流路线路并联运行的情况,当交流输电线路因扰动引起输送功率变化时,可迅速地调节直流输电的功率,以抵消交流输电系统因扰动引起的功率变化量。而当交流系统发生故障时,可以暂时适当增大直流输电功率,以减小发电机转子的加速,从而提高系统运行的可靠性。

　　另外对于双极直流输电系统,当一极故障时,另一极仍可以用大地或者海水作为回路继续输送一半的功率;而三相交流线路因故障断开一相时,则不允许长时间非全相运行,如果要保证不间断送电,就需要架设双回路。

　　英国、法国、意大利等国专家开发了一种用于输电系统生命周期的环境和经济分析(LEETS)工具,该工具由软件执行,旨在评估在大型高压交流输电系统中嵌入高压直流输电系统的效益和影响。LEETS可用于评估高压直流输电工程的建造、运行和生命周期的最后阶段。据称,用高压直流输电系统将整个欧洲电网连接起来,可以节省总装机容量的10%。当前,大部分电网采用高压交流输电系统,如果加入高压直流输电系统,将显著减少CO_2的排放量。采用高压直流输电系统的动力,来自于电力系统解除管制、更高的灵活性、环境因素、交流系统安全性等。

　　国际大电网会议(CIGRE)高压直流输电和电力电子专委会2006年提交了一份世界范围内高压直流输电可靠性调查的报告,代表涵盖了33年来23个晶闸管阀系统和3个汞弧阀系统。该报告定义了高压直流输电性能的重要参数,其中2个重要参数分别是强迫停运率(对强迫能量失效FEU有贡献)和能量利用率。2003年、2004年所有运行中的高压直流输电平均能量利用率分别为92.9%和94.6%。2003年和2004年的FEU大约是93%,这是由于交流侧的装置所引起的,其中换流变压器占83%,其他装置占10.7%。

1.3.2　直流输电的不足

　　直流输电与交流输电相比,也存在如下缺点:

　　(1) 换流站设备昂贵。换流装置都由许多高电压、大电流晶闸管元件串联组成一个桥阀,并附带有均压电阻器、电容器、电抗器、冷却装置以及电子触发板等,约占总投资1/3。

　　(2) 换流装置需要消耗大量的无功功率。一般情况下,整流器和逆变器所需无功功率分别为有功功率的30%~50%和40%~60%。

　　(3) 换流装置在运行中产生大量谐波,会在交流侧和直流侧产生谐波电压和谐波电流,使电容器和发电机过热,使换流器本身的控制不稳定,对通信系统产生干扰,影响系统的运行。为此须增加大量滤波器装置。

　　(4) 换流装置过载能力较小。三峡—常州、三峡—广东±500kV高压直流输电标称额定值均为 3000MW,它们的设计允许 3480MW 的持续过负载能力和 4500MW 的 5s 短时过负载能力。直流如果需要具有更大的过负荷能力,则必须在设备选型时预先考虑,此时需要增加投资。

(5) 由于目前高压直流断路器技术不够成熟,限制了多端直流系统的发展。由于直流输电电流不像交流电流有过零点,故较难熄弧。一般是通过闭锁换流器的控制脉冲,使电流降到零,起到部分开关功能的作用。因此在多端供电时,不如交流方便。

(6) 以大地或者海水作为回路时会对沿途的金属构件、管道等产生腐蚀作用,对航海导航仪表产生影响。以单极大地回路的方式运行时,电流将沿大地返回,在返回的途中电流总是趋向于沿阻抗低的导体流动,如金属管道、电(光)缆金属护套等。而电流在地中金属导体中的流动会使金属发生电化学腐蚀,同时还存在着自身电流场的腐蚀。因为负荷电流经过大地返回时在两个接地电极之间的区域内形成了一个直流干扰电流场,这种电流场的存在也会造成地下金属的腐蚀。从材料化学的角度而言,自身电流场的腐蚀本质上是一种电解反应中的阳极金属溶解损耗,这种腐蚀的本质与高压直流系统接地电极的阳极材料腐蚀又是完全相同的,接地极由于其尖端电流密度大,在这种强场的作用下金属材料损耗的速度更快。

(7) 控制装置复杂。虽然直流输电系统能方便而迅速地调节与控制功率、电流、电压、频率及无功功率,但控制装置复杂,通常需采取双重化措施,以保证可靠运行。

(8) 引起变压器噪声水平增大。直流输电单极运行时沿线附近的变压器将受到影响,主要表现为变压器的噪声水平会增大,中性点的直流电流会增加。以天广直流输电系统为例,其单极容量为 900MW,直流电压为 500kV,直流电流约 1800A。当直流单极运行时,其附近的大亚湾核电站的变压器噪声明显增大,振动值也较高(接近 1.5 倍)。主要原因是:单极运行时会有较大的直流电流经过变压器中性点注入变压器,导致铁心饱和,于是变压器在一个方向进入深度饱和运行状态,结果引起偶次谐波急剧增加,导致变压器振动。如果在这种状态下长期运行,会导致油温升高、夹件松动,甚至影响主变绝缘。

(9) 引起发电机的次同步振荡。次同步振荡(SSO)最早出现于带串联电容补偿的输电系统,随后在高压直流输电系统中发现不恰当的控制参数也会引起发电机组轴系扭振。有研究表明,交、直流输电系统的参数、运行工况、控制方式、控制参数等都会影响发电机组的电气阻尼特性,具体来说:①当发电机组只与高压直流输电相连时,随着整流站控制比例系数 K 的增大或时间常数 T 的减小,产生负阻尼的频率将从低频范围向高频范围扩展。对于不稳定的扭振模态,单纯减小 K 或增大 T,并不一定总能改善该模态下的电气阻尼特性。②对于 AC/DC 并联系统,串联电容补偿与高压直流输电控制都会影响发电机组的电气阻尼特性,且前者居主导地位。③对于 AC/DC 并联系统,逆变侧交流系统的强度对发电机组的电气阻尼特性有较大的影响。当逆变侧交流系统较弱时,逆变站两种基本控制方式(即定电压控制、定熄弧角控制)对电气阻尼的作用差别甚大,逆变站采用定熄弧角控制时更易激发低频振荡。④当逆变侧交流系统为非理想电压源时,逆变站控制对 SSO 有较大影响,而且实际运行的逆变侧交流系统均有一定的阻抗。因此,设计附加阻尼控制器时必须考虑逆变侧的影响。

1.3.3 直流输电的应用场合

在输送功率相同和可靠性指标相当的可比条件下,直流输电与交流输电相比,尽管换流站的投资比变电站的投资要大得多,但是直流输电线路的单位长度造价比交流线路低。如果输电距离短,直流输电的成本将比交流输电大。当输电距离增大到一定值时,两者的投资(包括线路和两端设备的总费用)将相等,该距离被称为交直流输电的等价距离,如图 1-8 所示。显然,当输电距离大于等价距离时,采用直流输电较为经济;反之当输电距离小于等价距离时,采用交流输电比较经济。随着技术的发展、换流装置价格的不断下降,等价距离也在逐年下降。

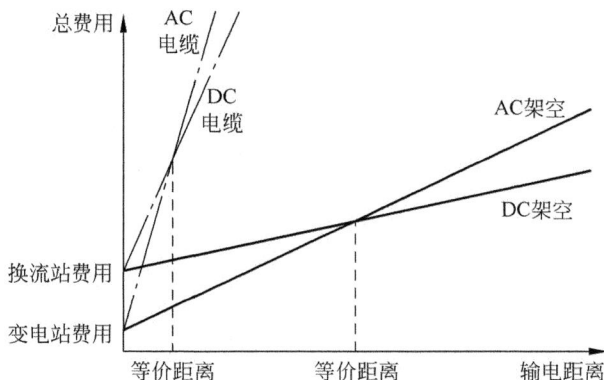

图 1-8　交直流输电的投资和输电距离关系图

根据上述分析可见,直流输电适用于以下场合:

(1) 远距离大功率输电。

(2) 海底电缆输电。

(3) 不同频率或者同频率非同步运行的两个交流系统之间的联络。

(4) 用地下电缆向用电密度高的大城市供电。

(5) 交流系统互联或配电网增容时作为限制短路电流的措施之一。

(6) 配合新能源的输电。新能源主要指风力发电、潮汐发电、太阳能发电、地热发电等。这些电源往往容量较小,工况不稳定,用交流输送损耗较大。近年来,出现了使用大功率门极关断晶闸管的柔性直流输电技术,克服了传统高压直流输电受端必须提供足够无功功率的限制,尤其适用于将小型分散的电源与大电网相连。

习题 1

1-1 直流输电发展到现代经历了哪几个阶段？

1-2 现代直流输电的模式有何特点？直流配电和直流用电是否还有发展的可能性？

1-3 高压直流输电与高压交流输电相比具有什么优缺点？在哪些场合应用能够体现高压直流输电的优势？

1-4 我国大力发展高压直流输电工程的缘由和思路是什么？

1-5 何为柔性直流输电？有何优缺点？

1-6 直流输电的运行方式对交流系统有何影响？

CHAPTER

2 换流电路的工作原理

2.1 晶闸管与相控换流

2.1.1 晶闸管的特性

换流电路主要由换流器组成,换流器的功能是实现 AC—DC 或者 DC—AC 的转换,前者称为整流,后者称为逆变。换流器是直流输电系统的关键设备,其运行情况与整个直流系统各方面的技术性能密切相关。高压直流换流器中的阀是一个可控电子开关,它通常仅单向导通,正方向是从阳极到阴极,导通时阀上仅有一个小的电压降。在相反方向,即施加在阀上的电压使阴极相对于阳极为正时,阀阻止电流通过。

本章主要介绍基于晶闸管构建的相控换流器(PCC)技术,其基本原理是:以交流母线线电压过零点为基准,一定时延后触发导通相应阀,通过同一半桥上两个同时导通的阀与交流系统形成短时的两相短路,当短路电流使先导通阀上流过的电流小于阀的维持电流时,阀关断,直流电流经新导通阀继续流通。通过顺序发出的触发脉冲,形成一定顺序的阀的通与断,从而实现交流电与直流电的相互转换。晶闸管的单向导电性使 PCC 技术只能控制阀的开通而不能控制阀的关断,关断必须借助于交流母线电压的过零使阀电流减小至阀的维持电流以下才能使阀自然关断。

晶闸管的电路符号及其伏安特性如图 2-1 所示。主电流从阳极 A 流到阴极 K。在关断状态,晶闸管能阻断正向电流而不导通,见图 2-1(b)的伏安特性的关断状态段。

当晶闸管处于正向闭锁状态时,通过向门极 G 施加瞬时的或持续的电流脉冲 i_G,能触发晶闸管导通,产生图 2-1(b)的伏安特性的导通状态段。导通时的正向电压降只有几伏(典型值为 1~3V)。

一旦晶闸管开始导通,它就被箝制在导通状态,不再依赖于门极电流。晶闸管不能被门极关断,其类似二极管一样导通,直到电流降至零和有反向偏置电压作用在晶闸管上时,它才会截止。当晶闸管再次进入正向阻断状态后,允许门极在某个可控的时刻将晶闸管再次触发导通。

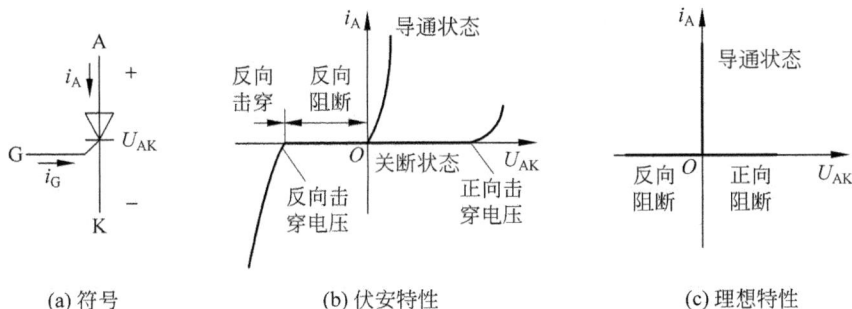

(a) 符号　　　　　　　(b) 伏安特性　　　　　　　(c) 理想特性

图 2-1　晶闸管

在反向偏置电压不超出反向击穿电压时,流过晶闸管的漏电流很小,几乎可以忽略。通常,晶闸管的正向和反向阻断的额定电压相同,用晶闸管允许通过的最大电流有效值来规定该电流额定值。

在分析换流器时,可以用图 2-1(c)所示的理想特性来表示晶闸管。

在选用组成换流器的晶闸管元件时,一般要求各元件具有下列的性能:耐压强度高,过电流能力强,开通、关断时间短并尽量一致,正向电压降小,剩余载流子电荷差值小,有承受较大的导通电流变化率(di/dt)和关断电压变化率(du/dt)的能力等。但由于制造工艺上的原因,这些要求不能同时满足。因此要根据使用情况、制造能力等条件,有重点地进行选择。

多个晶闸管元件串联连接时,由于各元件的特性不一致,造成晶闸管间电压分布不匀,因此需要加装均压装置来限制其不均匀程度。另外,晶闸管换相时,电压发生突变,由于阀的杂散电容等和回路电感的存在而产生振荡。为了抑制这个振荡过电压,需要设置阻尼装置。这些均压、阻尼装置,大都是由统一的 RLC 网络构成。为此,在选择网络参数时,需要同时满足均压参数与振荡阻尼两方面的要求,做到统筹兼顾、合理配置。

2.1.2　换流电路

换流器的接线方式是多种多样的,其中三相全波桥式接线(Graetz 桥)最为常用,如图 2-2(a)所示。三相桥式换流器由 6 个桥臂组成,每一个桥臂由数十个至数百个串联的晶闸管元件组成。桥臂具有阀的特性,正常情况下只能从阳极到阴极单方向导通。桥阀从关断状态转入导通状态必须同时具备两个条件:①阀承受正向电压,即阀的阳极电位高于阴极电位;②控制极得到触发脉冲信号。阀在导通状态下直到流通电流降为 0 时才会关断,并在承受足够反向电压后确保关断。

三相换流器中的 6 个阀臂按正常开通顺序编号,阀 V_1、V_3、V_5 构成上半桥,阀 V_4、V_6、V_2 构成下半桥,阀 V_1 和 V_4、V_3 和 V_6、V_5 和 V_2 构成 3 个阀对。阀对的中心端子 A、B、C 称为桥的交流端,对应地连接到换流变压器的三相。上半桥 3 个阀的阴极同接于直流母线 M

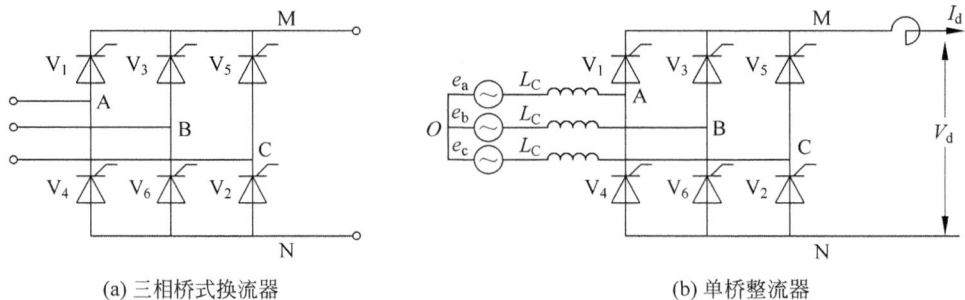

(a) 三相桥式换流器　　　　　　　　　　　(b) 单桥整流器

图 2-2　换流电路原理接线

上,构成桥直流端的正极;下半桥 3 个阀的阳极同接于直流母线 N 上,构成桥直流端的负极。

　　换流器采用三相桥式接线比起其他各种接线方式(如单相全波、单相桥式、三相半波、两组三相级联、Y-Y 分相、六相星形等)具有许多优点,比如:

　　(1) 在直流电压相同的情况下,桥阀在断态下所受的电压峰值是直流电压的 1.047 倍,只有其他接线方式的一半。

　　(2) 当通过功率为一定值时,换流变压器(简称"换流变")电网侧一次绕组的容量小于或等于其他接线方式所需容量,而阀桥侧二次绕组容量则比其他接线方式小。

　　(3) 换流变接线简单,无需两个二次绕组或者有中心抽头的二次绕组,对变压器绝缘有利。

　　(4) 阀的伏安容量较小。

　　(5) 直流电压的纹波的峰-峰值和直流平均电压的比值也较小。

2.1.3　多桥换流器

　　在直流输电工程中,常常将两个或更多换流桥的直流端串联起来构成一个多桥换流器,以获得输电所需的直流电压。

　　多桥换流器通常由偶数个桥串联而成,其中每两个桥布置成一个双桥。每一个双桥中的两个桥分别由两组相位差为 30°的三相交流电源供电,例如分别从 Y/Y 和 Y/△ 接线的两台变压器得到,或从一台 Y/(Y/△)接线的三绕组变压器的两个二次绕组得到,从而消除了交流侧的 5 次和 7 次谐波以及直流侧的 6 次谐波,这样就有效减小了滤波器的容量。各换流变的网侧绕组的三相端子分别按相并联在一起,各桥侧绕组的额定线电压相等。

　　如果换流器只由这样的一对换流桥串联而成,称为双桥换流器。它共有 12 个桥臂,两个 6 脉动换流器在直流侧是串联的,而在交流侧则是并联的,如图 2-3 所示。目前高压直流输电工程普遍采用这种 12 脉动的双桥换流器。

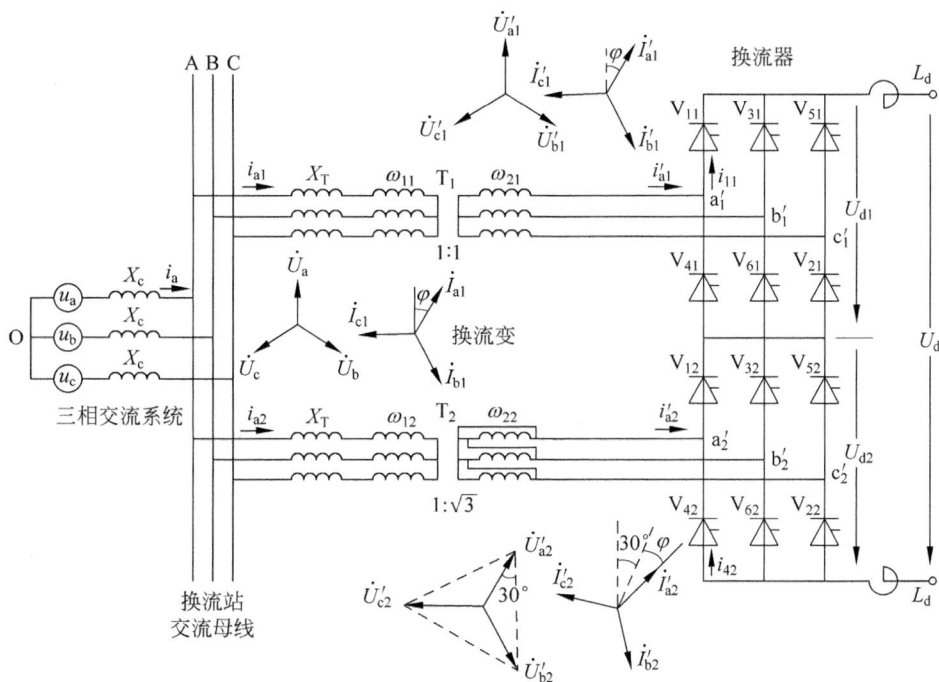

图 2-3 双桥换流器

2.2 整流器的工作原理

为了阐明基本原理,本章采用了以下假设条件:

(1) 三相交流电源的电动势是对称的正弦波,频率恒定。

(2) 交流电网的阻抗是对称的,而且忽略不计换流变的励磁导纳。

(3) 直流侧平波电抗器具有很大电感值,使得直流侧电流滤波后其波形平直无纹波。

(4) 阀的特性是理想的,即通态正向压降和断态漏电流可以忽略不计。

(5) 三相 6 个阀以 1/6 周期(60°)的等相位间隔依次轮流触发导通,如图 2-4 所示。

单桥整流器的工作原理接线图如图 2-2(b)所示,图中 e_a、e_b、e_c 分别表示换流器交流侧三相电势;L_c 表示交流系统每相的等值电感(从电源计算到桥的交流端)。交流系统的等值电阻忽略不计。如果以系统等值线电动势 e_{ac} 的矢量(指 a 相高于 c 相的电势差)为基准,则电源相电动势的瞬时值为

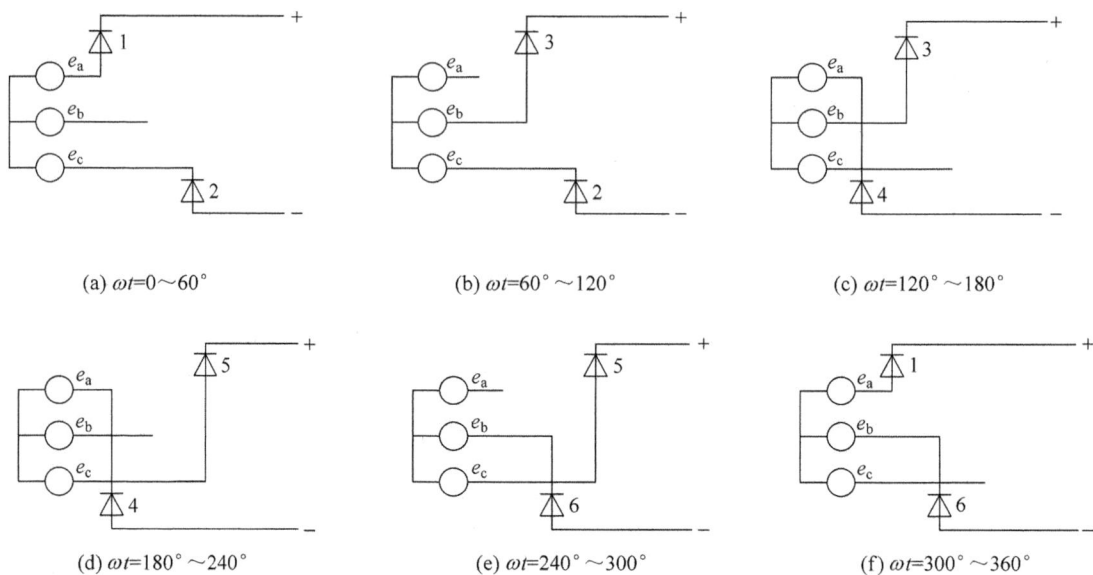

(a) $\omega t=0 \sim 60°$　　　(b) $\omega t=60° \sim 120°$　　　(c) $\omega t=120° \sim 180°$

(d) $\omega t=180° \sim 240°$　　　(e) $\omega t=240° \sim 300°$　　　(f) $\omega t=300° \sim 360°$

图 2-4　阀的开关顺序

$$\begin{cases} e_a = e_{oa} = \sqrt{\dfrac{2}{3}}\,E\sin(\omega t + 30°) \\[2mm] e_b = e_{ob} = \sqrt{\dfrac{2}{3}}\,E\sin(\omega t - 90°) \\[2mm] e_c = e_{oc} = \sqrt{\dfrac{2}{3}}\,E\sin(\omega t + 150°) \end{cases} \tag{2-1}$$

式中,E 为交流电源线电动势的有效值。瞬时值对应的波形如图 2-5(a)所示,其中横轴代表交流系统中心点 O 的电位。

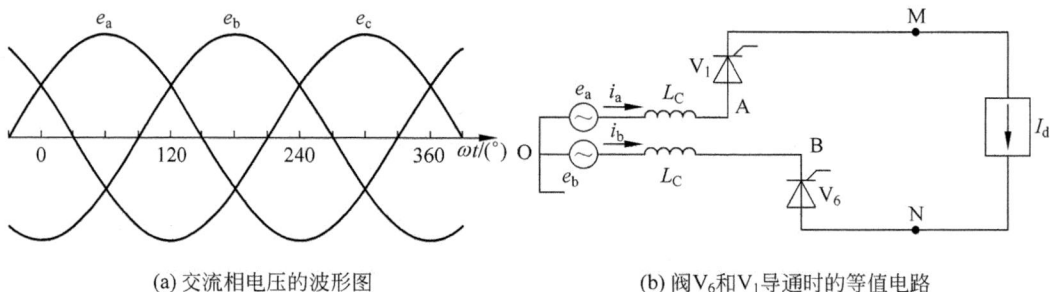

(a) 交流相电压的波形图　　　(b) 阀 V_6 和 V_1 导通时的等值电路

图 2-5　整流器的工作原理分析

相应的线电动势为

$$\begin{cases} e_{ac} = e_{co} + e_{oa} = e_a - e_c = \sqrt{2}E\sin\omega t \\ e_{ba} = e_{ao} + e_{ob} = e_b - e_a = \sqrt{2}E\sin(\omega t - 120°) \\ e_{cb} = e_{bo} + e_{oc} = e_c - e_b = \sqrt{2}E\sin(\omega t + 120°) \end{cases} \qquad (2\text{-}2)$$

2.2.1　理想情况下的工作原理

所谓理想情况,是指换流桥上下半桥各有一个阀导通,不考虑变压器漏抗造成的迭弧(即换相角 $\mu = 0$),也不考虑阀导通时的延迟(即触发延迟角 $\alpha = 0$,无触发相位控制)。换相是瞬间完成的。

设开始时刻阀 V_6 和 V_1 导通,其等值电路如图 2-5(b)所示,图中 I_d 为换流器直流侧电流,当换流器负荷无变化而且假定平波用的直流电抗器 L_d 电感很大时,I_d 有保持不变的倾向,因此在等值电路中 L_d 及其右侧部分电路可以用电流源 I_d 来代替。

此时交流电源的线电压 e_{ab} 通过导通的阀加在直流输出端 M、N 上,其波形如图 2-6 所示。图中 c_1、c_3、c_5 点表示相电势上半波形的交点,c_2、c_4、c_6 点表示相电势在下半波形的交点,这些点被称为自然换相点。此时直流端 M 对中性点 O 的电位 $v_M = e_a$,N 对中性点 O 的电位 $v_N = e_b$,换流器直流端电压 $v_d = v_M - v_N = e_a - e_b = e_{ab}$。当 ωt 经过 60°在 c_2 点换相后,$e_c < e_b$,C 点电位低于 B 点电位,由于 V_6 的导通,使得 V_2 的阴极电位低于阳极电位,此时其门极加上触发脉冲便立即导通。此后 V_6 因承受反向电压而关断,实现 V_6 向 V_2 换相,变成 V_1 和 V_2 导通。这时对换流器而言,电流总是从高电位流向直流系统,此时线电压 e_{ac} 通过 V_1 和 V_2 加到直流端 M、N 两母线上,其波形如图 2-6(b)中的 e_{ac} 段。

当 ωt 又经过 60°在 c_3 点换相后,$e_a < e_b$,A 点电位低于 B 点电位,由于 V_1 的导通,使得 V_3 承受正向电压,此时其门极加上触发脉冲使 V_3 立即导通。此后 V_1 因承受反向电压而关断,实现 V_1 向 V_3 换相,变成 V_2 和 V_3 导通。此时线电压 e_{bc} 通过 V_2 和 V_3 加到直流端 M、N 两母线上。

随后每隔 60°依次换相一次,如此循环往复,直流正极母线 M 和负极母线 N 对电源中性点的电位变化如图 2-6(a)所示上下包络线,而直流母线 MN 间的直流输出电压 V_d 波形如图 2-6(b)粗线所示。

可见,理想情况下整流器的工作原理是:连接最高交流电压的晶闸管将导通,电流由此送出;而连接最低交流电压的晶闸管也将导通,电流由此返回。通过按照一定顺序的阀的通断将交流电压变换成脉动的直流电压。由于直流电压在工频一个周期内有 6 个脉动,所以三相桥式的单桥换流器属于六脉动换流器。

整流器的直流电压 V_d 在一个周期之内是由 6 段相同的正弦曲线段组成的,求其平均值时可取其中的一段计算。在图 2-6(b)中,取纵轴 y 位于 $\omega t = 30°$ 处,则曲线 e_{ab} 的纵坐标可用 $\sqrt{2}E\cos\omega t$ 表示,ωt 从 $-\pi/6$ 到 $\pi/6$ 这段时间间隔内,可由积分求得其曲线下面积为

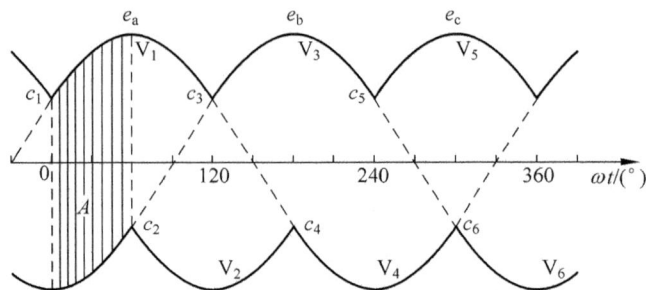

(a) 直流端M、N对中性点电压

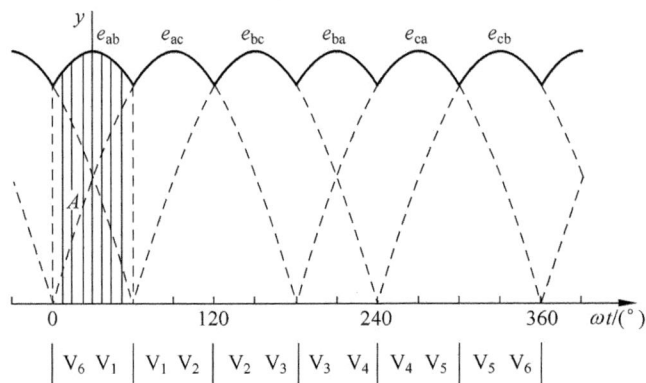

(b) 直流输出电压

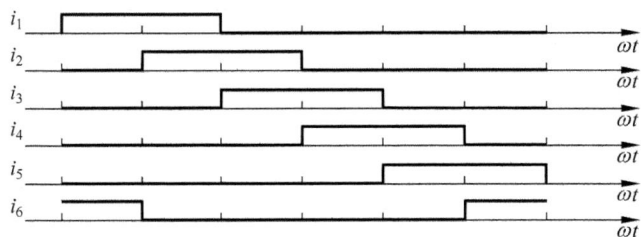

(c) 阀电流

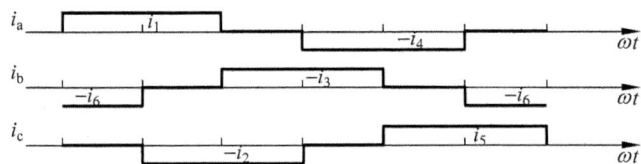

(d) 交流侧电流

图 2-6 单桥整流器的电压电流波形（$\alpha = 0, \mu = 0$ 时）

$$A = \int_{-\frac{\pi}{6}}^{\frac{\pi}{6}} \sqrt{2}\, E\cos\omega t\, \mathrm{d}(\omega t) = \sqrt{2}\, E\sin\omega t \Big|_{-\frac{\pi}{6}}^{\frac{\pi}{6}} = \sqrt{2}\, E \qquad (2\text{-}3)$$

将 A 值除以 $\pi/3$ 即可得到理想情况下的直流电压平均值为

$$V_{d0} = A / \frac{\pi}{3} = 3\sqrt{2}\, E/\pi = 1.35E \qquad (2\text{-}4)$$

各阀电流和交流侧电流波形如图 2-6(c)、(d)所示,它们都是宽度为 120°的矩形。

2.2.2　考虑触发延迟角的情况

对于图 2-6,当阀 V_1 不是在 c_1 点导通,而是如图 2-7 所示要延迟一个角度 α 才被触发导通,则情况将有所不同。从自然换相点到阀的门极上加以控制脉冲这段时间,用电气角度来表示,称为触发延迟角(简称触发角或延迟角)α。这时空载直流母线 M、N 对中性点的电压波形(换相角 $\mu = 0$ 时)如图 2-7(a)中的粗线所示,直流母线 M、N 之间的直流电压波形如图 2-7(b)中的粗线所示。

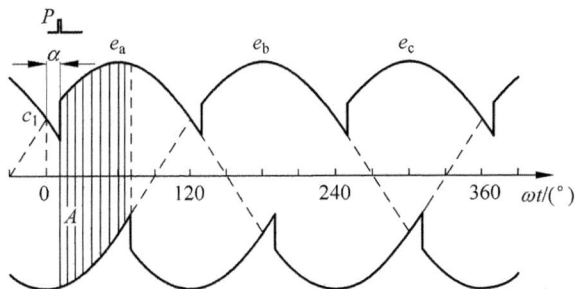

(a) 直流端M、N对中性点电压

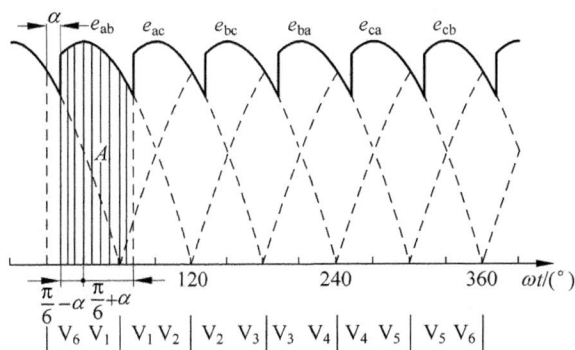

(b) 直流输出电压

图 2-7　单桥整流器在 $\alpha > 0, \mu = 0$ 时的电压波形

与图 2-6 相比,在 $\omega t = 0°$ 后的触发角 α 内,阀 V_5 尚未换相到 V_1,所以加到直流端的电压仍为 e_{cb},因而在直流电压 V_d 波形上有缺口,故其平均值比 V_{d0} 低。同理也可以取一周中

的 1/6 波形来计算:

$$A = \int_{-(\frac{\pi}{6}-\alpha)}^{\frac{\pi}{6}+\alpha} \sqrt{2}\,E\cos\omega t\,\mathrm{d}(\omega t) = \sqrt{2}\,E\sin\omega t \Big|_{-\frac{\pi}{6}+\alpha}^{\frac{\pi}{6}+\alpha} = \sqrt{2}\,E\cos\alpha \tag{2-5}$$

将 A 值除以 π/3 即可得到这种情况下的直流电压平均值,也称为有相控的理想空载直流
电压:

$$V_{\mathrm{d}} = A\Big/\frac{\pi}{3} = 3\sqrt{2}\,E\cos\alpha/\pi = 1.35E\cos\alpha \tag{2-6}$$

可见,在考虑 $\alpha > 0$ 的情况下,与 $\alpha = 0$ 时相比,直流输出电压改变了一个 $\cos\alpha$,调节 α 值
就可改变 V_{d},从而改变直流输出功率。

2.2.3 同时考虑触发延迟角和换相电感的情况

当导通的阀 V_1 换相至阀 V_3 的过程中,由于系统存在电感,换流变也有漏抗,所以回路
中的电流不会突变,即阀 V_1 中的电流不会立即降到 0,阀 V_3 中的电流也不会立即上升到额
定值,而存在一个阀 V_1 和 V_3 共同导通的时间。在这段时间里相当于交流 a、b 两相短路,
如图 2-8 所示。

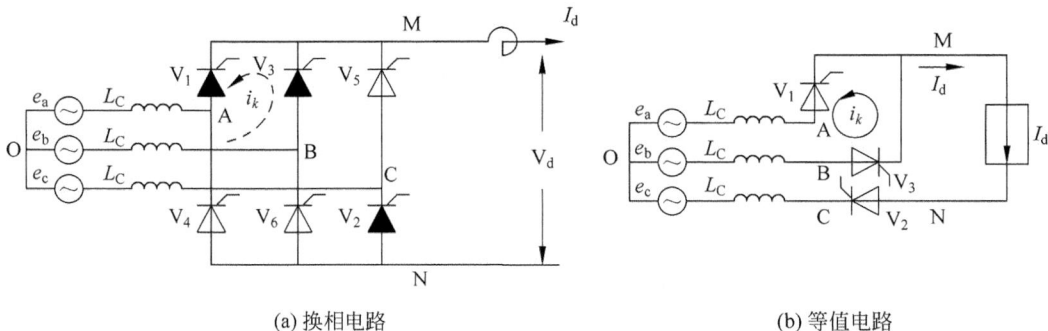

(a) 换相电路 (b) 等值电路

图 2-8 单桥整流器在 $\alpha > 0, \mu > 0$ 时的换相电路

图 2-8 中两相短路电流 i_{k} 在 MAOBM 回路中流过,依等值电路有

$$e_{\mathrm{b}} - e_{\mathrm{a}} = L_{\mathrm{C}}\frac{\mathrm{d}i_{\mathrm{k}}}{\mathrm{d}t} - L_{\mathrm{C}}\frac{\mathrm{d}(I_{\mathrm{d}} - i_{\mathrm{k}})}{\mathrm{d}t} \tag{2-7}$$

即

$$2L_{\mathrm{C}}\frac{\mathrm{d}i_{\mathrm{k}}}{\mathrm{d}t} = \sqrt{2}\,E\sin\omega t \tag{2-8}$$

对上式求积分后可得

$$i_{\mathrm{k}} = -\frac{\sqrt{2}\,E}{2\omega L_{\mathrm{C}}}\cos\omega t + C = -I_{\mathrm{k2}}\cos\omega t + C \tag{2-9}$$

式中,C 为积分常数;I_{k2} 为交流系统在换流器交流端两相短路时,短路电流强制分量的幅值。

当换相开始的瞬间,即电路由一组阀(如 V_1、V_2)导通变为另一组阀(V_1、V_2、V_3)导通的瞬间,电感支路的电流不会突变。此时 $\omega t = \alpha$,$i_k = 0$,代入式(2-9)中得到

$$C = I_{k2}\cos\alpha \tag{2-10}$$

则

$$i_k = \frac{\sqrt{2}\,E}{2\omega L_C}(\cos\alpha - \cos\omega t) = I_{k2}(\cos\alpha - \cos\omega t) \tag{2-11}$$

可见 i_k 实际上是阀 V_3 开通时交流系统在 AB 两点发生两相短路时的短路电流,包括了自由分量(直流分量)和强制分量(工频分量)。同时 i_k 也是换相过程中阀 V_3 的电流 i_3,而阀 V_1 的电流 $i_1 = I_d - i_k$,它们的变化过程如图 2-9 所示。i_k 随着 ωt 的增加而增大,因此阀 V_3 的电流 i_3 逐渐增大而阀 V_1 的电流 i_1 逐渐减小。经过一定相角 μ 之后,电流 i_k 增大到 I_d,即当 $\omega t = a + \mu$ 时 $i_k = I_d$,代入式(2-11)中可得

$$i_3 = i_k = I_d = \frac{\sqrt{2}\,E}{2\omega L_C}[\cos\alpha - \cos(\alpha + \mu)] = I_{k2}[\cos\alpha - \cos(\alpha + \mu)] \tag{2-12}$$

同时有 $i_1 = I_d - i_k = 0$。由于阀单向导通特性的限制,i_1 停留在 0 值;i_k 不可能再增大,i_3 也保持为 I_d,如图 2-9 所示。所以当时阀 V_1 就关断了,换流器变为两个阀(V_2、V_3)导通的状态。由于阀 V_1 关断后承受着反向电压,从而保证了阀 V_1 的关断。

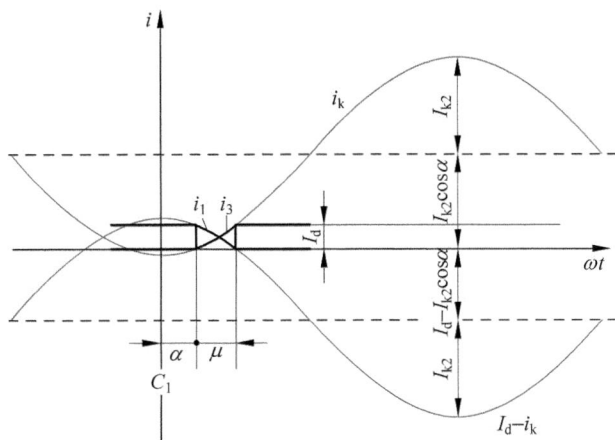

图 2-9　整流器换相过程的电流波形

从阀 V_3 开通瞬间到阀 V_1 关断瞬间,直流电流从 A 相流经阀 V_1 转移到从 B 相流经阀 V_3 的过程称为换相过程。在此过程中,换流器直流侧从原来通过阀 V_1 和 V_2 两个阀接到电动势 e_{ac} 上,转换为通过阀 V_2 和 V_3 两个阀接到电动势 e_{bc} 上。其他各阀也每隔 60° 依次换相,周而复始。

可见,换流器的作用实质上是相当于用 6 个可控的电子开关将其直流侧按一定的次序轮流地接通三相电源中的某两相,从而将交流电变换成直流电。由上可知,换流器是通过借助于交流电网所提供的短路电流 i_k 来实现换相的,因而电流 i_k 称为换相电流;提供换相电流的交流电压称为换相电压,或称为换流器的电源电压;换相电流所流经的回路中每相的等值电抗 ωL_C 称为换相电抗。

应当指出,式(2-12)是根据直流电感为无穷大的假定推导的,实际上当电感值是有限值时,直流电流将有纹波。

换相过程所经历的相位角 μ 称为换相角或重叠角。由式(2-12)可得

$$\mu = -\alpha + \arccos\left(\cos\alpha - \frac{\sqrt{2}\,\omega L_C I_d}{E}\right) \tag{2-13}$$

当其他参数不变时,换相角 μ 将随着直流电流 I_d 增大而增大,或者当换相电压 E 下降、α 减小、换相电抗 ωL_C 增大而其他参数不变时,μ 也将随着增大。

当换相角 μ 大小变化时,换流器在工作过程中同时导通的桥阀数目将有所不同,如图 2-10 所示。图中的数字表示导通的阀号,斜线对应换相过程,为了方便起见,就用换流器在工作中导通的阀数目作为工作方式的名称,如图右侧所标注。例如,换流器在正常工作情况下一般有 $\mu < 60°$,在非换相期间只有两个阀导通,而在换相期间有 3 个阀导通,两种状态交替出现,因而称为 2-3 方式。而当 $60° < \mu < 120°$ 时,换流器工作在 3-4 方式,属于非正常工作方式。

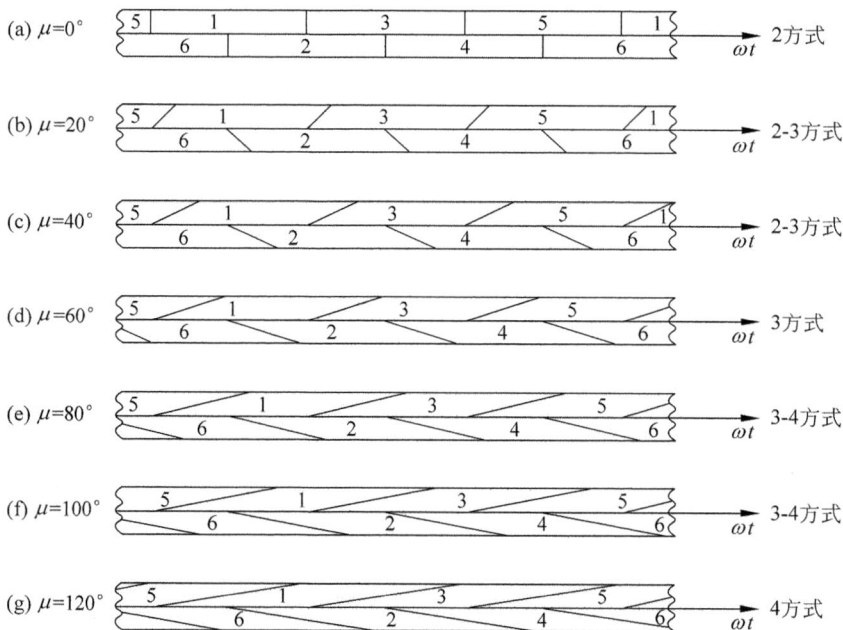

图 2-10 换相角大小与换流器同时导通的桥阀数的关系图

在考虑换相角之后，由于两个阀的换相，例如 c_3 之后 V_1 和 V_3 的换相，换流器交流端 AB 两相短路，线电压全部降落在这两相的换相电抗上，每相 ωL_C 的降落均为 e_{ab} 的一半，因此，此时直流端 M 的电位 v_M 处于两曲线之间的中点上，如图 2-11 所示；而非换相期间 v_M 则与图 2-7(a) 相应部分一致。图 2-11(a) 中的点画线为 e_a 和 e_b 的平均值，在换相角内也就是 v_M 的轨迹。

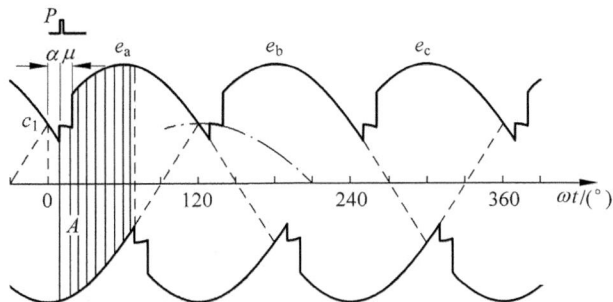

(a) 直流端 M、N 对中性点电压

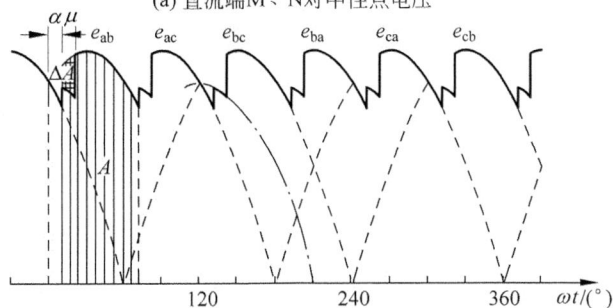

(b) 直流输出电压

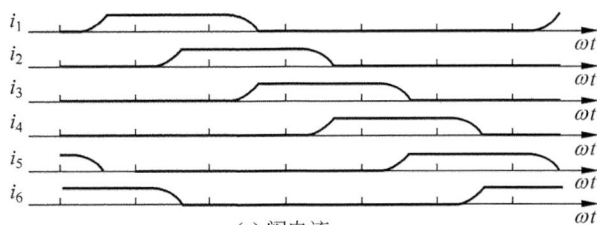

(c) 阀电流

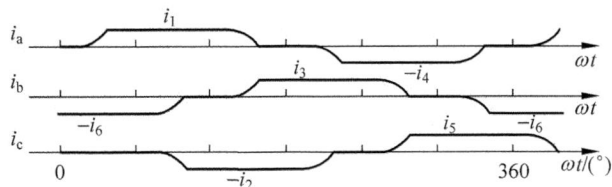

(d) 交流侧电流

图 2-11　整流器的电压电流波形（$\alpha>0$，$\mu>0$ 时）

直流电压的平均值 V_d 可以从间隔为 $60°$ 的一段曲线下的面积取平均值求得,如图 2-11(b) 所示,此时曲线下的面积比起 $\alpha > 0,\mu = 0$ 时(如图 2-7(a)所示)的情形小了一块由换相过程引起的缺口 ΔA,因此有

$$V_d = \frac{3}{\pi}(A - \Delta A) = V_{d0}\cos\alpha - \Delta V \tag{2-14}$$

式中,ΔV 为由于换相引起的直流电压平均值的变化量,即换相压降。

根据图 2-11(a)和(b)可知 ΔA 部分的纵坐标长度等于参与换相的两相之间线电压瞬时值的一半,即 $\frac{\sqrt{2}}{2}E\sin\omega t$,因此有

$$\Delta A = \int_{\alpha}^{\mu+\alpha} \frac{\sqrt{2}}{2}E\sin\omega t\, d(\omega t) = \frac{\sqrt{2}}{2}E[\cos\alpha - \cos(\alpha + \mu)] \tag{2-15}$$

所以

$$\Delta V = \frac{\Delta A}{\pi/3} = \frac{3\sqrt{2}}{2\pi}E[\cos\alpha - \cos(\alpha + \mu)] = \frac{V_{d0}}{2}[\cos\alpha - \cos(\alpha + \mu)] \tag{2-16}$$

即

$$\Delta V = V_{d0}\sin\left(\alpha + \frac{\mu}{2}\right)\sin\frac{\mu}{2} \tag{2-17}$$

将式(2-12)代入式(2-16)可得

$$\Delta V = \frac{3\omega L_C}{\pi}I_d = 6fL_C I_d = R_C I_d, \quad R_C = 6fL_C \tag{2-18}$$

式中,f 为交流工频(Hz);R_C 称为比换相压降,或者称为等值换相电阻,表示一个单位直流电流在换相过程中所引起的压降,但不消耗有功功率,不是真正意义上的电阻。

将式(2-16)~式(2-18)代入式(2-14)可得

$$V_d = \frac{V_{d0}}{2}[\cos\alpha + \cos(\alpha + \mu)] = V_{d0}\cos\left(\alpha + \frac{\mu}{2}\right)\cos\frac{\mu}{2} = V_{d0}\cos\alpha - R_C I_d \tag{2-19}$$

2.2.4　换流装置的功率因数

先不考虑换相角的影响。当触发延迟角 α 增大时,供电相中交流电压和交流电流之间的相位移也会改变。a 相的变化情况如图 2-12 所示。这里,a 相电流波形由 V_1 和 V_4 中的方波电流合成。

根据假设可知,直流电流是恒定的。由于每个阀导通 $120°$,交流线电流变化幅值为 I_d、宽度为 $120°$ 或 $2\pi/3$ 弧度的方波。假定无叠弧,则交流线电流的波形与 α 无关,只有相位移随 α 而变化。

对图 2-13 所示的电流波形进行傅里叶级数分析,可以确定交流线电流的基频分量。

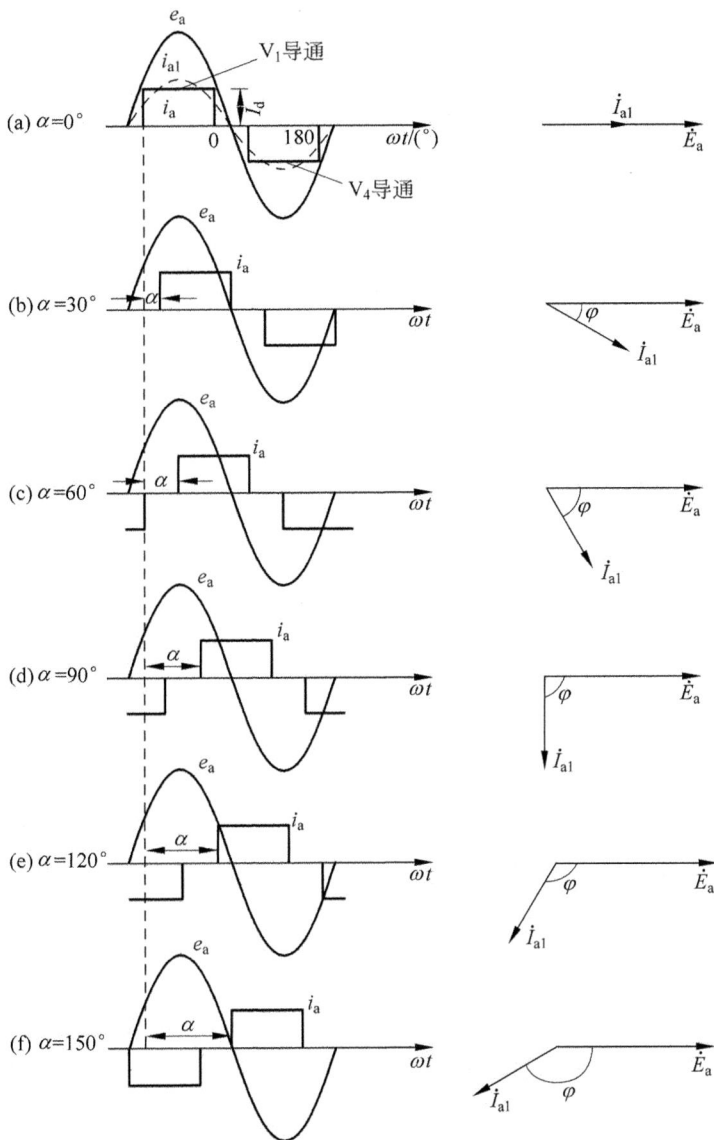

图 2-12 a 相电压和电流的相位移随触发角的变化

（e_a 为 a 相电压；$\dot{E}_a$ 为电压相量；i_a 为 a 相线电流；$\dot{I}_{a1}$ 为基频电流相量）

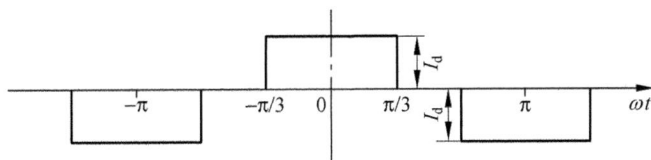

图 2-13 线电流波形

交流线电流的基频分量峰值为

$$I_{LM} = \frac{2}{\pi} \int_{-60°}^{60°} I_d \cos x \, \mathrm{d}x = \frac{2}{\pi} I_d \sin x \Big|_{-60°}^{60°} = \frac{2}{\pi} \sqrt{3} \, I_d$$

交流线电流基频分量的有效值为

$$I_{L1} = \frac{I_{LM}}{\sqrt{2}} = \frac{\sqrt{6}}{\pi} I_d$$

忽略换流器的损耗，交流功率一定等于直流功率，因此

$$\sqrt{3} E I_{L1} \cos\varphi = (V_{d0} \cos\alpha) I_d$$

式中，E 为线电压有效值；φ 为基频线电流滞后于电源相电压的角度，如图 2-12 所示。

将 V_{d0} 以及 I_{L1} 代入上式，得

$$\left(\sqrt{3} E \frac{\sqrt{6}}{\pi} I_d \right) \cos\varphi = \left(\frac{3\sqrt{2}}{\pi} E I_d \right) \cos\alpha$$

因此，基波的功率因数为

$$\cos\varphi = \cos\alpha$$

这样，换流器就可以作为将交流转换为直流（或将直流转换为交流）的设备运行，使得电流的比值是固定的，而电压的比值随触发角的改变而变化，触发延迟可由栅极或门极控制。

触发延迟角 α 使电流波形及其基频分量移动一个角度 $\varphi = \alpha$，如图 2-12 所示。当 $\alpha = 0°$ 时，电流的基频分量 (i_{a1}) 与相电压 e_a 同相位，有功功率 $(P_a = E_a I_{a1} \cos\varphi)$ 为正，无功功率 $(Q_a = E_a I_{a1} \sin\varphi)$ 为零；当 α 从 $0°$ 增大到 $90°$ 时，P_a 减小，Q_a 增大；当 $a = 90°$ 时，P_a 为零，Q_a 达到最大；当 α 从 $90°$ 增加到 $180°$ 时，P_a 变为负值且绝对值增大，而 Q_a 仍为正且幅值减小；当 $\alpha = 180°$ 时，P_a 达到负的最大值，Q_a 为零。由此可知，无论是作为整流装置还是逆变装置，换流器都将从交流系统中吸收无功功率。

计及换相角 μ 之后，直流电压的降低引起直流功率的降低，由于这时交流电压和电流并没有发生变化，因此直流功率的降低可以看作交流侧有滞后功率因数的缘故，而使变压器一次侧输出的有功功率由 $\sqrt{2} EI$ 降为 $\sqrt{2} EI \cos\varphi$。如果在图 2-2(b) 的等值电路中，交流系统容量很大，则换相电抗可以只计及换流变的漏抗，加到换流装置（包括换流桥和换流变）的相电压是正弦波。图 2-14 绘出了换流装置 a 相交流电压和电流的波形，Ⅰ 和 Ⅱ 两纵轴分别代表这两个波形正半波的中线，电流的相位要比电压滞后一个 φ 角，两个中线之间的相位角即为近似的功率因数角 φ。由于阀 V_1 导通的时间在正半波中对应于 $120° + \mu$，从图中各相位角的关系可以得到

$$\varphi = \alpha + \frac{\mu}{2} \tag{2-20}$$

上式虽是粗略的近似式，但比较直观。

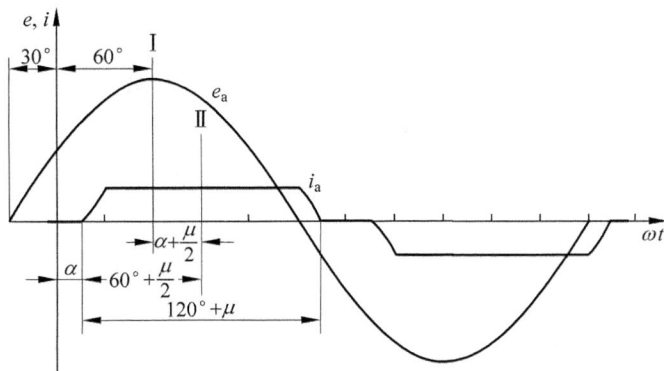

图 2-14　换流装置的基波功率因数角

2.3　逆变器的工作原理

在直流输电系统中,为了满足用户的要求,还需要把直流变换成交流,从而需要所谓的逆变器。逆变器与整流器具有相同的换流装置,但是各自运行条件不同。

2.3.1　触发延迟角与直流电压的关系

前面讨论了触发角 α 在较小时的电压波形以及有相控的理想空载直流电压 $V_d = V_{d0}\cos\alpha$,如图 2-7 所示。如果 $60° < \alpha < 90°$,则换流器直流端电压瞬时值将交替地出现正值和负值,如图 2-15 所示。如果没有平波电抗器而将整流器直接接到纯电阻负荷上,由于换流阀的单向导通特性,将只有在瞬时电压为正的各段时间内才有断续的电流送出。但由于电感很大的直流电抗器的存在,在直流电压平均值大于 0 的情况下仍能向负荷送出直流电流。

当 $\alpha = 90°$ 时,直流电压 V_d 曲线(即图 2-15(b)中粗线)所决定的正负面积相等,直流电压平均值为 $V_d = V_{d0}\cos 90° = 0$,换流器不能送出直流电流,从而不再有整流作用。

如果 $90° < \alpha < 120°$,则直流电压 V_d 曲线所决定的负面积大于正面积,V_d 变为负值而反向。当 $120° < \alpha < 180°$ 时,代表电压的面积全部是负的,V_d 也就负得更多,如图 2-16 所示。当 $\alpha = 180°$ 时,$V_d = V_{d0}\cos 180° = -V_{d0}$,达到负的极值。图中 v_M、v_N 分别表示直流 M、N 两极的电压瞬时值。

在 $90° < \alpha < 180°$ 的情况下,换流器不可能沿着阀可导通的方向向负荷送出直流电流。但如果将整流器输出的直流电压通过直流电路加到右边另一个运行在 $90° < \alpha < 180°$ 状态的换流器上,则右边的换流器将作为逆变器运行,电流可沿着回路流通,如图 2-17(a)所示。图中,v_{dR}、v_{dI} 分别表示整流侧和逆变侧直流电压。

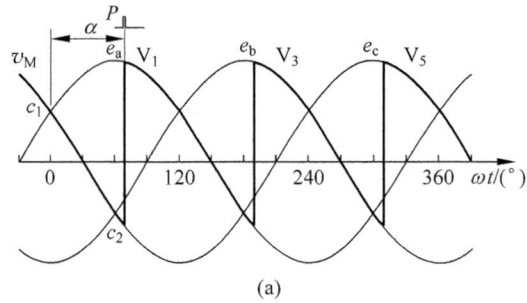

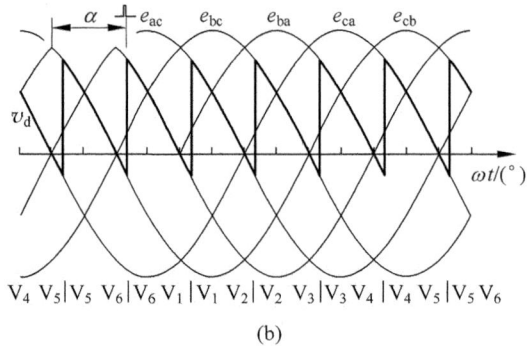

图 2-15　$60° < \alpha < 90°, \mu = 0$ 时换流器的电压波形

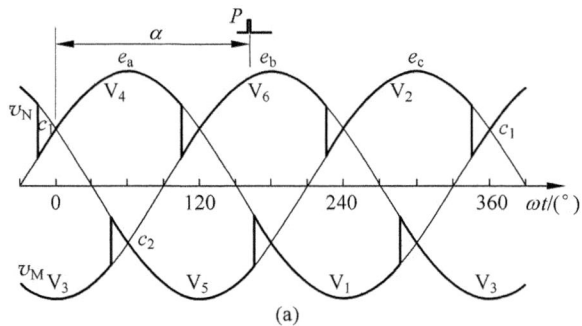

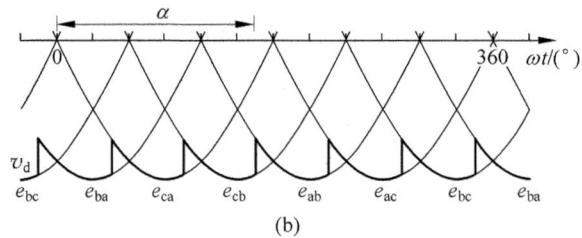

图 2-16　$120° < \alpha < 180°, \mu = 0$ 时换流器的电压波形

(a)

(b)

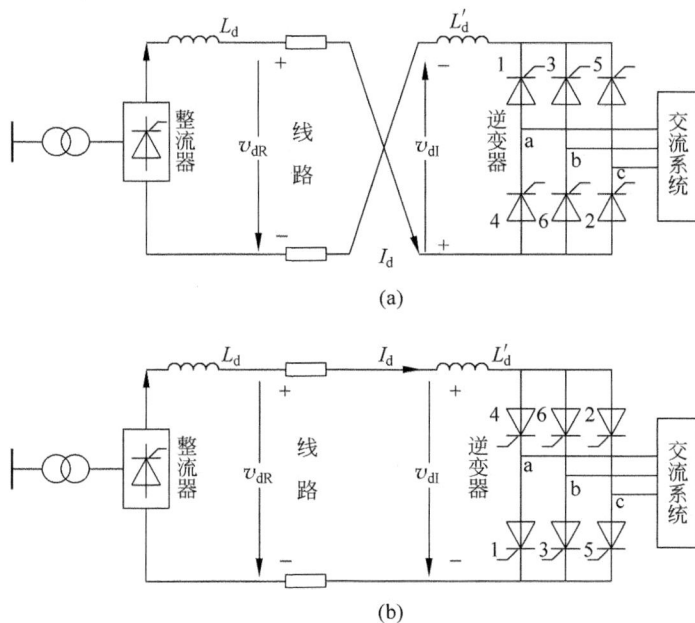

图 2-17　作为逆变器运行的换流器

2.3.2　逆变器的运行

为了使换流器由整流状态转变为逆变状态,除了要改变直流电压的极性之外,还必须加大触发角,使得 $\alpha > 90°$。在分析逆变状态时,为方便起见,通常以超前角 β 代替延迟角 α,两者关系是

$$\beta = 180° - \alpha \tag{2-21}$$

逆变器的工作原理与整流器的工作原理有很多相同之处,也有一些不同点。主要不同点在于逆变器是利用加在阀上的交流电压处于负半周时使阀导通,此时直流平均电压 V_d 为负值,实质上 V_d 起到一个反电动势的作用。

要使逆变器导通,必须满足下列充分必要条件:

(1) 在直流母线上加一个足够大的直流电压,以克服反电动势的作用,才能使电流流通;

(2) 在直流电压小于交流反电动势瞬时值时,为了保持电流的连续,直流回路要有充分大的电感。

如图 2-17(b)和图 2-18 所示,阀 V_1 在 e_a 接近负半周时才触发导通,此前 V_5 和 V_6 导通。e_a 接于 V_1 阳极,虽处于低电位,但因外加直流电压 V_{dn} 在阴极通过 V_5 的导通提供了一个更低的电位 e_c,故 V_1 处于正向电压,一经触发即可导通。当然,要实现 V_5 向 V_1 换相,必

须满足 $e_c < e_a$。由于在自然换相点 c_4 之后 $e_c > e_a$，这就要求换相必须在 c_4 点之前完成，否则 V_1 在反向电压作用下将会被关断。

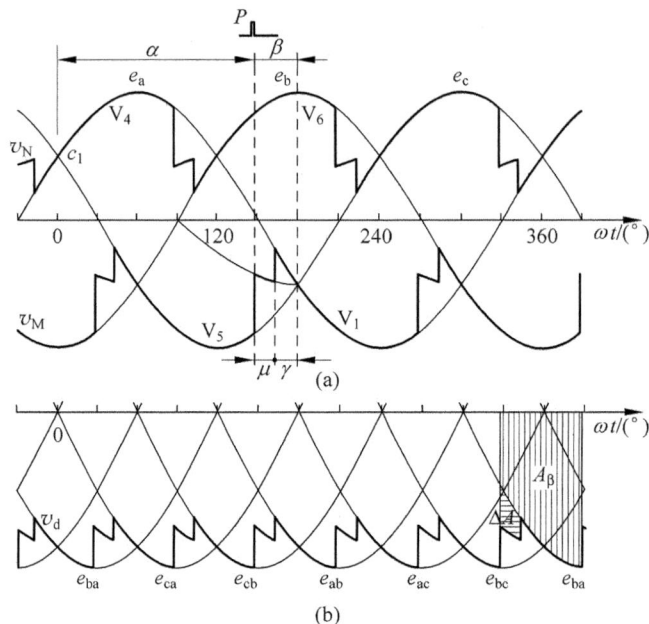

图 2-18　逆变器的电压波形

在换相结束（V_5 关断）时刻到最近一个自然换相点（c_4）之间的角度称为熄弧角 γ（又称关断角）。由于阀在关断之后还需要一个使载流子复合的过程，因此熄弧角必须足够大，使换流阀有足够长的时间处于反向电压作用之下，以保证刚关断的阀能够完全恢复阻断能力。如果熄弧角太小，在过 c_4 点后 V_5 又承受正向电压，而此时载流子尚未复合完，则 V_5 不经触发就会导通，使 V_1 承受反向电压而被迫关断。这种故障称为换相失败。为避免换相失败，要求逆变器的熄弧角必须有一个最小值 γ_{min}，其大小为阀恢复阻断能力所需时间加上一定的裕度，一般为 $15°$ 或更大一些。从图 2-18 可见 $\beta = \mu + \gamma$。

阀 V_1 导通后，e_a 逐渐下降并将低于外加的直流电压 V_{dn}。尽管 V_1 承受反向电压，但因储藏在 L'_d 中的磁场能量释放出来，维持了电流继续导通而不至于断流，直到阀 V_3 触发时才开始另一个换相过程。

上半桥的 3 个阀（V_4、V_6、V_2）的导通情况类似，不过它们是在直流反电动势为高电位时导通。可见逆变器的工作规律是：电流从高电位的阀流进，经低电位的阀流出。

这种情况之所以成为可能，是因为直流回路提供了足够大的直流电压和磁场能量的缘故。

由上可见，换流器运行在整流或者逆变状态，取决于触发脉冲相位的选择。这一特点为直流输电的"潮流翻转"及其他控制提供了非常有利的条件。

由于逆变器的换相过程与整流器的相似,由逆变侧交流系统提供换相电流来实现,因此根据换相原理也可以推导出直流电流表达式如下:

$$I_d = \frac{\sqrt{2}E}{2\omega L_C'}[\cos\gamma - \cos\beta] = I_{k2}[\cos\gamma - \cos\beta] \tag{2-22}$$

式中,$\omega L_C'$ 为逆变侧交流侧的换相电抗。逆变侧的直流平均电压为

$$V_d' = \frac{3}{\pi}(A_\beta + \Delta A) = -V_{d0}\cos\alpha + \Delta V = V_{d0}\cos\beta + \Delta V \tag{2-23}$$

$$\Delta A = \int_\gamma^{\mu+\gamma} \frac{\sqrt{2}}{2}E\sin\omega t \, d(\omega t) = \frac{\sqrt{2}}{2}E[\cos\gamma - \cos(\gamma + \mu)] \tag{2-24}$$

$$\Delta V = \frac{\Delta A}{\pi/3} = I_d \frac{3\omega L_C'}{\pi} = I_d R_\beta \tag{2-25}$$

式中,R_β 为逆变侧等值换相电阻。将式(2-25)代入式(2-23)得

$$V_d' = V_{d0}\cos\beta + R_\beta I_d \tag{2-26}$$

由式(2-22)和式(2-26)可得

$$V_d' = V_{d0}\left(\cos\gamma - \frac{1}{I_{k2}}I_d\right) + R_\beta I_d = V_{d0}\cos\gamma - \left(\frac{V_{d0}}{I_{k2}} - R_\beta\right)I_d \tag{2-27}$$

由式(2-4)、式(2-9)和式(2-25),将 V_{d0}、I_{k2} 和 R_β 代入上式可得

$$V_d' = V_{d0}\cos\gamma - R_\beta I_d \tag{2-28}$$

换流器是靠交流侧的正常电压来反复进行换流的,因此如果因交流系统事故引起换流站母线电压下降或发生波形失真的话,就不能进行正常的换流,致使直流系统运行暂停,要等事故解除后,交流电压恢复正常,才能使直流系统再开始(再启动)运行。特别是在逆变器一侧,由于经常运行着的余裕角小,所以易受其影响,这是换流器的弱点。虽然这种启动时间只有 $200\sim500ms$,但由于是大容量直流输电,不论是对单独的直流输电系统还是对交直流混合系统来说影响都是很大的。

2.3.3 换相失败的概念

当两个桥臂之间换相结束后,刚退出导通的阀在反向电压作用的一段时间内,如果未能恢复阻断能力,或者在反向电压期间换相过程一直未能进行完毕,这两种情况在阀电压转变为正向时,被换相的阀都将向原来预定退出导通的阀倒换相,这称为换相失败。

由于整流器阀在电流关断后的较长时间内处于反向电压下,所以仅当触发电路发生故障时,整流器才会发生换相失败。直流输电系统中大部分换相失败都发生在逆变器上,换相失败是逆变器最常见的故障。本文主要讨论逆变器换相失败。

直流输电系统需要交流系统提供换相电流,换相电流实际上是相间短路电流,因此要保证换相可靠,受端交流系统必须具有足够容量,即必须有足够的短路比(short circuit ratio, SCR),所以受端电网较弱的直流输电系统更容易发生换相失败。短路比是衡量交流系统强

弱的一个指标,指换流站交流侧母线的短路容量相对于直流额定输送功率的比值,短路比越大,系统等值电抗越小,所连接的交流系统越强;反之,则交流系统越弱。一般认为短路比大于 5 的系统属于强系统,小于 3 的为弱系统。

晶闸管需要一定时间完成载流子复合,恢复阻断能力,其去离子恢复时间在 $400\mu s$(约 $7°$电角度)左右,考虑到串联元件的误差,晶闸管阀的恢复时间以电角度 γ_{min} 表示约为 $10°$。本节取 $\gamma_{min}=10°$,即当计算出的熄弧角 $\gamma\leqslant10°$ 时就认为换相失败。

由式(2-22)并考虑换流变压器的变比 k 后,可得系统对称时逆变器熄弧角为

$$\gamma = \arccos\left(\frac{\sqrt{2}\,kI_d\omega L'_c}{E} + \cos\beta\right) \tag{2-29}$$

当逆变侧交流系统发生不对称故障并使换相线电压过零点前移角度 Φ 时,逆变器熄弧角为

$$\gamma = \arccos\left(\frac{\sqrt{2}\,kI_d\omega L'_c}{E} + \cos\beta\right) - \Phi \tag{2-30}$$

可见,当系统对称时,直流电流、超前角、换流母线线电压、换流变压器变比和换相电抗都会影响逆变器的熄弧角,从而导致换相失败。当系统不对称时,熄弧角还与换相线电压过零点相位移 Φ 角有关。另外,直流系统的触发脉冲控制方式和交流系统的频谱特性,对换相失败也有一定的影响。

2.3.4　换相失败的影响因素

这里以 CIGRE HVDC 标准模型为研究对象,如图 2-19 所示,为简便起见,图中以单桥表示双桥,这是一个额定电压为 500kV、额定容量为 1000MW 的单极直流输电系统。

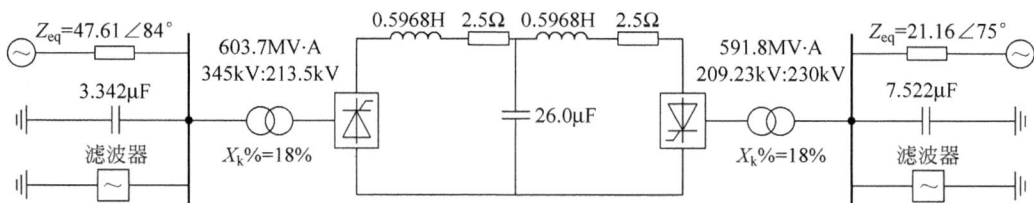

图 2-19　CIGRE HVDC 标准模型

假设该系统初始时在额定状况下运行,即直流电流 $I_d=1.0\text{p.u.}$(2kA),换流母线电压 $E=1.0\text{p.u.}$(230kV),换流变压器变比 $k=1.0\text{p.u.}$(230/209.23),则可算得初始运行点超前角 $\beta_0=39.0°$,运行点的熄弧角 $\gamma_0=16.8°$。

1. 换流母线电压对换相失败的影响

图 2-20(a)为直流电流和换流变压器变比保持在初始值不变,熄弧角 γ 随换流母线线

电压 E 和超前角 β 的变化曲线,也就是逆变器在不同的 β 角下当交流系统发生三相故障时的响应特性曲线。

当逆变侧交流系统发生故障时,直流系统控制器的响应和换流变压器的变比变化都需要一定的时间,所以故障瞬间 β 和 k 保持不变。由式(2-29)和图 2-20(a)可见,当其他变量不变时,E 的降低将使熄弧角 γ 减少,从而导致换相失败。例如,当 E 从初始运行点 A 处的 1.0p.u. 降落到 B 处的 0.87p.u. 时,γ 从 16.8° 减少到 10°,逆变器发生换相失败。

图 2-20(a)还给出了当逆变器运行在其他 β 值时的换相失败情况。由图可见,当 $\beta=36°$ 时,即使 E 等于额定值,逆变器也会发生换相失败;当 $\beta=42°$ 时,E 要下降到 0.74p.u. 才发生换相失败。

当直流绝缘水平降低时,直流系统将降压运行,此时直流电流额定值仍与全压运行时一样,根据式(2-23)有

$$V'_d = V_{d0}\cos\beta + \Delta V = 1.35 U_C \cos\beta + \Delta V \tag{2-31}$$

可见,在直流系统降压运行时,为避免直流电压较低时 β 值过大,换流变压器阀侧电压(即换相电压)U_C 也应该适当降低。

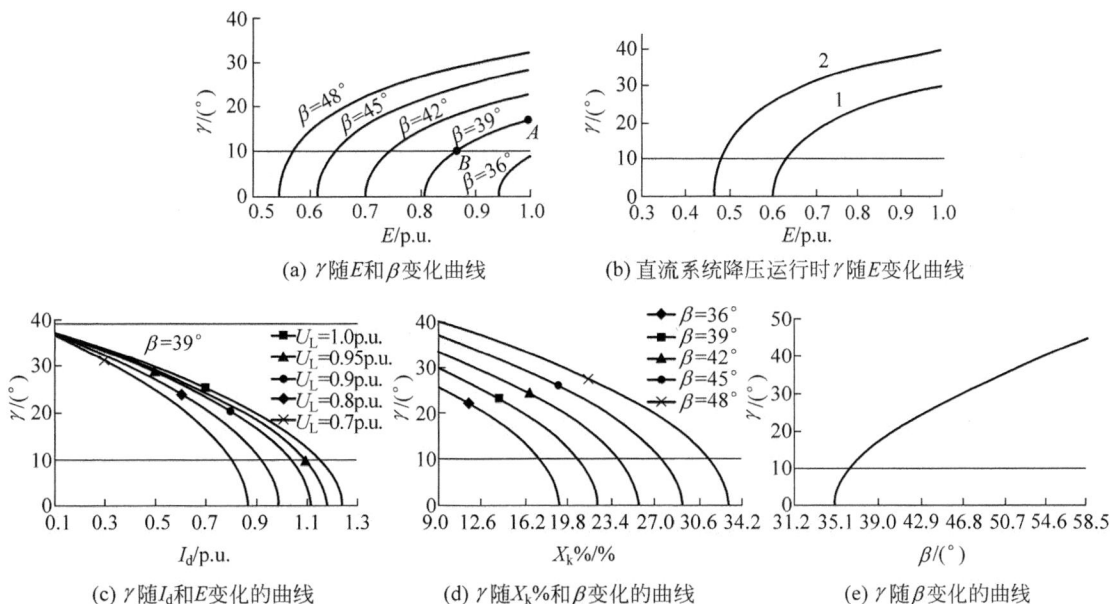

(a) γ 随 E 和 β 变化曲线　　　　(b) 直流系统降压运行时 γ 随 E 变化曲线

(c) γ 随 I_d 和 E 变化的曲线　　(d) γ 随 $X_k\%$ 和 β 变化的曲线　　(e) γ 随 β 变化的曲线

图 2-20　γ 与各参数的关系

当该直流系统在 80% 降压运行和 70% 降压运行时,其整流侧直流电压分别为 400kV 和 350kV,而逆变侧直流电压分别为 390kV 和 340kV。如果此时换流变压器阀侧电压均为 0.9p.u.,由式(2-31)可得 80% 和 70% 降压运行时的 β 分别为 48.2° 和 55.3°,直流系统降压运行时 γ 随 E 的变化曲线如图 2-20(b)所示(图中曲线 1 为 80% 降压运行;曲线 2 为 70% 降压运行)。可见,直流系统 80% 和 70% 降压运行时运行点处的 γ 分别是 29.9° 和 39.7°,远

大于全压运行时的 16.8°。由于有较大的裕度,降压运行时发生换相失败的机会较小。

2. 换流变压器变比对换相失败的影响

由式(2-29)可见,当其他变量一定时,降低换流变压器分接头级数(即减少变比 k)可以使 γ 增大,从而减少换相失败的发生机会。不过由于换流变压器变比调整的时间常数较大(通常在数秒左右),因此故障暂态时不能很好地防止换相失败的发生。

3. 直流电流对换相失败的影响

图 2-20(c)为当 β 和 k 保持在初始值不变时,γ 随 I_d 和 E 变化的曲线。可见,直流电流的增大和换相母线电压的降低都会导致 γ 的减少,从而引起逆变器换相失败。例如,当 I_d 从初始运行点处的 1.0p.u. 上升到 1.15p.u. 时,γ 下降到 10°,逆变器发生换相失败。

4. 换相电抗对换相失败的影响

换相阻抗主要是换流变压器短路电抗。由图 2-20(d)可见,当 I_d 和 E 恒定时,对于确定的 β,换流变压器漏抗 X_k 越大,则 γ 越小。

5. β 角对换相失败的影响

图 2-20(e)为 I_d、E 和 k 保持在初始值不变时,γ 随 β 变化的曲线。可见,随着 β 的增大,γ 显著增大,这对避免逆变器换相失败是十分有利的。但 β 的增大会减少直流系统传输的功率、增大系统消耗的无功功率,所以,通过增大 β 的整定值避免换相失败是以降低直流输电系统运行经济性为代价的。

6. 逆变侧交流系统不对称故障对换相失败的影响

逆变侧交流系统发生不对称故障时,一方面,换相电压大小的变化影响逆变器各阀间的换相角,从而影响熄弧角的大小;另一方面,换相线电压过零点产生相位移也使熄弧角发生变化。

7. 触发脉冲控制方式对换相失败的影响

直流输电系统的换流器有两种基本的触发脉冲控制方式:分相触发脉冲控制方式和等间隔触发脉冲控制方式。分相触发脉冲控制方式的固有缺点是各换流阀的触发脉冲间隔受交流电压波形的影响,容易在交、直流系统中产生过量的谐波电压和电流,引起逆变器的换相失败。现代直流系统一般采用等间隔触发脉冲控制方式,该控制方式不直接依赖于同步电压,而独立地产生等相位间隔触发信号,但这并不意味着各阀的触发角持续不变,因为触发角取决于换相电压过零点与对应的触发脉冲之间的相位差。当系统受到扰动或故障使得换相电压过零点移动时,各阀的触发角不对称,γ 角也不对称,当某个阀的 γ 角小于其固有

极限 $\gamma_{\min}$ 时，就可能发生换相失败。

8. 交流系统的频谱特性对换相失败的影响

逆变器换相成功需要一定的电压时间面积（即换相齿面积），换相过程的电压时间面积过小将引起换相失败。逆变侧交流系统故障后，逆变器换相电压降低，换相的电压时间面积减小，其减少的幅度由故障后换相电压的波形决定，而故障后换相电压的波形与交流系统的频谱密切相关。如图 2-21 所示，交流系统故障后，如果换相电压 u 的波形为曲线 1，则其换相过程的电压时间面积 $bceb$ 小于换相必需的电压时间面积 $acdfa$，导致发生换相失败；改变交流系统的频谱特性，使故障后换相电压的波形含有高频振荡成分，见曲线 2，则此时的电压时间面积 $b'ceb'$ 大于面积 $acdfa$，换相能够成功。

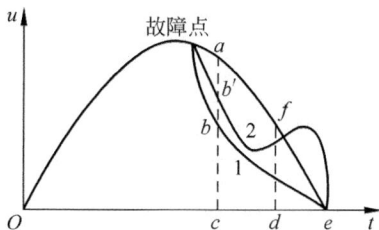

图 2-21　交流系统的频谱特性与换相失败的关系

2.3.5　换相失败的预防措施

换相失败是逆变器最常见的故障，不过在直流输电系统设计和运行中采取适当的措施，有些换相失败故障是可以预防的。

1. 利用无功补偿维持换相电压稳定

采用无功补偿装置对直流系统尤其是联于弱交流系统的直流系统进行无功补偿，增大系统有效短路比(effective short circuit ratio，ESCR)，可以降低系统对暂态反应的灵敏度，维持电压的稳定。不同的无功补偿装置性能不同，换流站无功补偿装置的配备应根据交流系统情况适当选择。当系统的有效短路比 ESCR>5 时，可全部采用电容器作为无功补偿；当 3<ESCR<5 时，电容器容量占无功补偿容量的比例应为 40%～70%；当 ESCR<3 时，电容器容量占无功补偿容量的比例应为 20%～30%。近年来静止无功补偿器 SVC 获得了很大的发展，它具有损耗少、维护工作量小、可靠性高、无惯性、响应速度快等优点，用在逆变站中可提高暂态电压稳定性，减少换相失败。比 SVC 更先进的现代补偿装置是静止调相器 STATCOM，它调节连续灵活、响应速度快、运行范围宽、装置体积较小、容易维护，如果用于逆变器进行动态无功补偿，将有效地减少换相失败的发生。

2. 采用较大的平波电抗器限制暂态时直流电流的上升

暂态时直流电流的上升容易导致换相失败，例如，当逆变器发生换相失败，逆变侧的直流电压为零时，相当于直流线路末端短路，造成直流电流上升。如果直流电流上升较快，容易造成继发性换相失败,所以应该采用较大的平波电抗器限制暂态时的直流电流。

当逆变侧直流电压降低时,线路电容将放电,为了抑制线路电容的放电电流,逆变侧平波电抗器的电感量可比整流侧适当大些。

3. 系统规划时选择短路电抗较小的换流变压器

换流变压器短路电抗的降低将减少换相电抗,从而使换流器换相时的换相角变小,熄弧角变大,减少换相失败的发生。但由于换流变压器的短路阻抗是换流运行中换相阻抗的一部分,当换流器换相失败时,换流变压器二次侧短路,故障电流主要是由变压器短路阻抗限制,如果换流变压器的短路电抗过小,故障电流很大,这对换流变压器和换流器是很不利的。换流变压器短路阻抗一般在 15% 左右。

4. 增大 β 或 γ 的整定值

增大 β 能有效地减少逆变器换相失败,但 β 的增大会减少直流系统的传输功率、增大系统消耗的无功功率。如果保持阀侧电压不变,β 的增大将导致逆变侧直流电压的降低,如果直流电流不变,则直流传输功率将减少。例如,在图 2-19 的直流输电系统中,如果 β 从 39° 增大到 42°,则逆变侧直流电压从 490kV 降低到 470kV,降低 4% 左右,如果直流电流保持不变,则传输功率也将降低 4% 左右。同时,逆变器的功率因数就从 0.850 降低到 0.817,逆变器所需无功功率从占逆变器输入直流功率的 61.9% 上升到占逆变器输入直流功率的 70.6%。所以,通过增大 β 或 γ 的整定值避免换相失败是以降低直流输电系统运行的经济性为代价的。

5. 采用适当的控制方式

(1) 换流器等间隔触发脉冲控制方式

由于等间隔触发脉冲控制方式不直接依赖于同步电压,能独立地产生等相位间隔触发信号,使得系统在逆变器交流侧发生不对称故障时仍有较强的稳定运行能力,减少了逆变器换相失败的可能性。

(2) 逆变器定熄弧角控制

逆变器实测式定熄弧角控制将实际测定的各阀熄弧角与熄弧角整定值进行比较,如果某个阀的熄弧角小于熄弧角整定值,则通过处理回路立即将下一个阀的触发角 β 增大,使逆变器运行在恒定熄弧角以维持足够的换相裕度,以减少换相失败的概率,提高运行可靠性。不过由于阀的实际关断时间还会受到下一对阀换相的影响,当交流电压大幅度下降时,仍免不了要发生换相失败。

6. 改善交流系统的频谱特性

通过改变交流系统的频谱特性,使故障后换相电压的波形含有高频振荡成分,则换相过程的电压时间面积增加，有利于逆变器换相成功。

7. 人工换相

传统直流输电的换流器依赖于交流系统的电压换相，称为自然换相。为了换相成功，自然换相的触发角 α 只能在 0°～180° 之间（实际上，为了使换相阀能可靠地导通和关断，α 应为 15°～165°）。人工换相（也称为强迫换相）则可以使换流器在交流周期的任意期望点换相。人工换相的基本原理是利用附加的接线和设备把一定波形的附加电压送加到原有的正弦换相电压上，这样，逆变器虽运行在 $\alpha \geqslant 180°$，但当阀退出导通之后，能有足够长的时间（相位角）处于反向电压作用下，以保证阻断能力的恢复。所以，人工换相能大大减少发生换相失败的可能性。人工换相主要有三种方法：利用辅助阀的人工换相、利用叠加谐波电压的单步人工换相和采用电容换相换流器的人工换相。

2.4　直流输电的运行方式及其稳态特性

高压直流输电工程的运行方式是指在运行中可供运行人员进行选择的稳态运行的状态，与直流侧接线方式、直流功率输送方向、直流电压方式和控制方式有关。高压直流输电的运行方式灵活多样，合理选择运行方式，可有效提高系统运行的可靠性和经济性。高压直流输电的稳态特性主要包括换流器的外特性（伏安特性）、功率特性和谐波特性。外特性表征了换流器直流电压和直流电流的关系，取决于控制系统的状态，即不同的控制方式有不同的外特性，详见第 6 章。谐波特性参见第 5 章。本章主要介绍功率特性。

2.4.1　直流输电工程的额定值

高压直流输电工程的额定值主要指工程在长期连续运行下的输送能力，包括额定功率、额定电压和额定电流等，是进行工程设计、设备参数选择和决定工程造价的基础参数。此外还有必要对高压直流输电在其他运行方式（过负荷、降压、功率倒送）下的输送能力作出规定，包括过负荷额定值、降压运行额定值和功率倒送额定值等。

（1）额定直流电流 I_N

I_N 是在所规定的系统条件和环境条件下高压直流输电系统能够长期连续运行的直流电流的平均值。

（2）额定直流电压 V_N

V_N 是在额定直流电流下输送额定直流功率所要求的直流电压平均值，其测量点为换流站直流高压母线上的平波电抗器线路侧和换流站的直流低压母线之间，接地极引线除外。通常规定送端整流站的 V_N 作为工程的额定直流电压。

（3）额定直流功率 P_N

P_N 指在所规定的系统条件和环境条件范围内,不考虑投入备用设备时高压直流输电工程连续输送的有功功率。每个极的额定直流功率等于极的额定直流电压 V_N 和额定直流电流 I_N 之乘积。通常要求 P_N 的测量点在整流站的直流母线处,除非特别说明。在 P_N 和输电距离确定的情况下,可以对 V_N 进行优化选择,从而得到 I_N。逆变站的 V_N 和 P_N 是通过从整流站的数值中减去直流线路上的电压损耗和功率损耗而得到。

高压直流输电的过负荷能力,通常是指直流电流高于其额定值的大小和持续时间的长短,主要取决于两端交流系统的需要,特别是在交直流系统部分设备发生故障后的需要。例如,当受端交流系统发生故障时需要高压直流输电在一定时间内进行紧急支援;当交流系统故障后引发低频振荡需要高压直流输电采用功率调制来阻尼振荡;或者当直流系统单极闭锁时需要另一极短时间多送功率等。过负荷情况下,要考虑可接受的设备预期寿命的缩短以及备用冷却设备和低于所规定的环境温度的利用等。另外高压直流输电过负荷,会引起谐波电流的增大和无功功率消耗的增加。一般从以下三个方面来讨论直流输电的过负荷。

（1）连续过负荷

连续过负荷指直流电流高于其额定值长期连续送电的能力,主要在双极高压直流输电系统中当某一极故障长期停运或者交流电网的负荷或电源出现超计划水平时采用。在最高的环境温度下,投入备用冷却设备时的连续过负荷电流约为额定值的 1.05～1.10 倍;随着温度下降,其连续过负荷能力会明显提高,不过受无功补偿、滤波要求和甩负荷后的工频过电压等因素限制,一般也不超过额定值的 1.2 倍,否则将引起工程造价的相应提高。

（2）短期过负荷

短期过负荷指直流电流在一定时间内(如 2h)高于其额定值送电的能力,以供系统调度采取相应的处理措施和修复设备。短期过负荷一般不超过额定值的 1.1 倍。系统中主要是换流阀和冷却系统的设计需要考虑短期过负荷的要求。

（3）暂时过负荷

暂时过负荷指直流电流在几秒钟内(如 3～10s)高于其额定值运行的能力,以便利用高压直流输电的快速控制来提高交流系统维持暂态稳定性的能力。常规设计下,晶闸管换流阀 5s 的暂时过负荷约为 $1.3I_N$。国内的 500kV 高压直流输电工程的暂时过负荷能力可以达到额定值的 1.5 倍。

2.4.2 直流输电的运行方式

双极高压直流输电可以双极运行,也可以单极运行。运行方式包括双极两端中性点接地、双极单端中性点接地、双极金属中线、单极大地回线、单极金属回线、单极双导线并联大地回线以及全压/降压运行方式、功率正送/反送方式和双极对称/不对称运行方式等。

双极两端中性点接地的高压直流输电系统,其直流侧接线相当于两个独立运行的单极大地回线方式的高压直流输电系统,两极在地回路中的电流方向相反。该方式运行灵活方便,可靠性高,是最为广泛采用的接线方式。正常运行时两极电流相等,地中电流为零。当一极故障停运时非故障极的电流则从大地返回,转为单极大地回线方式运行,此时通常需要非故障极先按过负荷方式输送最大功率,而后根据具体情况逐步降低。实际上,双极两端中性点接地方式在一极停运后,可以根据实际情况转为以下三种方式运行:

(1) 单极大地回线方式

要求非故障极两端换流站设备和直流输电极线完好、接地极系统完好。此时直流电流的大小和时间受单极过负荷能力和接地极设计条件限制。由于该方式下直流回路电阻增加了两端接地极引线和接地极电阻,因而线路损耗比双极方式的一个极的损耗略大。

(2) 单极金属回线方式

要求非故障极两端换流站设备和直流输电极线完好,故障极的极线能承受金属返回线绝缘水平的要求。其运行电流仅受单极过负荷能力限制。由于该方式下直流回路电阻增加了故障极的直流输电线电阻,线路损耗比双极方式的一个极的损耗大了接近一倍,因此应尽量避免该方式长期运行。

(3) 单极双导线并联大地回线方式,要求非故障极两端换流站设备完好、两极极线完好、两端接地极系统完好,即只有在两端换流站只有一个极设备故障而其余设备正常时才考虑采用。其运行电流的大小和时间受单极过负荷能力和接地极设计条件限制。由于该方式下直流回路电阻最小,因而线路损耗也最小。

双极单端中性点接地的直流系统直流侧回路由正负两根极线构成,只有一端换流站的中性点安全接地,大地在直流侧无法形成回路,从而确保运行时大地中不会有直流电流流过。当一极因故障需要停运时,整个双极系统均要同时停运;停运后可以通过转换操作形成一端接地的单极金属回线方式运行。显然该方式的灵活性和可靠性均不理想,因而实际中很少采用。

双极金属中线方式的直流系统,直流侧回路由正负两根极线以及一根专设的低绝缘金属返回线构成,一端换流站的中性点安全接地。该方式可以避免大地或海水中流过直流电流,且保持高的灵活性和可靠性;一极故障停运时可以方便地转为单极金属回线方式运行。

高压直流输电有降低直流电压运行的性能,以便在恶劣气候或污秽情况下维持直流线路运行的可靠性,或者在高压直流输电参与交流系统的无功功率控制时随触发角变化而相应变化。

因此,高压直流输电的直流电压在运行中可选择全压运行方式(即额定电压方式)或降压运行方式。后者仅在特殊需要时才被考虑,例如在恶劣气候和严重污秽可能影响直流线路运行的可靠性时。毕竟,降压运行会影响输送功率,并导致损耗增加。另外,降压运行主要依赖于触发角的加大,这将使换流站主设备的运行条件变坏,影响设备的使用寿命。为此需要对降压运行方式的额定值作出规定,并密切监视换流器冷却系统的温度、换流站消耗的无功功率、换流器交直流两侧的谐波分量以及换流变压器和平波电抗器的发热程度等。

通常降压方式的额定电压为额定直流电压的 70%~80%,此时触发角约为 40°~50°。降压幅度小则起不到降压后提高可靠性的作用,大了则导致高压直流输电在大触发角下运行,将带来一系列的副作用,且使换流站造价提高,如会引起交直流两侧谐波分量增加、消耗的无功功率增加、换流阀承受应力增大、阻尼回路损耗增加等。为此,通常要求在降压运行时也同时降低额定直流电流。如直流电压降到 70% 时,直流电流也降到 70%,但这不是必须的。在不增加换流站造价的前提下,降压运行时应尽量争取以较大的直流电流来保持较大的直流输送功率。通常直流电压降到 80% 时,直流电流可以维持额定值运行;而直流电压降到 70% 时,直流电流则往往要相应降低。高压直流输电降压运行的方法一般有以下几种:

(1) 增大触发角。

(2) 调节换流变压器抽头挡位。

(3) 当每极有两组以上的基本换流单元串联连接时,可闭锁其中一组换流单元。

(4) 条件允许时,通过利用发电机励磁系统降低交流电压来实现直流降压运行。

直流输电通常具有双向送电的能力,在工程设计时可先确定某一方向为正向输电,另一方向则为反向输电。运行过程中改变功率输送方向称为潮流翻转。利用控制系统可以方便地实现潮流翻转,包括正常潮流翻转和紧急潮流翻转,前者还可以有手动和自动两种模式,详见第 6 章。

通常情况下高压直流输电双极的运行电压和电流的大小均相等,即所谓双极对称运行方式,此时双极输送功率也相等。有时,如果有一极线路或换流器一极的设备有问题,则可以使高压直流输电运行在双极直流电压或直流电流不相等的双极不对称运行方式,包括:

(1) 双极电压不对称方式,此时一极全压运行而另一极降压运行(通常降压到 70% 的额定电压)。一般要求保持双极直流电流大小相等,以避免大的直流电流在大地中流过。

(2) 双极电流不对称方式,主要用于运行中发生一极冷却系统问题后,此时该极直流电流要降低运行。电流降低的幅度受冷却系统和接地极设计条件的限制。电流降低得越多,接地极中的电流就越大。如果不要求直流系统输送最大功率,则可以同等程度降低双极的直流电流以保证地中直流电流最小,恢复双极对称运行。

(3) 双极电压/电流不对称方式,主要由于一极降压运行后需要同时降低该极直流电流,此时该极输送功率将进一步减小。

2.4.3　稳态工况的计算

高压直流输电稳态工况计算主要涉及到换流器交直流两侧的电压、电流、有功功率、无功功率以及各种角度之间的关系。本节主要列出稳态工况下的常用计算公式供参考使用。

表 2-1 中,下标 R 表示整流侧,下标 I 表示逆变侧,下标 d 表示直流量,下标 a 表示交流

量；S、P、Q、V、I、R、L_C 分别表示视在功率、直流功率、无功功率、电压、电流、电阻和换相电感（通常可取换流变压器和阀的等值电感之和）；φ、α、β、γ、μ 分别为功率因数角、触发延迟角、触发超前角、熄弧角和换相角；Q_F 和 Q_C 分别为交流滤波器提供的基波无功功率和无功补偿装置提供的无功功率；k 为换流变压器的变比；E 为交流系统线电压有效值；N_P 为极数（双极为 2，单极为 1）。另外，直流电阻 R_d 随运行方式的不同，其计算方法也有所不同：

表 2-1　稳态计算公式表

工况参量	整流站	逆变站
直流输电极对地电压	$^*V_{dR}=2\left(1.35k_RE_R\cos\alpha-\dfrac{3}{\pi}\omega L_{CR}I_d\right)$	$^*V_{dI}=2\left(1.35k_IE_I\cos\beta+\dfrac{3}{\pi}\omega L_{CI}I_d\right)$ $^*V_{dI}=2\left(1.35k_IE_I\cos\gamma-\dfrac{3}{\pi}\omega L_{CI}I_d\right)$
直流功率	$P_{dR}=N_PV_{dR}I_d$	$P_{dI}=N_PV_{dI}I_d$
直流回路电压降	$\Delta V_d=V_{dR}-V_{dI}=R_dI_d$	
直流电流	$I_d=\dfrac{V_{dR}-V_{dI}}{R_d}$	
直流线路损耗	$\Delta P_d=P_{dR}-P_{dI}=R_dI_d^2$	
换流器交流侧电流	$I_a=\sqrt{\dfrac{2}{3}}I_d=0.816I_d$	
换流站消耗无功功率	$Q_R=P_{dR}\tan\varphi_R=P_{dR}\sqrt{\dfrac{V_{dR0}^2}{V_{dR}^2}-1}$	$Q_I=P_{dI}\tan\varphi_I=P_{dI}\sqrt{\dfrac{V_{dI0}^2}{V_{dI}^2}-1}$
换流站从交流系统吸收无功功率	$Q_{SR}=Q_R-Q_{FR}-Q_{CR}$	$Q_{SI}=Q_I-Q_{FI}-Q_{CI}$
换流站功率因数	$\cos\varphi_R=\dfrac{1}{2}[\cos\alpha+\cos(\alpha+\mu_R)]$ $=\dfrac{V_{dR}}{V_{dR0}}=\cos\alpha-\dfrac{\omega L_{CR}I_d}{\sqrt{2}k_RE_R}$	$\cos\varphi_I=\dfrac{1}{2}[\cos\gamma+\cos(\gamma+\mu_I)]$ $=\dfrac{V_{dI}}{V_{dI0}}=\cos\gamma-\dfrac{\omega L_{CI}I_d}{\sqrt{2}k_IE_I}$
换相角	$\mu_R=-\alpha+\arccos\left(\cos\alpha-\dfrac{\sqrt{2}\omega L_{CR}I_d}{k_RE_R}\right)$	$\mu_I=-\gamma+\arccos\left(\cos\gamma-\dfrac{\sqrt{2}\omega L_{CI}I_d}{k_IE_I}\right)$
换流变压器视在功率	$S_R=\dfrac{\pi}{3}V_{dR0}I_d$	$S_I=\dfrac{\pi}{3}V_{dI0}I_d$

* 该式仅适用于 12 脉动的双桥换流器。

（1）双极方式
$$R_d=R_L+2R_X$$
（2）单极大地回线方式
$$R_d=R_L+2R_X+R_{TR}+R_{TI}+R_{GR}+R_{GI}$$
（3）单极金属回线方式
$$R_d=2R_L+2R_X$$

（4）单极双导线并联大地回线方式

$$R_d = 0.5R_L + 2R_X + R_{TR} + R_{TI} + R_{GR} + R_{GI}$$

式中，R_L、R_X、R_T、R_G 分别为直流线路电阻、平波电抗器电阻、接地极引线电阻和接地极电阻。

2.4.4　换流器的功率特性

根据表 2-1 的有关公式可知，在运行中改变触发角或交流电压，就会改变直流电流和直流电压，从而得到不同的直流功率。这里以整流器为例分析换流器的功率特性。

整流器的直流功率可由下式表示：

$$P_{dR} = V_{dR}I_d = \left(V_{d0R}\cos\alpha - \frac{3}{\pi}\omega L_C I_d \right)I_d = K_1 I_d - K_2 I_d^2 \tag{2-32}$$

式中，$K_1 = V_{d0R}\cos\alpha$，$K_2 = 3\omega L_C/\pi$。

由式（2-32）可得到整流器功率与电流之间的函数关系，如图 2-22 所示。由图可见，随着直流电流 I_d 的增加，直流功率 P_d 先是增加，但增加的速度逐渐减慢，当 $I_d = I_{dM}$ 时 P_d 达到最大值，此后随着 I_d 增大而减小。通过对上式等号两端对 I_d 求导数，可以得到对应于最大功率时的直流电流值为

$$I_{dM} = \frac{K_1}{2K_2} = \frac{\pi V_{d0R}\cos\alpha}{6\omega L_C} \tag{2-33}$$

可见，随着触发角 α 或者换相电抗 ωL_C 的增大，以及交流电压的下降，I_{dM} 都将相应减小，即换流器达到最大输送功率的直流电流值将减小。图 2-22 中的曲

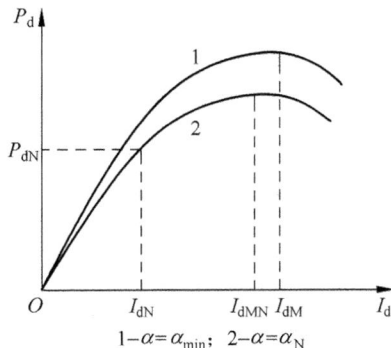

图 2-22　整流器 P_d-I_d 关系示意图

线 1 对应于 $\alpha = \alpha_{\min}$ 时直流功率与电流的关系；曲线 2 则对应于 $\alpha = \alpha_N$ 额定触发角时的情况。通常情况下，换流器的额定容量 P_{dN} 和额定电流 I_{dN} 均比其最大值小得多，只有在故障情况下 I_d 大幅度增加时，换流器才可能瞬时接近其最大输送功率。

2.4.5　换流器的无功功率特性

考虑在一般情况下整流器的 α 角要比逆变器的 γ 角要大一些，根据表 2-1 给出的无功功率和电压公式可知，逆变器所需的无功功率要比整流器所需的多，因此以下分析以逆变器为研究对象。为简化起见，仅分析单桥逆变器。由于

$$Q_I = P_{dI}\tan\varphi_I = P_{dI}\sqrt{\frac{V_{dI0}^2}{V_{dI}^2} - 1} \tag{2-34}$$

$$V_{dI} = 1.35 k_1 E_1 \cos\beta + \frac{3}{\pi}\omega L_{CI} I_d \qquad (2\text{-}35)$$

$$V_{dI} = 1.35 k_1 E_1 \cos\gamma - \frac{3}{\pi}\omega L_{CI} I_d \qquad (2\text{-}36)$$

　　因此可得到正常工作情况下（触发角 $\alpha \geqslant 120°$）普通单桥逆变器无功功率 Q_1 与触发角 α、熄弧角 γ 以及直流电流 I_d 的特性曲线如图 2-23 所示。可见，在逆变工况下，当 I_d 一定时，随着 α 的增加（β 的减小），换流器所需的无功功率将减小。因此，从经济角度来说，提高换流器运行触发角 α 会使得交流侧功率因数增大，因此在输送相同直流功率时，所需的无功功率将减小。但是 α 的增大，会导致换相角 μ 的增大，从而使 γ 减小。为保证换流器的安全运行，α 不能太大。

　　另一方面，从上述公式和图 2-24 可见，当熄弧角 γ 一定时，随着 I_d 的增大，换流器所需的无功功率将增加，即要输送的直流功率越多，换流器所需的无功功率就越多。

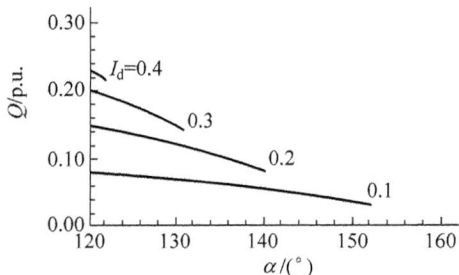

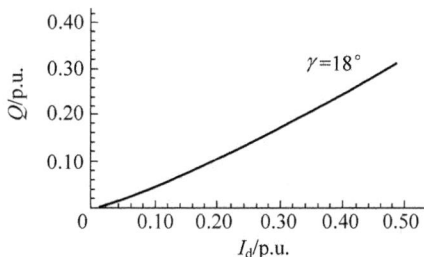

图 2-23　普通换流器的 α-Q 特性曲线　　　　图 2-24　普通换流器的 I_d-Q 特性曲线

习题 2

　　2-1　某 $\pm 500\text{kV}$ 双极双桥直流系统，若其额定功率为 3000MW，试计算该系统的额定电流。若因故需要降压到 0.8p. u. 而维持额定电流运行，此时的输送功率为多少？

　　2-2　某直流输电系统拟输送 4000MW，试设计 3 种直流额定电压方案，计算每一种方案对应的额定电流值。若已知目前的晶闸管额定电流最大值为 3500A，试分析 3 种方案的可行性和优缺点。

　　2-3　延迟角、换相角、超前角、熄弧角都是什么意思？为什么需要这些角度或者为什么会产生这些角度？

　　2-4　换相失败的原理是怎样的？通常换相失败的解决方法都有哪些？

CHAPTER

3 换流站及其主设备

3.1 换流站概况

高压直流输电系统主要包括换流站和线路两大部分。本章主要介绍换流站的主要设备,考虑到滤波器方面的内容涉及面比较广,因此本章中不展开介绍滤波器设备,而是放在第 5 章专门介绍。

3.1.1 主设备及其功能

换流站中心部件整个阀体(晶闸管换流器)一般放置在室内,辅助部分还包括散热部分(有风冷、水冷和油冷 3 种形式)、阻尼保护部分以及触发部分,一个模块一般设计为一体以便于维护。如图 3-1 及图 3-2 所示,换流站的五大部件包括:

(1) 换流桥,实现交流与直流转换的核心部分。

(2) 换流变压器,实现交流系统与直流系统的电绝缘与隔离,进行必要的电压变换,抑制由交流电网入侵直流系统的过电压。

(3) 平波电抗器,抑制直流过电流的上升速度,滤波,缓冲过电压。

(4) 无功补偿装置,提供无功功率,实现电压调节和提高电压稳定性。

(5) 滤波器组,滤波,同时还可以提供一部分的无功功率。

另外还有以下主要设备:

(1) 避雷器组,保护站内设备免受雷击和操作过电压之害。

(2) 断路器,图 3-2(g)是葛洲坝换流站直流断路器和振荡过零装置,图 3-2(h)是交流开关场。

(3) CT、PT,分别有交流侧和直流侧的,获取测量、计量和保护中所需的电压和电流量。

(4) 高频阻塞装置,抑制换流器在换相过程中所引起的无线电干扰。

(5) 接地电极,箝制系统中性点电位,为直流电流提供大地回路通道。

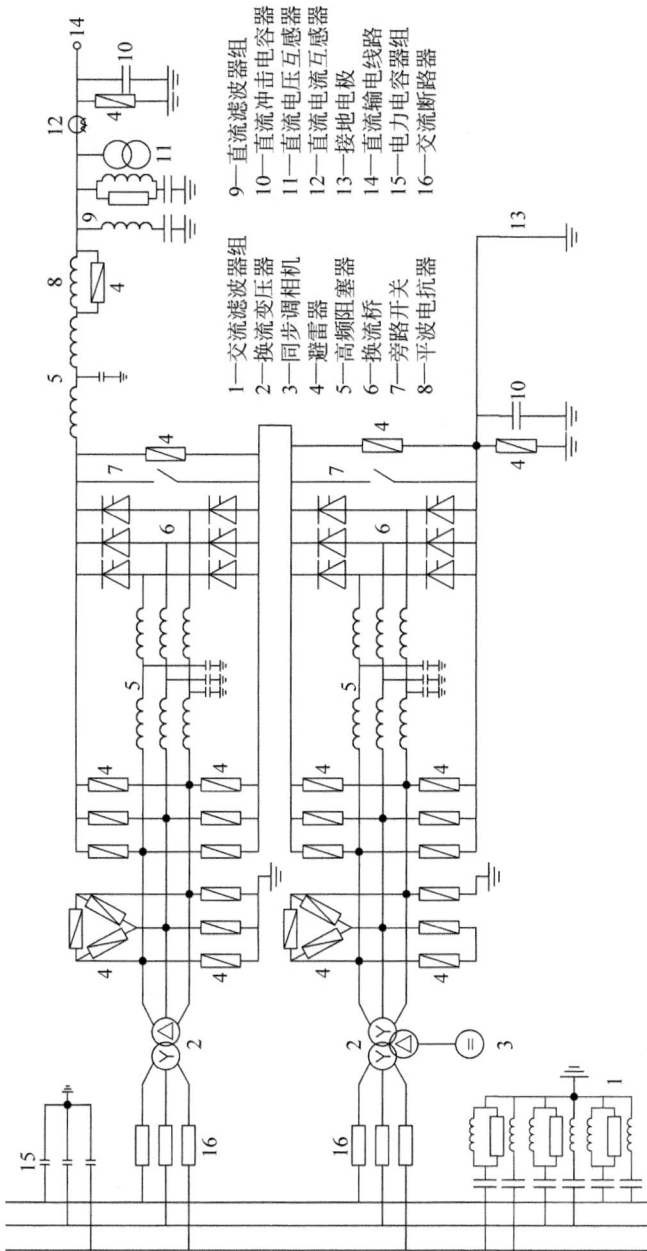

9—直流滤波器组
10—直流冲击电容器
11—直流电压互感器
12—直流电流互感器
13—接地电极
14—直流输电线路
15—电力电容器组
16—交流断路器

1—交流滤波器组
2—换流变压器
3—同步调相机
4—避雷器
5—高频阻塞器
6—换流桥
7—旁路开关
8—平波电抗器

图 3-1　换流站一个极的主接线

(a) 换流阀

(b) 换流变压器

(c) 平波电抗器

(d) 直流滤波器

(e) 交流滤波器

(f) 电力电容器

(g) 直流断路器

(h) 交流断路器

图 3-2　换流站的一些主设备

（6）接地极线路，将直流电流引至大地的线路，以利用大地或海水作为廉价和低损耗回路。

（7）控制和保护系统，完成直流输电系统的启停控制、输送功率大小和方向的控制、发生故障时对系统设备的保护、对运行参数及控制系统本身的监控功能。

3.1.2　换流站的平面布置

典型的换流站平面布局如图 3-3 所示。通常换流站包括室内和室外部分：室内为阀厅及控制室；室外主要包括交流开关场、直流开关场以及换流变压器、滤波器、无功补偿配置等主设备。其中室外的开关场、滤波器及无功补偿设备占地面积最大。

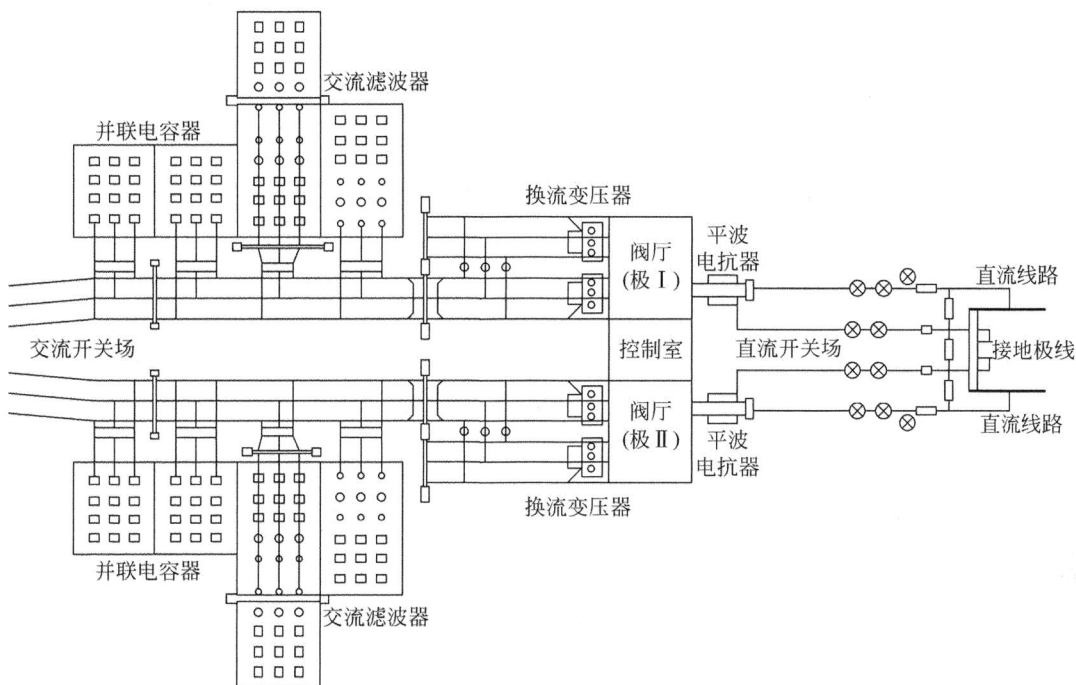

图 3-3 双极换流站平面布置示意图

3.2 晶闸管换流器

换流装置是直流输电的核心。由晶闸管组成的换流器,担负着"整流"与"逆变"交、直流的相互转换的任务。

20 世纪 50 年代和 60 年代建成的直流输电工程都是采用汞弧阀。但是这种阀容易发生逆弧(即反向导通或桥臂短路)、熄弧的故障,会导致直流输电系统送电中断,而且其安装和维护也很复杂。

从 70 年代开始,随着电子器件的发展,汞弧阀就逐渐被晶闸管阀所代替。晶闸管阀不会发生逆弧、熄弧的现象,可靠性高,而且运行维护也简单,调节方便,因而得到了广泛应用。

随着电子技术的发展和制造工艺的提高,目前研制成功的晶闸管的最大额定值已经达到 12kV 和 25kA,已经应用到直流输电工程中的晶闸管阀最高额定值是 8kV,但仍不能满足直流输电线路数百 kV 的要求,必须把若干晶闸管元件串联起来以达到规定的电压水平。从现场运行维护与试验检查方便考虑,一般把 4～8 个晶闸管元件串联接成晶闸管组件,再由几个这样的组件串联成晶闸管阀。新安装的晶闸管换流设备多采用 4 层阀结构,以缩小容阀建筑与安装场地的面积。晶闸管 4 层阀有 2～3 层楼高,远远看去像座塔,故简称为阀塔。为了保证阀塔安全可靠地工作,必要的抗震设计是不可少的。目前的晶闸管元件按绝缘方式分类有空气绝缘、油浸绝缘、SF6 绝缘 3 种;按冷却方式分类有风冷、油冷、水冷、氟利昂冷却 4 种;按安装地点分为户内型、户外型 2 种。

3.2.1　性能要求

晶闸管换流器应能够在预定的外部环境及系统条件下按照规定的要求安全可靠运行,并满足损耗小、安装维护方便、投资少、监控和防火系统完善等要求。为此,晶闸管阀应该具备以下基本性能:

(1) 在阀关断期间应能够承受正向和反向的阻断电压。

(2) 阀的最大阻断电压一般设计为 3 倍的六脉动阀桥额定直流电压,并由并联的避雷器的电压保护水平决定。

(3) 当阀承受正向电压同时有触发电流(大约 8A)给门极时阀应该导通;只有流过阀的电流降为 0 时才关断。

(4) 阀应具有承受一定过电流的能力,通过健全阀的最大过电流发生在阀两端间的直接短路,其幅值主要由系统短路容量和换流变压器短路阻抗所决定。

换流器性能与晶闸管元件特性直接相关,因此对晶闸管元件的基本要求主要有:

(1) 耐压高,以减少串联元件数量,降低损耗和成本。

(2) 载流能力大。很多直流输电工程都是采用高电压、大功率、大电流的运行方式,而以一定的方式串并联在一起的晶闸管元件必须共同来分担这些高电压和大电流。比如,高肇直流输电工程的额定电压为 500kV,额定电流为 3kA。

(3) 有开通时间和电流上升率 di/dt 的限制,防止刚刚开通时晶闸管局部过热而损坏元件。要求开通时间 10～20μs,电流上升率 di/dt 的允许值约为 100A/μs。

(4) 有关断时间与电压上升率 dV/dt 的限制,防止未加触发脉冲时晶闸管提前导通,要求关断时间 200μs,电压上升率 dV/dt 的允许值约为 200V/μs。

(5) 参数分散性要小,开通时间应尽可能一致。

3.2.2　晶闸管阀的结构

为了节省占地和使用空间,通常将若干个元件组成一个组件,组件中除了若干个串联的晶闸管元件外,还有散热器、循环冷却系统、均压阻尼电路、阀电抗器、元件门极触发控制电路等机电光热的辅助系统和零部件组装在一起而成一个组合单元,再将几个组件安装在同一层,几层组成一个桥臂,也就是一个单阀。若将两个单阀叠装在一起就组成一个双重阀,若四个单阀叠装在一起就组成一个四重阀。典型晶闸管阀的结构如图 3-4 所示,由晶闸管、散热片、阻尼回路、TE 板（TVM 板）组成晶闸管级，13 个晶闸管级与 2 台阀电抗器串联后，再与一只均压电容器并联构成一个阀段，两个阀段串联后构成一个阀组件，三个组件串联构成一个阀，四个阀串联构成一个四重阀，即单相阀塔。

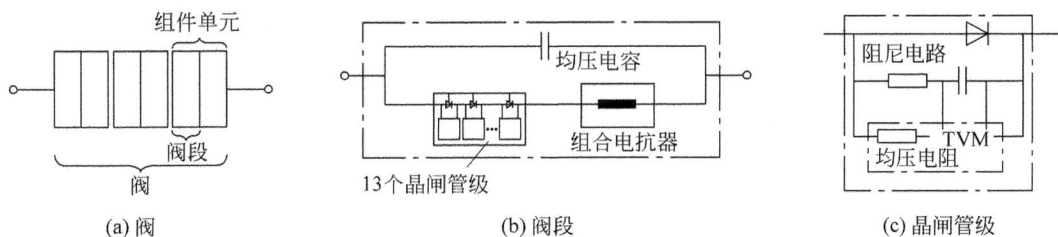

图 3-4　晶闸管阀的结构示意图

如图 3-4 及图 3-5 所示，阀的辅助电路包含以下部分：

（1）RC 阻尼回路，限制阀片电应力，在阀片开通或关断过程中起均压作用。

（2）阀电抗器（亦称阳极电抗器），可以限制触发导通或电流突变时电流的变化速率来保护阀，也可以在阀单元出现浪涌电压现象时限定电压水平与限制电压上升率。

（3）均压电容器，在四重阀内将电压均匀分布到四个阀上，避免局部过电压导致阀片损坏。

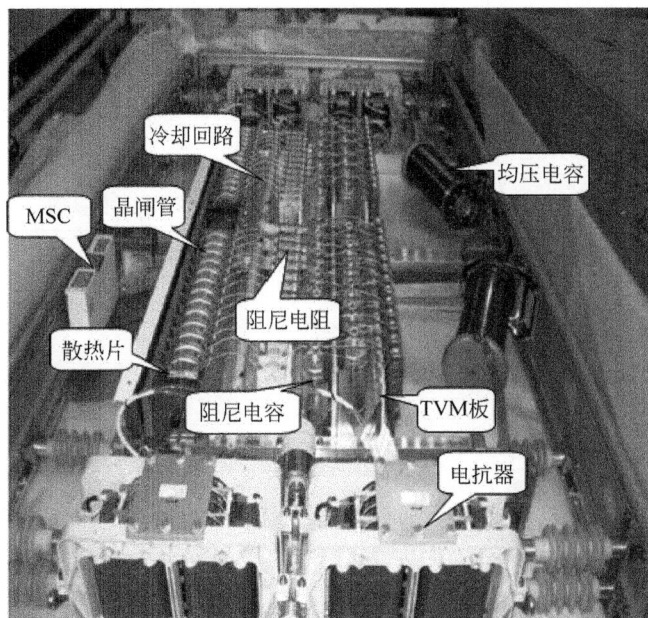

图 3-5　晶闸管阀

阀控系统则包含以下几个模块：

（1）VBE（阀底电子设备），包括晶闸管控制和监控（TC&M）、光信号发送器与接收器、RPU 单元控制、电源以及与极控的接口部分。

（2）TVM（阀电压监控器），保证在每个换流阀内串联状态下所有晶闸管阀片承受相同的直流电压，同时监测阀片级内部电压并产生回检光信号。

（3）RPU（反向恢复保护单元），在晶闸管阀片关断以后的恢复期间保护换流阀，在此期间如果电压变化率超过保护预设值，RPU 将发送一个光触发脉冲送 MSC，将阀单元内的阀片触发开通。

（4）MSC（光分配器，多模星型耦合器），将来自 VBE 系统内三路激光二极管的光信号指令，经过一个三取二的选择逻辑后再分别发送至 13 个光控门极上。

换流阀的安装有两种方式：①座装式，将换流阀安装在对地绝缘的平台上，不适宜安装在地震活动区；②悬挂式，用具有柔性结构的摆式悬挂系统把整个阀从屋顶悬挂下来，阀的每一层都可以在任何水平方向上摆动。

随着电力电子技术的发展，现在使用的元件的额定值已经提高了很多，每个阀中串联的元件数已经大为减少，不必要再采用组件的组装方式，而是每个元件就配备有相应的辅助系统和零部件，成为一个元件级。若干元件级安装成一层，若干层组成一个阀，这样可以大大地改善元件的工作条件，特别是过电压方面的条件。

葛南直流输电工程换流阀组每极采用一台 12 脉动的四重阀组，额定电流 1.2kA，额定电压 500kV，额定容量 600MW。每极共三组四重阀，每组四重阀为 8 层，高 9.25m、宽 5.4m、深 4.5m，重 24t，悬挂在阀厅顶上，有利于抗震。该线共用 ϕ80mm 水冷、空气绝缘的晶闸管元件 5760 只，其主要参数为 1.2kA、5.8kV。我国部分高压直流输电系统换流阀的主要技术参数如表 3-1 所示。

表 3-1　部分高压直流输电系统换流阀的主要技术参数

系统	类　　型	电流 /A	阀电压 /kV	晶闸管电压 /V	晶闸管直径 /mm	阀片串联数
舟山	水冷空气绝缘户内式双重阀	500	100	2000	46	192
葛南	水冷空气绝缘户内式四重阀	1200	250	5500	80（葛）/75（南）	120
天广	水冷空气绝缘户内式四重阀	1800	250	8000	100	84（天）/78（广）
嵊泗	水冷空气绝缘户内式双重阀	600	50	3600	46	45
三常	水冷空气绝缘户内式双重阀	3000	250	7200	125	90（三）/84（常）

3.2.3　晶闸管的触发方式

晶闸管的触发方式有两种，即电触发晶闸管（electronic triggered thyristor，ETT）和直接光触发晶闸管（light triggered thyristor，LTT），二者的比较如表 3-2 所示。

表 3-2　LTT 与 ETT 的性能比较

特　性	ETT	LTT
额定电流	大	小
典型最小保护电压	5200V	7500
di/dt_{ON}	300 A/μs	300 A/μs
dv/dt_{OFF}	2000 V/μs	2000 V/μs
电磁干扰	较敏感	不敏感
触发脉冲	$I_{GTmax}=350\text{mA}$，$V_{GTmax}=2.5\sim3.5\text{V}$，电脉冲宽度 $t_{GD}=2\mu$s	$P_{LMmax}=40\text{mW}$，激光脉冲宽度 $t_{GD}=5\mu$s
触发脉冲能量提供	位于高电位的晶闸管电子设备，无冗余	VBE 在低电位，有冗余的激光二极管
无电启动	可能	没有限制
系统欠电压、系统故障情况下的启动性能	可能	没有限制
过电压保护	由外部的电子设备（150 个元器件组成）起保护作用	内部集成正向电压保护（BOD）
可靠性	由许多电气元件和集成电路决定	高
触发脉冲高位取能	取自 RC 阻尼回路	不需要
光发射器	红外二极管，50mW	激光二极管，3W
光纤的传输距离	不超过 40m	可达 100m

　　为解决处于低电位的触发脉冲发生装置与处于高电位的晶闸管元件门极通道之间的绝缘问题以及触发信号在传输过程中受到电磁干扰的问题，晶闸管的触发、监控均以光脉冲形式通过光缆在阀基电子设备（valve base electronic，VBE）和阀塔之间传输。在 ETT 阀中晶闸管为电触发方式，VBE 输出的光触发脉冲首先经光缆传送到与晶闸管等电位的晶闸管电子设备（thyristor electronic，TE 板），TE 板将光触发脉冲转换成电脉冲并放大其功率，然后再将此强电触发脉冲送到晶闸管门极触发晶闸管。位于高电位的 TE 板为 ETT 阀控制保护功能的核心部件，它包括取能回路、放大器回路、光电转换器件、监视回路和保护回路（实现晶闸管正向电压超过设计值时的强迫安全导通，即 BOD 保护）。TE 板上电路较复杂，电源功率较大且高电位运行，占据了晶闸管阀塔中 90% 以上的电子元件，是阀塔中最"脆弱"的元件。我国大多数的直流输电工程采用的就是 ETT 换流器。

　　直接光触发晶闸管 LTT 是在普通的电触发晶闸管 ETT 的基础上发展起来的新型元器件，其电气性能与 ETT 完全一致。LTT 光脉冲不经光电转换而直接送到晶闸管元件的门极光敏区以触发晶闸管阀片，当一定波长的光被光敏区吸收后，在硅片的耗尽层内吸收光能而产生电子空穴对，形成注入电流来触发晶闸管。因此，除 LTT 阀片本身具备其特有的光敏区从而在阀片技术特性上与 ETT 相比有改变以外，它在光信号源、光脉冲传输及监控保护技术等方面也有独特的技术特点。另外，LTT 的 BOD 保护被集成到晶闸管内部，晶闸管与 BOD 之间真正达到了"无感"连接，大大提高了保护的有效性和可靠性；LTT 的陶瓷外壳上没有穿透它的门极套管,触发光脉冲经过金属接触面被直接引入到硅片中心。LTT没有内部门极触点,安装没有压力要求,也就不需要机械弹簧进行阀串的压接,可靠性更高。

与需要较大功率触发电脉冲的 ETT 相比,LTT 仅需峰值功率为 40mW 触发光脉冲即可得到同样的启动性能。一般较小功率(3W)的激光二极管做触发光源,其能量强度和稳定性即可满足要求。激光二极管的加速老化试验表明,给 LTT 产生触发脉冲的激光二极管的寿命可达 40 年,而给 ETT 产生触发脉冲的激光二极管的寿命在 10 年以内。

在 ETT 阀塔中,从 VBE 输送到晶闸管电子设备 TE 的光信号一般为红外线光信号。LTT 的光触发信号为激光信号,由 VBE 的激光二极管经过光缆直接输送到阀塔上的 LTT 硅片中心,抗干扰的能力更强,误触发的概率几乎为 0,维护量很小。

在 LTT 中,晶闸管正向过电压保护的功能被集成到晶闸管硅片内部。采用这种技术后,即使晶闸管的触发信号中断,当晶闸管正向电压达到保护电压值时仍将自动触发晶闸管。这一点对串联连接的晶闸管非常关键。目前,LTT 触发方式已经在我国的灵宝背靠背换流站以及贵广直流输电工程中得到了应用。

3.3　换流变压器

换流变压器的作用是将送端交流电力系统的电功率送到整流器或从逆变器接受功率送到受端交流电力系统。它利用两侧绕组的磁耦合传送功率,实现了交流系统和直流系统的电绝缘与隔离,避免交流电力网的中性点接地和直流部分的接地造成某些元件的短路。另一方面是实现电压的变换,使换流变网侧交流母线电压和换流桥的直流侧电压能分别符合两侧的额定电压及容许电压偏移。此外,它还对从交流电网入侵换流器的过电压起抑制作用。变压器的二次绕组同换流器的桥臂相连。换流变压器一般安装在室外,如果换流器阀体安装在换流室内,连接的母线必须从墙壁中穿过,有两种连接方式:一种是各相母线安装在油或 SF₆ 气体绝缘的穿墙套管中,另一种为汇流排方式。

高压直流输电性能主要受换流变压器可靠性的影响,因为一旦换流变压器出现严重故障,它需要很长的停运时间。据统计,高压直流输电系统有 83% 的强迫停运是由换流变压器故障引起的。

3.3.1　换流变压器的特点

换流变压器的工作条件比较恶劣:①流过高压侧交流中含有高次谐波(特征谐波),它使变压器的损耗增加,并有可能导致局部过热;②如换流阀发生不同步触发,则在交流侧和变压器中产生非特征谐波和直流分量,引起变压器的噪声、空载电流增大,损耗增加;③换流变压器的阻抗偏差也影响换流阀的非特征谐波和直流分量;④由于在高压网侧有 1 个或

2 个高压阀侧绕组(直流),因而绝缘问题最为突出。变压器阀侧除应承受一般交流电压外,还要承受叠加的直流电压。在系统输送能量反向时,还有阀侧绕组的直流极性反转以及冲击试验电压等。与一般电力变压器相比,对其绝缘设计和制造都呈现出更为严格的技术要求,这是设计和制造所要考虑到的基本问题,具体来说,主要涉及三方面的考虑。

1. 短路电抗

要具有足够大的漏抗来限制短路电流,但是漏抗过大将使换流器在运行中消耗的无功功率增加,且直流电压中换相压降也将过大。为兼顾以上两方面,换流变的漏抗要设计得比普通变压器大一些,一般取值为 15%~20%。

2. 直流磁化

在理论上,换流器触发脉冲间隔是相等的,而实际上,触发脉冲间隔是不可能绝对相等的,而只能控制在一定的偏差之内,再加上换相电压也是不对称的,因此变压器中相电流的正、负半波平均值就不为零,致使相电流中存在着直流分量,这一直流分量流过换流变压器桥侧绕组时,将产生直流磁化现象(也称直流偏磁),发出低频噪声,并使变压器的损耗及温升增加。

3. 噪声

换流器在运行中产生的谐波使变压器铁心产生磁致伸缩,引起设备的振动和对听觉较为敏感的噪声。噪声频率一般为工频的 2 倍。为此应在变压器的设计、制造及现场安装时考虑这些因素。在换流变中有较强谐波偏磁通过的地方,可采用非磁性材料制造紧固件,在绕组与外壳之间采取磁屏蔽措施,使用双重油箱、吸音墙或采用将变压器安装在隔音室内等方法。换流变压器在规定的冷却条件下,可按技术规范长期连续运行。换流变压器固有过负荷能力运行规定如下:连续过负荷,1.1p.u.;2h 过负荷,1.2p.u.;3s 过负荷,1.5p.u.。换流变压器在长期过负荷下运行时,将在不同程度上缩短其寿命,应尽量减少出现这种运行方式的机会;必须采用时,应尽量缩短超额定电流运行的时间,并投入全部的冷却器。当换流变压器有较严重的缺陷(如油中溶解气体分析结果异常、有局部过热现象、冷却系统不正常、漏油等)时,禁止过负荷或超额定电流运行。

3.3.2　换流变压器的选择

1. 换流变压器容量的选择

可以根据直流输电额定输送功率的 1.047 倍左右来选择换流变压器的容量,推导过程如下:

$$E_2 = \frac{V_{d0}}{1.35} = \frac{2V_d}{1.35[\cos\alpha + \cos(\alpha + \mu)]} \approx \frac{V_d}{1.35} \tag{3-1}$$

$$I_2 \approx 0.816I_d \tag{3-2}$$

$$S = \sqrt{3}E_2I_2 \approx \sqrt{3}\,\frac{0.816I_dV_d}{1.35} \approx 1.047P_d \tag{3-3}$$

式中，E_2 为换流变压器的阀侧线电压；I_2 为换流变压器的阀侧线电流；P_d、I_d、V_d 分别为输送的额定直流功率、直流电流和直流电压。

2. 换流变压器电抗值的选择

选择原则：事故电流幅值 I_{kM} 不超过同一事故点三相短路电流幅值 I_{k3} 的 $\sqrt{3}$ 倍，即

$$I_{kM} \leqslant \sqrt{3}\,I_{k3} \approx \sqrt{3}\,\frac{\sqrt{2}\,E_2}{\sqrt{3}\,X_C} = \frac{\sqrt{2}\,E_2}{X_C} \tag{3-4}$$

$$X_C = X_T + X_S + X_A = \frac{E_2^2}{100S}U_k\% + \frac{E_2^2}{S_k} + \omega L_a \tag{3-5}$$

式中，X_C 为换相电抗，包括变压器电抗 X_T、交流系统等值电抗 X_S 和阳极电抗 X_A 三部分；L_a 为每相阳极电感值的总和；S_k 为故障点的交流系统短路容量；$U_k\%$ 为变压器的短路电抗。

应适当选择变压器电抗百分数，从而使短路电流限制在换流阀承受范围之内。

3. 换流变压器的分接头调压

每台换流变压器的有载分接开关（亦称抽头）均为真空分接开关，真空分接开关主要包括电动机构、分接选择器和切换开关 3 部分。电动机构主要由传动机构、控制机构和电气控制设备、箱体等组成。分接选择器是能承载电流但不接通和开断电流的装置，它由级进选择器、触头系统和转换选择器组成。每台换流变压器分接开关均只有一个油室，油室里边装有切换开关。调节范围一般是 ±（15%～20%），每挡挡距通常在 1%～2% 之间。有载调压开关操作方式有：①自动调节；②控制室"运行人员工作站"远方手动调节；③现场电动或手动调节。

分接头的调节是直流输电系统控制的一个重要环节，属极控制层次，用于自动调整换流变压器有载调压分接头位置。其控制策略需要与换流器控制方式相配合，通常可分为角度控制和电压控制两大类。

（1）角度控制

当整流器使用直流电流控制时，通过调整换流变压器分接头位置，把整流器触发角维持在指定范围内；当逆变器使用直流电压控制时，也可以通过调整换流变压器分接头位置，把逆变器关断角维持在指定范围内。当触发角瞬时超过限定范围时，不应使分接头调节器动作，以免分接头调节机构来回频繁动作。为此规定一个时滞，只有当触发角连续超过限定范

围的时间大于此时滞时,才允许启动分接头调节机构。

(2) 电压控制

当逆变器使用关断角控制时,通过调整换流变压器分接头位置,把直流线路电压维持在指定范围内。同样,为了避免分接头调节机构来回频繁动作,只有当直流电压偏离其整定值达到一定值且持续一定时间后,才启动分接头调节。另一种电压控制策略是通过调整换流变压器分接头位置,把整流器(或逆变器)的换流变压器阀侧空载电压维持在指定值。

与电压控制方式相比,角度控制方式的优点是换流器在各种运行工况下都能保持较高的功率因数,即输送同样的直流功率,换流器吸收的无功功率较少;缺点是分接头动作次数较频繁,因而检修周期会短些。此外,分接头调压范围也要求宽些。

由于换流变压器分接开关至今都是机械式的,转换一挡通常需要数秒的时间,对控制的响应很慢,因此它是调整直流输电系统输送功率的辅助手段。

3.3.3　换流变压器的选型方案

通常,换流变压器需要将 500kV 网侧交流电压通过变压器变为阀侧交流电压,经换流阀整流为直流传输。为了提高整流效率,由 2 个 6 脉冲换流桥组成,这样就要 2 组阀侧绕组,一组为 Y 联接,另一组为 △ 联接。为此,在用于 12 脉动变换方式的换流变压器的绕线方式中,有双绕组(两台)和三绕组两种型式,构成 3 种选型方案,如图 3-6 所示。

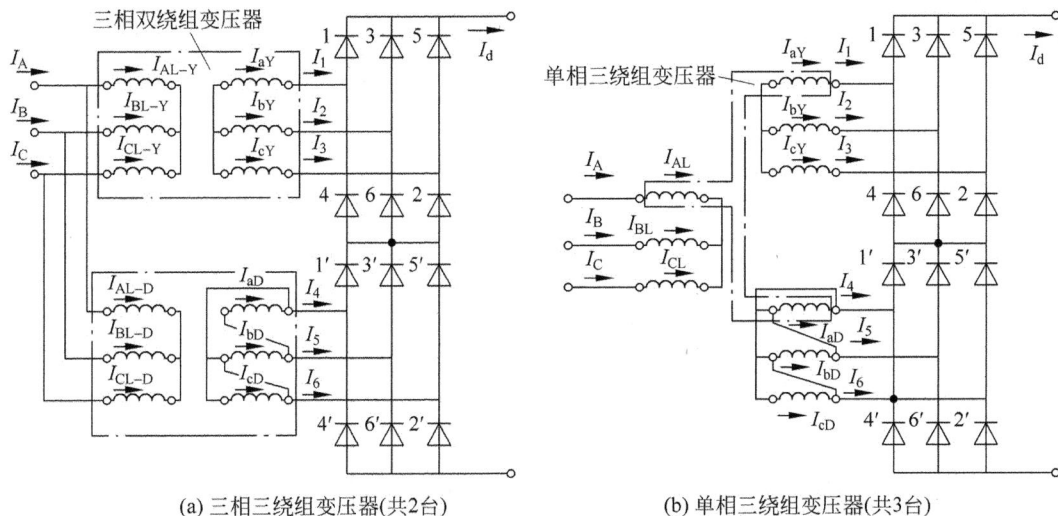

图 3-6　换流变压器的选型方案

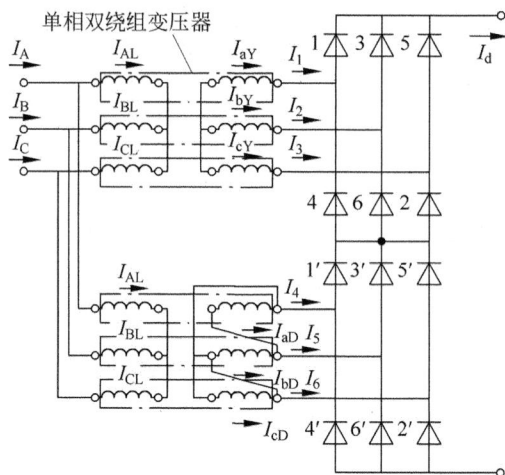

(c) 单相双绕组变压器(共6台)

图 3-6　（续）

　　简单的可以是 2 台三相三绕组变压器,其中一台采用 Y-Y 接线,另一台采用 Y-△ 接线。采用三绕组式的在安装占地面积、损耗及经济性等方面的优势更大一些。当然,由于三绕组式换流变压器体积大、质量重,整体运输有困难,因此在进行其结构设计时必须考虑到运输上的限制条件。考虑到 500kV 输电电压高、容量大,变压器通常做成单相:或为单相三绕组,3 台组成三相组;或为单相双绕组,每台只含一个 Y 相或一个 △ 相阀侧绕组,6 台组成 2 个三相组。葛上直流输电工程换流变压器采用强迫油循环风冷单相三绕组变压器,3 极共 6 台,外加一台作备用,单台容量:葛洲坝侧 712MV·A、南桥侧 672MV·A。我国部分高压直流输电系统换流变压器的主要技术参数如表 3-3 所示。

表 3-3　部分高压直流输电系统换流变压器的主要技术参数

系统	类型	容量/(MV·A)		电压/kV		漏抗/%	
		送端	受端	送端	受端	送端	受端
舟山	三相三绕组	63	63	$\frac{115}{\sqrt{3}}\big/\frac{83.5}{\sqrt{3}}\big/10.5$	$\frac{115}{\sqrt{3}}\big/\frac{83.5}{\sqrt{3}}\big/10.5$	9.94/8.6/−0.12	9.2/7.9/−0.8
葛南	单相三绕组	237	224	$\frac{525}{\sqrt{3}}\big/209\big/\frac{209}{\sqrt{3}}$	$\frac{230}{\sqrt{3}}\big/198\big/\frac{198}{\sqrt{3}}$	0/15/15	0/15/15
天广	单相三绕组	354	337	$\frac{230}{\sqrt{3}}\big/208\big/\frac{208}{\sqrt{3}}$	$\frac{230}{\sqrt{3}}\big/198\big/\frac{198}{\sqrt{3}}$	0/15/15	0/15/15
嵊泗	三相三绕组	36	35	$\frac{115}{\sqrt{3}}\big/\frac{40.5}{\sqrt{3}}\big/10.5$	$\frac{35}{\sqrt{3}}\big/\frac{39.2}{\sqrt{3}}\big/10.5$	7/8/0	0/13/2
三常	单相双绕组	297.5	283.6	$\frac{525}{\sqrt{3}}\big/210.4$; $\frac{525}{\sqrt{3}}\big/\frac{210.4}{\sqrt{3}}$	$\frac{500}{\sqrt{3}}\big/200.4$; $\frac{500}{\sqrt{3}}\big/\frac{200.4}{\sqrt{3}}$	16	16

3.4　平波电抗器

平波电抗器(smoothing reactors)也称直流电抗器,一般串接在每个极换流器的直流输出端与直流线路之间,有时也会同时安装在中性母线上。平波电抗器在结构上分为干式和油浸式两种。

3.4.1　平波电抗器的结构和功能

干式平波电抗器主要由线圈、支架、绝缘支柱、均压环、底座等组成,如图 3-7 所示。线圈由多层同心压缩铝线包组成,每层线包均浇注环氧树脂绝缘,层间垫有隔条,以保证层间绝缘和散热;线圈顶部和底部均有水平同心(相对于线圈中心)排列的构件,这些构件通过垂直紧固件把线圈固定牢靠,以确保线圈振动时不变形;在线圈顶部、进出线接线端、各个绝缘支柱顶部及支架均安装了均压环,以防止电晕放电损坏电抗器线圈。由于干式平波电抗器无铁心,故负荷电流与磁性呈线性关系。干式平波电抗器具有以下优点:对地绝缘简单,主绝缘的可靠性高;无油,消除了火灾危险和环境影响;对地电容小,暂态过电压低;无铁心,噪声低;质量轻,方便运输;运行、维护方便。

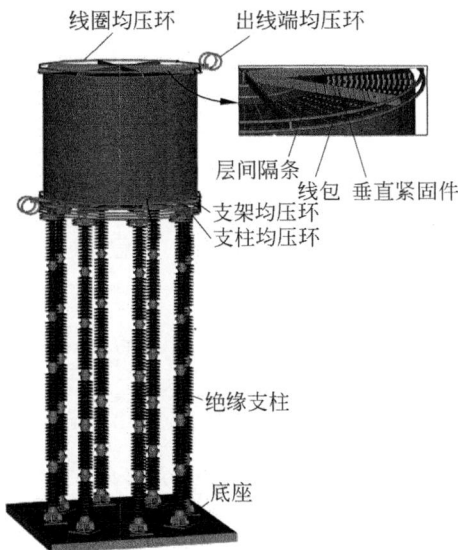

图 3-7　干式平波电抗器的构造

油浸铁心式电抗器的结构与变压器相似,主要由线圈、铁心和油箱、套管、冷却系统等部件组成。结构类似油浸式消弧线圈或并联电抗器,因构造上有铁心,负荷电流与磁性呈非线性关系。油浸式平波电抗器具有以下优点：油纸绝缘系统成熟,运行可靠;安装在地面,抗震性能好;绝缘油冷却效果好,绝缘寿命长,经济性好。

3.4.2　平波电抗器的选择

直流平波电抗器可在直流发生短路时抑制电流上升速度,防止继发换相失败;在小电流时保持电流的连续性;在正常运行时减小直流谐波。直流滤波器在谐振频率下呈现谐振阻抗,从而达到抑制直流谐波的目的。通过平波电抗器和直流滤波器电路结构和参数的配合,可以更有效地抑制谐波,从而减小其危害,特别是对抑制通信线路的干扰有利。可见,为了发挥以上作用,要求电感量 L_d 越大越好。然而,L_d 也不能过大,否则运行时容易产生过电压,并会对自动控制响应迟钝。

平波电抗器电感量的选择原则如下。

1. 减少直流侧的交流脉动分量

通常要求平波电抗器将架空线最低次特征谐波电流百分含量 $I_{(n)}\%$ 限制在 3% 以下,电缆线路的 $I_{(n)}\%$ 限制在 1% 以下,则其电感需要满足下式:

$$L_d \geqslant \frac{V_{(p)\max}}{p \cdot \omega \cdot I_{(n)}\% \cdot I_d} \times 100 \tag{3-6}$$

$$V_{(p)\max} = V_{d0} \frac{\sqrt{2}}{n^2 - 1} \tag{3-7}$$

式中,p 为脉动数,直流侧的最低次特征谐波,单桥 $p=6$,双桥 $p=12$;$V_{(p)\max}$ 为直流侧最低次特征谐波电压的最大值,V;V_{d0} 为 $\alpha=0$ 时的空载直流电压;n 为谐波次数。

2. 小电流时保持电流的连续性

直流电流和阀电流出现间断的现象,会在直流电流流过的电抗元件上引起过电压。为此平波电抗器的电感需要满足下式:

$$单桥:L_d \leqslant \frac{V_{d0}}{\omega I_{d\min}} \times 0.0931\sin\alpha \tag{3-8}$$

$$双桥:L_d \leqslant \frac{V_{d0}}{\omega I_{d\min}} \times 0.023\sin\alpha \tag{3-9}$$

式中,I_d 为额定直流电流,A;ω 为角频率;$I_{d\min}$ 为最小直流电流(一般取为直流额定值的 10%)。

3. 直流短路时抑制电流上升速度

换相失败是一种常见的故障,相当于阀内发生短路。为了使得平波电抗器能够有效地抑制故障电流的上升速度,需要考虑最严重的直流短路故障情况,即逆变器一个换流桥开始

换相时,有另一个桥发生故障,其直流电压下降到零。此时,平波电抗器的电感量可按下式估算:

$$L_d \geqslant \frac{\Delta U_d}{\Delta I_d} \Delta t \tag{3-10}$$

$$\Delta I_d = 2I_{s2}[\cos\gamma_{min} - \cos(\beta_n - \Delta\beta)] - 2I_{dn} \tag{3-11}$$

$$\Delta t = \frac{\beta_n - \Delta\beta - \gamma_{min}}{360f} \tag{3-12}$$

式中,ΔU_d 为直流电压下降量,一般选取一个单桥的额定直流电压;ΔI_d 为不发生换相失败所容许的电流增量;Δt 为换相持续时间;β_n 为逆变阀的额定超前角;$\Delta\beta$ 为定超前角的调节误差,一般为 $0.5° \sim 1°$;γ_{min} 为不产生换相失败的最小熄弧角,对于晶闸管阀,可假设为 $12°$;f 为交流系统的频率。

　　根据以上的要求,选取直流电抗器电感值 L_d 的具体做法是:按第 1 种情况确定电感值,再以第 2 种和第 3 种情况进行验算,在实际工程中一般取 $0.5 \sim 1H$。

　　西北—华中联网工程灵宝背靠背换流站用平波电抗器,由西安西电变压器公司自行设计制造成功,并一次性通过出厂试验,标志着中国已独立掌握了世界尖端的平波电抗器设计制造技术。这台平波电抗器长宽高分别为 9.8m、6.5m 和 5.6m,总重量达 124t。我国部分高压直流输电系统平波电抗器的主要技术参数如表 3-4 所示。

表 3-4　部分高压直流输电系统平波电抗器的主要技术参数

系统	类型	电感/H
舟山	油浸式	1.27
葛南	干式	0.3
天广	干式	0.15
嵊泗	干式	0.4
三常	油浸式	0.29(三)/0.27(常)
兴安	油浸式	0.3

3.5　无功补偿装置

　　电力系统中的无功补偿装置从早期的电容器开始,经过数十年的发展,形成了繁多的品种,被广泛应用于电力系统发输配用的各个部分。常见的有并联电容器、并联电抗器、串联电容器、同步调相机、静止无功补偿器(SVC)、静止同步补偿器(STATCOM)等。根据不同的分类标准,可将其分为静态和动态无功补偿装置、串联补偿和并联补偿装置、传统和现代无功补偿装置、运动和静止无功补偿装置、有源和无源无功补偿装置、高压和低压无功补偿装置等,如图 3-8 所示。部分高压直流输电系统的无功补偿情况如表 3-5 所示。

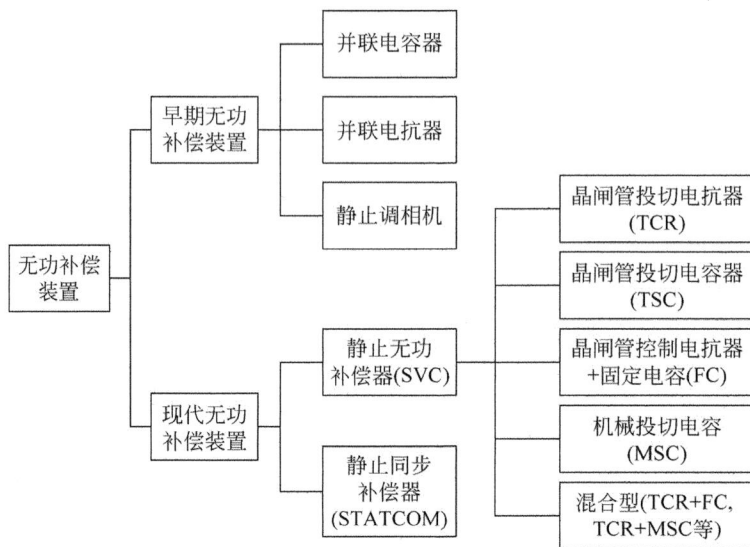

图 3-8 主要并联无功补偿装置的分类

表 3-5 部分高压直流输电系统无功补偿情况

系统	补偿装置		并联电容器容量/Mvar		滤波器基波容量/Mvar	
	送端	受端	送端	受端	送端	受端
舟山	—	调相机	0	30	24.6	22.3
葛南	—	电容器	0	87	402	696
天广	电容器	电容器	240	500	480	600
嵊泗	—	调相机	0	2×30	26.4	33.5
三常	—	电容器	0	760	1076	1100

3.5.1 静态无功补偿装置

静态无功补偿指在负荷较为平稳的情况下,为达到降低线路损耗、调节电压水平而采取的一种静态补偿方式。静态补偿装置主要有并联电容器组和并联电抗器组。并联电容器是补偿感性无功和提供电压支持的非常经济的一种方法,它具有价格低廉、安装灵活、操作简单、功率损耗小、运行稳定、维护方便等优点。并联电抗器是一种较早应用的重要无功补偿装置,并且现在还是补偿静态容性无功的主要装置。在高压直流输电的换流站,目前普遍采用并列电容器组作为无功电压调节装置。

3.5.2　动态无功补偿装置

动态无功补偿指阻抗可调、其补偿容量能够快速实时跟踪负荷或系统无功功率变化而变化的一种无功补偿方式。动态无功补偿的最大特征就是其输出能够自动响应并实时跟踪给定的控制目标。对电力系统中无功功率进行快速动态补偿,可以改善功率因数、改善电压调整、减少电压波动、滤除谐波、提高系统的稳定极限值、抑制电压崩溃、减少电压和电流不平衡等。应当指出,这些功能虽然是相互联系的,但实际的动态无功补偿装置往往只能以其中一条或某几条功能为直接控制目标,其控制策略也因此而不同。在不同的应用场合,对功率补偿装置的要求也不一样。

动态无功补偿设备根据有无运动件,可分为动态运动无功补偿装置和动态静止无功补偿装置。

1. 动态运动无功补偿装置

动态运动无功补偿装置主要是同步调相机。同步调相机是传统的无功动态补偿装置,它是专门用来产生无功功率的同步电机,在过励磁或欠励磁的不同情况下,可以分别发出不同大小的容性或感性无功功率。自 20 世纪 30 年代,同步调相机就已用于输电和次输电系统的电压和无功功率控制,在电力系统无功功率控制中一度发挥着主要作用。同步调相机主要装设于枢纽变电所,常常连接到变电站的第三个绕组上。同步调相机属于有源并联补偿器,也称主动式补偿器,能根据电压平滑地调节无功功率。但它属于旋转电机,因而损耗和噪声都较大,运行维护复杂,而且控制复杂造成响应速度慢,难以适应快速无功功率控制的要求。另外它的补偿成本也很高。所以从 20 世纪 70 年代以来,同步调相机开始逐渐被静止型无功补偿装置所取代。

2. 动态静止无功补偿装置

动态静止无功功率补偿装置,是指其主要部件无运动部分,其输出能及时快速做出变化,以达到所设计的各种控制目标的无功功率补偿设备。静止无功补偿技术的发展大体可分为以下三个阶段:

(1) 机械式无功补偿设备,主要是开关投切的电容器或电抗器,补偿方式慢,连续可控性差。它们较早应用于电力系统中,目前仍在应用。

(2) 第一代 FACTS 技术,主要是由晶闸管开关快速控制的电容器和电抗器组成的装置,已能提供动态电压支持,其技术基础是常规晶闸管整流器,最先出现的是静止无功功率补偿器(SVC),后来出现了晶闸管控制的电容器(TCSC),通过控制串接在输电线路中的电容器组来控制线路阻抗,从而提高输送能力。

(3) 第二代 FACTS 技术,同样具有支持电压和控制功率等功能,但在外部回路中不需要加设大型的电力设备。这些装置如静止同步补偿器(STATCOM)和串联补偿器(SSSC)采用了门极可关断设备(GTO 或 IGBT)等一类全控型器件,其电子回路模拟出电容器和电抗器组的作用,装置造价大大降低,性能却明显提高,属于快速的动态无功补偿装置。

SVC 是指用静止开关投切电容器或电抗器,使其输出随电力系统特定的控制参数而变化的并联连接的静止无功功率发生或吸收装置。SVC 是一种不受超前-滞后范围限制,大多数无响应延时,能快速调节无功功率的装置,它根据其斜率特性调节电压。SVC 的类型有晶闸管控制电抗器(TCR)、晶闸管投切电容器(TSC)、晶闸管投切电抗器(TSR)、晶闸管控制高阻抗变压器(TCT)和饱和电抗器(SR)等。SVC 需要在一定条件下才能实现无功功率的连续动态补偿,通常的方式有:TCR+TSC、TCR+FC(或 MSC)、TCR+TSC+FC(或MSC)。TCR 型 SVC 具有性价比高、响应速度快(10~20ms)等优点,已成为 SVC 技术的主流。

静止同步补偿器(static synchronous compensator,STATCOM)是指由自换相的电力半导体桥式变流器来进行无功发生和吸收无功功率的高性能动态无功补偿装置,其实质是一个可控同步电源。它无需调相机那样的旋转机械,又能与系统进行无功功率的交换,又称为静止无功发生器(SVG)、静止同步调相机(STATCON)、高级静止无功补偿器(ASVG)。在各种系统电压下,静止无功功率发生器都能产生额定电流,这与电容器不同,电容器在低电压时出力也按平方的规律降低。STATCOM 是一个非常复杂的电气系统,它一般包括由变流器、曲折变压器(或普通变压器、电抗器)、断路器、高压变压器构成的主系统,和由电压互感器、电流互感器、监测电路、控制器、驱动电路、保护电路、监测器等构成的二次系统,如图 3-9 所示。

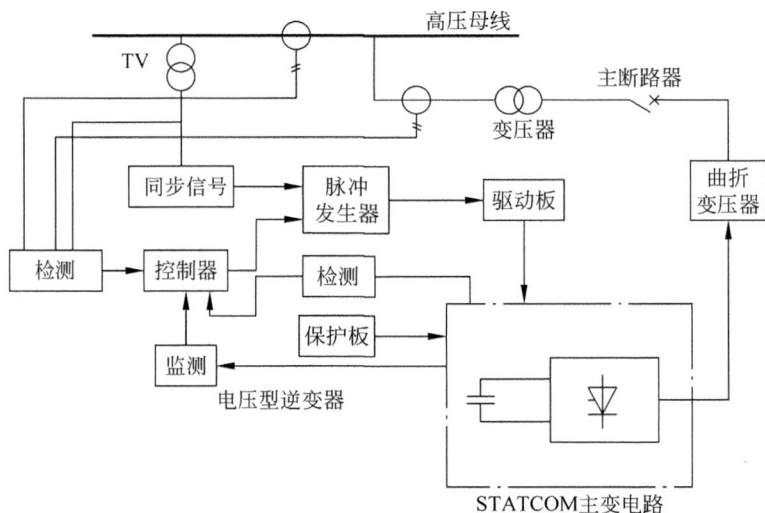

图 3-9 静止同步补偿器构成示意图

现有的无功补偿装置主要包括机械开关投切电容器及电抗器、晶闸管投切电容器及电抗器、同步调相机、SVC 和 STATCOM 等。机械开关投切电容器及电抗器的优点在于损耗小、成本低,但是调节速度慢、机械开关容易损坏、不能连续调节,出力受系统电压影响很大。晶闸管投切电容器及电抗器的优点是投切速度快,成本低,但也有不能连续调节、冲击大和出力受系统电压影响很大的缺点。同步调相机吸收少量有功功率,可以平滑调节吸收和发出无功功率,但调节速度慢,噪声大,运行维护困难,正被逐步淘汰。SVC 则具有速度快、可连续平滑调节、系统故障时不容易过电流的优点,但因存在谐波需加装滤波器,且其无功电流与电压成比例,电压低时补偿效果差,还可能导致谐振。STATCOM 是由新型大功率固体电子元件门极关断晶闸管或绝缘栅双向三极管构成的可调节逆变器、直流电容器组和输出变压器等组成的无转动结构的静止无功补偿装置,通过调节电力半导体开关的通断来改变交流侧与电网同频率的输出电压的幅值和相位,使该电路吸收或发出满足要求的无功功率,是现代无功功率补偿装置发展的方向。各种动态无功补偿装置的性能对比如表 3-6 所示。随着国民经济发展和国际化能源紧张局势的加剧,加强电能质量和节能降耗管理已成为国家政策的重要内容。STATCOM 装置是目前性能最优的无功补偿装置,是 FACTS 的核心,值得加强研究和推广使用。

表 3-6　主要动态并联无功补偿装置性能指标的比较

指标 \ 装置	同步调相机	SVC			STATCOM
		SR	TCR	TSC	
响应速度	慢	较快	较快	较快	快速
吸收基波无功功率	连续	连续	连续	分级	连续
吸收谐波无功功率	不能	不能	不能	不能	少量
控制策略	简单	简单	较简单	较简单	较复杂
分相调节	有限	不可	可以	有限	可以
损耗	大	较大	中	小	小
噪声	大	大	小	小	小

3.6　换流站的工程实例

本节给出了我国某±500kV 直流输电工程换流站的直流系统主接线图(图 3-10)、换流变及换流阀接线图(图 3-11)、500kV 交流场主接线图(图 3-12)以及直流场主接线图(图 3-13)。

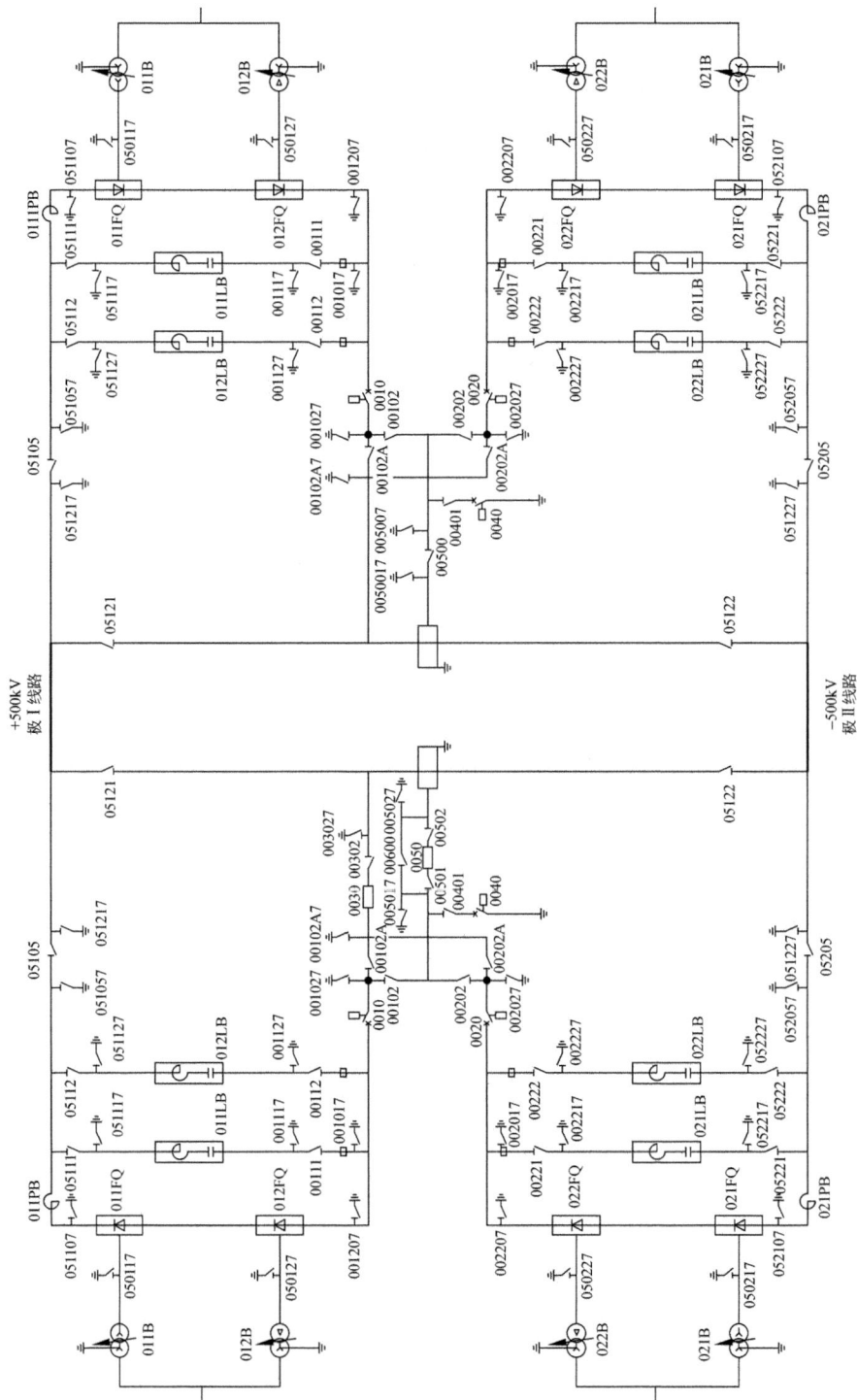

图 3-10　直流系统主接线图

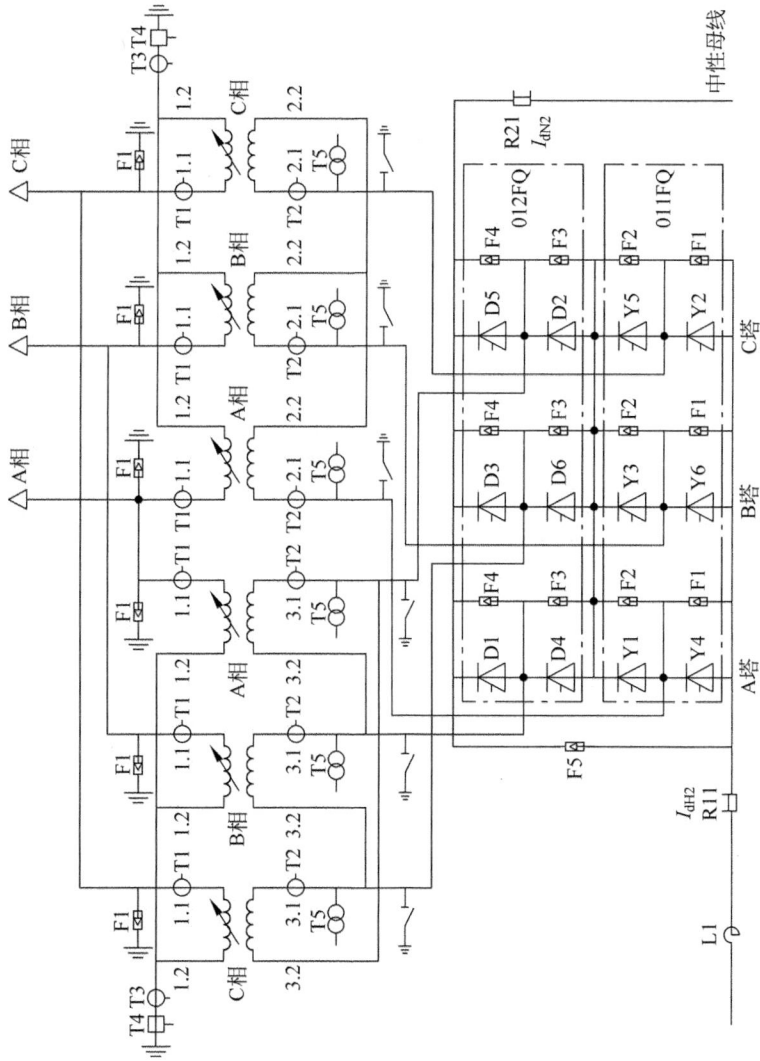

图 3-11 换流变及换流阀阀接线图

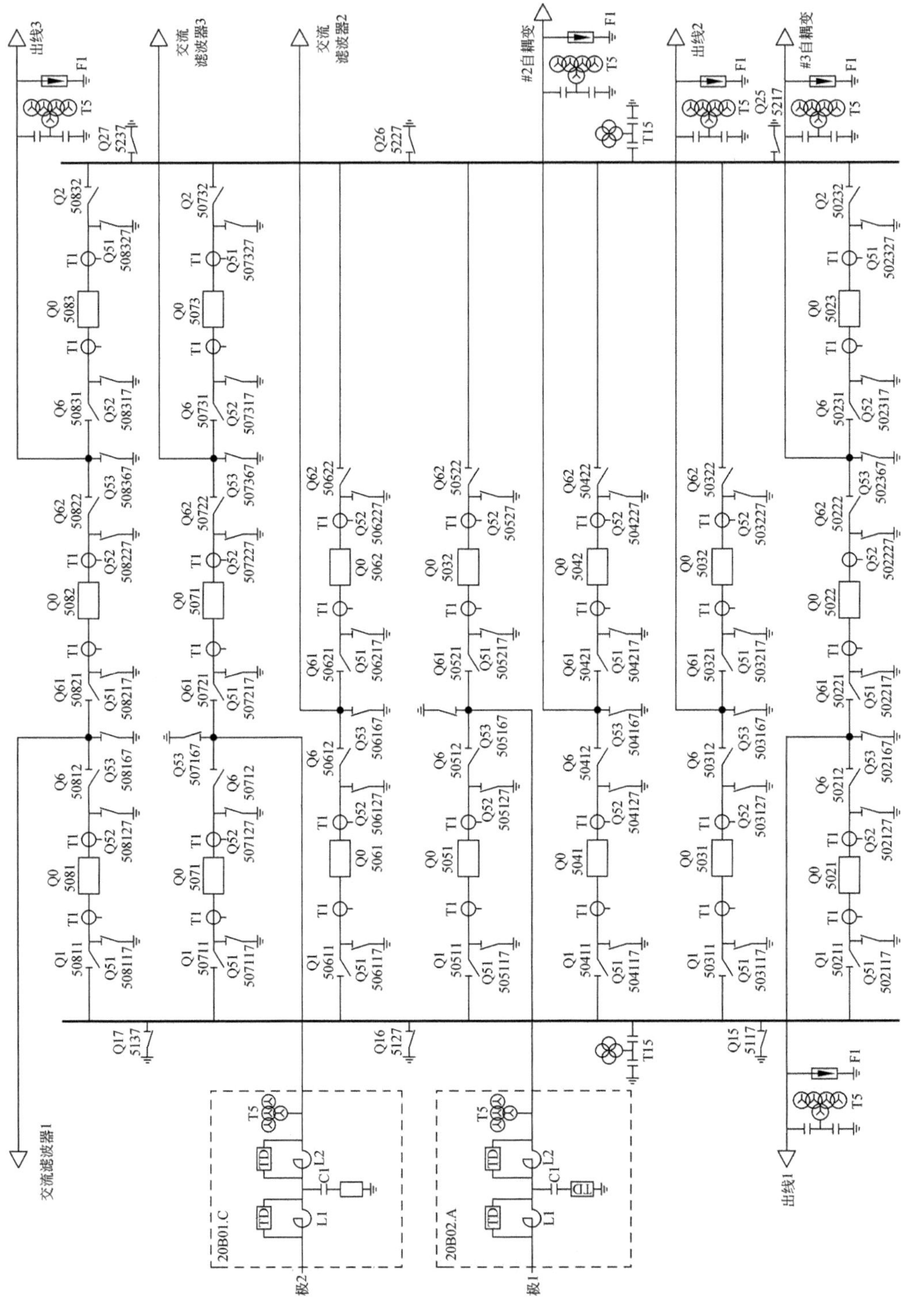

图 3-12　500kV 交流场主接线图

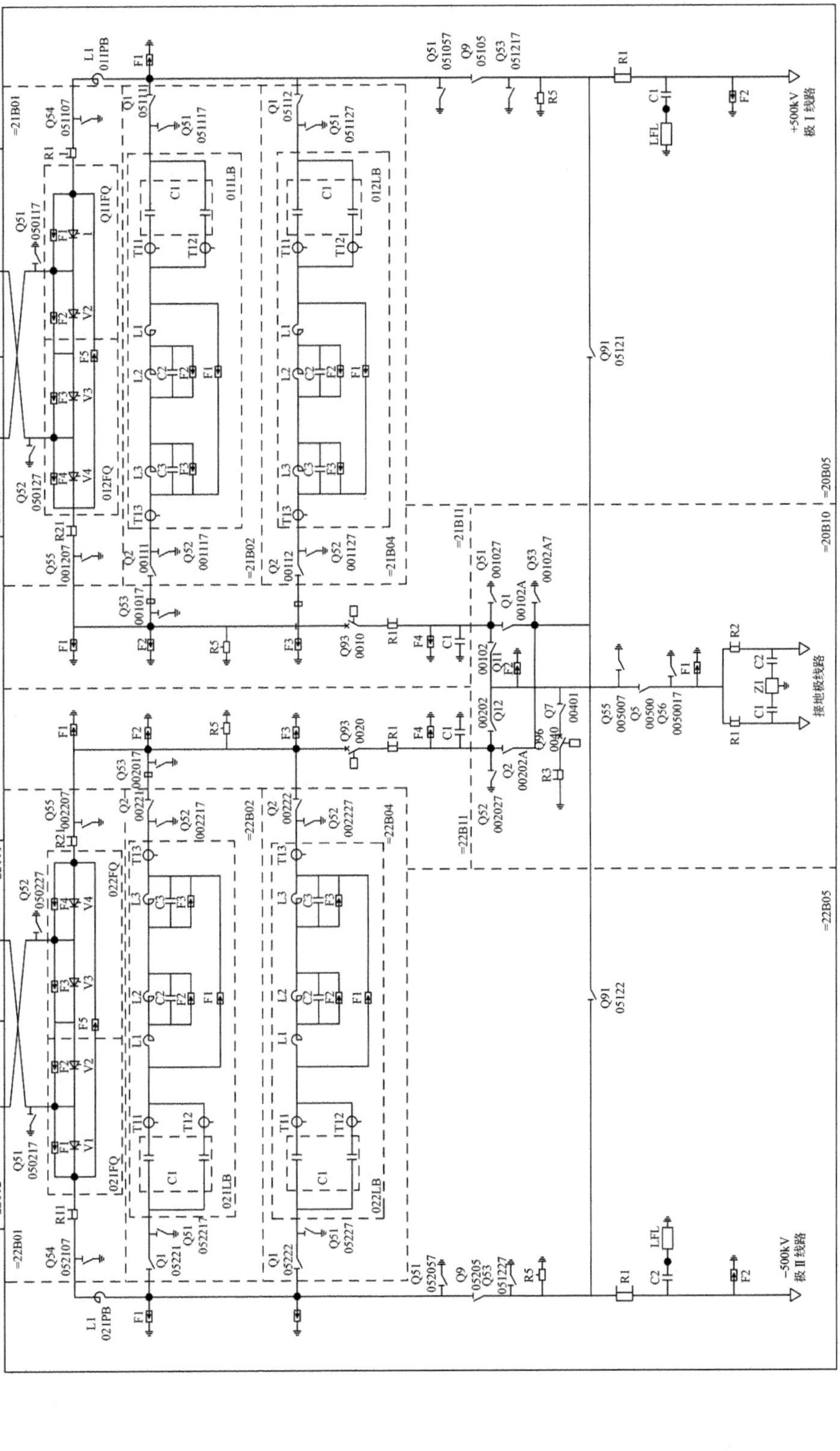

图 3-13 直流场主接线图

习题 3

3-1　换流站主设备都有哪些？与交流变电站相比有哪些不同之处？各种主设备的功能分别如何？

3-2　直流输电工程中用电压设计系数（VDF）来确定晶闸管元件的串联个数，即

$$VDF = \frac{元件的额定电压 \times 元件串联数}{阀的额定电压}$$

试根据表 3-1 的数据计算葛南、天广和三常直流输电工程的 VDF，并说明为何需要 VDF>1.0。

3-3　理论上可以根据直流输电额定输送功率的 1.047 倍左右来选择换流变压器的容量，请按此方法计算表 3-3 中各直流输电工程整流侧和逆变侧的换流变压器的容量计算值，并与实际值相比较，说明为什么会有如此显著的差异。

3-4　试根据本书给出的平波电抗器电感值选择计算方法求解表 3-4 中各直流输电工程的电感值，并与实际值相比较，评估存在差异的主要原因。

CHAPTER

4 高压直流输电线路

4.1 概况

高压直流输电线路按基本结构可分为架空线、电缆及架空线-电缆复合线路三种类型,工程中采用何种类型的直流输电线路,要以换流站位置、线路沿途地形、线路用地拥挤情况来决定。直流输电工程中电缆线路主要适用的情况有两种:一是需要跨越水域;二是难以解决架空线路走廊用地问题。目前投运的直流电缆工程主要还是用于为海岛供电或跨海峡联网的情况,作陆地地下送电的直流工程比较少,主要原因在经济上与架空线相比,电缆的价格十分昂贵。

高压直流输电线路按构成方式可分为单极线路、同极线路和双极线路。

单极线路只有 1 极导线,一般以大地或海水作为回路,有时也可以采用低绝缘水平的金属回线作为回路。

同极线路具有两根同极性导线,同时也利用大地或海水作为回流电路。

双极线路具有两根不同极性的导线,通常采用大地或海水回流,也有一些采用金属回流。它可以看成是由两个可独立运行的单极大地回线方式所组成,地中电流为两极电流之差值。正常双极对称运行时,地中仅有很小的两极不平衡电流(小于额定电流的 1%)流过;当一极故障停运时,双极系统则自动转为单极大地回线方式运行,可至少输送双极功率的一半;同时这种接线方式还便于工程分期建设,可先建一极,然后再建另一极。

4.1.1 杆塔

架空线路的常用杆塔类型如图 4-1 所示,比较常用的两种双极杆塔是单柱自立杆塔、单柱带拉线杆塔(葛南直流架空线路所采用的塔型)。

单极直流架空线路的杆塔结构很特别。图 4-1(c)中给出的是南非"卡布拉·巴沙"直流输电系统的 533kV 单极铁塔。

为了保证高压直流输电线路的安全运行,防止雷电直击造成跳闸事故,必须全线在杆塔上架设地线。如果地线只是作为防雷措施,一般采用镀锌钢绞线。近年来,为了满足系统通信要求,光纤复合架空地线(OPGW)得到了越来越多的应用。

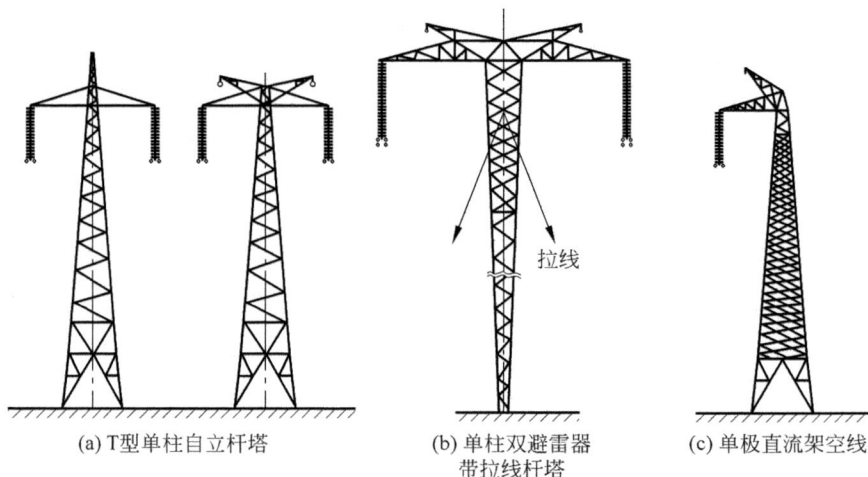

(a) T型单柱自立杆塔　　　(b) 单柱双避雷器　　　(c) 单极直流架空线
带拉线杆塔

图 4-1　高压直流输电架空线路的杆塔类型

4.1.2　直流线路绝缘子

直流线路的绝缘子串通常都比较长,直流线路绝缘子的工作条件与技术要求和交流线路绝缘子是有差别的,它存在集尘效应强、污闪电压低、老化快、钢脚的电腐蚀严重等问题。因而,一种性能良好的交流绝缘子不一定就是好的直流绝缘子。

一般认为:在同样条件下,直流绝缘子比交流绝缘子更容易受到污染,而正极性导线的绝缘子串比负极性导线的绝缘子串吸附更多的污秽(污秽的极性效应)。交流下,绝缘子表面各点的污染度是比较均匀的;在直流下,不但总的污染度大于交流,而且绝缘子下表面的污染度要比上表面大得多,且就全串而言,导线侧各元件污染最严重,接地侧次之,中间部分各元件的污染度最小。

绝缘子的直流耐压随污染度的增大而降低,而且比交流下降得更多。同样条件下,绝缘子串的负极性直流闪络电压约比正极性时低 10%~20%,所以通常取负极性作为耐压实验条件。

由于有换流器的控制系统、平波电抗器、冲击电容器、直流滤波器等的有利作用,直流线路上常见的内部过电压水平一般不会超过 1.5~1.7 倍,远较交流线路小。另一方面,绝缘子串的操作冲击耐压电压约为直流耐压的 2.2~2.3 倍,可见凡是能满足工作电压要求的绝缘子串一定也能符合内部过电压方面的要求。

按工作电压的要求选出来的绝缘子串,其总泄漏距离和片数均大大超过同样电压等级的交流线路,但是污染不会使绝缘子串的雷击冲击闪络电压降低很多,所以按工作电压要求选择得到的绝缘子串,在冲击电压下往往处于"过绝缘"状态,耐雷水平很高。因此直流输电绝缘子串的选择取决于工作电压的要求。

绝缘子的类型主要有瓷绝缘子、玻璃绝缘子、合成绝缘子(高温硫化硅橡胶复合绝缘子)。其中,应用最广泛的是瓷绝缘子和玻璃绝缘子,合成绝缘子因容易老化、寿命短,但具有价格便宜,不易破损,无需清扫维护的优点,主要应用在重污秽区以及不便清扫的区域。

直流输电线路的绝缘子片数主要取决于污秽情况下正常电压控制的要求,可以按污秽条件下依据绝缘子的人工污秽闪络特性或者爬电比距来选择绝缘子片数后,再按操作过电压进行检验。因此,绝缘子串的片数与线路所经区域的运行环境有关,三峡—华东直流线路主要经过华中、华东地区,所经区域各地的环境、气候不一样,污秽状况相差很大,所以沿线的绝缘子片数将根据污秽状况合理配置,在轻污秽区采用瓷或玻璃绝缘子,片数在 29～37 片之间,长度 4.93～6.29m 之间,重污秽区采用合成绝缘子,长度为 6.1m。

4.1.3　直流电缆线路

1879 年,美国发明家爱迪生在铜棒上绕包黄麻穿入铁管内,并以沥青混合物充填制成的电缆在纽约敷设,开创地下输电的新纪元。

目前投运的直流电缆工程主要还是用于为海岛供电或跨海峡联网的情况,例如,1987 年投运的舟山群岛工程,线路全长 56km,其中 12km 为海底电缆,直流电压为 100kV,输送功率为 50MW,采用国产粘性浸渍纸绝缘直流海底电缆,缆芯截面 300mm^2。作陆地地下送电的直流工程比较少,比较著名的就是英国的金思诺斯工程(82km,±266kV),主要原因是与架空线相比,电缆的制造价格十分昂贵。

相对于交流电缆而言,直流电缆具有以下优点:绝缘的工作电场强度高(以同样厚度的油浸纸绝缘电缆为例,用于直流时的允许工作电压比在交流下约高 3 倍,因此,在有色金属和绝缘材料相同的条件下,2 根芯线的直流电缆线路输送的功率比 3 根芯线的交流电缆线路输送功率大很多);绝缘厚度薄,电缆外径小、重量轻、柔软性好和制造安装容易;介质损耗和导体损耗低(当电缆用于交流时,除芯线电阻的损耗外,还有绝缘介质损耗以及铅包皮和铠装的磁感应损耗;而用于直流时,基本上只有芯线的电阻损耗,而且绝缘的老化也慢得很多);载流量大;没有交流磁场,有环保方面的优势。在输送功率相同和可靠性指标相当的可比条件下,直流电缆输电线路的投资比交流要低。

但同时,相对于交流电力系统,直流高压电力电缆的发展是滞后的。例如,500kV 交流电力电缆已经得到了广泛应用,而 500kV 的直流电力电缆至今尚未研究成功。研制高压直流电缆还有一些困难要克服,困难之一是空间电荷问题。塑料作为高压直流电缆的绝缘时,绝缘层中具有大量的局部陷阱,造成绝缘内部空间电荷集聚。空间电荷对绝缘材料介电强度的影响主要体现在电场畸变效应和非电场畸变效应两个方面,这两种影响都会对聚合物的绝缘造成一定的危害,造成直流电缆的寿命缩短。目前在已制成的直流电缆中,额定电压最高为 400kV,输电容量最大可达 600MW。

目前实际使用的高压直流电缆有下列几种。

1. 粘性浸渍纸绝缘电缆

这种直流电缆采用得最早,也用得最多。它的结构简单,价格也比较便宜,但其工作场强只能达到 25kV/mm 左右,这一限制决定了这种电缆的工作电压只能达到 250～300kV。这种电缆适合于作长距离海底敷设,因为它不需要附加的供油或供气设备,而且海水良好的冷却作用能避免浸渍剂的流动。但是这种电缆不适合作大落差敷设,因为在这种条件下运行,容易发生浸渍剂的流失。

2. 充油电缆

充油电缆具有较好的绝缘性能、较高的工作场强和较高的运行温度。所以,当额定电压超过 250kV 时,大多采用这种电缆。近年来,由于较好地解决了长距离供油技术问题,扩大了它的应用范围。

3. 充气电缆

充气电缆的电介质通常选用高密度浸渍纸再充以压缩气体(例如氮气)组成,有较高的绝缘强度,其工作场强可达 25kV/mm 以上。它适合长距离海底敷设及大落差敷设,例如新西兰库克海峡直流输电工程就采用了这种电缆。但是,由于增大充气压力并不能使绝缘的冲击击穿场强显著提高,而对电缆及其附件的密封性与机械强度却提出了很高的要求,所以它没有获得广泛的采用。

4. 挤压塑料电缆

这种电缆的绝缘层采用挤压成型的聚乙烯或交联聚乙烯,结构简单而坚固,工艺过程也简单,用作海底电缆是比较合适的。但按其直流耐压能力来看,工作电压只能达到 200kV 左右。

其结构为:导电芯线(一般采用铜)-绝缘层-外护层(包括金属护套、防蚀层、铠装),金属护套一般用铅,防蚀层一般采用的是塑料或者浸渍了沥青的橡胶,铠装一般采用镀锌钢丝。

▶ 4.2　架空线路的运行特性

4.2.1　电晕效应

导线电晕是指导线表面电位梯度超过一定临界之后,引起导线周围的空气电离所产生的发光放电现象。空气中总是存在着一定数量的由宇宙射所产生的正离子-负自由电子对,当电子受到电场作用时就会加速运动。如果电场足够强,这些电子获得的能量便足以使与它们碰撞的中性分子电离,产生新的自由电子。如果导线附近电场强度足够大,以致气体电离加剧,将形成大量电子崩,产生大量的电子和正负离子形成。伴随着电离、复合等过程,辐射出大量光子,在黑暗中可以看到在导线附近空间有蓝色的晕光,同时还伴有"刺刺"声,这就是电晕,这种特定形式的气体放电称为电晕放电。

发展高压直流输电,扩大输送容量,不可避免地要产生电晕。电晕常在极不均匀场中发生,而输电线路产生的场就属于极不均匀场。输电电压的升高必然导致导线表面的电场强度增加。直流电晕的产生还会带来一系列的环境问题,其中主要有:

(1)强电场的生理心理问题及生态影响;

(2)无线电干扰及电视干扰;

(3)可听噪声;

(4)对空气的污染及地区景观的影响;

(5)线路走廊问题。

电晕引起的这些问题是输电工程设计、建设和运行中必需考虑的重大技术问题,例如大多数情况下,输电线路导线截面的选择、导线对地净空距离的确定等,已不是根据工作电流或绝缘要求了,而是由电晕特性及对地面场强的限制要求来决定。电晕放电的严重程度直接与导线表面电场强度的大小,特别是表面最大电场强度有关,因为这些点正是电晕放电最为活跃的地方。为此准确计算导线表面电场强度,特别是导线表面最大电场强度和电晕起始电场强度,显得格外重要。

电晕除了产生电场效应和电晕损耗外,还可产生派生效应和屏蔽效应。

4.2.2 电场效应

直流输电线路下的空间电场是由两部分合成的:一部分是由导线所带电荷产生的静电场,这种场与导线排列的几何位置有关,与导线的电压成正比,通常又称为标称电场(nominal field);另一部分是由空间电荷产生的电场。这两部分电场的相量叠加,称为合成电场(total field,resultant field)。

电晕发生时,由于空间电荷的存在,在空间电荷产生的电场和原导线电荷产生的电场的共同作用下,会使地面的合成场强大大增加,形成电场效应。当直流输电线路导线表面电场强度大于起始电晕电场强度时,靠近导线表面的空气发生电离,电离产生的空间电荷将沿电力线方向。以双极直流线路为例,此时整个空间大致可分为三个区域:正极导线与地面间充满正离子,负极导线与地面间充满负离子,正负极导线间正负离子同时存在。这些空间电荷将造成直流输电线路所特有的一些效应。合成场强的大小取决于导线电晕放电的严重程度,最大合成电场有可能比标称电场大很多,可达它的3~3.5倍。

表征电场效应的参数主要有地面合成场强、离子流密度以及直流电场下人的感受和人截获离子电流的感受,对人体的效应主要是指人在直流电场中的感觉和离子流场中电荷积累引起的暂态电击。

1989年10月至11月,葛南直流输电工程两极并联单极运行,通过测量线路的电场效应得知:线路对地最小距离为16m、极间距离等14m、电压为405kV时,离子流密度的平均最大值为47nA/m²,合成场强为18kV/m。2001年11月至12月,天广直流输电工程系统双极运行时对地面合成场强和离子流密度进行了测量,测量时风速约为1.0m/s,换流站最大的地面合成场强平均值为27kV/m,最大的离子流密度平均值为99nA/m²。从葛南直流输电线下人体的感受情况来看,当直流电场强度达到一定数值时,人的头发会发生不同程度的竖立现象。由于直流输电线下人体的截获电流比交流情况下人的感应电流小1~2个数量级,而站在直流输电线下人体的直接感觉阈值比站在交流输电线下的大,因此直流线路下的稳态电击很微弱;站在直流输电线下人体的截获电流比直接感觉阈值小3~4个数量级,因此在直流输电线下一般不会有什么感觉(伞效应除外),但对人体的长期效应迄今尚无定论。

4.2.3　电晕损耗

线路电晕损耗是选择导线截面和分裂数的重要考虑因素之一,当直流输电线路发生电晕后将会产生电能损失,这将使线路年运行费用增加。为了确保输电线路的建设和年运行费用经济合理,线路设计者应合理地选择导线结构,使电晕损失控制到合理范围,并使它与其他设计判据如无线电干扰和可听噪声等相协调。

影响电晕损耗大小的因素涉及线路电压、导线截面及表面状况、分裂导线数、分裂间距、极间距离、导线平均对地高度、架空地线以及气象条件等。目前还没有办法从理论上推导出一个完整的计算方法,具有代表性的电晕损耗经验计算公式主要有Peek公式(如式(4-1))、Annebery公式(如式(4-2))Uhlmann公式和Popkov公式等四种。

$$\Delta P_c = \frac{K}{\delta}\sqrt{\frac{r'}{A}}\left[V - (g_0 m_0 r')\ln\left(\frac{A}{r'}\right)\right]^2 \tag{4-1}$$

$$\Delta P_c = 2\left(1 + \frac{2}{\pi}\arctan\frac{2h}{A}\right)VK_c nr \cdot 2^{0.25(g_{max}-22\delta)} \times 10^{-3} \tag{4-2}$$

式中,ΔP_c为每千米双极电晕损耗,kW/km;K为经验常数,取$K=123$;δ为大气校正系数,$\delta = \frac{2.94 p_a}{273+\theta}$;$p_a$为大气压,kPa;$\theta$为大气温度,℃;$A$为极间距离,cm;$V$为极对地电压,kV;$g_0$为导线表面的电晕起始电位梯度,kV/cm,推荐值是29.8;m_0为导线表面粗糙系数,推荐值是0.47;r'为等效半径,cm;h为导线平均对地高度,cm;n为分裂导线根数;r为分裂子导线半径,cm;g_{max}为导线表面最大场强,kV/cm;K_c为导线表面校正系数,取0.15(光滑)~0.35(有缺陷)。

根据实际的工程运行数据,考虑了电压等级、分裂导线根数、子导线截面、极间距离、导线平均对地高度等因素而制定出的实用计算曲线也常被用来求解电晕损耗,具有以下特点:①没有繁琐的计算公式,不必进行繁杂的起始电晕电压的验算,使用方便;②由于直流电晕损耗基本上取决于好天气时的值,因此,将查得的值乘以线路长度和线路年运行时间,就可以方便地求出双极线路的全年电晕损耗电量;③当所要计算的线路的某些参数与曲线中不一致时,可应用插值法求取,不至于引起较大的误差。

在交流或直流电压作用下,电晕放电几乎是在同样的电压幅值下开始出现的,但是随着电压进一步提高,交流下的电晕损耗增加得比直流下快得多。这是直流的重要优点之一。

与交流电晕相比,直流电晕(包括单极、双极、同极)损耗与电压的相关性都稍小,与气候条件的相关性要小很多,而且几乎与导线直径大小(例如在 15～50mm)以及是否为分裂导线无关。双极电晕损耗要比两种极性的单极电晕损耗之和大得多(3～5 倍),它近似地与极间距离的平方成反比;对于单极电晕损耗,负极性约等于正极性的两倍。

和交流线路的情况相反,直流线路全年的电晕损耗基本上取决于好天气时的数值。因为坏天气时,直流线路的电晕损耗比晴天时增加几倍,而交流线路则增加几十倍,甚至上百倍。

当导线表面电位梯度相等时,双极直流线路的年平均电晕损耗仅为交流线路的 50%～65%;如取年平均电晕损耗相同,那么直流线路的导线表面电位梯度可比交流线路大 5%～10%。

4.2.4　屏蔽效应与派生效应

交、直流电晕机理上的最大差别在于空间电荷的影响不同。在交流电压下,电晕产生的空间电荷只在导线附近一个相当小的范围内往返振荡,大部分外围空间不存在空间电荷。而在直流单极电晕下,整个电极空间(导线-大地)充斥着符号和导线极性相同的空间电荷,由于导线上的电压极性一直保持不变,所以这些空间电荷将使导线附近的电场变弱,使外围空间的电场增强,从而使整个电场变得较为均匀,这就是空间电荷产生的屏蔽效应。而对于双极电晕,由于电极空间存在着两股极性和运动方向都相反的离子流,彼此削弱了对方所造成的屏蔽效应。

所谓派生效应,就是电晕放电时形成高频电磁波,引起干扰,并使空气发生化学反应,造成臭氧及氢化氮等产物引起腐蚀作用。

4.2.5　无线电干扰

直流输电线路在正常运行电压下允许导线发生一定程度的电晕放电,会对线路周围无线电正常接收产生干扰。放电过程中因电离、复合和附着使导线周围空间存在着空间电荷,对电场产生影响,使导线表面的电晕放电呈一种脉冲放电状态。测量显示,这种脉冲放电是随机的、不规则的,单个脉冲电流的上升时间约为 20ns~40ns,衰减至半峰值的时间约为 100ns,脉冲重复频率在 200~2000Hz 之间不规则波动。根据傅里叶频谱变换分析理论,这种在正极性导线上产生的不规则的脉冲放电,其频率范围非常广泛,一般在几百 Hz 到几百兆 Hz 之间,它是高压输电线路电晕无线电干扰的主要原因。另外两个原因是,换流阀导通时发出电的脉冲经开关站传到线路上,以及绝缘子上的局部放电。

负极性导线电晕放电,放电点一般均匀分布在整个导线表面,脉冲幅值小,重复出现的脉冲幅值基本一致,和正极性导线相比,对无线电信号接收干扰不大。正极性导线电晕放电,放电点在导线表面的分布随机性大,持续的放电点大多数出现在导线表面有缺陷处,放电脉冲幅值大,且很不规则,是无线电干扰的主要来源。对于双极性直流输电线路,正极性导线产生无线电干扰一般比负极性大 6dB,所以单极直流线路一般均采用负极性。此外,双极直流线路的无线电干扰水平要比正极性单极线路高。采用分裂导线代替单导线可使干扰水平降低 5dB 左右。

由于交直流电晕脉冲特性的不同,交直流电晕干扰特性也有许多差别。在同样条件下,直流电晕干扰值较交流电晕值小些,它随电压的提高而增加的幅度也较小。降雨、雪、雾时,直流电晕干扰反而较好天气时低,这也是直流线路的一个优点。直流线路对无线电的干扰,直流输电线路因电晕对无线电广播产生的干扰要比交流线路的小。±500kV 直流输电线路的无线电干扰水平能满足设计限值的要求,对无线电的干扰较交流低得多,正极性导线 30m 以外可以不予考虑干扰。根据美国 EPRI 和 BPA 的试验研究,认为直流输电线路无线电干扰随着湿度增加而有减小的趋势,随着温度增加而有增加的趋势,而气压的改变对干扰没有明显的影响。

直流输电线路的电磁环境直接与输电线路的电晕特性有关,换流站的电磁环境除与带电导体电晕放电有关以外,还与换流装置的换流特性有关。由于现在换流站均采用户内晶闸管阀,这样就屏蔽了由整流阀的周期性导通和阻断过程中阀体电流的急剧变化所产生的高频电磁干扰源。±500kV 直流换流站的无线电和电视干扰值能满足限值要求。

4.2.6　可听噪声

正极性导线上的电晕是直流架空线路可听噪声的主要来源。输电线路导线产生电晕后,伴随电晕放电,还同时会产生可听噪声。随着电压等级的升高,它已成为设计交直流高压线路必须考虑的重要因素。通过交直流线路大量试验研究,已经查明交直流线路电晕放电时产生可听噪声主要来自正极性流注放电。输电线路因电晕放电产生的可听噪声,严重时会对线路附近居民带来烦躁和不安,因此设计和建设直流线路时,应将可听噪声限制到合理范围内。

与电场、无线电干扰不同,可听噪声是一种人们听觉直接感受到的现象,所以更容易形成投诉的焦点问题。交流输电线路可听噪声,在晴天时很小,一般是在小雨、雾和下雪时,导线表面受潮,表面附着水滴,此时可听噪声大,是线路设计考虑的主要条件。而直流高压线路的特点是:晴天时的可听噪声比坏天气时的可听噪声高;距正极性导线的横向距离每增加一倍,直流线路的可听噪声约衰减 2.6dB。

　　降低高压直流输电线路可听噪声的措施的根本途径是采用对称分布增加分裂数目和加大分裂导线直径,这样可以有效降低导线表面场强,从而达到降低可听噪声的目的。

4.3　架空线路的参数选择

4.3.1　额定电压

　　额定直流电压是在额定直流电流下输送额定直流功率所要求的直流电压的平均值,通常额定电压是基于额定电流的选取和输送功率的要求确定的,同时需要考虑经济性、环境影响等因素。直流线路的额定电压,不但决定着输电线路本身的建设费用,而且也直接影响着换流站的投资。正确地选用输电电压,对交流与直流投资的差额有很大影响。当输送功率一定时,采用不同的线路电压将影响线路每极导线的总截面积;而当导线的总截面积一定时,采用不同的分裂导线数和相应导线直径,又将导致不同的导线表面电场强度,从而引起不同的电晕损耗以及无线电干扰水平。因此,选择线路电压时,在满足技术要求的前提下(即要使所选择的导线截面和分裂数满足导线表面允许电场强度的要求,线路的输送容量以及电压与阀桥的额定电压、电流相配合),还要考虑线路本身及两端换流站的全部费用,也就是经济电压的问题。这涉及线路的电能损耗、阀桥的电压、输送功率、输送距离等。

1. 根据经济电压进行初步选择

　　经济电压的选择有三种方法。

　　一是采用式(4-3)经验公式,即经济直流运行电压为

$$V_{ec} = \pm \sqrt{\frac{P_d \cdot l \cdot 10^3}{3.398l + 1.408P_d}} \quad kV \qquad (4-3)$$

式中,P_d 为输送的直流功率,MW;l 为输送距离,km。上式是基于电流密度 0.8A/mm²、无线电干扰 40～50dB、导线表面电场强度 26kV/cm 的条件下得到的。

　　二是根据投资及损耗费曲线(经济曲线)来求取经济电压的方法。根据工程运行经济性来计算对应于不同运行电压的投资费用及运行损耗费曲线,然后求二者的最佳组合。

　　三是采用简便的估算方法,如下式所示:

$$V_{cc} = \eta \sqrt{P_d} \tag{4-4}$$

式中，η 为估算系数，对于单极和双极直流线路分别可取为 17 和 12。

国内的直流输电工程线路的经济电压都在 $500 \sim 650$，但是线路的额定电压除了要考虑经济性之外，还有很多技术性的问题要考虑，包括设备的制造技术、维护技术等。我国已基本形成了 $\pm 500\mathrm{kV}$ 直流输电的标准模式，并发展了 $\pm 660\mathrm{kV}$ 和 $\pm 800\mathrm{kV}$ 两个基本电压等级序列。

2. 根据临界电晕电压进行检验

选择的直流电压应小于直流输电线路的临界电晕电压（带电导体发生电晕的最小电压值），后者的经验计算公式按单极和双极线路的不同分别表示为：

$$V_{c单极} = k_n \varepsilon_k E_c rm \ln \frac{2h}{r} \tag{4-5}$$

$$V_{c双极} = 2k_n \varepsilon_k E_c rm \ln \left[\frac{A}{r} \frac{1}{\sqrt{1 + \left(\frac{A}{2h} \right)^2}} \right] \tag{4-6}$$

式中，k_n 为分裂系数；ε_k 为导线表面电位梯度；E_c 为电晕起始场强；r 为导线的半径；m 为导线的光滑系数（对不光滑导线取 0.82，对光滑导线取 1）；h 为导线平均对地高度；A 为导线的极间距。

实际上，导线电晕起始场强并非一个常数，与导线半径、导体表明粗糙程度以及大气压等多因素相关，标准大气压下的导线电晕起始场强可按下式估算：

$$E_c = 30m' \left(1 + \frac{0.301}{\sqrt{r}} \right) \tag{4-7}$$

式中，m' 为导线粗糙系数，一般取 $0.4 \sim 0.6$。

电晕起始电压随相对空气密度下降、绝对湿度升高而减小，其主要原因是空气密度降低导致电离层厚度增大、湿度升高引起光子吸收系数增大及高场强区域内碰撞电离能力增强。

4.3.2　导体截面

架空线路导线截面的选择，一般可根据系统输送容量按经济电流密度选择几种规格的导线截面，并进行经济分析比较，并考虑节能降耗的因素，以确定最佳截面；然后从电气性能上考虑导线表面的电位梯度、电晕、无线电干扰、可听噪声等电磁环境因素，以求对环境的影响控制在允许范围内。

根据我国电力系统运行经验，直流输电工程利用小时数为 $4000 \sim 6000$，依照现行标准，铝导线的经济电流密度为 $0.9 \sim 1.1 \mathrm{A/mm}^2$，但由于现行标准制定于 20 世纪 50 年代，如今有色金属及电价等因素都有了很大变化,因此有文献建议在选择导线时经济电流密度取 0.7A/mm² 左右较为合理。经过计算,额定电流 3000A 的直流,导线截面宜选择 2700～4280mm²;额定电流 4500A 的直流,导线截面宜选择 4050～6430mm²。综合考虑电磁环境、可听噪声和电晕等多方面约束条件,在经济输电距离范围内将线损率控制在 10% 以内,±500kV 线路应采用 4×720 mm² 的导线;±660kV 线路应采用 6×630mm² 的导线 ±800kV 线路应采用 8×630mm² 的导线;±1000kV 线路应采用 8×800mm² 的导线。

4.3.3 分裂导线数

为了减少电晕损耗和无线电干扰,高压直流输电架空线路一般也应考虑采用分裂导线,不过,直流架空线路采用分裂导线的优点不如交流线路明显,因此在同样的电压等级下,直流导线的分裂数可比交流线路少。在电压为 ±400kV 及以上的超高压直流输电线路上,导线截面和每极分裂导线数的选择受到电场强度与电晕损耗的影响。

为保证导线表面电场强度不大于光滑导线整体电晕起始场强的 0.75～0.82 倍,容许的最小导线截面和最小分裂导线数如表 4-1 所示。

表 4-1 直流输电架空线路导线分裂数及最小截面

电压/kV	每极导线的最小分裂数	最小截面 /mm²
±400	2	480
±500	3	480
±600	3	712
±700	4	712

4.3.4 直流输电线路工程实例

葛南 ±500kV 直流输电线路从距葛洲坝水力发电厂 3.5km 的葛洲坝换流站出线,经过湖北、安徽、浙江、江苏、上海等五省(市)抵达南桥换流站,线路总长 1045km。一般线路采用的导线规格为 4×LGJQ-300 型(每公里使用导线 8.948t),中型跨越采用 4×LGJJ-300 型加强镀锌钢绞线,长江大跨越采用 3×LHGJJ-440 型特强型钢芯铝合金线,避雷线采用 GJ-70 型钢绞线,架空地线采用 2×GJ-100 型镀锌钢绞线,绝缘子是从 NGK 引进的直流绝缘子。导线利用间隔棒消震,架空地线装设防振锤,间隔棒用十字阻尼型和环型阻尼型。主干输电线路有铁塔 2669 基,其中直线塔 2554 基,特种塔 115 基。拉线直流塔采用薄壳基础、装配式基础和大板基础。位于安庆长江大跨越的铁塔最高为 182m,档距最大为 1965m。从 1986 年 10 月开工,至 1987 年 7 月全线竣工。直流线路最终工程投资大概为 3.4112 亿,约占整个葛上输变电工程总投资的 1/3。1989 年 9 月单极投运,1990 年 8 月双极投运,成为中国输变电建设的一座里程碑。

三常高压直流输电工程西起宜昌龙泉换流站,途经湖北、安徽、江苏 3 省,跨汉江和长江,东至常州政平换流站,线路全长 860km,架设铁塔 2007 座,全线采用 OPGW 复合地线光缆,直流主干线路采用国产的钢芯铝绞线 ACSR-720/50,在湖北王家滩跨越汉江,主跨距 1200m;在安徽芜湖跨越长江,主跨距 1910m,这两个大跨越导线工程,分别采用高性能的铝包钢绞线和特高强度钢芯高强度铝合金绞线 AACSR/EST-450/200。工程总投资 51 亿,其中线路部分 13 亿。

4.4 大地回路

直流输电的回流电路有两种基本类型,即金属回路和大地(包括海水)回路。有些直流输电工程采用了金属回路(例如日本的"北海道—本洲"直流线路),但是更多的工程选择了大地回路。

单极线路与同极线路通常在正常运行时就利用大地(或海水)作为回流电路;而采用大地回路的双极线路,在正常运行时只有很少一部分电流(不平衡电流)流入大地,但是在一极发生故障时,另一极仍可利用大地作为回路继续运行,这时大地起着备用导线的作用。所有这些长期或临时利用大地(或海水)作为回流电路的直流电路,都可称为带大地回路的线路。

采用大地回路,具有以下优点:

(1) 与同样长度的金属回路相比,大地回路具有较小的电阻和较小的损耗。

(2) 采用大地回路,就可以根据输送容量的逐步增大而分期建设。第一期可以先按一极导线加大地回路的方式作单极运行,第二期再架设另一极导线,使之成为双极线路。

(3) 在双极线路中,当一极导线或一组换流器停止工作时,仍可利用另一极导线和大地回路输送一半或更多的电力。

采用大地回路的缺点(副作用):

(1) 接地电极的材料、结构和埋设方式必须因地制宜加以选择、设计和施工,其中有不少技术问题须加以研究。

(2) 在接地电极附近可能会产生危及人、畜、鱼类的危险电位梯度。

(3) 地中电流对地下金属物体(特别是电缆、水油气管道等伸长物体)的电解腐蚀。

(4) 地中电流对其他电系统(例如交流电力系统、通信系统等)的干扰影响。

(5) 海底电缆的电流对磁罗盘读数的影响。

(6) 回流电流对鱼群等水生物的影响。

直流输电单极大地回线方式的优点是显而易见的,但可能带来的负面效应也引起了广泛的关注。强大的直流电流持续地、长时间地流过接地极对周围环境的影响主要有变压器产生直流偏磁、热力效应、电化效应和跨步电压等方面。

4.4.1　电磁效应

变压器绕组中流过直流电流时将产生直流偏磁,这时变压器磁化曲线上部非线性使变压器处于过饱和状态。当幅值高达几千安的直流电流经接地极进入大地后,一部分地中直流可能通过变压器直接接地的中性点,经由交流输电线路流至线路另一端的中性点接地变压器,并经其中性点入地形成回路,在两端变压器内产生直流磁通,使铁心磁化曲线不对称,加剧铁心饱和,最终导致变压器噪声明显增大并引起变压器铁心、螺栓、外壳等过热,甚至损坏变压器。

当变压器绕组中有直流电流流过时,由于直流电流的偏磁影响,可能使得励磁电流工作在铁心磁化曲线的饱和区,导致励磁电流的正半波出现尖顶,负半波可能是正弦波。励磁电流幅值和波形的变化对变压器影响主要表现在以下几个方面:

(1) 噪声增大。当变压器线圈中有直流电流流过时,励磁电流会明显增大。对于单相变压器,当直流电流达到额定励磁电流时,噪声增大 10dB;若达到 4 倍的额定励磁电流,噪声增大 20dB。

(2) 对电压波形的影响。当变压器线圈中有直流电流流过时可能引起变压器铁心工作在严重饱和区,漏磁通会增加,在一定的程度上使电压波峰变平。

(3) 变压器损耗增加。变压器的损耗包括磁芯损耗(铁耗)和绕组损耗(铜耗)。变压器铜耗包括基本铜耗和附加铜耗。在直流电流的作用下,变压器励磁电流可能会大幅度增加,导致变压器基本铜耗急剧增加。变压器铁耗包括基本铁耗(磁滞和涡流损耗)和附加铁耗(漏磁损耗)。由于励磁电流进入了磁化曲线的饱和区,使得铁心和空气的导磁率接近,从而导致变压器的漏磁大大增加。变压器漏磁通会穿过电压板、夹件、油箱等构件,并在其中产生涡流损耗,随着变压器绕组中直流分量的增加,变压器的附加铁耗也会增加。

(4) 对铁心拉板(或支撑板)的温升影响。位于铁心表面的铁心拉板或支撑板,与铁心硅钢片的磁场强度相同,其厚度比硅钢片的厚度又厚得多,大的涡流损耗导致了拉板(或有撑板)温度升高。

4.4.2　热力效应

由于不同土壤电阻率的接地极呈现出不同的电阻率值,在直流电流的作用下,电极温度将升高。当温度升高到一定程度时,土壤中的水分将可能被蒸发掉,土壤的导电性能将会变差,电极将出现热不稳定,严重时将可使土壤烧结成几乎不导电的玻璃状体,电极将丧失运行功能。影响电极温升的主要土壤参数有土壤电阻率、热导率、热容率和湿度等。因此,对于陆地(含海岸)电极,希望极址土壤有良好的导电和导热性能,有较大的热容系数和足够的湿度,这样才能保证接地极在运行中有良好的热稳定性能。

当直流电流经由接地电极流入大地时,接地电极附近的土壤温度将因发热而逐渐上升,如果电流过大以致温度上升到使土壤的水分发生沸腾而汽化,则土壤的电阻率将急剧上升,这就会使接地电阻急剧增大,从而使接地电阻所消耗的功率进一步增大,这样将导致更大范围内土壤水分的沸腾汽化。如此循环下去,将使接地电极不能工作而导致停电,这就是热不稳定的情况。一般把电极附近土壤的最大容许温度取为 96℃。土壤发热决定接地电阻和接地电极形状及尺寸的主要因素。

4.4.3　电化效应

直流输电工程采用单极-大地返回方式运行时,其地中直流电流主要对地下和地面金属管道、铠装电缆、电力线路杆塔基础等这些大跨度的埋地设施的金属构件产生电腐蚀。一般认为,判断接地极是否对地下金属管道和铠装电缆的安全运行构成威胁主要是看在其设计寿命期间该接地极是否对它产生了影响。接地装置是由接地极和接地线组成,接地极是指埋入地中并直接与大地接触的金属导体。因此,接地极的土壤腐蚀是接地装置最主要的腐蚀类型。

接地极地电流可能使埋在极址附近的金属构件产生电腐蚀,这是由于这些金属设施为地电流传导提供了比周围土壤导电能力更强的导电特性,致使在构件的一部分汇集地中电流,又在构件的另一部分将电流释放到土壤中去的结果。当直流电流通过电解液时,在电极上便产生氧化还原反应;电解液中的正离子移向阴极,在阴极和电子结合而进行还原反应;负离子移向阳极,在阳极给出电子而进行氧化反应。大地中的水和盐类物质相当于电解液,当直流电流通过大地返回时,在阳极上产生氧化反应,使电极发生电腐蚀。电腐蚀不仅仅发生在电极上,也同样发生在埋在极址附近的地下金属设施的一端和电力系统接地网上。

当电流从埋设在土壤中的金属电极流出时(相当于作为阳极工作时),电极会被严重腐蚀,这是因为电流离开金属阳极时,实质上是土壤内电解液中的负离子移动到阳极表面和金属相结合并形成了电化学作用的生成物。例如在铁阳极处的电化学反应为:$Fe^{2+} + 2OH^- \rightarrow Fe(OH)_2$,即生成了氢氧化亚铁,然后再进一步变为氢氧化铁 $Fe(OH)_3$,因此,阳极金属受到腐蚀。

而当电流从大地流入金属电极时(相当于作为阴极运行时),电极不会受到腐蚀,因为此时的化学反应只是:$2e^- + 2H^+ \rightarrow H_2$,这一反应过程只是使金属电极表面附有一层氢气而已。

阳极腐蚀决定着接地电极的材料和敷设方式。

4.4.4　陆地接地电极

典型的三种陆地接地电极形状包括直线型、圆环型、星型,其中,直线型还有水平埋设和垂直埋设两种埋设方法。接地电极可用钢铁、石墨、高硅铸铁等材料制成。要求具有良好的导电性、较强的耐腐蚀性,同时又比较经济、施工方便等。电极的选址应尽量选择土壤电阻率低,热特性好,水分充足的土壤中,不宜埋设在岩石、砂卵石层和干燥无水的高电阻率土壤中。

当一定的直流电流(或工频电流)I 流入接地装置时,从接地电极到大地的远方(即到无穷远处零电位面)之间必有电压 U,U/I 的比值即为接地电阻,它是从接地电极至无穷远处的土壤的总电阻(一般在 $0.01\sim0.5\Omega$)。接地电极一般都是采用恒定的圆形截面导体制成的,并以同一深度 h 埋设,在电阻率均匀的土壤中时,它们的接地电阻 R_d 可分别用下列各式计算:

直线型电极:

$$R_d = \frac{\rho}{\pi l}\left(\ln\frac{2l}{\sqrt{dh_p}} - 1\right), \quad \text{当 } h \ll l \text{ 时} \tag{4-8}$$

圆环型电极:

$$R_d = \frac{\rho}{\pi l}\ln\frac{4l}{\pi\sqrt{dh_p}} = \frac{\rho}{\pi^2 D}\ln\frac{4D}{\sqrt{dh_p}} \tag{4-9}$$

n 条臂的星型电极:

$$R_d = \frac{\rho}{\pi l}\left[\ln\frac{2l}{\sqrt{dh_p}} + N(n)\right] \tag{4-10}$$

式中,ρ 为大地的电阻率,Ωm;l 为接地电极导体的总长度,m;d 为导体的直径,m;D 为圆环的直径,m;h_p 为接地电极的埋深,m;N 为对应于不同导体根数的修正系数。

接地电极的尺寸应根据其热稳定性确定,并以跨步电压的要求进行检验。

(1)设计时,首先根据埋设接地电极场地的环境温度和规定的极限温度,确定出允许温升 θ_c 值,再利用在均匀媒质中电流场与热流场相似特点,推导出接地电极的电位限值 V_c 与允许温升 θ_c 的关系式 $V_c = \sqrt{2\lambda\rho\theta_c}$ V(其中 λ 为土壤的热导率,W/(m · ℃))求出接地电极电位限值 V_c 后除以已知的直流输电的额定电流 I_d,即为接地电阻值。

(2)接地电极的地面电位梯度直接影响着人、畜的安全,因此要以人、畜触电后能够甩拖的容许跨步电压和电位梯度进行检验。地面的最大电位梯度可用下式近似计算:

$$E_{max} = \frac{\rho I}{2\pi l h_p} \quad \text{V/m} \tag{4-11}$$

可见,最大电位梯度与土壤电阻率成正比,与导体长度、埋设深度成反比。目前我国的接地极设计导则规定:直流接地极在最大短时工作电流下所允许的跨步电势为 2.5V/m,根据设计导则由此可以计算出最小埋设深度。

4.4.5　海岸电极和海水电极

海水的电阻率只有 $0.2\Omega m$,所以海水或海岸直流接地电极的接地电阻可以做得很小。在地理条件许可的情况下,应尽量采用。在只作阴极使用时,海水电极特别经济,这时只要在海底敷设一条裸铜线(例如废电缆芯)即可。但是,要注意到,在海水里的阳极附近会放出氯气,将腐蚀大多数金属、木材、橡胶及某些塑料。因此,为了防止氯的腐蚀,应当采用石墨或镀铂的钛做阳极,并在其周围设置聚氯乙烯或混凝土的屏蔽围栏,以免鱼类过于接近电极。因此,很多海岸或海水电极都采用石墨阳极和裸铜线阴极的配置方式。

减少地中电流对周围设施影响的措施主要有以下几种。

1. 使接地电极与有关设施保持足够的距离

为避免入地电流流经中性点接地设备,一般直流接地极应设置在离可能被影响的交流系统中性点接地点 10km 以外。

2. 采用阴极保护

所谓阴极保护就是使被保护物体对周围土壤保持负电位,从而使电流只流入被保护物,而不从保护物流出。在被保护物附近埋设一个辅助电极,利用外加直流电源或利用辅助电极(例如锌、铝或镁等材料)和被保护物(例如铁或铅)在大地电解液中自然形成的化学电势,使辅助电极和被保护物间形成 1 个正的化学电势,在一电势的作用下,原来要经被保护物表面流出的电流将改由辅助电极流出,从而把腐蚀转嫁给辅助电极。阴极保护是一种有效的保护措施,甚至可直接利用辅助电极对被保护物产生化学电势来实现,因此比较方便。但是,当进入被保护物的电流较大时,外加电源的容量将随之增大,并且要消耗较多电能,这样就显得不经济了。这时阴极保护应与其他方法联合使用。

3. 加涂绝缘层

在金属物上涂附绝缘层,可使电流不能或至少很难离开被保护物体,其有效程度取决于涂附层的高电阻率、不透水性,以及涂层与金属物间的粘合质量等。常用的涂层材料有水泥砂浆、沥青、磁漆、树脂等,最好的涂层材料是聚氯乙烯。但是,由于安装时或运行中的损坏,绝缘层可能产生小的破裂,这样,在该处会出现较大的电流密度和腐蚀率,其破坏性会比无绝缘涂层时更大。因此,在现场往往会同时采用阴极保护和绝缘涂层。

4. 增大金属埋设物周围媒质的电导率

增大金属埋设物周围媒质的电导率可以减小因电阻率差别而汇集进入金属边沿的电流,例如,采用电导率较大的焦炭做回填料或在金属埋设物周围土壤中掺入食盐等电解质。

5. 海水电极的周围要采取措施保护鱼类

因为海水中的电极可在其周围的水中产生一定的电场强度,因此会对水中的生物造成影响:鱼类有向阳极聚集和从阴极离开的倾向;当海水中的电位梯度在 1.25V/m 以下时,对人和鱼都是安全的,但当电位梯度达到 2.5V/m 时,在海水中的人就会感到不舒服,鱼类在接近电极 1m 的范围内会出现假死状态,如能在数分钟内除去电压,仍能复苏;此外在阳极附近生成的氯气会导致不能逃离的生物死亡。因此,作为阳极的海水电极必须对鱼类采取一定的保护措施,例如设置隔离围栏等。

4.4.6　接地极线路工程实例

1. 葛南直流系统接地极

葛洲坝换流站的接地极采用圆环型电极,离站址 38km,离长江岸 1.5km,采用直径 500m 深度 2m 的环状沟埋型。电极材料用 f42mm 炭钢埋在 $300\times300mm$ 断面的焦炭层中,导体总长 1570m,接地电阻 0.039Ω。南桥换流站的接地极采用直线棒接地电极,离站址 32km,靠近杭州湾,为浅埋海岸型接地极,长度为 640m。电极材料原用 f30mm 炭钢,埋在 $600\times600mm$ 断面的焦炭层中,深埋 2m,二段 320m 一字形,接地电阻 0.028Ω,1990 年接地极出故障后,改用 $3\times f50mm$ 炭钢作电极。接地极引线用 LGJ-400/50 的导线,按 35kV 架空线的绝缘水平设计。

2. 天广直流系统广州站接地极

广州换流站接地极位于三水市大塘乡莘田村,至广州换流站约 38km,采用架空线路联接。引入接地极处用电缆焊接。接地极采用双圆环水平埋设布置,其中外环直径为 690m,内环直径为 480m,内外环均分成四个弧段,每弧段一个杆塔,各弧段电极通过电缆引出至各自杆塔,通过架空导线汇集至中心杆塔后,与接地极架空线路连接。接地极电极材料采用 $\phi50$ 的圆钢棒和焦炭。在接地电极上布置了测量电极温度、土壤湿度、地下水位等参数,监视接地极运行情况的监测点(18 个测量点)。在接地极上还设有 24 个渗水孔,用于人工注水,保持土壤湿度。

接地极主要技术参数:正常额定电流 1800A,最大连续电流 1980A,最大短时(3s)电流 2700A,接地电阻 0.111Ω,跨步电压 $5\pm0.03V/m$,电流密度 $0.2116A/m^2$,最高允许温升 60K,年最大负荷利用小时数 5000h,连续运行寿命 40 年(设计值),接地极环径内环 480m、外环 690m,电极截面 $0.75\times0.75m^2$。接地极引线采用 LGJ-630/55,避雷线采用 GJ-70。

3. 高肇直流系统接地极

贵州至广东高肇直流工程的接地电极是直径达 700m 的圆环形。其接地极设计运行方式为:在投运初期,允许一极以阳极连续运行 6 个月,此后在直流线路一极检修或一极以大地回路方式运行时,接地极极性为阴阳可互换方式。

贵州侧接地极线路路径:从安顺高坡换流站出线后钻越拟建的交流 500kV 安贵 π 接线路,经上平寨至新寨,平行普两 220kV 线路北侧走线,然后跨越 110kV 安贵线,110kV 安梭线和 110kV 安平线,经大麻山跨越贵黄高速公路、滇黔铁路,在本寨东南钻越已建的交流 500kV 天贵线,经旧州、高车至刘关屯极址。线路全长约 53.6km。

　　广东侧接地极线路:从肇庆换流站出线后转向西南,沿新村西北部山区走线,至沙屋店跨越公路后,向西南走线进入新兴县,避开东岗镇的规划区,在渡头村北面跨越公路,在陈舍隧道附近跨越三茂铁路,经径口、云洞、云秋至塘尾村,然后线路转向西南走线,经黎鼻、坑口,在河东镇北郊转向西偏北方向至天堂极址。线路途经高要、新兴两县,路径全长约 70km。

　　安顺换流站接地极工程 3989 万元,地极线路工程 3427 万元;肇庆换流站接地极工程 3551 万元,接地极线路工程 5061 万元。

习题 4

　　4-1　直流系统采用大地回路的优缺点是什么?

　　4-2　相对于交流电缆而言,直流电缆具有什么优点?

　　4-3　试用经验公式估算云广特高压直流(5GW,1438km)的经济直流电压。

　　4-4　查找有关文献获取天广直流输电线路的有关参数,并试用 Peek 公式和 Annebery 公式估算天广直流的电晕损耗。查找不到的参数可以用典型值来代替。

　　4-5　什么是直流输电线路的电晕效应? 包含哪些方面的效应?

5 高压直流系统的谐波和滤波器

5.1 谐波的基本概念

5.1.1 谐波源与谐波

通常我们将与工频同频率的电气量波形称为基波分量,或者一次谐波;而将频率为基波的整数倍的周期性电气量波形称为高次谐波。由于在同步发电机的设计上采取了一系列削弱高次谐波的措施,通常认为,电力系统的电源是频率按单一恒定工业频率(50Hz)、波形按正弦规律变化的三相对称的电压源。高次谐波产生的根本原因是由于电力系统中某些设备和负荷的非线性特性,即所加的电压和产生的电流不成线性(正比)关系而造成的波形畸变。造成系统正弦波形畸变产生高次谐波的设备和负荷被称为(高次)谐波源。

当电力系统向非线性设备及负荷供电时,这些设备或负荷在传递(如变压器)、变换(如换流器)、吸收(如电弧炉)系统发电机所供给的基波能量时,又把部分基波能量转换为谐波能量,向系统倒送大量的高次谐波,使得电力系统的正弦波形畸变,电能质量下降;可能引起电网局部谐振,损坏系统设备(如电容器、电动机和电缆等);威胁电力系统的安全运行(如造成继电保护及自动装置误动作);增加电力系统元件的附加功率损耗等,甚至造成过热损坏;干扰邻近的通信系统,使邻近的电话线产生杂音,降低通信质量。这些都给系统及其用户带来危害,被视为一种"电力污染"。

当前电力系统的谐波源根据非线性特性可分为以下三类:

(1) 铁磁饱和型,各种铁心设备,如变压器、电抗器等,其铁磁饱和特性呈现非线性。

(2) 电子开关型,各种交直流换流装置以及双向晶闸管可控开关设备等,其非线性表现为交流波形的开关切合与换向特性。

(3) 电弧型,各种炼钢电弧炉在熔化期间以及交流电弧焊机在焊接期间,其电弧的点燃和剧烈变动形成高度非线性。其非线性表现为电弧电压与电弧电流之间的不规则和随机变化的伏安特性。

对于电力系统三相供电来说,有三相平衡和三相不平衡的非线性特性。后者如电气化铁道、电弧炉和单相家用电器等。近年来电力系统谐波污染问题日益严重，主要原因在于：

（1）电力电子设备及其新技术的大量应用，如换流器等大容量电力晶闸管设备的非线性负荷剧增、各种家用电器的广泛使用。

（2）为了节省原材料，铁心设备的工作点更进入饱和区，引起谐波增加。

（3）电弧炉用户的增多及其容量的增大。

谐波通常被分为电压源性质的谐波和电流源性质的谐波两类。电压源谐波在进行戴维南等效时，等效阻抗远小于外接阻抗，输出端谐波电压不随外接负载的变化而改变，如发电机输出的谐波电压，变频器输出谐波电压，负载电网侧谐波电压。电流源谐波在进行诺顿等效时，等效阻抗远大于外接阻抗，谐波电流幅值不随外接负载的变化而改变。谐波电压在回路的不同点可有差异，而谐波电流在谐波回路中却总是一样的。

由于系统施加到负荷的电压基本不变，谐波源负荷通过向电力系统取得一定的电流做功，该电流不因系统外界条件和运行方式而改变。而谐波源固有的非线性伏安特色决定了电流波形的畸变，使其产生的谐波电流与基波电流成一定的比例，因而非线性负荷一般都是谐波电流源。由于谐波电流源的谐波内阻抗远大于系统的谐波阻抗，故谐波电流源一般可视作恒流源。

显然，对于同一个电路，从不同的角度研究可能要作不同的处理。比如，从交流侧看高压直流输电，因为直流侧大电感作用，直流侧纹波可以认为是电流源性质；从直流侧看，因为交流侧直接连接于大电网，换流器可以看作电压谐波源。

5.1.2　谐波的指标

一个非正弦的周期波（如电压、电流和磁通等）可以分解为一个同频率和很多整数倍频率的正弦波之和。一般情况下，非正弦周期波 $f(\omega t)$ 的正弦波分解可以表示为

$$f(\omega t) = a_0 + \sum_n f_n(n\omega t), \quad n = 1,2,3,\cdots \tag{5-1}$$

式中，a_0 为直流分量；n 为正整数即谐波次数（阶次）；$f_n(n\omega t)$ 为基波频率 n 倍的正弦波分量。

为定量表示电力系统正弦波形的畸变程度，通常采用谐波含有率和总谐波畸变率作为衡量指标：

（1）谐波含有率（HR），指 n 次谐波分量的有效值（或幅值）与基波分量的有效值（或幅值）之比，用百分数表示，即

第 n 次谐波电压含有率

$$R_{U,n} = \frac{U_n}{U_1} \times 100\% \tag{5-2}$$

第 n 次谐波电流含有率

$$R_{I,n} = \frac{I_n}{I_1} \times 100\% \tag{5-3}$$

（2）总谐波畸变率（THD），指谐波总量的有效值与基波分量的有效值之比，用百分数表示，即

谐波电压总量为

$$U_{\mathrm{H}} = \sqrt{U_2^2 + U_3^2 + U_4^2 + \cdots} = \sqrt{\sum_{n=2}^{\infty} U_n^2} \tag{5-4}$$

谐波电流总量为

$$I_{\mathrm{H}} = \sqrt{I_2^2 + I_3^2 + I_4^2 + \cdots} = \sqrt{\sum_{n=2}^{\infty} I_n^2} \tag{5-5}$$

电压总谐波畸变率

$$D_{\mathrm{U}} = \frac{U_{\mathrm{H}}}{U_1} \times 100\% = \sqrt{\sum_{n=2}^{\infty} R_{\mathrm{U},n}^2} \times 100\% \tag{5-6}$$

电流总谐波畸变率

$$D_{\mathrm{I}} = \frac{I_{\mathrm{H}}}{I_1} \times 100\% = \sqrt{\sum_{n=2}^{\infty} R_{\mathrm{I},n}^2} \times 100\% \tag{5-7}$$

5.1.3　直流输电的谐波

换流装置交流侧的电压电流波形不是正弦波，直流侧的电压电流也不是平滑恒定的直流，都含有多种谐波分量。因此换流装置是一个谐波源，在交流侧和直流侧都会产生谐波电压和谐波电流。无论是交流侧还是直流侧的谐波电压或者谐波电流，谐波的次数都是其频率对交流电网基波频率的比值。

换流器在交流电网基波电压的一个周期内发生不同时换相的次数，称为它的脉动数，或者脉波数。一个脉动数为 p 的换流器，在其直流侧产生的谐波次数为 $n=kp$，在其交流侧产生的谐波次数为 $n=kp\pm1$，其中 k 为任意正整数。通常高压直流输电的换流器脉动数为 6 或者 12。由以上各式所确定的谐波称为换流器的特征谐波，除此以外的所有其他各次谐波称为非特征谐波。非特征谐波主要是由于各种各样的不对称，如触发脉冲的不等间隔、母线电压不对称和相间换相电抗的不对称而产生的额外谐波。

实际上在后面分析换流器交流侧和直流侧的特征谐波时是在理想条件下得出的，在实际中还存在许多非特征谐波。换流器中低次的非特征谐波一般比频率相近的特征谐波要小得多，通常需要相应滤波器来抑制。对于高次谐波，特征谐波和非特征谐波含量都很小，且难以计算，通常靠测量得到。产生非特征谐波最主要的原因是阀的触发角或者触发时间间隔不相等，这与三相交流电压不平衡、电流调节器和触发控制器性能不足相关。

减少换流器谐波的主要方法有两种，即增加换流器的脉动数和装设滤波器。对于高压直流输电，如果脉动数增加到 12 以上，将使换流站接线复杂，投资增加，所以在换流器的交流侧目前几乎都采用滤波器以限制交流谐波。滤波器同时也用来提供换流器所需的无功功

率。在换流器的直流侧,总是用相当大电感(0.4~1H)的串联平波电抗器来限制直流电压和直流电流中的谐波。如果换流器与直流电缆相连接则无需装设滤波装置;但对于架空的直流输电线路,则往往需要直流滤波器。

5.2 换流装置交流侧的特征谐波

5.2.1 换流变压器阀侧线电流

当不计换流器的换相角 μ 时(即 $\mu=0$),单桥换流变阀侧(即换流装置交流侧)线电流的波形为一系列等时间间隔、正负轮换的矩形脉冲,如图 5-1 所示。对于该波形可采用傅里叶级数展开成三角函数级数,即

$$F(\omega t) = \frac{A_0}{2} + \sum_{n=1}^{\infty} (A_n \cos n\omega t + B_n \sin n\omega t)$$

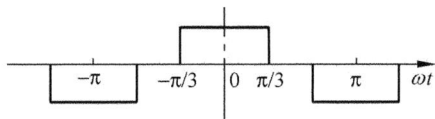

(5-8)

图 5-1   换流变压器阀侧线电流波形($\mu=0$)

式中, A_0 为直流分量; A_n 和 B_n 是 n 次谐波相量的两个直角坐标分量(即余弦分量和正弦分量),

$$A_0 = \frac{1}{\pi} \int_0^{2\pi} F(\omega t) \mathrm{d}\omega t$$

$$A_n = \frac{1}{\pi} \int_0^{2\pi} F(\omega t) \cos n\omega t \, \mathrm{d}\omega t$$

(5-9)

$$B_n = \frac{1}{\pi} \int_0^{2\pi} F(\omega t) \sin n\omega t \, \mathrm{d}\omega t$$

上式积分区间可保持在一个周期的条件下任意移动。对于图 5-1 的电流波形关于纵轴对称,是一偶函数,根据傅里叶级数的特征,有 $B_n=0$;且由于波形横轴上下方面积相等,有 $A_0=0$ 。从而在其傅里叶级数中只有余弦项

$$A_n = \frac{1}{\pi} \int_{-\frac{2\pi}{3}}^{\frac{4\pi}{3}} F(\omega t) \cos n\omega t \, \mathrm{d}\omega t = \frac{1}{\pi} \left[\int_{-\frac{\pi}{3}}^{\frac{\pi}{3}} I_d \cos n\omega t \, \mathrm{d}\omega t + \int_{\frac{2\pi}{3}}^{\frac{4\pi}{3}} (-I_d \cos n\omega t) \mathrm{d}\omega t \right]$$

$$= \frac{2I_d}{n\pi} \left[\sin \frac{n\pi}{3} + \sin \frac{2n\pi}{3} \right]$$

(5-10)

将 A_n 代入式(5-8)可得换流变阀侧线电流的表达式为

$$i_a = \frac{2\sqrt{3} I_d}{\pi} \left(\cos\omega t - \frac{1}{5}\cos 5\omega t + \frac{1}{7}\cos 7\omega t - \frac{1}{11}\cos 11\omega t + \frac{1}{13}\cos 13\omega t - \frac{1}{17}\cos 17\omega t + \cdots \right)$$

(5-11)

可见在 $\mu=0$ 时三相 6 脉动换流变阀侧线电流除了基波电流外,只含有其 $kp\pm1$ 次谐

波,而基波电流幅值为

$$I_{1M} = \frac{2\sqrt{3}\,I_d}{\pi} = 1.103 I_d \tag{5-12}$$

基波电流有效值为

$$I_1 = \frac{\sqrt{6}\,I_d}{\pi} = 0.78 I_d \tag{5-13}$$

n 次谐波有效值为

$$I_n = I_1/n \tag{5-14}$$

可见,特征谐波的次数越高,其有效值越小。

5.2.2　换流变压器交流侧线电流

当换流变的绕组按 Y-Y 或者 △-△ 连接,而且电压比为 1∶1 时,交流侧电流波形与阀侧电流波形相同,如图 5-2(a)所示,此时其傅里叶级数展开式同式(5-11)。

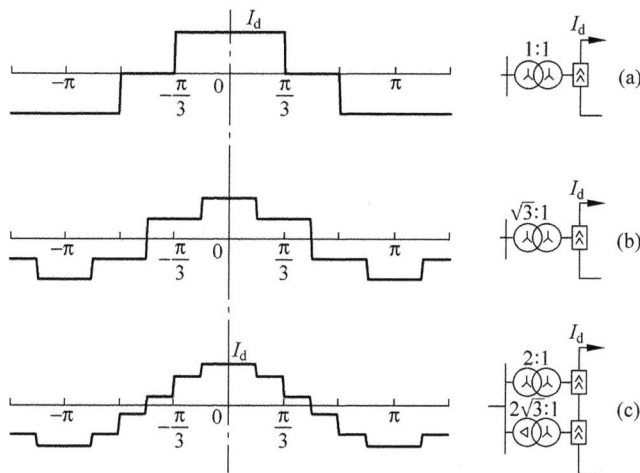

图 5-2　换流变压器交流侧电流波形

当换流变的绕组按 △-Y 连接,而且电压比为 1.732∶1 时,交流侧电流波形如图 5-2(b)所示,此时其傅里叶级数展开式为

$$i_a = \frac{2\sqrt{3}\,I_d}{\pi}\left(\cos\omega t + \frac{1}{5}\cos 5\omega t - \frac{1}{7}\cos 7\omega t - \frac{1}{11}\cos 11\omega t + \frac{1}{13}\cos 13\omega t + \frac{1}{17}\cos 17\omega t - \cdots\right)$$

$$\tag{5-15}$$

与式(5-11)相比较,不同之处仅在于第 5、7、17、19(即 $n = 6(2k-1)\pm 1$)等项的符号相反,两个波形的有效值仍相等。

5.2.3　双桥 12 脉动换流变压器交流侧线电流

双桥 12 脉动换流器是由 2 台 6 脉动换流器组成,各由一台换流变供电,其接线分别为 Y-Y 及 △-Y 连接,而电压比分别为 2:1 和 1.732:1,交流侧电流波形如图 5-2(c)所示,此时两台换流变交流侧总电流为式(5-11)和式(5-15)的平均值,即

$$i_{a(12)} = \frac{2\sqrt{3}\,I_d}{\pi}\left(\cos\omega t - \frac{1}{11}\cos11\omega t + \frac{1}{13}\cos13\omega t - \frac{1}{23}\cos23\omega t + \frac{1}{25}\cos25\omega t - \cdots\right)$$

$$(5\text{-}16)$$

此时交流侧线电流只含有 $12k\pm1$ 次谐波,而第 5、7、17、19 等次数谐波将在两台换流变的交流侧绕组中形成环流而不进入交流电网。

以上分析是没有考虑换相角的情况,如果考虑到触发角和换相角,计算将变得极为复杂,实际应用中可以根据谐波电流与基波电流的百分数与 α 和 μ 的关系曲线来确定。图 5-3 给出了 $n=5$ 时 6 脉动换流器的谐波电流与 α 和 μ 的关系曲线。α 和 μ 对谐波电流的影响可简单归纳如下:

(1) 换相角 μ 增大,谐波电流将下降,且谐波次数越高谐波电流下降得越快。

(2) 在一定范围内,谐波电流下降的速度也随着换相角 μ 增大而加快。

(3) 各次谐波在 $\mu=360°/n$ 附近时谐波电流 $I_{(n)}$ 下降到最小值,然后再略有增大。

(4) 如果 μ 为定值,各次谐波电流随 α 不同的值的变化是微小的。

(5) 在任何情况下,谐波电流有效值 $I_{(n)}$ 均不会超过 $I_{(1)}/n$,即不会超过 $0.78I_d/n$。

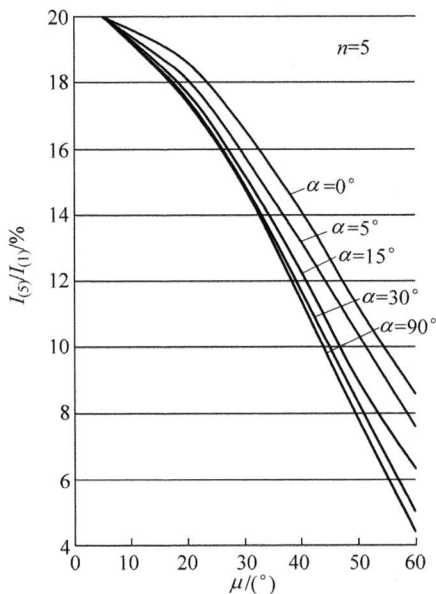

图 5-3　5 次谐波电流特性

5.3　换流装置直流侧的特征谐波

直流侧的谐波计算,通常是根据直流电压曲线,利用博里叶级数展开式求取各次谐波的正弦分量、余弦分量和直流分量,从而求得各次谐波电压,并根据各次谐波对应的等值电路由谐波电压和阻抗求得谐波电流。

5.3.1　换流器直流侧的谐波电压

从图 2-10(b)可见,换流器的直流电压在换相期间等于参与换相的两相对第三相的线电压的平均值,例如在 $V_2 V_3$ 导通期间($\omega t > 120°$时)就等于 e_{ac} 和 e_{bc} 的平均值。因此换流器的直流电压 $U_d(\alpha, \mu)$ 可以看作是两个分量的平均值,一个分量是触发角为 α 时的空载电压,另一个则是触发角为 $\alpha + \mu$ 时的空载电压,即

$$U_d(\alpha, \mu) = [U_d(\alpha, 0) + U_d(\alpha + \mu, 0)]/2 \tag{5-17}$$

U_d 既含有直流分量 V_d,也含有各次谐波分量,即

$$U_d = V_d + \sum U_{d(n)} \tag{5-18}$$

对各分量按式(5-17)列出表达式如下:

$$V_d(\alpha, \mu) = [V_d(\alpha, 0) + V_d(\alpha + \mu, 0)]/2 \tag{5-19}$$

$$U_{d(n)}(\alpha, \mu) = [U_{d(n)}(\alpha, 0) + U_{d(n)}(\alpha + \mu, 0)]/2 \tag{5-20}$$

设

$$U_d(\alpha, 0) = V_d(\alpha, 0) + \sum U_{d(n)}(\alpha, 0)$$

$$= V_d(\alpha, 0) + \sum [A_{(n)}(\alpha, 0)\cos n\omega t + B_{(n)}(\alpha, 0)\sin n\omega t] \tag{5-21}$$

由于在 $\omega t = \alpha$ 和 $\omega t = \alpha + 60°$ 之间有

$$U_d(\alpha, 0) = \sqrt{6} E_2 \cos\left(\omega t - \frac{\pi}{6}\right) \tag{5-22}$$

式中,E_2 为换流变阀侧相电压有效值。直流分量 $V_d(\alpha, 0)$ 可以由以下积分求得:

$$V_d(\alpha, 0) = \frac{6}{2\pi}\int_{\alpha}^{\alpha + \frac{\pi}{3}} U_d(\alpha, 0)\mathrm{d}\omega t = \frac{3}{\pi}\sqrt{6} E_2 \cos\alpha = V_{d0}\cos\alpha \tag{5-23}$$

式中,V_{d0} 是换流器的理想空载直流电压。余弦分量和正弦分量为

$$A_{(n)}(\alpha, 0) = \frac{6}{\pi}\int_{\alpha}^{\alpha + \frac{\pi}{3}} U_d(\alpha, 0)\cos n\omega t\, \mathrm{d}\omega t = V_{d0}\left[\frac{\cos(n+1)\alpha}{n+1} - \frac{\cos(n-1)\alpha}{n-1}\right] \tag{5-24}$$

$$B_{(n)}(\alpha, 0) = \frac{6}{\pi}\int_{\alpha}^{\alpha + \frac{\pi}{3}} U_d(\alpha, 0)\sin n\omega t\, \mathrm{d}\omega t = V_{d0}\left[\frac{\sin(n+1)\alpha}{n+1} - \frac{\sin(n-1)\alpha}{n-1}\right] \tag{5-25}$$

对于各次特征谐波,$n = 6k$。根据同样的方法可以求得触发角等于 $\alpha + \mu$,换相角等于 0 时的 n 次谐波电压 $U_{d(n)}(\alpha + \mu, 0)$ 的余弦分量 $A_{(n)}(\alpha + \mu, 0)$ 和正弦分量 $B_{(n)}(\alpha + \mu, 0)$,只需要将式(5-24)和式(5-25)中的 α 换成 $\alpha + \mu$ 即可,从而可以求得 $U_{d(n)}(\alpha, \mu)$ 的余弦分量和正弦分量:

$$U_{d(n)}(\alpha, \mu) = A_{(n)}(\alpha, \mu)\cos n\omega t + B_{(n)}(\alpha, \mu)\sin n\omega t \tag{5-26}$$

$$A_{(n)}(\alpha, \mu) = [A_{(n)}(\alpha, 0) + A_{(n)}(\alpha + \mu, 0)]/2 \tag{5-27}$$

$$B_{(n)}(\alpha, \mu) = [B_{(n)}(\alpha, 0) + B_{(n)}(\alpha + \mu, 0)]/2 \tag{5-28}$$

即

$$A_{(n)}(\alpha, \mu) = \frac{1}{2}V_{d0}\left[\frac{\cos(n+1)(\alpha+\mu) + \cos(n+1)\alpha}{n+1} - \frac{\cos(n-1)(\alpha+\mu) + \cos(n-1)\alpha}{n-1}\right]$$

$$(5\text{-}29)$$

$$B_{(n)}(\alpha, \mu) = \frac{1}{2}V_{d0}\left[\frac{\sin(n+1)(\alpha+\mu) + \sin(n+1)\alpha}{n+1} - \frac{\sin(n-1)(\alpha+\mu) + \sin(n-1)\alpha}{n-1}\right]$$

$$(5\text{-}30)$$

5.3.2 换流器直流侧的谐波电流

换流器直流侧的谐波电流可以根据前面求得的谐波电压来计算,在图 5-4 所示的电路中,有

$$I_{d(n)} = U_{d(n)}/Z_{(n)} \tag{5-31}$$

$$Z_{(n)} = \sqrt{R^2 + [n\omega(L_d + L)]^2} \approx \sqrt{R^2 + (n\omega L_d)^2} \tag{5-32}$$

图 5-4　换流器直流侧电流
谐波分量的等值图

式中,$Z_{(n)}$ 为换流器的负载阻抗;R 为换流器的负载电阻;L_d 为平波电抗器的电感;L 为换流器的内电感。

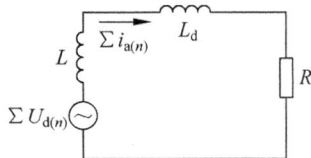

5.4　交流滤波器

高压直流输电因其在远距离、大容量输电中的一系列优点受到电力工程界的重视。但随着换流器这一大功率、非线性电力电子元件的接入,在电力系统中产生了大量的谐波。由于高压直流输电换流器普遍采用 12 脉动,目前抑制谐波最广泛采用的方法是在交流侧和直流侧装设谐波滤波器。

滤波器按其用途分为交流滤波器和直流滤波器,按连接方式分为串联滤波器和并联滤波器,按滤波原理分为无源滤波器(passive filter,PF)和有源滤波器(active power filter,APF),按阻抗特性分为单调谐滤波器、双调谐滤波器、高通滤波器、C 型滤波器以及自调谐滤波器等。

5.4.1　并联交流滤波器的阻抗特性

1. 单调谐滤波器(single-tuned filter)

目前抑制谐波最广泛采用的方法是装设无源滤波器。电力系统中最常用的是电感与电

容串联构成的单调谐滤波器,这种滤波器在调谐频次附近具有较小的阻抗,但在高次谐波时谐波阻抗较大。具有结构简单、成本低、体积小的特点。单调谐滤波器电路结构及其阻抗-频率特性如图 5-5 及图 5-6 所示。由图可见单调谐滤波器对能够针对某次谐波形成小阻抗通道,避免其进入直流线路。对于包含多种次数谐波的直流系统,一般的滤波方式是安装多组,每组针对不同次数的谐波进行抑制。

图 5-5　单调谐滤波器的电路结构　　　　图 5-6　单调谐滤波器的阻抗-频率特性

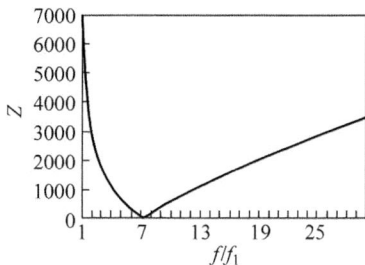

滤波器在角频率为 ω 时的阻抗

$$Z_f = R_{(n)} + j\left(\omega L_{(n)} - \frac{1}{\omega C_{(n)}}\right) \tag{5-33}$$

当支路对 n 次电流谐振时,其角频率为

$$\omega_{(n)} = \frac{1}{\sqrt{L_{(n)} C_{(n)}}} \tag{5-34}$$

电感线圈或者电容器在谐振角频率 $\omega_{(n)}$ 时的电抗为

$$x_0 = \omega_{(n)} L_{(n)} = \frac{1}{\omega_{(n)} C_{(n)}} = \sqrt{\frac{L_{(n)}}{C_{(n)}}} \tag{5-35}$$

令电感线圈的品质因数或滤波器的调谐锐度为

$$Q = \frac{x_0}{R_{(n)}} \tag{5-36}$$

又定义 ω 与 $\omega_{(n)}$ 的偏差的标么值为失谐度

$$\delta = \frac{\omega - \omega_{(n)}}{\omega_{(n)}} \tag{5-37}$$

因此可以推导出

$$Z_f = R_{(n)} \left(1 + j\delta Q \frac{2 + \delta}{1 + \delta}\right) \approx R_{(n)} (1 + j2\delta Q) \tag{5-38}$$

则谐振频率阻抗

$$|Z_f| = R_{(n)} \sqrt{1 + 4\delta^2 Q^2} = x_0 \sqrt{Q^{-2} + 4\delta^2} \tag{5-39}$$

可见当品质因数 Q 值越大,则其谐振频率阻抗就越小,滤波效果就越好,同时消耗的有功功率也就越小。但在系统频率变动时或者电容电感受温度影响时,品质因数越大,滤波器

越容易失调,影响了滤波效果。实用中单调谐滤波器的 Q 值参考值为 $30\sim60$。

在实际情况下,由于以下的一些原因,把滤波器精确地调谐到谐波频率是有困难的:

(1) 电力系统频率的偏移导致谐波频率成比例地变化;

(2) 元件的老化和温度的变化,引起滤波器电感和电容的变化;

(3) 调谐级数的离散性限制了实际调谐的精度。

2. 双调谐滤波器(double-tuned filter)

由于双调谐滤波器在伊泰普工程中的成功应用,使其日益受到工程界的重视。双调谐滤波器除可以同时消除两个不同频率的谐波外,而且其中一个谐振回路承受电压的强度较低,在基频下功率损耗较小,因而与完成同样功能的两个单调谐滤波器相比,它投资少,经济性好,在直流工程中得到了广泛使用。我国的葛上工程和天广工程都采用了双调谐滤波器。

双调谐滤波器电路结构如图 5-7 所示。它有两个谐振频率,同时吸收两个邻近频率的谐波。与两个单调谐滤波器相比,它只有一个公共电感器 L_1 承受全部冲击电压;并联电路中的电容 C_2 容量较小,基本上只通过谐波容量,因而其经济性较好。其阻抗-频率特性如图 5-8(a)所示。

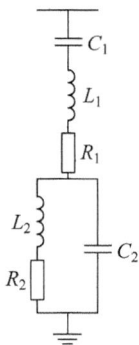

图 5-7　双调谐滤波器电路结构

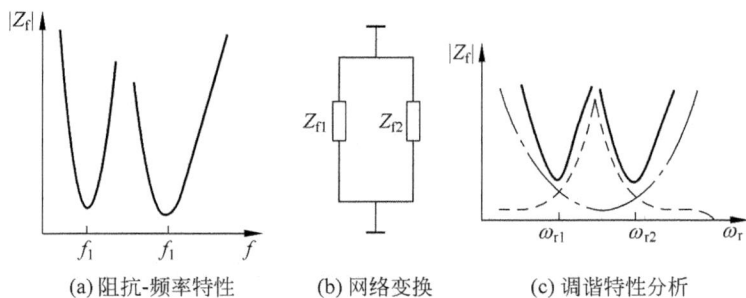

(a) 阻抗-频率特性　　(b) 网络变换　　(c) 调谐特性分析

图 5-8　双调谐滤波器的阻抗频率特性与等值

双调谐滤波器阻抗-频率之间的关系为

$$Z_f = R_1 + \mathrm{j}\left(\omega L_1 - \frac{1}{\omega C_1}\right) + \cfrac{1}{\cfrac{1}{R_2 + \mathrm{j}\omega L_2} + \mathrm{j}\omega C_2}$$

$$= R_1 + \frac{R_2}{(1-\omega^2 L_2 C_2)^2 + \omega^2 R_2^2 C_2^2} + \mathrm{j}\left[\omega L_1 - \frac{1}{\omega C_1} + \frac{\omega L_2(1-\omega^2 L_2 C_2) - R_2^2 \omega C_2}{(1-\omega^2 L_2 C_2)^2 + \omega^2 R_2^2 C_2^2}\right]$$

$$\tag{5-40}$$

双调谐滤波器具有两个调谐频率。为了准确反映滤波器在每个谐振频率下的调谐锐度,每个谐振频率都应有对应的品质因数。

对双调谐滤波器进行网络变换,将其等效为两个单调谐滤波器,如图 5-8(b)所示。其阻抗-频率特性分别为 $Z_{f1} = R_{f1} + jX_{f1}$, $Z_{f2} = R_{f2} + jX_{f2}$ 。两个等效单调谐滤波器的实部分别为

$$R_{f1} = R_1 + \frac{\left(\dfrac{L_1}{C_2} - \dfrac{1}{\omega^2 C_1 C_2}\right)R_2 - \dfrac{R_1 L_2}{C_2}}{R_2^2 + \omega^2 L_2^2} \tag{5-41}$$

$$R_{f2} = R_1 + R_2 - R_1 C_2 L_2 \omega^2 - R_2 C_2 L_1 \omega^2 + \frac{R_2 C_2}{C_1} \tag{5-42}$$

双调谐滤波器可以看作 $R_1 L_1 C_1$ 串联电路部分和 $R_2 L_2 C_2$ 并联电路部分串联而成,如图 5-7 和图 5-8(c)所示。ω_{r1} 左侧和 ω_{r2} 右侧的调谐锐度主要由 $R_1 L_1 C_1$ 串联电路部分决定,$R_2 L_2 C_2$ 并联电路部分仅决定 ω_{r1} 和 ω_{r2} 之间的调谐锐度。由于前者对滤波效果的影响较大,因此电感 L_1 在谐振角频率 ω_{r1} 和 ω_{r2} 时的电抗分别为 $X_{o1} = \omega_{r1} L_1$, $X_{o2} = \omega_{r2} L_1$ 。

定义双调谐滤波器的品质因数

$$Q_{f1} = X_{o1} / R_{f1}, \quad Q_{f2} = X_{o2} / R_{f2} \tag{5-43}$$

考虑到滤波效果和防止失谐两方面的要求,因此品质因数 Q 一般取 $10 \sim 200$ 为宜。当然,双调谐滤波器并没有从本质上克服单调谐滤波器的前述缺陷。

3. 高通滤波器(high pass filter,HP)

高通滤波器在一个很宽的频带范围内(例如 17 次及以上的各次谐波频率)呈一个很低的阻抗,其滤波器支路和阻抗频率特性如图 5-9 所示。

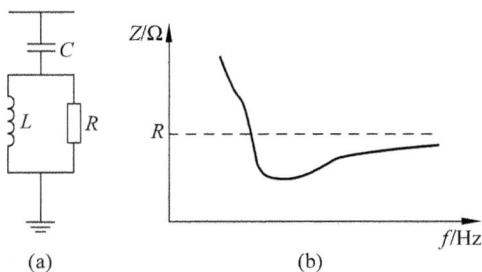

(a)　　　　(b)

图 5-9　高通滤波器支路和阻抗频率特性

该高通滤波器阻抗为

$$Z_f = -j\frac{1}{\omega C} + \frac{j\omega L R}{R + j\omega L} = \frac{\omega^2 L^2 R}{R^2 + \omega^2 L^2} + j\left(\frac{\omega L R^2}{R^2 + \omega^2 L^2} - \frac{1}{\omega C}\right) \tag{5-44}$$

调谐角频率为

$$\omega_{(n)} = \frac{1}{\sqrt{LC}} \tag{5-45}$$

令其品质因数为

$$Q = \frac{R}{x_0} = \frac{R}{\omega_{(n)} L} = R\omega_{(n)} C \tag{5-46}$$

注意上式中 Q 的定义与单调谐时相反,这是因为高通滤波器采用 R 与 L 并联而单调谐滤波器采用 R 与 L 串联的缘故。高通滤波器品质因数 Q 的典型值为 $0.7 \sim 1.4$。

5.4.2 交流滤波器的选择设计

作为换流站的重要设备之一,交流滤波器的投资占换流站总投资 $5\% \sim 15\%$,而其中电容器的投资又是滤波器投资的主要部分。因此滤波器的选择首先应根据技术经济分析选择电容,然后根据要求的调谐频率计算出相应的电感,再根据最佳的 Q 值,确定其电阻值。

1. 按最小投资选择滤波器求取参数

调谐在某一特定频率的滤波器的投资将随滤波器的容量而变。其中滤波电容器所需总功率 P_{rC} 为工频无功功率和调谐谐波无功功率之和:

$$P_{rC} = V_1^2 \omega_1 C + \frac{I_{nf}^2}{n\omega_1 C} = S_{1C} + \frac{V_1^2 I_{nf}^2}{n S_{1C}} \tag{5-47}$$

式中,C 为电容量;ω_1 为工频;V_1 为基波电压;S_{1C} 为电容器的基波容量;I_{nf} 为流过滤波器的 n 次谐波电流。由于该滤波器支路对 n 次谐波谐振,有 $n\omega_1 L = 1/(n\omega_1 C)$,故电抗器所需的功率为

$$P_{rL} = \frac{V_1^2}{\omega_1 L} + I_{nf}^2 n\omega_1 L = \frac{S_{1C}}{n^2} + \frac{V_1^2 I_{nf}^2}{n S_{1C}} \tag{5-48}$$

因此滤波器的总投资为

$$K_F = K_{C0} P_{rC} + K_{L0} P_{rL} \tag{5-49}$$

式中,K_{C0} 和 K_{L0} 分别为电容器和电抗器的单位投资。将式(5-47)及式(5-48)代入式(5-49)有

$$K_F = S_{1C}\left(K_C + \frac{K_L}{n^2}\right) + \frac{V_1^2 I_{nf}^2}{n S_{1C}}(K_C + K_L) = A S_{1C} + B/S_{1C} \tag{5-50}$$

式中,A 和 B 分别为表示投资与电容器的基波容量成正比的系数和成反比的系数。将上式对 S_{1C} 求导可得最小投资滤波器的容量:

$$\frac{dK_F}{dS_{1C}} = A - B S_{1C}^{-2} = 0 \Rightarrow S_{min} = \sqrt{\frac{B}{A}} \tag{5-51}$$

在最小投资时滤波器的电容量、电感和电阻分别为

$$C = \frac{S_{min}}{\omega_1 V_1^2}, \quad L = \frac{1}{C(n\omega_1)^2}, \quad R = \frac{x_0}{Q} \tag{5-52}$$

2. 检验谐波电压求取参数

为了限制被调谐次数的谐波电压不超过基波相电压的 $1\% \sim 1.5\%$,首先应求出该次谐

波电压值,可以用下式计算:

$$V_n = k\delta_\mathrm{m} X I_{nC} \tag{5-53}$$

式中,k 为系数,随系统阻抗角从 $15°\sim90°$ 变化介于 $2.0\sim4.0$ 之间;δ_m 为允许的频率偏差; X 为谐振时阻抗;I_{nC} 为换流器发出的 n 次谐波电流。因此根据允许的 V_n,由已知的 I_{nC} 和 δ_m 就可以确定出谐振阻抗 X,从而计算得到 C、L 和 R 参数。

对于高通滤波器,通常可以粗略地由系统无功功率平衡决定电容 C,再按最低次的高次特征谐波(如 17 次)为调谐频率决定 L,最后利用品质因数求得电阻 R。

5.4.3　交流滤波器的配置

对于单桥 6 脉动的直流系统,交流侧通常接有 5 次、7 次、11 次和 13 次 4 个单调谐滤波器支路和一个高通滤波器支路 HP,如图 5-10 所示。

对于双桥 12 脉动的直流系统,正常时的特征谐波只有 $12k\pm1$ 次,因此只需配置 11 次、13 次单调谐滤波器和高通滤波器就可以了。但是如果考虑到双桥系统必要时可以改成单桥运行时,则一样要装设 5 次、7 次、11 次和 13 次 4 个单调谐滤波器和高通滤波器。

在评价滤波器效果时,工程中可以采用一些上限值来衡量。

(1) 交流正弦波的最大理论偏差,即谐波畸变系数 D_H 应该满足

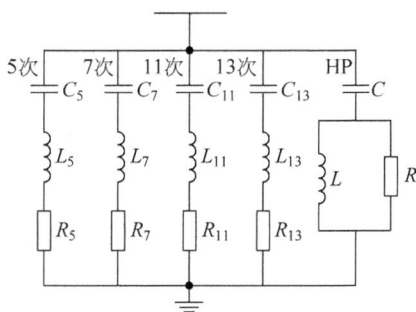

图 5-10　交流滤波器的配置(单桥)

$$D_\mathrm{H} = \frac{\sum\limits_{n=2}^{\infty} I_n Z_n}{V_1} \times 100\% < 3\% \sim 5\% \tag{5-54}$$

式中,I_n,Z_n 和 V_1 分别为注入谐波电流、系统谐波阻抗和相电压基波分量。

(2) 在 5 次至 25 次谐波电压中,任何特征谐波电压不超过 1%,其他各次特征谐波电压的算术和应不超过 2.5%。

(3) 根据国际电话电报咨询委员会(CCITT)建议的电话谐波波形系数(THFF)应不超过 1%~2%,即

$$F_\mathrm{THFF} = \frac{\sqrt{\sum\limits_{n=2}^{\infty} \left(\dfrac{nf_1}{800} W_n I_n Z_n \right)^2}}{V_1} \times 100\% < 1\% \sim 2\% \tag{5-55}$$

式中,W_n 为国际电话电报咨询委员会所定义的 n 次谐波噪声系数。

5.4.4　交流滤波器的工程实例

　　兴安直流的兴仁换流站共有三大组交流滤波器,每大组均采用单母线接线,每个大组作为一个电气元件分别接在 500kV 交流场相应的间隔,第一大组交流滤波器分为四个小组,第二、第三大组交流滤波器均分为三个小组,如图 5-11 所示,各小组中均配置有 A、B、C 三种类型的滤波器(包括并联电容器):A 型为针对 11 次和 13 次谐波的双调谐高通交流滤波器 DT11/13;B 型是三重调谐高通交流滤波器 TT3/24/36,其串联谐振频率分别为 3、24、36 次谐波,除了 12 脉动换流器特征谐波(即 23、25、35、和 37 次谐波)和较高次谐波之外,可以吸收低频谐波和非特征谐波,其特性如图 5-12 所示;C 型为并联电容器组。兴仁换流站交流滤波器的配置如图 5-13 所示,每个小组的基波额定容量均为 140Mvar。

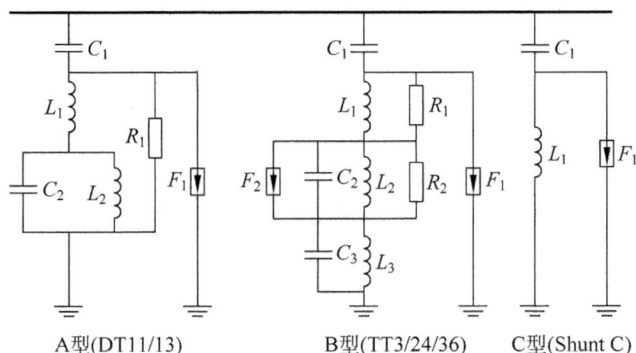

图 5-11　交流滤波器典型大组中的结构

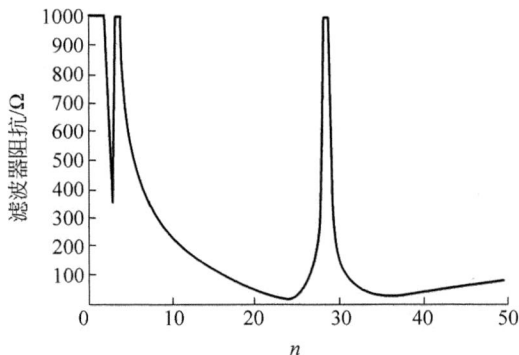

图 5-12　B 型三调谐滤波器的特性

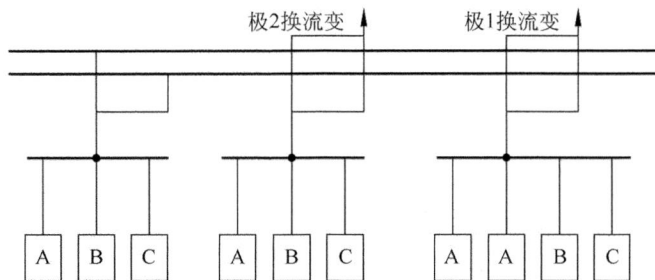

图 5-13　兴仁换流站交流滤波器的配置示意图

三调谐滤波器具有以下优点：

（1）由于使用一个支路来滤除三个频率的谐波，减少了滤波器的数量，节省了占地面积和投资。

（2）由于使用了更多的低压元件，减少了对高压元件如断路器和高压电容器的需求，进一步节约了成本。

宝安换流站则共有三大组 12 小组交流滤波器，每小组滤波器提供基波额定无功功率 155Mvar。交流滤波器组只包含 A、C 两种类型：双调谐滤波器 DT 12/24 共 6 组，并联电容器 Shunt C 共 6 组。宝安换流站交流滤波器的配置如图 5-14 所示。

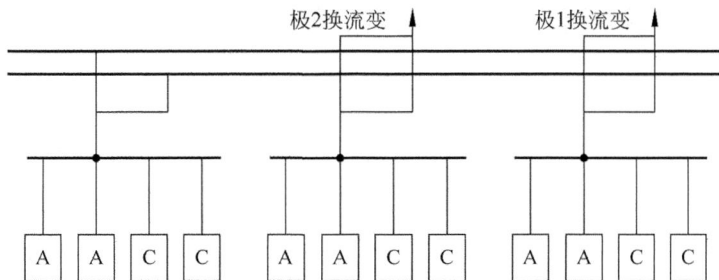

图 5-14　宝安换流站交流滤波器的配置示意图

宝安换流站交流滤波器的主要元件参数如表 5-1～表 5-3 所示。

表 5-1　宝安换流站交流滤波器的电容器元件参数

归属	编号	型号	每相额定电容/μF	元件额定电容/μF	元件额定电压/kV	元件额定容量/kvar	每相单元数（串联/并联）
DT 12/24	C1	AAM6.264-726-1W	1.963	58.9	6.264	726	60/2
	C2	AAM15-350-1W	3.709	4.95	15.00	350	4/3
Shunt C	C1	BAM7.45-412-1Wh	1.972	23.664	7.45	412	(48/2)/2

表 5-2　宝安换流站交流滤波器的电抗器元件参数

归属	编号	系统电压 /kV	元件额定电压/kV		额定电感 /mH	额定电流/A		额定调谐频率 /Hz
			基波	谐波		基波	谐波	
DT 12/24	L1	±525	1.09	2.36	17.01	203.2	88.4	600
	L2	±525	0.64	7.8	9.918	203.8	192.6	1200
Shunt C	L1	±525	0.25	0.51	3.964	203.2	81.9	1800

表 5-3　宝安换流站交流滤波器的电阻器元件参数

归属	编号	型号	额定功率 /kW	标称电流 /A	标称电阻 (25℃)/Ω	冷态电阻 (25℃)/Ω	单元数
DT 12/24	R1	GZW-500/474-500	237	30.8	250±5%	244±5%	2

5.5　直流滤波器

直流输电系统中直流架空线上谐波电流的主要危害是其对线路附近通信电话线路的噪声干扰。虽然平波电抗器能够起到限制直流谐波的作用,但是对于架空线路,仅靠平波电抗器并不足以满足滤波的要求,通常还需要装设直流滤波器。由于直流侧谐波的次数为 $n=kp$,对于 6 脉动直流系统,典型的直流滤波器电路如图 5-15 所示。

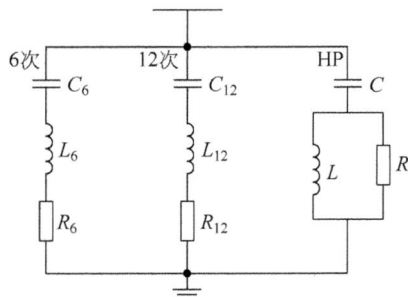

5.5.1　直流滤波器的配置

设计直流侧滤波器的步骤和交流滤波器基本相同,但由于直流侧没有无功补偿问题,因此直流滤波

图 5-15　直流滤波器的配置(单桥)

器电容器的额定参数是按照线路电压、滤波要求和经济性来决定的。电容器的费用几乎完全决定于其电容量和直流电压值。直流滤波器的性能指标主要有:

(1) 在直流高压母线上的最大电压电话干扰系数(TIF)。

(2) 在接近高压直流线路的电话线路的最大允许对地噪声。

(3) 离高压直流线路 1km 处平行试验线路的最大感应噪声强度。

直流工程普遍采用"等效干扰电流"值作为限制直流谐波水平的标准,其含义是将电力线上所有谐波总的组合干扰效应用一个单一频率(800Hz)的电流来表示,它与电话线路感应电势的关系如下式所示:

$$U_x = K_z I_{eq} = K_z \sqrt{\sum_{n=1}^{100} (H_f P_n I_n)^2} \tag{5-56}$$

式中,U_x 是直流线路中 x 点谐波电压对电话线路产生的干扰电压,mV;K_z 是直流传输线与电话线间的耦合阻抗;I_{eq} 是 x 点等效干扰电流,mA;H_f 是 n 次谐波频率下开放裸导线的耦合系数;P_n 是 n 次谐波频率下的视听加权系数;I_n 是 n 次谐波电流,mA。

　　实际计算直流线路等效干扰电流是将整流和逆变两方面产生的干扰电流求相量和而得。等效干扰电流算式中含耦合加权和视听加权系数,其中耦合系数随直流输电线与附近各电话线路的平行或交叉线段长度、距离及大地电阻率不同而不同,可以具体反映出某一段特定直流输电线对其附近各条通信线的干扰程度,视听加权系数是 CCITT 规定的反映频率与听力敏感程度关系的系列数值。国内外近期建设的直流工程均采用此参数作为衡量谐波水平的标准,其具体数值根据泰西蒙工程咨询公司的统计归类,可分为三个档次:高水平 $100\sim300$ mA,中等水平 $300\sim1000$ mA,低水平大于 1000mA。

　　直流滤波器配置,应充分考虑各次谐波的幅值及其在等效干扰电流中所占的比重,即在计算 I_{eq} 时各次谐波电流的耦合系数及加权系数。理论上,12 脉动换流器仅在直流侧产生 $12n$ 次($n=1,2,3,\cdots$)谐波电压,但实际上由于存在着各种不对称因素,包括换流变压器对地杂散电容等,将导致换流器在直流侧产生非特征谐波。其中,由换流变压器杂散电容而产生的次数较低的一些非特征谐波幅值较大,这部分谐波的主要路径是通过换流变压器→换流阀→大地,而进入直流线路的分量较小。另外一方面是通信线路受到侵入波干扰的频域主要在 1000Hz 左右,对 50Hz 的交流系统来说,20 次左右的谐波分量危害最严重,要重点消除这部分谐波。由于同一换流站两极具有对称性,因此两极应配置相同的直流滤波器。

　　目前世界上的直流输电工程,通常采用以下直流滤波器配置方案:

　　(1) 12 脉动换流器低压端的中性母线和地址之间连接一台中性点冲击电容器,以滤除流经该处的各低次非特征谐波,一般不装设低次谐波滤波器以避免增加投资。

　　(2) 在换流站每极直流母线和中性母线之间并联两组双调谐或三调谐无源直流滤波器。中心调谐频率应针对谐波幅值较高的特征谐波并兼顾对等位干扰电流影响较大的高次谐波,这样可以达到比较好的滤波效果。

　　直流滤波电路通常作为并联滤波器接在直流极母线与换流站中性线(或地)之间。直流滤波器的电路结构与交流滤波器类似,也有多种电路结构型式,常用的有:具有或不具有高通特性的单调谐、双调谐和三调谐三种滤波器。尽管直流滤波器与交流滤波器有许多类似之处,但也存在着一些差别:

　　(1) 交流滤波器要向换流站提供工频无功功率,因此通常将其无功容量设计成大于滤波特性所要求的无功设置容量,而直流滤波器则无这方面的要求。

　　(2) 对于交流滤波器,作用在高压电容器上的电压可以认为是均匀分布在多个串联连接的电容器上;对于直流滤波器,高压电容器起隔离直流电压并承受直流高电压的作用。由于直流泄漏电阻的存在,若不采取措施,直流电压将沿泄漏电阻不均匀地分布。因此,必须在电容器单元内部装设并联均压电阻。

(3) 与交流滤波器并联连接的交流系统在某一频率时的阻抗范围比较大。在特定的电网状态下,如交流线路的投切、电网的局部故障等会引发交流滤波电容与交流系统电感之间的谐振。因此,即使是在准确调谐(带通调谐)的交流滤波器电路中也需要采用阻尼措施。但是换流站直流侧的阻抗一般来说是恒定不变的,因此允许使用准确调谐(带通调谐)的直流滤波器。直流滤波器电路结构的确定应以直流线路所产生的等效干扰电流为基础,由于特征谐波电流的幅值最大,所以直流滤波器的电路结构应与这些谐波相匹配。

直流滤波器中价格最高的元件为高压电容器,这是由于必须将它设计成耐受直流高压的电容器。降低成本的主要手段之一是将滤波器设计成具有公共高压电容器的双调谐或多调谐谐波电路。通常在换流站的中性点与大地之间装设起滤波作用的电容器,装设该电容器的作用是为直流侧以 3 的倍次谐波为主要成分的电流提供低阻抗通道。由于换流变压器绕组存在对地杂散电容,为直流谐波特别是较低次的直流谐波电流提供了通道,因此应针对这种谐波来确定中性点电容器的参数。一般来说,该电容器电容值的选择范围应为十几微法至数毫法,同时还应避免与接地极线路的电感在临界频率上产生并联谐振。直流滤波器的电路结构,通常多采用带通型双调谐滤波电路。对于 12 脉动换流器,当采用双调谐滤波器时,通常采用 12/24 及 12/36 的谐波次数组合。

5.5.2　直流滤波器的工程实例

葛南直流工程直流谐波按北美标准(即电话线路杂音感应电势小于 0.62mV)校核,计算结果等效干扰电流取双极不超过 150mA,单极不超过 450mA。现场实测方法是在整流站和逆变站直流出线 CT 上测取直流电流经傅里叶分析取得各次谐波数值和相位,进而计算出各种工况下的等效干扰电流。系统调试时测量值远远超出了规定范围(单极已超过2A)。计算表明,葛南直流超标主要是由于换流变压器杂散电容产生非特征谐波(18 次谐波较大),而直流侧各设备参数配置恰好在 18 次频率附近有谐振点,使加权系数大的 18 次谐波显著增大,使等效总电流超标。解决的办法是在原 12/24 次滤波器低压电器 C_2 上并联500Ω 电阻,经现场实测后达到谐波控制中等水平的要求。

天广直流工程直流采用两个双调谐滤波器并联,双调谐滤波器电路结构如图 5-16 所示,与图 5-7 的不同在于增加了阻尼电阻 R,其阻抗-频率关系为

$$Z_f = R_1 + j\left(\omega L_1 - \frac{1}{\omega C_1}\right) + \cfrac{1}{\cfrac{1}{R_2 + j\omega L_2} + \cfrac{1}{R} + j\omega C_2} \tag{5-57}$$

工程中采用等效干扰电流 400/800mA 标准设计的直流滤波器 DT12/24 参数为 $C_1 = 1.5\mu F, L_1 = 23.45mH, C_2 = 3.0\mu F, L_2 = 11.73mH, R = 1500\Omega$,其阻抗-频率特性如图 5-17所示。

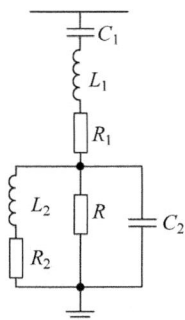

图 5-16　天广直流工程直流滤波器电路结构

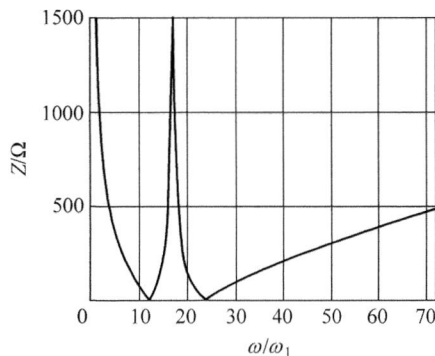

图 5-17　DT12/24 阻抗-频率特性

采用等效干扰电流 400/800mA 标准设计的直流滤波器 DT36/48 参数为 $C_1=0.8\mu F, L_1=7.33mH, C_2=9.6\mu F, L_2=0.6mH, R=300\Omega$，其 DT36/48-频率特性如图 5-18 所示。两个双调谐滤波器并联之后的总阻抗-频率特性如图 5-19 所示。

对天广直流工程直流滤波器进行分析表明：阻尼电阻 R 与双调谐滤波器的品质因数 Q、谐振阻抗 Z_{fR} 有关。阻尼电阻 R 越大，品质因数 Q 越大，谐振阻抗 Z_{fR} 越小，滤波效果越好，但滤波器越容易发生失谐。实际工程中阻尼电阻的选择必须根据实际情况，对上述各方面的影响综合考虑。

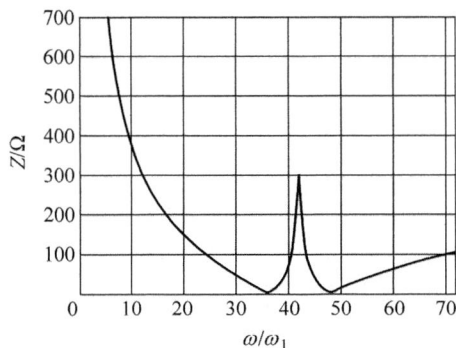

图 5-18　DT36/48-频率特性

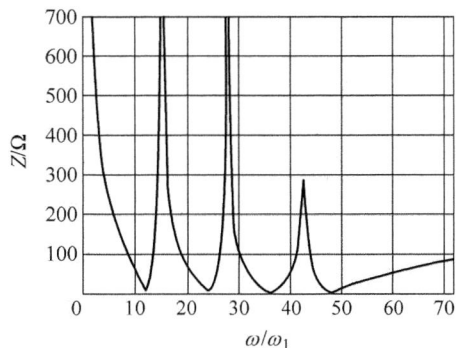

图 5-19　总滤波器阻抗-频率特性

5.6　有源滤波器

尽管无源滤波器结构简单，在高次谐波的吸收方面有较好的效果，但是存在一些缺陷：

（1）当系统中谐波电流超量时滤波器将过载；

（2）由于高次谐波的分布范围较大，需要多个滤波支路，造成装置庞大，损耗增加，占地

较大,从而增高了总工程造价;

(3) 对非特征谐波不起作用;

(4) 受温度变化和频率偏差影响而导致滤波器失调;

(5) 当对滤波要求高时造价高昂;

(6) 滤波效果不彻底。

有源滤波器(APF)又称为有源电力在线调节器(active power line conditioners,APLC)是近年来提出的新型无功、谐波补偿装置。其工作原理就是向电网注入谐波电流,该谐波电流的幅值与换流器产生的谐波电流相同而相位相反。

有源滤波器的想法最初出现在 B. M. Bird 1969 年发表的论文中,论文首次提出向交流电源注入三次谐波电流以减少电源中的谐波,改善电源波形。虽然这种方法还不足以使电源波形成为正弦波,但却孕育着有源滤波器的思想。1971 年日本 H. Sasaki 和 T. Machida 建立了有源滤波器的基本原理,如图 5-20 所示。有源滤波器可看作一可控电流源,它产生谐波补偿电流 i_C 注入电源系统中以抵消谐波和无功电流分量 i_n,使电源电流 i_S 成为正弦波。也就是说,有源滤波器将提供负载所需的谐波电流,而电源只需要供给负载基波电流。

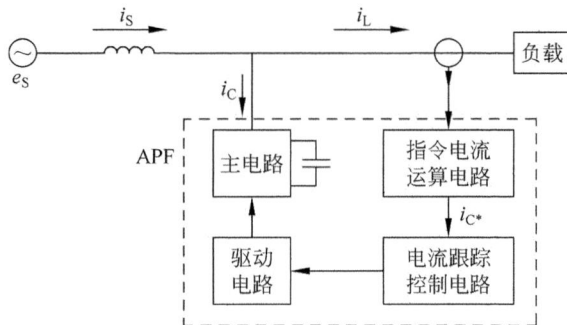

图 5-20　有源滤波器系统构成的原理图

1976 年美国西屋电气公司的 L. Gyugyi 和 E. C. Strycula 在论文中提出了用 PWM 放大器(又称逆变器或变流器)构成有源滤波器。从原理上讲,它是一种理想的谐波电流发生器。文中还讨论了有源滤波器的实现方法和相应的控制原理,并建立了当今有源滤波器的基本拓扑结构。但 70 年代还缺少大功率快速可关断功率器件,因此,对有源滤波器的研究仅限于理论及试验方面。80 年代以后,随着 GTR、GTO、SIT、IGBT 和 MCT 的出现,有源滤波器从理论走进了工业现场。1982 年世界第一台容量为 800kV·A 的并联型有源滤波器投入工业应用,它采用的是 GTO 构成的电流源 PWM 逆变器。1982 年日本的 Akagi H 等人提出了瞬时无功功率理论,为解决三相系统畸变电流的瞬时检测提供了理论依据。德国、美国等也陆续有同类产品投入工业应用的报道。有源滤波器以日本的技术最为领先,已步入大量实用化阶段,500 多台并联型有源滤波器成功地运行在多个谐波负载地区,容量从 50kV·A～60MV·A。

不久的将来,有源滤波器将具有更广泛的含义,例如,从谐波补偿到谐波隔离,以至整个电力配电系统的谐波抑制,随着容量的逐步提高,其应用范围也从补偿用户自身的谐波问题向改善整个电力系统稳定性的方向发展。在装置技术方面,国外的研究主要朝着提高补偿容量、降低成本和损耗、进一步改善动态补偿性能、多功能化和装置小型化的方向发展;在应用方面,主要是解决最优配置,针对不同的谐波源制定相应的对策,有源滤波器的相互干扰以及对电网上已装设的无源滤波器的影响,有源和无源滤波器的结合方式以及停电和瞬时保护等问题。目前一个应用的新趋势是在电力系统的供电侧装"统一电能质量调节器",它实际上是并联型和串联型有源滤波器的混合使用方式,这样可以从系统端和用户端两个方面抑制和消除供电系统谐波,提高供电质量。

APF 的特点是其费用几乎不随等效干扰电流的减小而减小,保持某一较高的固定值,如图 5-21 所示。因而从经济角度出发,把 PF 和 APF 结合在一起构成混合直流滤波器是较适宜的方法。

同无源滤波器相比,有源滤波器有效地避免了它的缺陷,具有以下优点:

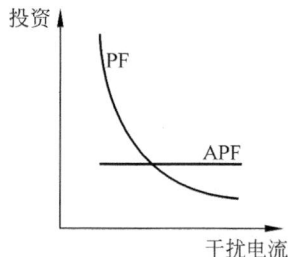

图 5-21　滤波器投资与允许的等效干扰电流关系

(1) 对系统来说,装置是一个高阻抗电流源,它的接入对系统阻抗不会产生影响,因此此类装置适合于系列化、规模化生产,用户使用时只要根据所需容量和电压等级来选择这类设备,无须按常规进行系统的计算和工况校核。

(2) 当电网频率发生变化时,装置能自动跟踪变化,从而稳定地进行谐波补偿。

(3) 当电网结构发生变化时,装置本身不存在谐振的危险,其补偿谐波的性能不变,同时还能抑制串并联谐振。

(4) 用一台装置可同时补偿多次谐波电流和非整数倍的谐波电流。当线路中谐波电流突然增大时,此装置不会过负荷。当系统谐波电流超过装置补偿能力时,装置则发挥最大补偿能力,无须与系统断开。

(5) 在较宽的频率范围(如 300~3000Hz)内,能够使每次谐波得到足够的衰减。

(6) 要求抑制的谐波等效干扰电流越小,投资越低。

(7) 占地小。

当然,有源滤波器也有其不足之处,因其动态性能和其容量成反比,要建造一个具有快速电流响应、低损耗的大容量 PWM 逆变器很困难;有源滤波器的初始投资和运行费用均高于无源滤波器。

5.6.1　基本构成与原理

图 5-20 所示为最基本的有源滤波器系统构成的原理图。图中,e_s 表示交流电源,负载为谐波源,它产生谐波并消耗无功。有源滤波器系统由两大部分组成,即指令电流运算电路

和补偿电流发生器(由电流跟踪控制电路、驱动电路和主电路三部分构成)。其中,指令电流运算电路的核心是检测出补偿对象电流中的无功等电流分量,因此有时也称为谐波和无功电流检测电路。补偿电流发生电路的作用是根据指令电流运算电路得出的补偿电流的指令信号,产生实际的补偿电流,其主电路目前均采用 PWM 变流器。

作为主电路的 PWM 变流器,在产生补偿电流时,主要作为逆变器工作。但它并不仅仅是作为逆变器工作的,如在电网向有源滤波器直流侧蓄能元件充电时,它就作为整流器工作。也就是说,它既工作于逆变状态,也工作于整流状态,且两种工作状态无法严格区分。

有源滤波器的基本工作原理是,检测补偿对象的电压和电流,经指令电流运算电路计算出补偿电流的指令信号。该信号经补偿电流发生电路放大,得出补偿电流 i_c。补偿电流与负载电流中要补偿的谐波及无功等电流抵消,最终得到期望的电源电流 i_s。

例如,当需要补偿负载所产生的谐波电流 i_{Lh} 时,有源电力滤波器检测出补偿对象负载电流 i_L 的谐波分量,将其反极性后作为补偿电流的指令信号,由补偿电流发生电路产生的补偿电流即与负载电流中的谐波分量 i_{Lh} 大小相等、方向相反,因而两者互相抵消,使得电源电流中只含有基波分量 i_{Lf},不含谐波。这样就达到了抑制电源电流中谐波的目的。

如果要求有源电力滤波器在补偿谐波的同时,补偿负载的无功功率,则只要在补偿电流的指令信号中增加与负载电流的基波无功分量反极性的成分即可。这样,补偿电流与负载电流中的谐波及无功成分相抵消,电源电流等于负载电流的基波有功分量。

5.6.2　接线方式的选择

有源滤波器 APF 与直流线路的连接有两种基本接线方式,即并联和串联。并联是指 APF 连接在电力线与地之间的超高压电力线,APF 与电力线之间需经无源耦合元件,比如变压器、无源滤波器等。并联方式是 APF 在高压系统、静止无功补偿及消除闪变中最常用的一种接线。串联连接是指有源滤波器经耦合变压器等无源器件接入电力线路。串联方式具有好的动态响应。但是,由于有源滤波器功率放大电路所用的开关器件为电力电子器件,如 GTO、MOSFET 和 IGBT,所以,有源滤波器主接线无法直接接入高压电路。若采用变压器耦合连接,则变压器二次绕组将通过直流电流,引起变压器直流磁化。

如图 5-22 所示,在高压直流输电系统中安装 APF 可以有多个位置选用:位置 1、4 串联在 DC 线路上,此时 APF 需要承受高电压,既不经济,技术上也难以实现。位

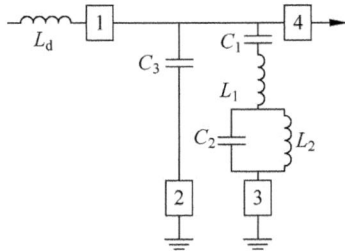

图 5-22　APF 常见安装位置

置 2 通过 C_3 降压后与滤波器串联,合理地设计高压滤波电容及有源滤波器的容量构成的混合滤波器具有较高的性能价格比。位置 3 是高压直流输电系统直流侧加装 APF 较合理的一种接线——将 APF 串接在无源电力滤波器底端,对 APF 需要功率较小,由于 APF、耦合变压器接地,所以,对超高压、大电流的直流线路,耦合变压器体积不需增加,APF 的绝缘也不需过多的考虑,但要求与之串联的 PF 阻抗较低才有明显的滤波效果。

5.6.3　混合有源直流滤波系统

仅采用有源直流滤波器(active DC filter,ADF)消除直流线路上的谐波不是最优的滤波方案。有研究表明,对等效干扰电流的要求越高,采用 ADF 比采用无源滤波器 PF 的投资就越低。但如果只采用 ADF 吸收高压直流输电直流侧产生的谐波电流,将导致 ADF 容量加大,损耗增加,投资增大,而且还存在着有源滤波器的绝缘和动态补偿特性等问题。

为此,工程上采用有源和无源混合型直流滤波器,利用 LC 无源滤波器来分担有源电力滤波器的部分补偿任务。由于 LC 滤波器与 ADF 相比,其优点在于结构简单、易实现且成本低,而 ADF 的优点是补偿性能好。两者结合同时使用,既可克服有源电力滤波器容量大、成本高的缺点,充分发挥无源滤波器吸收大功率谐波电流的优越性及 ADF 抑制变化频率和多次谐波电流的高效性等优点,降低 ADF 的绝缘水平,减少 ADF 的容量,组成一种在技术和经济方面最优的混合滤波系统。

LC 滤波器可以包括多组单调谐滤波器及高通滤波器,承担了绝大部分补偿谐波和无功的任务。ADF 的作用是滤除剩余的谐波电流,来代替更多的无源滤波器,改善整个系统的性能,其所需的容量与单独使用方式相比可大幅度降低。从理论上讲,凡使用 LC 滤波器,均存在与电网阻抗发生谐振的可能,因此在 ADF 与 LC 滤波器并联使用的方式中,需对 ADF 进行有效的控制,以抑制可能发生的谐振。

一种混合型无源-有源直流滤波器如图 5-23 所示,由 BD_{12}(12/24 次)双调谐滤波器与 ADF 组成混合型有源直流滤波器(HADF)。仿真研究表明,基于 Hysteresis 特性的控制在技术上是可行的,控制系统高度稳定,动态响应好,滤波效果较为显著。

另外一种混合滤波方式是在换流站直流侧采用无源滤波器和电抗变压器串联补偿有源直流滤波器(RTAF),如图 5-24 所示。无源滤波器采用 12/24 次双调谐滤波器,RTAF 阻碍 36 次以上及非特征谐波(例如 18 次谐波)进入直流线路。这种新型有源滤波器,由于主电路电流已被电抗变压器二次侧旁路,所以,对 RTAF 的容量要求是基本上抵消脉动电压和相应的电抗变压器励磁电流的容量。RTAF 的增加不仅解决了谐波抑制问题,而且可消除无源滤波器与直流线路可能出现的谐振现象。这种 PF 和 RTAF 的混合系统,能充分发挥 PF 和 RTAF 各自的优势,达到最佳的谐波抑制效果。模拟仿真表明能够获得了令人满意的效果,具有广阔的应用前景。其中无源滤波器的设计参数见表 5-4。

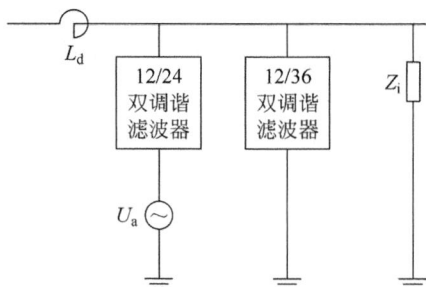

图 5-23　混合型无源-有源直流滤波器电路图

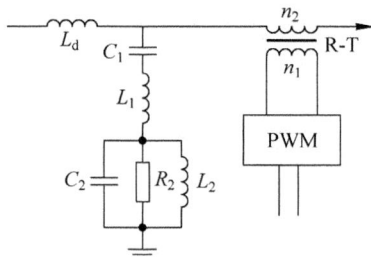

图 5-24　APF 和大容量 PF 并联运行的混合系统

表 5-4　某混合型滤波系统的部分设计参数

L_d/mH	$C_1/\mu F$	L_1/mH	$C_2/\mu F$	L_2/mH	R_2/Ω
300	0.9	38.93	1.82	19.22	500

直流输电线路上的谐波经光电互感器、光纤等送入 DSP 的控制单元,得到补偿电压 U_c 作为 PWM 控制器的电压参考值。有源滤波器的功率部分包含一个高频变压器、一个由控制单元控制并充当谐波电压源的 PWM 功率放大器。该电压源把谐波电流通过旁路开关和耦合电容输送到直流输电线路。有源滤波器通过控制产生的谐波电流与高压直流输电变流器产生的刚好反相,这样,输电线路上的谐波电流就被补偿掉。

图 5-26(a)示出了图 5-25 的混合系统的单相等效电路图。这里假设有源电力滤波器是一个理想的受控电压源 U_C,$U_C = -KI_{Lh}$,U_{Sh} 是换流器在直流侧产生的谐波电压,Z_F 是无源滤波器(双调谐滤波器)的等效阻抗,Z_S 是平波电抗器数值,Z_L 是输电线的等效阻抗。APF 断开时,即 $K=0$ 时,直流线路上谐波电流 I_{Lh} 由 LC 滤波器补偿,其补偿特性取决于 Z_S 和 Z_F,有

$$I_{Lh} = \frac{Z_F}{Z_F + Z_L} I_{Sh} \tag{5-58}$$

而 APF 投入运行时,有

$$I_{Lh} = \frac{Z_F}{Z_F + Z_L + K} I_{Sh} \tag{5-59}$$

$$U_C = -KI_{Lh} = \frac{-KZ_F}{Z_S + Z_F + K} I_{Sh} \tag{5-60}$$

上式说明,对于 I_{Lh} 而言,图 5-26(a)和(b)是等效的,即相当于给 Z_L 串接了一个纯电阻 $K(\Omega)$。当 $|K + Z_L| \gg |Z_F|$ 时,换流器产生的谐波完全流入无源滤波器中,$I_{Lh} \rightarrow 0$,K 同时也可阻尼 Z_F 与 Z_L 的并联谐振。当频率高于某一数值以后,Z_L 幅值变得很大,K 的作用不明显,但此时谐波电流本身的也非常小。

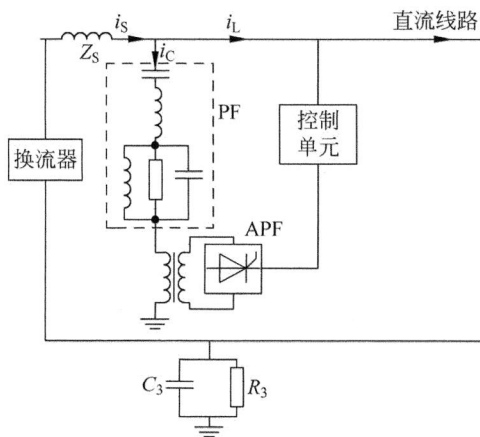

图 5-25　一种混合滤波方案

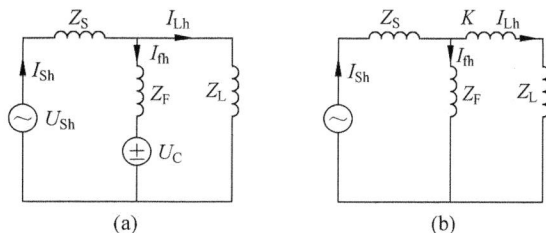

图 5-26　混合滤波方案的谐波等效电路图

分析表明,有源滤波器相当于在直流输电线路上串联一个阻抗,增大了与无源滤波器的阻抗比,提高了抑制谐波的能力,尤其在对滤波器的性能要求提高时,可以在不增加投资的情况下满足技术要求,这是优越于无源滤波器的地方。

混合滤波器充分发挥无源滤波和有源滤波的优势,是以后谐波治理的方向,随着电力电子技术、控制技术的不断发展,混合滤波技术将具有广阔的应用前景。

5.6.4　直流有源滤波器的工程实例

有源直流滤波器技术先进、设备投资小、滤波效果好。天广直流输电工程中采用了有源直流滤波器。每端换流站按三组直流滤波器设计,每极各一组,另一组作为两极的公共备用。采用无源滤波器时,滤波效果一般只能达到中等标准(最大等值干扰电流限制在 $300\sim1000\mathrm{mA}$),在采用有源直流滤波器后,通过系统调试发现双极最大等值干扰电流基本都小于 $300\mathrm{mA}$,达到了高标准要求。

天广直流输电工程的有源直流滤波器原理结构电路如图 5-27 所示。不过,有源直流滤波器运行过程中,有源部分元件的电压、电流和功率额定值应满足连续运行和规定性能指标,但由于高压直流换流器产生的谐波电流量大,直流系统进行运行方式调整时的动态过程,以及交流系统发生故障或操作时的动态过程,都会产生大量的谐波,引起逆变阀和 IGBT 晶闸管模块过热,常常导致有源部分自动退出。其成熟的技术使用还有待于电力电子器件的发展,特别是新型大功率、耐高温全控型器件的使用和发展,以及换流站谐波产生机理与抑制方法的进一步研究。

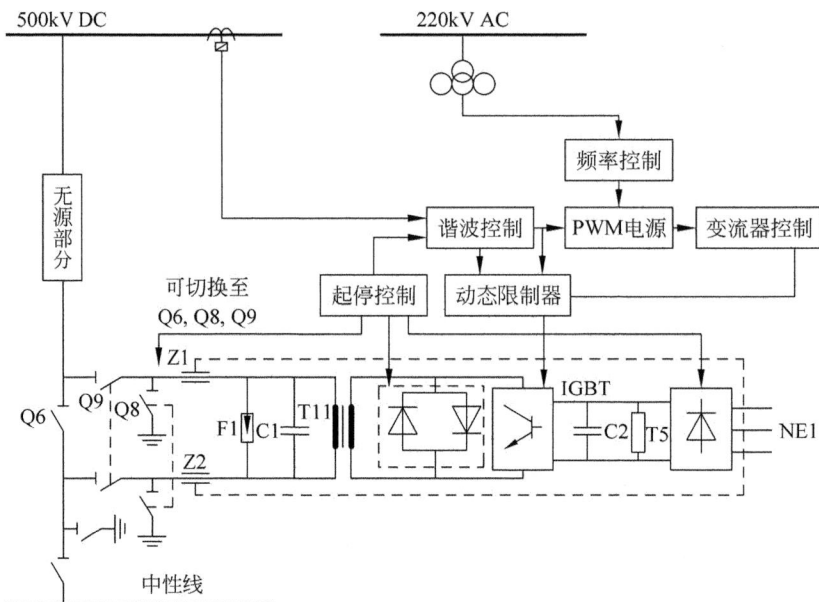

图 5-27   天广直流有源直流滤波器的原理结构电路

习题 5

5-1   高次谐波的概念是什么？都有哪些分类？对电力系统的危害体现在哪些方面？

5-2   滤波器的作用是什么？都有哪些分类方法、哪些主要类型？分别画出单调谐滤波器、双调谐滤波器、三调谐滤波器和高通滤波器的典型结构及其阻抗-频率特性示意图。

5-3   APF 的基本原理及其主要功能特点是什么？设计有源和无源混合型直流滤波器的目的是什么？

5-4   我国现有的 ±500kV 直流输电系统的交直流滤波器都采用了什么样的配置方案？各自的特点是什么？

5-5   某双调谐滤波器的阻抗-频率特性如图 5-28 所示，如果它能够最好地滤除 12 次和 24 次谐波，则图中 f_1 和 f_2 分别等于多少？

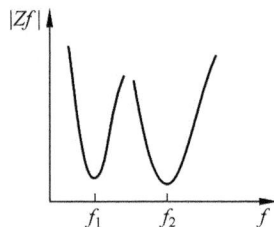

图   5-28

6 高压直流系统的控制

6.1 概述

广义来说,直流输电系统的控制包括正常运行控制、故障控制、继电保护系统、各种开关操作的控制以及监测系统、通信系统等。在高压直流输电控制系统中,换流器控制是基础,它主要通过对换流器触发脉冲的控制和对换流变压器抽头位置的控制,完成对直流传输功率的控制。直流控制系统应能将直流功率、直流电压、直流电流以及换流器触发角等被控量保持在直流一次回路的稳态极限之内,还应能将暂态过电流及暂态过电压都限制在设备容许的范围之内,并保证在交流系统或直流系统故障后,能在规定的响应时间内平稳地恢复送电。

6.1.1 分层控制模式

直流输电通常采用分层方式来实现不同级别的控制,以提供高效而稳定的运行、最大限度地提高功率控制的灵活性而不危及设备的安全为目标。在运行中,各种因素的变化(负荷的变化、电压的波动以及各种扰动)都会使上述运行参数发生变化。这就需要各种有关的控制和调节元件来进行调节,以使各运行参数回到设计所要求的原来的或新的稳定值。

直流输电系统的典型四层控制方式包括:

(1) **总控制**,对直流系统每一个换流站提供该站控制系统所需的输入指令,使直流输电系统按设计要求运行(例如实现功率、频率或电流的控制等)。

(2) **站控制**,构成一个完整的整流站或逆变站的控制、监视和保护系统的公共部分,它对换流站内每一个极(正、负极)提供相互协调的被调量指令,如电流或功率指令等;负责执行交直流设备的投切、起停、运行方式转换、状态坚实和测量等功能。

(3) **极控制**,使换流站内每一个极的各个换流器单元(又称换流桥)的控制系统互相协调,使提供的被调量指令只产生最小的谐波量。

(4) **桥控制(阀控制)**,即阀和晶闸管元件的控制,用于控制构成换流器的每个阀的触发

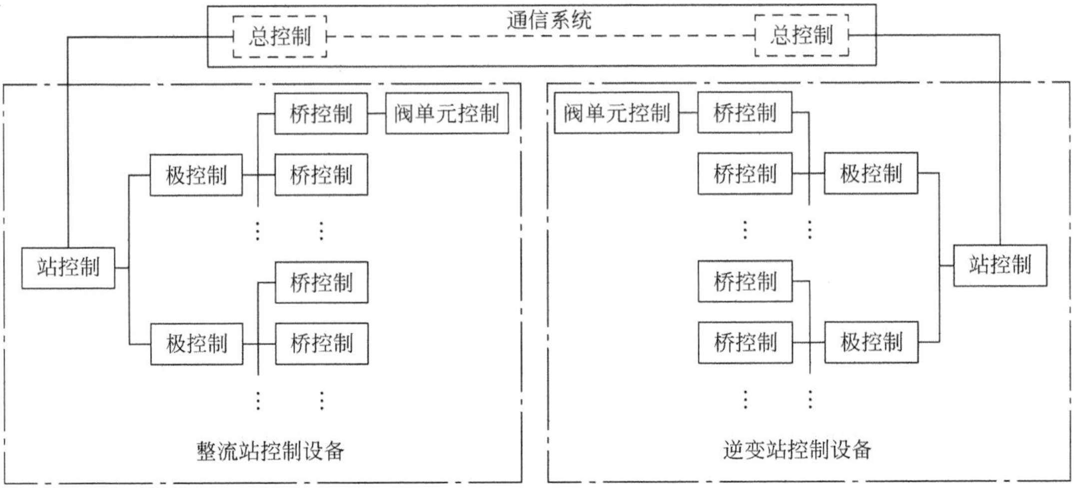

图 6-1   直流输电控制系统的配置图

控制系统,这是最低层次的控制设备,换流器的每个阀各有一套。

所设计的直流输电系统的各种运行设计最终是通过桥控制来实现的。桥控制通常包括:

(1)脉冲相位控制装置,用来产生触发换流阀的控制脉冲。

(2)换流桥监视装置,用来测量、记录和显示与换流桥有关的重要电气量、机械量和热量的参数。

(3)换流桥保护装置,用来保护换流桥有关部件,以防止由于异常工况或事故而造成的损害。

(4)换流桥程序控制装置,用来使换流桥的相位控制装置、监视和保护装置的工作协调起来,并且能够在运行工况发生变化时,对换流桥进行有关的程序控制。

6.1.2   基本控制要求

对控制系统的基本要求:

(1)限制电流的最大值,避免电流流过阀和其他载流元件出现危险的状况。

(2)限制电流的最小值,避免电流间断而引起过电压。

(3)要求限制由于交流系统的波形而引起的直流电流波动。由于线路和换流器的电阻很小,整流器电压 V_{d0r} 或逆变器电压 V_{d0i} 的很小变动会引起 I_d 的很大变动,例如 V_{d0r} 或 V_{d0i} 发生 25% 的变动,会引起直流电流变动达 100%。这说明,如果 α 和 γ 都保持恒定,两端交流电压幅值的很小变化,会使直流电流在一个很大范围内变化。这种大的电流变化还会引起阀和其他设备的损坏。所以防止直流电流大幅波动的快速控制对系统的正常运行是十分重要的。

（4）为了使功率损耗最小,要求保持线路送端电压恒定并且等于额定值。

（5）为控制所输送的功率,有时则要求控制某一端的频率。

（6）尽可能防止逆变器换相失败。

（7）尽可能使功率因数保持较高的值,目的是：减小阀的工作强度;对给定的变压器和阀的额定电流和电压的情况下,保持换流器额定功率尽可能地高;尽量减小换流器所接入的交流系统中设备的损耗和额定电流;负荷增大时,减小交流端口的电压降低;最大限度地减小换流器的无功功率需求。

由表 2-1 的公式可知,如果要得到较高的功率因数,应使触发角 α 或熄弧角 γ 尽可能小,但也要考虑运行的要求而不允许取值太小。对于整流器,为了保证触发前阀上有足够的电压,α 一般会有一个 $5°$ 的最小限制。例如,采用晶闸管时,触发前加在每一个晶闸管上的正电压总是供电给该阀触发脉冲电能的电源电路,所以触发不可能在 $5°$ 之前发生。整流器在正常运行时一般运行在 $15°\sim20°$ 之间,使它还有可能提升换流器电压以控制直流功率潮流。而对于逆变器,为了避免换相失败,保证在换相电压易号之前有足够时间裕度去游离的条件下完成换相,所以 γ 必须大于一定的临界值(即关断余裕角 γ_{min}),一般为 $15°$。

6.2　基本控制方式

直流输电系统在稳态正常运行方式下的运行参数主要包括两端的直流电压、直流电流和输送功率。直流输电的优点之一就是可以通过换流器触发相位的控制来实现快速和多种方式的调节。它不但可以改善直流输电系统本身的运行特性,还有助于改善交流系统的运行特性。因此自动控制系统在高压直流输电系统中占有重要的地位。

直流输电系统的接线图及其等值电路如图 6-2 所示,图中

$$V_{dr} = V_{d0r}\cos\alpha - I_d R_{cr} \tag{6-1}$$

$$V_{di} = V_{d0i}\cos\beta + I_d R_{ci} \tag{6-2}$$

$$V_{di} = V_{d0i}\cos\gamma - I_d R_{ci} \tag{6-3}$$

其中,R_{cr}、R_{ci} 分别为整流侧和逆变侧的等值换相电阻;R_L 为直流线路电阻;V_{d0r}、V_{d0i} 分别为整流侧和逆变侧的无相控理想空载直流电压,(对于 6 脉动换流器,$V_{d0r}=1.35k_1E_1$,$V_{d0i}=1.35k_2E_2$;对于 12 脉动换流器,$V_{d0r}=2.7k_1E_1$,$V_{d0i}=2.7k_2E_2$);E_1、E_2 分别为整流站交流侧和逆变站交流侧的线电动势;k_1、k_2 分别为整流站和逆变站的换流变压器变比。由等值电路图求得稳态直流电流

$$I_d = \frac{V_{dr} - V_{di}}{R_L} = \frac{V_{d0r}\cos\alpha - V_{d0i}\cos\gamma}{R_{cr} + R_L - R_{ci}} = \frac{V_{d0r}\cos\alpha - V_{d0i}\cos\beta}{R_{cr} + R_L + R_{ci}} \tag{6-4}$$

整流侧和逆变侧的直流功率分别为

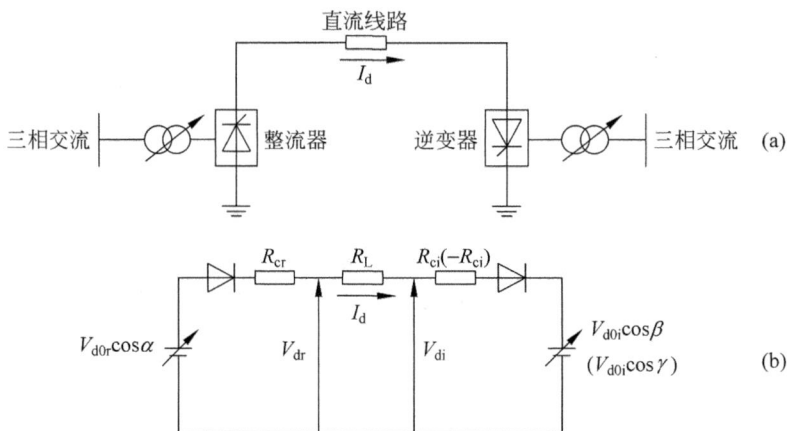

图 6-2   直流输电系统的接线图及其等值电路

$$P_{dr} = V_{dr} I_d \tag{6-5}$$

$$P_{di} = V_{di} I_d = P_{dr} - R_L I_d^2 \tag{6-6}$$

可见,直流系统的调节通过两种手段来实现:

(1) 通过调节整流器的触发触发角 α 或逆变器的触发超前角 β(或熄弧角 γ),即调节加到换流阀控制极或栅极的触发脉冲相位,快速而大范围地控制直流线路的电流、电压和功率,所需时间 $1\sim10\,\text{ms}$。该方式也称为栅/门极控制或控制极调节。

(2) 还可利用换流变压器分接头的带负荷切换调节换流器的交流电动势,进行慢速的控制。换流变压器分接头的改变通常每挡需要 $5\sim6\,\text{s}$。

这两种调节手段以互补的形式来联合应用,其中前者具有快速控制的功能,是直流系统区别于交流系统的最大优点。具体地,高压直流输电控制的基本方式有:定电流控制、定电压控制、定延迟角 α 控制、定超前角 β 控制、定熄弧角 γ 控制和定功率控制等。

6.2.1   定电流控制

定电流控制的基本原理是:将直流电流互感器测得的实际直流电流 I_d 与整定值 I_{do} 进行比较,当出现偏差时,就改变触发角,以减少或消除电流偏差。定电流控制的主要任务是控制换流器的触发角,维持直流电流 I_d 为恒定值,其控制特性为一垂直线,如图 6-3 所示。

如图 6-4 所示,定电流控制的控制步骤是:

(1) 通过直流电流互感器测量实际的直流电流 I_d;

(2) 将 I_d 与整定值 I_{do}(也称电流指令)在加法环节中进行比较得到电流偏差量(误差)$\varepsilon = I_d - I_{do}$;

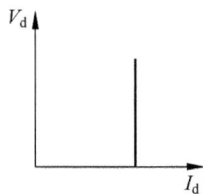

图 6-3   定电流控制特性

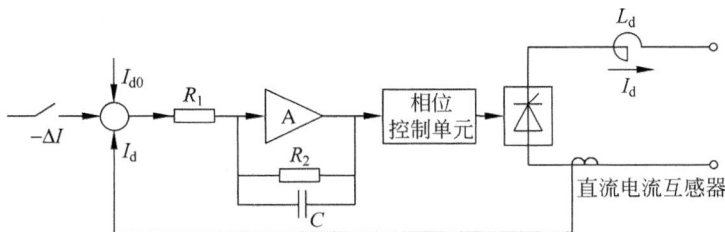

图 6-4　定电流控制原理图

（3）将差值 ε 输入控制放大器 A 中进行放大；

（4）将放大的信号输入相位控制单元，然后进行所需的相位控制。

电流调节器实际上是一种简单的带反馈的高增益放大器。

比如在整流侧，如果由于交流电压 E_1 降低或者在外加因素的影响之下直流电压 V_{di} 升高，使直流电流 I_d 减小时，比较环节检测到的电流误差 ε 将增大，放大器 A 的输出减小，换流器 α 角也相应减小，因而换流器理想空载直流电压 $V_{dro}\cos\alpha$ 增大，使直流电流 I_d 回升并趋近于直流电流整定值 I_{d0}。同理，当 E_1 上升或 V_{di} 下降使 I_d 增大时，则 ε 减小，α 增大使 I_d 下降。

如果放大器 A 的放大系数 K_A 足够大，则 ε 很小的变化将引起 α 角有很大的变化，而为了抵消 I_d 的变化，α 角的变化总是有限的，所以控制结果误差 ε 很小，即 $I_d \approx I_{d0}$。但是，K_A 又不可太大，否则控制过程中会发生振荡，控制过程的调整时间也将加长，使动态响应特性变坏。为了使控制速度快、控制过程中 I_d 变化平稳、静态误差小，实际采用的积分控制环节比上述的方式要复杂些，例如增加偏差量 ε 的积分控制环节以完全消除静态误差，增加 ε 的微分控制环节以改善动态特性等。

由逆变器控制直流系统的电流时，上述电流调节器也同样适用。不过对逆变器来说，当 $I_d < I_{d0}$ 时，须增大 β 角使逆变站直流电压下降，直流电流 I_d 随之上升。而 $\alpha = 180° - \beta$，实质上也可以说是靠逆变器减小 α 来实现的；而当 $I_d > I_{d0}$ 时，须减小 β 或增大 α 来控制。这和整流器控制直流电流时的情况完全相同，即当 $I_d > I_{d0}$ 时，换流器的触发相位（或时刻）都必须推迟，当 $I_d < I_{d0}$ 时，触发相位都必须提前。因而换流器由整流工作转为逆变工作时，电流控制环节的接线不必变动，但是，需要注意的是：用于逆变状态时，电流的整定值必须要减小一个电流裕度 ΔI，以避免两侧换流器的定电流特性重叠而引起运行点漂移不定，一般取 $\Delta I = 0.1 I_{d0}$。根据电流裕度控制原则，此电流裕度无论在稳态运行还是暂态情况下都必须保持，一旦失去电流裕度，直流系统就会崩溃。若电流裕度取得太大，当发生控制方式转换时，传输功率就会减小太多；若电流裕度太小，则可能因运行中直流电流的微小波动致使两端电流调节器都参与控制，造成运行不稳定。绝大多数高压直流工程所采用的电流裕度都是 0.1p.u.，即额定直流电流的 10%。

6.2.2　定电压控制

定电压控制的主要任务是维持直流电压 V_d 为整定值,其控制特性为一水平线,如图 6-5 所示。与定电流控制的基本原理相似,不同的是,反馈信号变为直流电压。

例如在整流侧,根据式(6-1),当交流电压 E_1 降低,测量到直流电压 V_{dr} 下降时,比较环节检测到的误差 ε 将增大,放大器 A 的输出减小,换流器 α 角也相应减小,因而换流器理想空载直流电压 $V_{dr0}\cos\alpha$ 增大,从而提高电压 V_d。

在逆变侧,根据式(6-2),当测量到直流电压 V_{di} 下降时,比较环节检测到的误差 ε 将增大,放大器 A 的输出减小,换流器 β 角也相应减小,因而 $V_{dr0}\cos\beta$ 增大,从而提高电压 V_{di}。

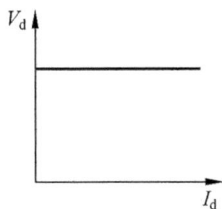

图 6-5　定电压控制特性

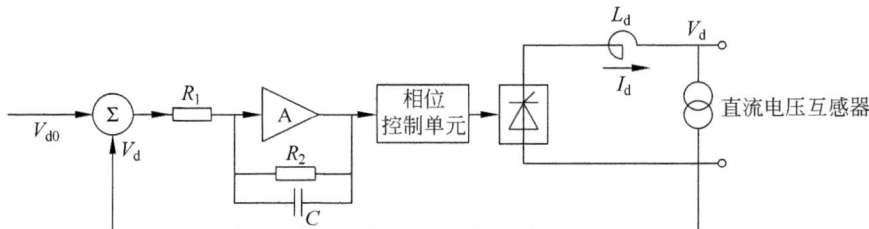

图 6-6　定电压控制原理图

定电压控制适用于受端交流系统等值阻抗较大的弱系统场合,以提高换流站交流电压的稳定性。另外在直流线路轻载运行时,由于逆变器的 γ 角比满载时大,采用定电压控制对防止换相失败有利。不过,采用定电压控制的逆变器在额定条件下运行时,为保证直流电压有一定的调节范围,其 γ 角要略大于关断余裕角 $\gamma_{\min}$,从而使逆变器的额定功率因数和直流电压有所下降,消耗无功功率较多,降低了换流器的利用率。

6.2.3　定触发角控制

定触发角控制分两种情况:对整流器而言,是定延迟角控制(定 α 角控制);对逆变器而言,是定超前角控制(定 β 角控制)。

整流侧,根据式(6-1),定 α 角控制特性是一组斜率为 $-R_{cr}$ 的平行线族,如图 6-7(a)所示,α 越大,相应的伏安特性越低。当交流电压 E_1 或变压器变比 k_1 变化时,特性直线将平行地上下移动。

逆变侧,根据式(6-2),定 β 角控制特性是一组斜率为 R_{ci} 的平行线族,如图 6-7(b)所示,

β 越大,相应的伏安特性越低。当交流电压 E_2 或变压器变比 k_2 变化时,特性直线将平行地上下移动。

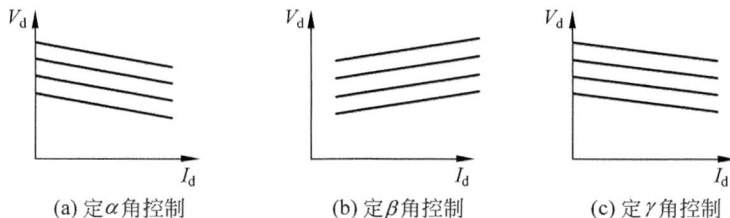

图 6-7　定角度控制特性

由于伏安特性的斜率一般很小,因此交流电网的微小电压波动,都会引起直流电流和直流功率的大幅变化。直流功率的大幅变化将导致两端交流系统运行变得困难。同时 I_d 过大会导致换流器过载,I_d 过小则可能发生直流电流间断而引发过电压,因此直流电流大幅变化会使直流系统的运行产生安全问题。

6.2.4　定熄弧角控制

为了保证逆变器安全运行,减少换相失败的发生几率,要求逆变器的熄弧角 γ 必须不小于关断余裕角 γ_{min},以保证晶闸管正向阻断能力恢复并具有一定安全裕度;而为了尽量提高逆变器运行的功率因数,则要求熄弧角尽量小一些。因此逆变器需要设有定熄弧角调节装置,使其运行在定 γ_0 特性上。定 γ 角控制实质上与定 β 角控制一样,因为 $\beta=\gamma+\mu$,采用定 β 角控制时,同样要保证大于换相重叠角 μ 的裕度,所以对 γ 进行控制,实质上就是对 β 进行了控制。根据式(6-3),定熄弧角控制特性如图 6-7(c)所示。根据图 6-2 等值电路,逆变器熄弧角 γ 和触发超前角 β 的关系可用下式表示:

$$\cos\gamma - \cos\beta = \cos\gamma + \cos\alpha = 2I_d \times \frac{R_{ci}}{V_{d0i}} = 2I_d \times \frac{R_{ci}}{1.35k_2E_2} \tag{6-7}$$

由上式可见,如果 β 角(或 α)不变,I_d 减小或 E_2 增大时,γ 角都将增大;反之都要使 γ 角减小。尤其是交流系统发生故障导致 E_2 大幅度下降、I_d 瞬时上升时,γ 将急剧减小。逆变器运行时,如果某阀的 γ 角小于最小临界值,就不可避免地要发生换相失败。为了使逆变器能够承受一定程度的 E_2 和 I_d 的扰动,要求它在正常运行时实际的 γ 角大于其临界值,且有足够的裕度。对晶闸管元件构成的高压阀,熄弧角最小临界值约为 $6°\sim10°$,故定熄弧角控制的整定值 γ_0 一般取 $18°$ 左右。

定熄弧角控制的优点除可确保直流系统运行的安全可靠运行之外,还具有提高交流侧功率因数及提高逆变器的利用率等经济因素。

控制熄弧角的方式,按原理可分为预测控制和实测控制两类。

1. 实测式定熄弧角控制（闭环控制）

这种控制方式与定电流控制相似,是应用负反馈控制来实现的。将实测 γ 角与整定值 γ_0 进行比较,把误差经放大处理后送到相位控制电路,使触发角改变以减小或者消除偏差,它的原理框图如图 6-8 所示。γ 是从测量器连续测量和输出的各阀实际 γ 值;$\Delta\gamma$ 是紧急控制单元的输出控制量,在正常运行下,可以先假设它未发生作用,即它的输出 $\Delta\gamma=0$;由加法器可以得到熄弧角的误差 $\varepsilon=\gamma_0-\gamma$,这里 γ_0 是关断余裕角的设定值;经控制放大器,输出 $V_c=V_0-K_A\gamma$(V_0 为常数,K_A 为放大倍数)。

当 $\gamma<\gamma_0$ 时,误差 $\varepsilon>0$,V_c 减小,相位控制器将减小输出脉冲的相位角 α,因而使 γ 增大;当 $\gamma>\gamma_0$ 时控制行为和作用则反之,控制结果的 γ 对 γ_0 的误差取决于 K_A 的大小。

逆变器采用等间隔触发时,各阀的 γ 角一般不完全相等,因此不要希望把各阀的 γ 均调节到等于 γ_0。对于 γ 的控制环节要求具有下述功能:当任何一个阀的 $\gamma<\gamma_0$ 时,能立即快速增大 γ,以尽快地脱离不安全状态(所谓安全调节);当单桥或双桥换流器所有阀的熄弧角 $\gamma>\gamma_0$ 时,应缓慢地减小 γ,以免引起直流电流不必要的波动,至熄弧角最小的一个阀的 $\gamma=\gamma_0$ 即停止控制调节,这时其余各阀必然 $\gamma\geq\gamma_0$,保持逆变器的等间隔触发(所谓经济调节)。为了实现这些要求,控制放大器的特性常做成不对称的,如图 6-9 所示,即当 $\gamma<\gamma_0$ 时,K_A 值比较大(>1),使经过一次调节就能达到 $\gamma>\gamma_0$;当 $\gamma>\gamma_0$ 时,K_A 值较小(<1),使控制调节速度较慢。

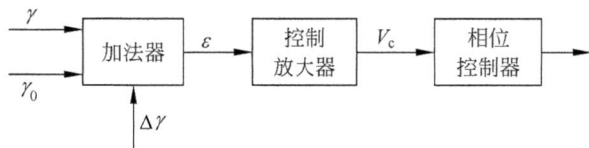

图 6-8　实测式定熄弧角控制的原理框图　　　图 6-9　定熄弧角控制的非线性电路特性

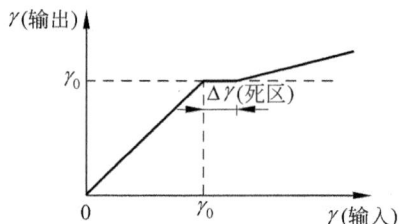

闭环控制的特点是当检测到 γ 与 γ_0 的偏差后才进行控制。这对 $\gamma<\gamma_0$ 情况下的控制是不利的,不过 γ 角变化量一般不大,变化速度也不快,这种控制还是有效的,只是在异常情况下,例如在逆变侧交流系统发生故障,换相电压大幅度跃降,直流电流迅速上升,γ 突然大幅度减小的情况下,在检测到 $\gamma<\gamma_0$ 时,逆变器可能已经发生换相失败。为了克服这一缺点,可在图 6-8 的加法器上增设一个紧急控制单元,提供一个短暂的信号 $\Delta\gamma$。当换相电压 E_2 跃降量或 I_d 上升速度超过给定值时,紧急控制单元将输出 $\Delta\gamma$,使误差 $\varepsilon=\gamma_0+\Delta\gamma-\gamma$ 突然人为地增大,α 角立即以较大幅度减小,以防止换相失败。这个触发脉冲 $\Delta\gamma$ 发出后消失,又回到正常的控制调节。

2. 预测式定熄弧角控制（开环控制）

根据换流器的原理，要调节熄弧角 γ，就只能靠改变超前角 β 来实现。令 $\gamma = \gamma_0$，由式(2-22)和式(2-25)可知

$$E_2 \cos\gamma_0 - E_2 \cos\beta - \frac{\sqrt{2}\pi}{3} I_d R_\beta = 0 \qquad (6\text{-}8)$$

如果逆变侧交流电动势和直流电流已知，即可求得使 $\gamma = \gamma_0$ 的超前角 β。

预测控制是开环的，通过求解方程

$$6 \text{ 脉动：} \cos\alpha + \cos\gamma_0 = \frac{2 R_\beta I_d}{1.35 k_2 E_2} \qquad (6\text{-}9)$$

$$12 \text{ 脉动：} \cos\alpha + \cos\gamma_0 = \frac{2 R_\beta I_d}{2.7 k_2 E_2} \qquad (6\text{-}10)$$

来实现逆变器的定 γ 控制。它根据测量得到的实际 I_d 和交流电压 E_2，求解出满足 $\gamma = \gamma_0$ 的 α 值，待延迟相角等于此 α 值时发出触发脉冲。这种控制因为能考虑系统运行情况的变化实时确定正确的 α 角，而不是在 γ 出现偏差后才进行调节，所以称为预测控制。显然，它的响应要早于闭环控制，响应速度较快。直流输电系统受到扰动时，直流电流是变化的，式中的 I_d 应该用换相开始瞬时的电流和换相结束瞬间的电流的平均值代替。然而此平均电流事先无法实测到，只能用当前的 I_d 和 dI_d/dt 值来估计，因此式(6-9)改为

$$\cos\alpha = \frac{2 R_\beta}{1.35 k_2 E_2} \times \left(I_d + K_d \frac{dI_d}{dt} \right) - \cos\gamma_0 \qquad (6\text{-}11)$$

式中，E_2 相当于换相电压；K_d 为常数，通常，当 $dI_d/dt > 0$ 时，K_d 取适当的正值；当 $dI_d/dt < 0$ 时，取 $K_d = 0$，这是因为 I_d 减少时不会发生不利的后果。当系统受到扰动时，三相电压往往不对称，各阀的换相电压也不相等，所以逆变器各阀的 α 角的预测计算要根据各自的换相电压分别进行。由于各阀分别进行定 γ 控制，所以不能保证各相触发脉冲间的等间隔性。但在等间隔触发脉冲发生器帮助下可以克服这一缺点，使其中一个阀的 $\gamma = \gamma_0$，而其他阀的 $\gamma \geqslant \gamma_0$。

除上述两种方式外，还有一种混合方式，混合方式是在闭环控制的基础上，增加预测控制单元，但后者只在换相电压下降或直流电流上升，并且预计到将 γ 小于预测控制的整定值时起作用，这个预测控制的整定值略小于闭环控制的整定值 γ_0。显然，混合方式保留了闭环控制的等间隔触发及高控制精度等优点，也具有预测控制能实时"预防"减小 γ 的优点。

6.3　功率控制和频率控制

6.3.1　定功率控制

直流输电线路通常需要按照计划输送一定的功率，因此，一般在整流站采用定电流控

制,在逆变站采用定熄弧角控制来维持直流线路电压,当两侧交流系统电压波动不大时就可以满足定功率输送的要求。若采用定电流和定电压控制,则可以更精确地控制功率。为了实现更精确而快速的功率调节,通常还需另加功率调节装置,一般以定电流控制为基础,通过改变电流整定值来实现功率的调节。下面介绍两种功率调节器。

1. 乘法器定功率调节器

如果由于某种原因,整流侧交流电压下降,使交流功率值和直流功率值均减小,实际所测量所得的直流功率 P 和功率整定值 P_0 之间就出现功率差值 $\Delta P = P_0 - P$。该差值经过控制放大器后,产生一个与差值 ΔP 成一定比例的信号,此信号经延时元件延时后,输入定电流调节器作为新的电流指令(比原来的指令值要大)。按照新的电流指令,电流调节器朝增大直流电流的方向调节,使传输的直流功率得以增大,并恢复到整定值 P_0 为止,反之亦然。这就是乘法器定功率调节的原理,如图 6-10 所示。

2. 除法器定功率调节器

具有除法器的定功率调节器是利用功率整定值 P_0 和直流线路电压 V_d 进行除法运算,产生相应的电流指令,再经过电流限制回路输出,作为电流调节器的电流直流 I_{d0}。然后 I_{d0} 与实际的直流电流进行比较,产生差值控制电压进行所需的相位控制。其原理如图 6-11 所示。

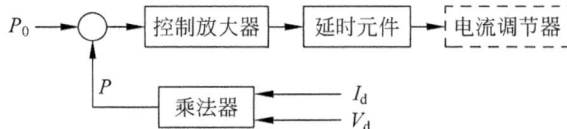

图 6-10   乘法器定功率调节器

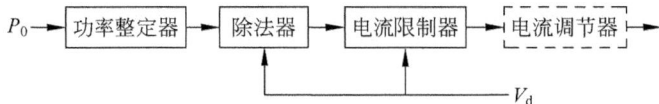

图 6-11   除法器定功率调节器

为了保证换流器在允许范围内运行,定功率控制应该采取如下电流限制:

(1) 最大电流 I_{dmax} 限制。一般为 $1.0 \sim 1.2 I_N$,以防换流器过载。

(2) 最小电流 I_{dmin} 限制。一般为 $0.1 I_N$,以防换相角太小或者电流间断引发过电压。

定功率控制的应用体现了直流系统的一个独特优点:输送功率的大小不受各端交流系统电压的相位变化以及频率变化的影响,且还能方便加以控制,其响应速度要比交流发电机组快得多,因此可利用附加的直流功率控制来承担或参与交流系统的频率调节,以改善交流系统的运行性能和供电质量。

6.3.2　定频率控制与功率/频率控制

假设逆变侧交流系统部分负荷被甩掉后,若直流输电系统仍按定功率方式运行,此时,送到逆变侧的功率将会引起该侧交流系统频率的上升。同样,若输送的功率超过整流侧交流系统能够输送的功率,则将使整流侧交流系统进入停止状态。为此,当采用定功率控制时,应该引入频率控制以改善运行的稳定性。

此外,如果直流输电系统的额定传输功率和它所连接的一端交流系统中的发电机容量相对为 1/2 到 1/3 时,则直流输电要分担该系统的调频任务,甚至承担全部的频率调节。

对于由两个交流电力系统经直流线路互联时,可以利用直流线路来控制交流系统的频率。例如受端交流系统的容量比送端交流系统的容量相对较小时,可用改变直流功率来控制受端交流系统的频率,即由直流线路来承担受端系统的调频任务。在送端交流系统中,如果有相当大比例的发电容量通过直流线路送给大容量受端系统时,则可利用直流线路进行送端系统的调频。

由于高压直流换流站换流装置对交流系统频率没有固有的响应能力,因此,必须人为地把交流系统频率引入换流装置,才能进行频率控制。

实现频率调节的原理方框图和定功率调节器相似,也是以定电流调节器为基础,引入频率调节的信号来改变电流的指令值,通过对直流输送功率(电流)的调节,达到频率调节的目的。

1. 定频率控制

由直流线路承担某一端交流系统的调频任务时,可采用定频率控制,其原理如图 6-12 所示。被控制交流系统的频率 f 或频率偏差 Δf 的测量值都被传送到主控制站,经频率控制回路中的放大器处理后,输出一个控制频率用的功率控制量 ΔP_0。在功率设定值设置单元中,ΔP_0 与原给定值 P_0 相加,得到实际的功率设定值 P_{d0},再通过功率控制的作用,将直流输电功率调节到 P_{d0}。在采用比例控制时,频率控制放大器的稳态特性为

$$\Delta P_0 = \pm K_{FC} \Delta f \tag{6-12}$$

在控制送端交流系统频率时,K_{FC} 取正值;控制受端交流系统频率时,K_{FC} 取负值。根据上式不难理解控制的作用:当稳态增量 K_{FC} 足够大时,控制的结果使被控制的交流系统的稳态频差 $\Delta f \approx 0$,从而得到定频率控制的功能。

定频率控制的特点是:被控制交流系统的调频任务由直流线路单独承担,因此直流输送功率将随着被控制交流系统的发电功率和负载的变化而变化,这就要求直流线路及另一端交流系统有足够大的容量。

2. 功率/频率控制

通常,设计的功率-频率调节器在正常运行时,定功率调节器的工作是为满足额定功率

传输。但是,如果交流系统频率偏差超过整定值时,则频率控制参与作用,改变传输功率的大小,以援助故障的交流系统。因此直流输电线路相当于对交流系统起阻尼作用,而增加的频率控制元件数量少,万一交流系统一部分瓦解时,也可以阻止该交流系统频率发生大幅度的升降。

当要求直流线路协助被控制交流系统中的发电厂控制频率时,可采用功率/频率控制。这种控制方式的一个例子如图 6-13 所示。它通常设置一定的控制死区,即不调节区,当被控制系统的 $|\Delta f|$ 小于设定的死区 Δf_d 时,功率调制量 $\Delta P_0=0$,直流系统以给定的功率 P_{d0} 运行,不参与调频。当频率偏差较大,且 $|\Delta f|>\Delta f_d$ 时,才有 ΔP_0 输出,协助发电厂控制频率。当被控制交流系统中动作较慢的调频发电厂将频率调节到 $|\Delta f|<\Delta f_d$ 时,直流系统又恢复到定功率控制。

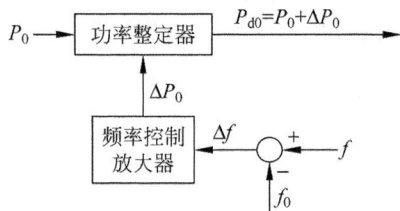

图 6-12　定频率控制原理图　　　　图 6-13　功率/频率控制原理图

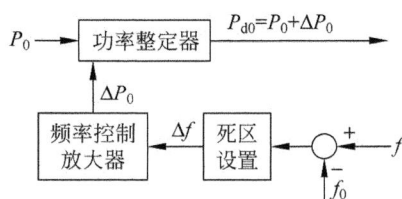

直流系统的频率/功率控制特性也可做成与汽轮机或水轮机的调速系统相似的,即具有一定的调差系数的特性。这样,可以把直流系统看做一台发电机,与其他发电机协同控制频率。

6.4　两侧换流器控制的配合特性

在高压直流输电系统中,实际应用的控制方式并不是某一种,而是几种基本方式的组合,它们各自担负着不同的控制调节任务而又相互配合,即使是在整流器或逆变器中也不是仅仅单一地采用某一种控制方式。

6.4.1　理想控制特性

在实际运行中,通常要求直流输电按照某种功率指令运行,因此,最直接的控制模式就是定功率控制。为了满足这一基本要求,最简单的做法就是一侧控制直流电压恒定,另一侧控制直流电流恒定。由于整流运行和逆变运行各自的特点不同,通常将控制直流电流恒定的任务放在整流侧,而将控制直流电压恒定的任务放在逆变侧。因此,理想情况下整流器的运行特性是一条垂直线,逆变器的运行特性是一条水平线。正常运行时,整流器保持定电流(CC),逆变器则运行于定熄弧角(CEA),保证有足够的换相裕度。如图 6-14 中的静态伏安特性所示。

整流器保持定电流时,其伏安特性为一垂直线。根据图 6-2 等值电路,有

$$V_{dr} = V_{d0i}\cos\gamma + (R_L - R_{ci})I_d \tag{6-13}$$

一般换相电阻 R_{ci} 比线路电阻 R_L 略大一些,因此逆变器特性具有一个小的负倾斜度。

触发前加在每一个晶闸管上的正电压总是供电给该阀触发脉冲电能的电源电路,所以触发不可能在 5° 之前发生。整流器靠改变 α 来保持定电流。然而,α 不能小于它的最小值 α_{min}。一旦调到 α_{min},电压就不可能再升高了,而整流器将运行在 $\alpha = \alpha_{min}$ 的定触发角 CIA 上。所以,整流器特性实际上有两段(AB 和 FA),如图 6-15 所示。线段 FA 与最小触发角相对应,代表着定触发角 CIA 控制方式;线路 AB 代表着正常的定电流(CC)控制。

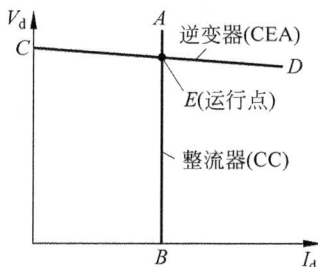

图 6-14 理想控制特性

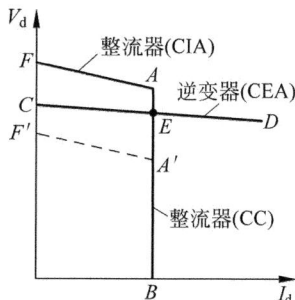

图 6-15 考虑触发角限制的控制特性

在正常电压下逆变器的 CEA 特性与整流器 CC 特性相交于 E 点。然而在异常运行状态下,当整流侧交流电压降低或逆变侧交流电压升高很多时,使整流器进入定最小触发角控制,此时逆变器则自动转为控制直流电流,整流器的运行曲线如图中 $F'A'$ 所示。由于逆变器的 CEA 特性与整流器特性没有相交点,所以在整流器电压大幅度下降时,经过一段由直流电抗器决定的很短时间后,直流电流和功率将降到零,导致系统停运。

为了避免上述问题的发生,逆变器也应该装设电流调节器,而且,其整定值要比整流器的低一些。逆变器特性也由两端组成:一段是定熄弧角 CEA 控制;一段是定电流 CC 控制。因此,两端直流输电系统运行时,其联合控制特性如图 6-16 所示。这种整流器和逆变器控制特性的组合,就是电流裕度控制特性。整流器和逆变器电流整定值之差 I_m 称为电流裕度,通常设定为额定电流的 10%~15%,以保证不会由于测量误差或其他原因而导致两条定电流特性重叠相交。

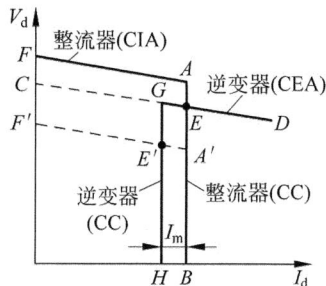

图 6-16 整流器与逆变器联合控制特性

在正常运行条件下,整流站运行在定电流控制特性,此时,整流器直流电压为了满足定电流控制而留有一定的调节裕度($\alpha=15°$左右);逆变站则运行在定熄弧角控制特性,从而确定了直流线路的额定电压,其对应的工作点为 E。可见此时整流器控制着直流电流而逆变器控制着直流电压。假如由于某种原因造成整流站电压下降而使直流电流低于某一数值时,逆变站就自动转入定电流控制(此时又称最小电流控制)。此时,整流站转入运行在 α_{min} 控制特性上,以控制直流线路电压,则运行点将转移到 E' 点。逆变器接管了电流控制,而整流器则确定直流电压。在这种运行方式下,整流器和逆变器的控制作用反过来了,这种从一种方式变到另一种方式,叫做方式转换。

6.4.2   控制特性不稳定的对策

逆变器的定 γ_0 特性曲线与整流器的定 α_{min} 特性曲线的斜率很接近,当整流站交流电压下降或逆变站交流电压升高而使整流器定 α_{min} 特性与定 γ_0 特性相交,造成控制方式的不稳定(直流电流将会在 I_d 和 I_d-I_m 之间跳动、在角度控制方式和变压器分接头控制方式之间来往摆动)。为了避免这种情况,通常在逆变器的 CEA 和 CC 控制特性之间的转换处采用一个具有正斜率的特性。这样,当整流器定 α_{min} 特性与 CA 段相交时,交点 E' 决定的电流和电压是唯一的,即点 E' 是稳定的运行点。

这段正斜率(或零斜率)特性的实现方法如下:

(1)电流偏差控制,即通过控制定熄弧角调节器的设定值来实现。当 $I_d \geqslant I_{d0}$ 时,令设定值 $\gamma=\gamma_0$,以实现 AD 段的特性(原定 γ 特性);当 $I_d < I_{d0}$ 时,γ 随 I_d 的减小而增大,以得到 AC 段正斜率特性。这就是所谓的电流裕度平滑转换特性。

(2)采用定 β 控制,该特性具有正的斜率。

(3)采用定电压控制特性来改进。定电压特性是一条水平线,不会与整流器的定 α_{min} 特性重叠。

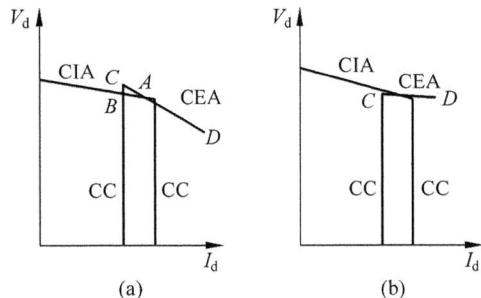

图 6-17   控制特性的不稳定

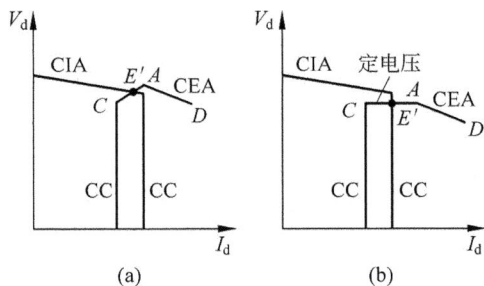

图 6-18   控制特性的改进示意图

6.4.3　低压限流与触发角限制

低压限流控制特性是指在某些故障情况下,当发现直流电压低于某一值时,自动降低直流电流调节器的整定值,待直流电压恢复后,又自动恢复整定值的控制功能。当逆变站交流系统发生故障时,逆变器会产生换相失败。若为近处故障,由于交流电压下降过大,逆变器将无法自行消除换相失败。此时,为了限制持续的过电流(即短路电流),整流器控制特性应进行改进,使它只有一个由低电压控制的电流限制特性,如图 6-19 中的直线 CD。逆变器控制特性也需作同样的改进,见直线 EF。这就能在发生故障时限制短路电流,从而大大减小了换流器的电流应力,提高了电压的稳定性。

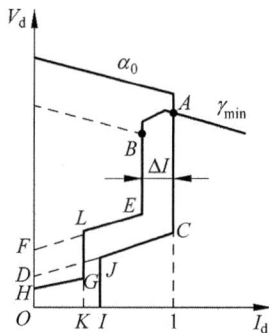

图 6-19　直流系统实用控制特性

在低电压的情况下,由于下述原因,要保持额定直流电流或功率是不可能的:当一个换流器的电压降低了 30% 左右时,另一端的换流器的无功功率需求将增加,这会对交流系统产生不利的影响。电流控制必然会造成较大的 α 或另一端换流器较大的 γ 从而使无功需求增加。交流电压的降低将显著地减小滤波器和电容器所供应的无功功率,而它们本来是能够供应换流器所吸收的大部分无功功率的;此外,电压降低时,换相失败和电压不稳定的风险也大为增加。

为防止这些在低电压运行下所带来的问题,在控制特性中增加了"低压限流"(Voltage Dependent Current Order Limit,VDCOL)。当电压降低到一个预定值以下时,这个限流装置即减小最大允许直流电流值。VDCOL 特性可以是交流换相电压或直流电压的函数。一般的做法是,通过低压限流暂时地减小电流指令。在 VDCOL 运行时,测得的直流电压经过一个一阶延时元件。一般地说,延时对升压和降压情况是不相同的。当电压降低时,要求 VDCOL 迅速动作,因此延时很小,如果当电压恢复时也采用同样的延时,可能会引起振荡和不稳定。因此,在直流电压恢复时,采用较大的延时,以避免发生这种情况。逆变器的特性与整流器的 VDCOL 匹配以保持电流裕度。

图 6-19 中控制特性 IJ、KL 分别表示整流器和逆变器在低电压时的最小电流限制,用来防止直流电流间断而引起的过电压,减小线路有功损耗和逆变器的无功损耗。

在小值电流时,电流中的脉动可能造成电流的不连续或断续。12 脉动时,电流每周期中断 12 次。由于在中断瞬间的电流变化率很高而在变压器绕组和直流电抗器中感应出高电压($L di/dt$),所以这是不允许的。在小值电流时,换相角也很小。换相角过小,即使电流仍是连续的,这也是不允许的。当换相角很小时,在换相开始和结束瞬间,直流电压的两次跳跃合并为两倍大小的一次跳跃,造成阀的工作强度增高。它也会造成跨于每桥两端的保护间隙的闪络。

设置低压限流特性的目的,最初是作为换流阀换相失败故障的一种保护措施,后来被许多现代高压直流工程,尤其是具有弱交流系统的直流工程所采用,用来改善故障后直流系统的恢复特性。其主要作用:①避免逆变器长时间换相失败,保护换流阀。正常运行的阀,在一个工频周期内仅 1/3 时间导通,当由于逆变侧交流系统故障或其他原因使逆变器发生换相失败,造成直流电压下降、直流电流上升、换相角加大、关断角减小时,一些换流阀会长期流过大电流,这将影响换流器的运行寿命,甚至损坏。因此,通过降低电流整定值来减少发生后续换相失败的几率,从而可以保护晶闸管元件。②在交流系统出现干扰或干扰消失后使系统保持稳定,有利于交流系统电压的恢复。交流系统发生故障后,如果直流电流增加,则换流器吸收的无功功率也增加,这将进一步降低交流电压,可能产生电压不稳定;而当直流电流减少时,换流器吸收的无功功率也减少,这将有利于交流电压的恢复,避免交流电压不稳定;在交流系统远端故障后的电压振荡期间,可以起到类似动态稳定器的作用,改善交流系统的性能。③在交流系统故障切除后,为直流输电系统的快速恢复创造条件。在交流电压恢复期间,平稳增大直流电流来恢复直流系统。需要注意的是,如果交流系统故障切除,直流系统功率恢复太快,换流器需要吸收较大的无功功率,将影响交流电压的恢复,所以对于较弱的受端交流系统,通常要等交流电压恢复后,才能恢复直流的输送功率。

此外,在通信失效或者直流线路故障的暂态期间,为了防止逆变器进入整流工况,逆变器还应装设相应的相角限制器,以保证控制角不进入整流状态(即保证 $\beta < 90°$)(见控制特性 GH)。一般逆变器的触发超前角 β 限制在 $70°\sim85°$ 的范围内。然而,整流器却可以运行于逆变区,以便在某些故障条件下支持系统。其结果是,施于整流器触发角的最大限制一般为 $90°\sim140°$ 之间。

从上述整流站和逆变站的控制特性可以看出,如整流站按 α_{min} 控制特性运行。而逆变站按定熄弧角 γ_0 控制特性运行。若整流器定 α 控制特性的斜率(R_{cr})小于逆变器定 γ_0 控制特性的斜率(R_{ci}),则当直流电流稍微增加时,根据前述整流器的输出电压 V_{dr} 和逆变器输入电压 V_{di} 表达式

$$V_{dr} = 1.35E_1\cos\alpha_{min} - I_d R_{cr} \qquad (6\text{-}14)$$

$$V_{di} = 1.35E_2\cos\gamma_0 - I_d R_{ci} \qquad (6\text{-}15)$$

若 $V_{dr}-V_{di}>0$,则直流电流将继续增加;若 $V_{dr}-V_{di}<0$,则 I_d 将下降至 0,因而使直流系统的运行不稳定。因此,只有当 $R_{cr}>R_{ci}$ 时,直流系统才能稳定运行。因此,如果整流器按定电流控制特性运行,即 $R_{cr}=\infty$ 时,逆变站采用定熄弧角控制特性(或定 β)运行,都能获得稳定的运行点。

6.4.4　换流站的控制特性

整流站的控制特性通常由三种基本控制特性组成,即定 α 控制、定电流控制和定熄弧角控制,组合特性如图 6-20 所示。

　　整流器在 $\alpha=\alpha_{\min}$ 条件下运行,相当于在最高的直流电压下使用设备,且无功损耗最小。因此,对于最佳利用运行设备来说是较为有利的(一般为了确保阀在正向电压下的最佳触发,$\alpha_{\min}$ 取为 5°),但却使整流器失去了增加直流电流的控制能力。所以为了实现电流控制,整流器的直流端电压(由逆变器的直流电压和直流线路电压降所确定)应该位于 $\alpha_{\min}$ 上限控制特性的下方。使得在正常运行时,电流调节器通过调节整流器直流电压来维持线路电流恒定,从而使定电流控制特性为一垂线。在暂态过程期间(如线路故障),为了迅速消除故障,往往还设计有整流器的快速移相控制,大幅度地增加 α 角至 120°左右,使整流器暂时转入逆变工况运行。这时,直流电压进入负电压区,故障线路所储藏的能量可以通过逆变工况运行的换流器馈入整流侧的交流系统,故障得以快速消除。

　　应该指出,整流器移相控制进入负电压区时也应设有角度的限制。因为,当 α 角移相接近 180°时,如果在结束移相之后,这一点的定熄弧角小于某个给定的最小熄弧角,则会引起换相失败。为此,即使是整流器也必须具有某种基本的熄弧角控制,以保证运行所需的安全裕度。

　　逆变站的控制特性也是由三种基本控制特性组成:定熄弧角控制特性、定电流控制特性和定 α 角控制特性。如图 6-21 所示,由于逆变器的接法与整流器相反,因此,逆变器的定熄弧角控制特性位于图中横坐标上方。

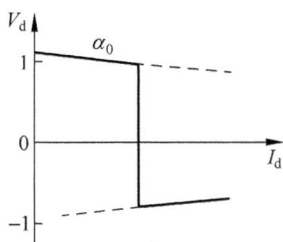

图 6-20　整流站的控制特性　　　　图 6-21　逆变站的控制特性

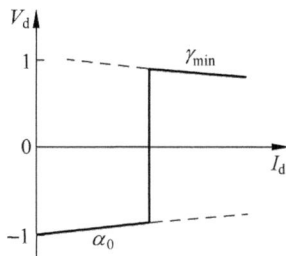

　　由前面的分析可知,逆变器定熄弧角控制特性具有向下倾斜的性质,其斜率是由换流变压器和交流系统阻抗值所确定的。

　　整流器可以在 $\alpha_{\min}$ 条件下正常运行,而逆变器要在 $\gamma_{\min}$ 条件下运行却存在一定的困难,暂态期间尤为突出。因为对于晶闸管阀,为了熄弧角或使多数载流子复合,均要求有一定的反向恢复电压时间,这段反向恢复电压时间被规定为熄弧角(约 8°~10°)。若这段时间太短,阀内的电流继续存在而不能正常换相引起换相失败。从经济上需要保持熄弧角尽量地小,但考虑到在交流电压或直流电流变化时不致发生换相失败,为了安全起见要求给出一个稍大于所需熄弧角的合理裕度,熄弧角典型的经验值为 $\gamma_0=15°\sim18°$。

　　逆变站正常运行在 γ_0 控制特性,这就确定了线路最高直流电压,并使逆变器运行的无功损耗最小。逆变站的定电流控制的电流整定值比整流站的整定值要小一个电流裕度

$\Delta I(0.1I_d \sim 0.15I_d)$，它只是在暂态直流电流降至一定的数值时才被投入，以防止线路电流的急剧下降。而此时整流器工作在 α_{min} 控制特性以维持直流线路的电压值。当需要潮流翻转控制时，逆变器可通过相应的控制作用进入整流器"工况"运行，则相应地采用定 α 控制特性。

6.4.5　潮流翻转控制

在大多数的高压直流输电系统中，都要求每个换流器既可作整流器，又可作逆变器。直流输电的优点之一是能迅速而方便地实现潮流翻转，这样不仅在正常运行时可以按照经济的原则调节输送功率的大小和方向，而且还可以在事故情况下很方便地从对侧交流系统实现事故紧急支援。因此，潮流翻转这一特点，大大加强了两个交流系统的联系，从而提高了系统运行的稳定性和可靠性。

由于换流阀单向导电的特性，所以直流电流的方向是不能改变的。要实现潮流（功率）的翻转，只有使线路的直流电压改变极性。这可通过调节整流器的触发相位，使触发角 α 大于 90°，变为逆变状态运行，而同时把原来的逆变器触发相位提前，变为整流状态运行，翻转过程是自动进行的。

利用电流调节器控制潮流翻转的原理如图 6-22 所示。图中两侧的换流器都有电流调节器和定熄弧角调节器。它们的调节特性都由定 α 控制、定电流控制和定 γ 角控制三段组成。

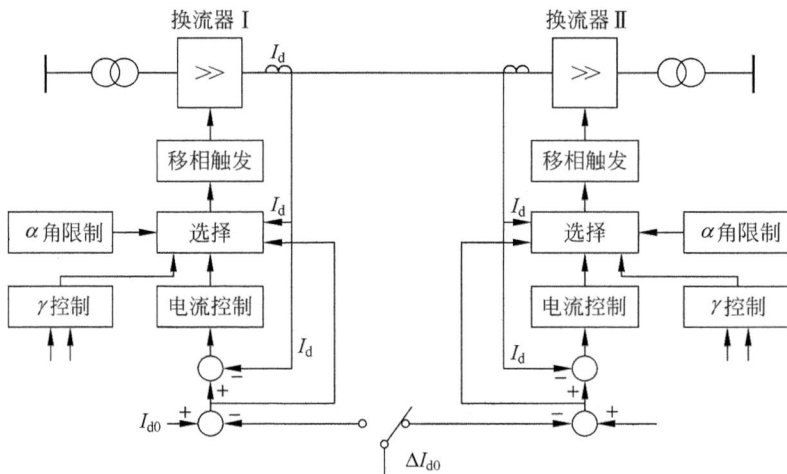

图 6-22　潮流翻转的原理示意图

潮流翻转控制特性如图 6-23 所示。设功率翻转前，整流器和逆变器的正常运行点为 A，功率由 I 侧输送至 II 侧。当需要进行潮流翻转时，可将电流差值 ΔI_{d0}（电流裕度指令）传送到整流侧（如图 6-22 中形象地将开关切换到左边），使 I 侧的电流整定值由 I_{d0} 变为（I_{d0} —

ΔI_{d0}),而 II 侧的电流整定值由($I_{d0}-\Delta I_{d0}$)变为 I_{d0}。此时在送端的换流器检测出的直流电流 I_d 大于整定值($I_{d0}-\Delta I_{d0}$)时,电流调节器便不断加大 α 角,力图降低运行电流。同时,受端的逆变器检测出电流小于整定值 I_{d0} 时,则选择由定 γ_0 角控制转换到定电流控制,并不断增大 β 角,企图使电流值维持在新的整定值。当 $\beta>90°$ 时,则转入整流状态,同时送端也调到 $\alpha>90°$。由整流状态变为逆变状态,这一过程一直进行到当送端换流器的 $\gamma=\gamma_0$,转入定 γ_0 控制,并重新稳定在新的运行点 B,完成潮流翻转过程。

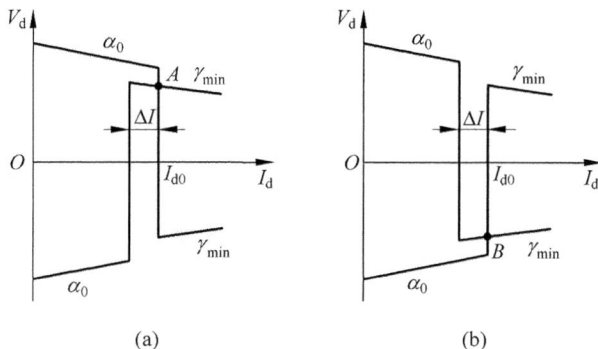

图 6-23 潮流翻转的控制特性

比较典型的快速潮流翻转时间通常为 20～30ms,但在实际系统中,过快的电压极性翻转会损害直流电缆线路的绝缘性能,一般根据交流系统经受扰动的能力限制、直流电缆设计的限制或功率调度的要求等将它加长到几秒的时间。

在进行功率翻转时,两个站的低压限流控制及变压器分接头切换控制均暂停工作。

6.4.6 直流系统的启停控制

直流系统的正常启动是通过控制两端换流器的触发相位,使直流电流和电压从零开始按指数曲线或直线平稳地上升来实现的。这种启动方法称为软启动,它能够防止电流和电压在启动过程中的快速变化所引起的过电压,同时也可避免两侧交流系统受到功率快速变化的冲击。正常启动控制的基本方法是:在两端换流器加上交流电源后,逆变器先加上触发脉冲。触发角 α 保持在 $95°～105°$,然后在整流器上加触发脉冲,其 α 略大于 $90°$;接着使电流设定值从零开始线性地上升,在整流端电流调节器的作用下,直流电流 I_d 跟随设定值而上升。当 I_d 迅速越过可能发生直流电流间断区以后,例如达到额定值的 10% 时,逐渐地增大逆变器的 α,使直流电压平稳地上升。这个过程一直进行到 I_d 抵达预定值、逆变器 γ 角减小至 γ_0 为止。启动过程持续时间一般取几分钟至几十分钟,这取决于两端交流系统承受功率变化的能力。

直流系统停止运行的控制,有正常停止和紧急停止两种。正常停止采用慢速的软停运,它相当于正常启动的逆过程,即将电流定值线性下降,同时,使逆变器的 α 逐渐减小,待 I_d 和电压降至零时,闭锁两端换流器的触发脉冲,最后断开两端换流变压器交流系统侧的断路器。

直流系统的紧急停止采用快速移相控制。例如,当直流线路发生故障时,将整流器的 α 快速增大到 $110°\sim120°$,同时将逆变器的 α 减小到 $120°$ 左右。于是平波电抗器和直流线路所储存的磁场和电场能量便通过两端换流器泄放到两端交流系统中去,使直流线路的电压和电流快速下降到零。

直流架空线路的短路故障大多是瞬时性的,因此在紧急停止之后,还可以进行自动再启动,重新恢复送电。这相当于交流线路发生故障后交流断路器跳闸和自动重合闸的控制,但引起的扰动小。再启动与正常启动相似,只是比后者快得多,通常再启动时间为 $0.2\sim0.3s$。

6.4.7　换流变压器分接头切换控制

直流输电系统的换流变压器,一般均有带负载切换分接头的调压装置,并装有切换分接头的自动控制设备。换流变压器分接头切换控制虽然只作为一种辅助调节手段,调节速度缓慢而且范围有限,但作用却十分明显,通过与换流器触发角控制相配合,能保持直流系统处于最佳的运行状态:触发角或者熄弧角在合适的角度、直流电压在期望值和换流变压器阀侧空载电压恒定。换流变压器分接头有两种基本控制方式:定电压控制和定角度(整流侧为触发角 α,逆变侧为熄弧角 γ)控制。

整流器运行时,如果换流变压器的变比固定不变,则当变流电压和直流电压发生偏移或运行人员改变直流输送功率以后,由于电流调节器的作用,整流器 α 角将发生很大的变化。当 α 过大时,整流器所消耗的无功功率和直流电压中的谐波分量将显著增大;而当 α 太小时,又将缩小可控制的范围。通常应切换整流器侧换流变压器分接头来协助控制 α 角,使它接近于正常值 $15°$,例如保持在 $12.5°\sim17.5°$ 的范围内运行。

分接头切换控制装置的工作原理:当检测到 α 小于给定的下限值时,切换一挡分接头,使变压器变比增大,再经过电流调节器的作用,使 α 增大;当 α 大于给定的上限值时,则反向切换分接头,使变比减少。切换一挡分接头所引起的交流电压变化量要适当,一般要求当 α 角等于给定的上限或下限值时,切换一挡分接头后,α 角应回到 $15°$ 左右。这对应于切换一挡分接头,交流电压变化量为额定值的 $1\%\sim1.25\%$。若切换每挡分接头电压变化量太大,会引起分接头频繁地甚至往复不断地切换,因此需要一定的延时,只有控制角连续超过限定范围的时间大于此延时时,分接头才动作。

在定熄弧角控制下运行的逆变器,如果它的换流变压器变比固定,则当逆变站交流母线电压发生偏移以及直流功率改变时,直流线路的电压将发生较大的变化。一般要求在稳态运行时,直流线路送端的电压接近于额定值,允许的偏移为 $\pm1.5\%\sim2\%$。通常用切换逆变器侧换流变压器分接头来控制。其原理为:当送端直流电压实际值高于要求的上限时,切换一挡分接头使变比减小;实际电压低于要求的下限时则相反,即增大变比。切换一挡分接头的电压变化量相应地取为 $1\%\sim1.5\%$。

直流线路送端的电压可在整流站测量,再通过通信线路送到逆变站。为了减轻对通信的依赖,可根据在逆变站测得的线路受端电压 U_{di} 和电流 I_d ,计算出送端的电压 $U_{dr} = U_{di} + I_d R_L$ 。考虑到线路电阻 R_L 与导线的温度有关(温度每变化 10℃ , R_L 大约变化 4%),为了更准确地计算 U_{dr} ,每隔一段时间用式 $R_L = (U'_{dr} - U_{di})/I_d$ 计算一次电阻值(式中 U'_{dr} 为通过通信线路送到逆变站的送端电压),这一方法的好处是:不需要专用的快速信道来连续地传送 U'_{dr} ,而当信道失效时,考虑到短时间内 R_L 不会发生较大的变化,仍可用原先求得的 R_L 来计算 U_{dr} 。

直流系统切换到非正常控制模式,即由逆变器控制直流电流时,逆变站换流变压器的分接头切换控制必须停止工作。

分接头切换控制的速度要求慢于换流器触发角控制的速度,以免发生相互干扰。一般分接头切换每隔几秒钟执行一次,并且在这几秒间隔内,被控制量始终越出给定的上限或下限值时才执行切换。

分接头两种控制方式的比较如下:

(1)采用定角度控制时,由于最大限度地利用换流变压器分接头来保持控制角在额定偏差范围内,所以直流电压和功率变动时,尤其在降压和小功率时,通过调节分接头,尽量降低换流变压器阀侧电压,这样刚好弥补定电压控制带来的不利影响。但电流和功率调节比较频繁,导致分接头动作次数较多,造成分接头维护费用增加。

(2)定电压控制方式只需检测换流变压器二次侧电压,再经过公式换算,求得的值与整定值进行比较并根据差值决定动作,所以换流变压器有载分接头采用定电压控制较为简单,而且分接头动作不太频繁,有利于延长分接头控制机构的寿命。但由于要保持换流变压器二次侧电压恒定(不管输送功率和直流电压如何变化),常常导致换流器控制角波动范围较大,尤其是在较小功率或降压运行时,换流器将运行在较大的触发角 α 和熄弧角 γ ,这样会导致以下不利影响:①换流器运行不经济,消耗无功多;②阀和直流开关场设备承受的电气应力增大,有可能影响寿命;③阀阻尼回路损耗大;④交、直流谐波分量增大。

6.5　基本的脉冲触发控制方式

换流器的相位控制是直流输电控制的基础,对于三相桥式接线的换流器,其空载直流输入和输出电压分别为

$$V_{d0r} = 1.35 E_1 \cos\alpha \qquad (6-16)$$

$$V_{d0i} = 1.35 E_2 \cos\beta \qquad (6-17)$$

改变 α 和 β 角就可改变每极输出和输入直流电压的大小和极性, α 、 β 与 V_{d0} 的关系如图 6-24 所示。

为了改变控制角而设计的快速相位控制,按

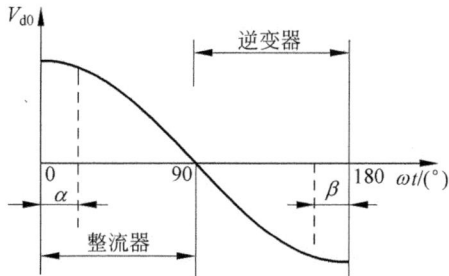

图 6-24　换流器 $\boldsymbol{\alpha}$ 、 $\boldsymbol{\beta}$ 与 $\boldsymbol{V}_{d0}$ 的关系

原理基本上可分为分相控制和等距离脉冲相位控制两种方式。

6.5.1　分相控制方式

这是直流输电系统早期使用的触发相位控制方式,如图 6-25 所示。这种控制方式的特点是,每个阀整定的控制角取决于该阀的换相电压。最常用的方法是建立在检测换相电压零点的基础上,从该零点开始计时,经过一个预先确定延时,由相位控制单元发出控制脉冲。这种方法使每个换流阀控制脉冲相位的确定随各相而定,且延时是相等的,因此也称为等延迟角控制方式。由于所确定的控制角只与每个阀实际的换相电压零点有关,因此即使在交流系统发生扰动时(如失去一相交流电压),预置的控制角在健全相仍能维持。如整流器还需要保持最大可能的直流电压,则这种方式还是具有一定的优点。

如图 6-26 所示,分相式控制脉冲产生的方法有以下两种。

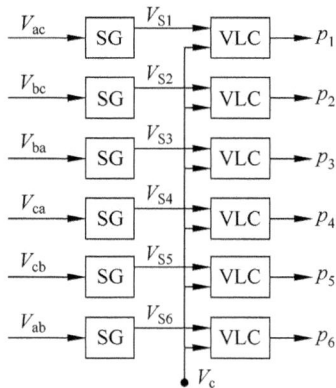

图 6-25　分相控制

(1) 锯齿波移相原理利用与交流电压同步的矩形波,在两个正向换相电压零点之间积分,产生一个锯齿波电压 V_s,并使该电压与控制电压 V_c 进行比较,在两电压相等时产生一个控制脉冲。该脉冲输入触发系统,经过处理后触发换流阀。

如图 6-25 所示,各阀均由一个相同的相位控制单元,只是所加的同步电压不同、同步电压取自电压互感器 PT,PT 的接线方式必须与换流变压器的相同,以保证各阀的同步电压与换相电压同相,即两者瞬时值之间存在正比例的关系。各阀的相位控制单元由锯齿波发生器 SG 和电平比较器 VLC 构成。

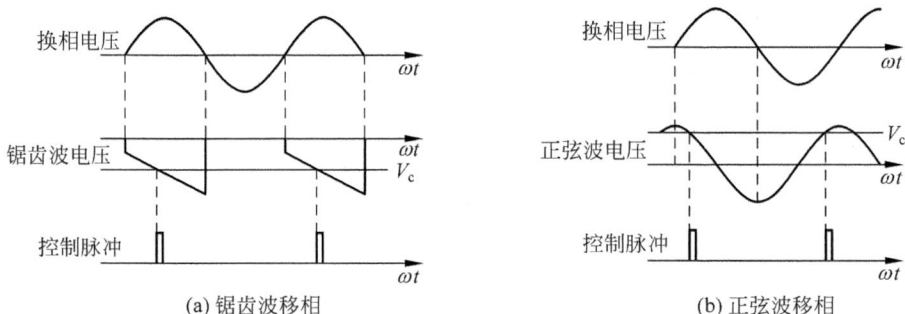

图 6-26　分相式控制脉冲产生的两种方法

分相控制的特性:α 的控制范围较宽(约有 240°左右);α 角的大小与 V_c 成正比,在多相脉冲系统中(如 12 脉动)可方便地调节移相特性的对称度,使各相的锯齿波电压斜率相等。

其缺点是：控制脉冲的相位（α 角）与控制电压呈线性关系，即 $\alpha = K_a V_c$。而控制电压和换流器输出电压 V_d 却不是线性关系，即 $V_d = V_{do}\cos\alpha = V_{do}\cos(K_a V_c)$，这样对调节不利。

（2）正弦波移相

利用与交流电压同步的换相电压经过移相 $90°$ 后，与控制电压 V_c 进行比较，当两电压相等时产生一个控制脉冲。以后的过程与锯齿波移相原理相同。这种移相方式的特点是控制电压 V_c 和换流器输出电压 V_d 呈线性关系。因为 $\cos\alpha = K_a V_c$，所以 $V_d = V_{do}\cos\alpha = V_{do}K_a V_c$，这对闭环调节是有利的。其缺点是控制脉冲的移相范围较小（约 $180°$）。

对于分相式控制，当控制电压 U_c 为一定值时，各阀的 α 角均相同；换流器交流电源三相电压对称时，相继的 6 个换相电压过零点是等间隔的，所以在 V_c 不变的稳态情况下，顺序发出的触发信号也是等间隔的；如果交流电源三相不对称，即使在稳态情况下，各相触发信号之间也就不是等间隔的，如果换相电压波形畸形以致顺序的过零点不等间隔时也是如此，因此，分相控制虽是等 α 控制，但不能保证换流器的等间隔触发。同时，虽然从理论上说，分相控制能都达到等 α，而实际上由于这种相位控制方式由于控制脉冲是分相产生的（一般有独立的 6 条通道），因而控制脉冲的相位误差较大，一般可达 $\pm(3°\sim5°)$。它的优点是在交流系统电压严重不平衡时，仍然可以各自产生控制脉冲，以维持直流系统的运行，所以这种控制方式现在仍广泛地被采用。近年来，随着直流输电容量的增大，分相式控制方式逐渐暴露出其固有的缺点，即相位控制受交流同步电源波形的影响，从而引起了谐波不稳定。因此，这种相位控制方式已逐渐被等距离脉冲相位控制方式所取代。

在电源三相电压对称和等相位间隔触发等理想条件下，换流器交流侧三相电流中只含有特征谐波分量，否则将出现一系列非特征谐波分量。换流器触发间隔不相等是产生非特征谐波的主要因素，而且是很敏感的因素。即使换相电压三相不对称，只要保持等间隔触发，所引起的非特征谐波电流分量将很小，一般不会产生有害的影响。但是分相控制的重要缺点却在于，当电源三相电压不对称时会导致触发脉冲不等间隔，而产生非特征谐波。由于在换流站交流侧所装设的滤波器，一般不考虑用来滤除低次非特征谐波，所以换流器交流侧电流中的低次非特征谐波分量将流入交流系统。如果交流系统相应的谐波阻抗较大，低次非特征谐波电流在其上形成的压降将会使交流电压波形发生明显的畸变。在一定条件下，交流电压的畸变又会导致触发脉冲更加不等间隔，使交流电流中某些低次谐波进一步增大，这又助长了交流电压的畸变。这种正反馈的结果，将使某些谐波电流达到很大的数值，使直流输电系统无法正常运行。

6.5.2　等距离脉冲相位控制方式

实现换流器等间隔触发控制虽有多种方案，但基本思路都是相同的。等距离脉冲相位控制方式的特点：相位控制部分不受交流同步电源波形的影响，独立地产生等相位间隔触发信号，因此，所有阀的触发延迟量或提前量都是相等的，它只与系统电压间接同步。

如图 6-27 所示,相位控制回路由相位可控的等间隔脉冲产生单元、脉冲分配单元和 α 角反馈控制等部分构成。为便于说明,暂不考虑 α 角反馈控制的作用,即假设 $\Delta V_b = 0$,控制电压 $V_c = V_{c1}$。等间隔脉冲产生单元由线性齿波电压发生器 LVG 和电平比较器 VLC 构成。LVG 能产生一个随时间线性上升的输出电压 V_s,上升斜率恒定;当它的控制端输入一脉冲时,V_s 便立即降低,下降的幅度 V_m 为定值,接着 V_s 又重新上升。电平比较器 VLC 对 V_{c1} 和 V_s 进行比较,当两者相等时便输出一个脉冲 p_i。

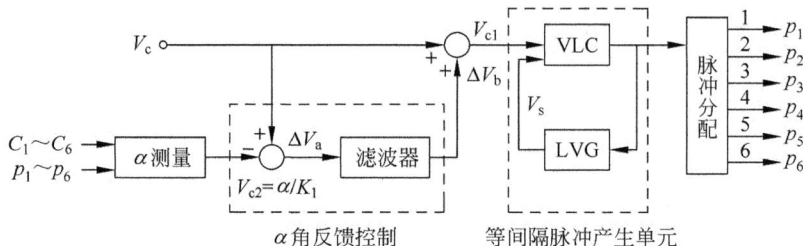

图 6-27　等相位间隔触发控制原理框图

图 6-28 中 ωt_1 至 ωt_2 区间是控制电压 V_{c1} 为定值的情况。设在 ωt_1 时刻,LVG 输出 U_s 经过 a 点上升,至 b 点 $V_s = V_{c1}$,VLC 即输出一个脉冲,此脉冲又用来控制 LVG,使 V_s 从 b 降到 c 点。接着 V_s 开始上升,到 d 点与 V_{c1} 相等,VLC 又产生一个脉冲,同时又使 V_s 降到 e 点。上述过程不断地重复,VLC 便输出等间隔的脉冲序列 p_i。调整的 V_s 上升速率,可使脉冲序列 p_i 的周期等于换流器换相电压周期的 1/6,即 $60°$。方案中脉冲分配单元的作用是将脉冲序列 p_i 依次轮流、周而复始地分配到它的 6 个输出端,形成换流器 6 个阀的触发信号 p_1、p_2、$\cdots$、p_6;显然,它们之间的间隔均等于 $60°$。

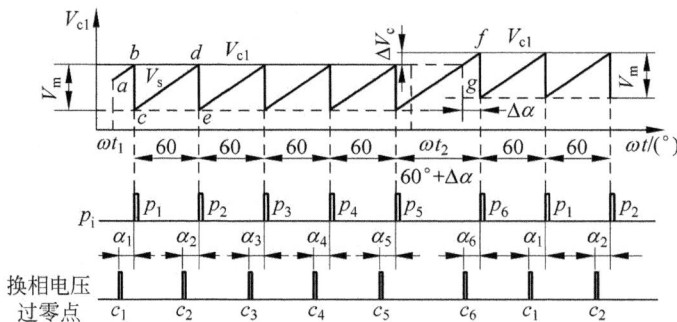

图 6-28　等相位间隔触发控制原理波形图

控制电压 V_c 用来控制触发信号的相位。在波形图中,设阀 5 触发信号 p_i 发出后的 ωt_2 时刻,控制电压增大 ΔV_c,因而下一阀触发信号 p_6 将延迟到 f 点发出,相位滞后了 $\Delta \alpha$。发出 p_6 的同时,U_s 立即下降到 g 点,下降幅度仍为 V_m,因此以后各触发信号又恢复了等 $60°$

间隔,但相位均滞后 $\Delta\alpha$。同理,控制电压 V_c 下降,触发信号的相位将前移。由图 6-28 中可看出,触发相位的变化量 $\Delta\alpha$ 与控制电压变化量 ΔU_c 成正比,即 $\Delta\alpha = K\Delta U_c$。

根据以上分析,控制电压一定时,触发信号序列的相位间隔将保持相等,但并不意味着全部各阀的触发角 α 持续不变。因为 α 角取决于换相电压过零点与对应的触发脉冲之间的相位差,而当换相电压的相位变化时,α 角将随之改变(实际的换相角)。这是等间隔脉冲的产生不以个别换相电压为参考的必然结果。为了得到 α 角与 V_c 成正比的控制特性,增加了 α 角反馈控制。图中 α 角测量单元用于连续测量各阀的实际 α 角,输出 $V_{c2} = \alpha / K_1$,即与 α 角成正比。在 α 角反馈控制单元中,先求 U_c 与 U_{c2} 的误差 $\Delta V_a = V_c - \alpha / K_1$,经滤波电路滤波后得到附加的控制量 ΔV_b,它可理解为 ΔU_a 的平均值,即

$$\Delta V_b = K_F(V_{c,avg} - \alpha_{avg} / K_1) \tag{6-18}$$

式中,K_F 为滤波电路的增益;$V_{c,avg}$ 为控制电压 V_c 的平均值;α_{avg} 为各阀 α 角的平均值。

加入 α 角反馈控制后,在 V_c 一定的稳态情况下,附加控制量 ΔV_b 必然为零。因为如果 $\Delta V_b \neq 0$(如 $\Delta V_b > 0$),则加到 VLC 的控制电压 $V_{c1} = V_c + \Delta V_b$ 将增大,使触发信号的相位延迟,换流器的 α 角增大,同时 α 角测量单元的输出 V_{c2} 也随之增大,ΔV_b 趋于减小。这种控制作用将继续进行下去,一直到 $\Delta V_b = 0$,$V_{c1} = V_c$ 时再能达到新的稳态,此时 $\alpha_{avg} = K_1 V_c$,即各阀 α 角的平均值与 V_c 成正比。在反馈控制中加入滤波电路是很必要的,否则反馈控制的效果将变成接近于等 α 角控制,在换相电压三相不对称时,会破坏触发脉冲的等间隔性。此外,滤波电路还可能改善整个控制回路的动态性能。

上述的等间隔触发控制也适用于 12 脉动换流器,只需将 LVG 输出电压 V_s 的上升速率增大,使 VLC 输出的等间隔脉冲 p_i 的周期缩短到 30°。同时,脉冲分配单元输出端要增加到 12 个,将 p_i 依次轮流分配到 12 个输出端,分别作为与双桥 12 个阀相对应的触发信号。

相位控制回路主要由一只具有馈相功能的电压控制振荡器和一只 6 拍环形计数器组成,后者能产生 6 个间隔为 60°电角度的等距离脉冲,并依次分配给对应的换流阀。在稳态时,振荡器输出脉冲的频率自动地恰好调整到交流系统频率的 6 倍。因此,经过 6 拍环形计数器输出的控制脉冲,被精确地按照 60°等距离排列。当交流系统受到扰动时,通过控制电压 V_c 的变化直接改变振荡器的频率,从而使环形计数器输出脉冲的相位得到所需的调整,图中所示的控制电压 V_c 是由电流控制环产生的。

6.6 极控系统

直流输电系统的控制和调节功能主要通过换流站里的交、直流站控和极控等控制系统来实现,如图 6-29 所示。其中,极控系统是换流站的控制核心,在整流站和逆变站的极控相互协调控制下,控制直流系统的电流和电压,完成直流系统的调节和控制任务,实现减小由

于交流系统电压引起的直流波动;限制最大直流电流,防止换流器受过载而损害;限制最小直流电流,避免电流间断引起过电压;减小逆变器发生换相失败的概率;减小换流器无功消耗;维持正常运行时直流电压在额定值等目的。极控系统一般由直流功率/电流控制、定电流控制、定电压控制、定熄弧角控制、电流平衡控制、电流裕度补偿控制、极间功率转移控制、过负荷控制、暂态稳定控制(包括功率回降、功率提升、频率限制控制、双频调制等控制)、变压器分接头控制等十几个控制环节组成,核心是定电流、定电压和定熄弧角控制。如前所述,直流系统的运行特性主要由直流电流调节器、直流电压调节器和熄弧角调节器三个基本控制器完成。

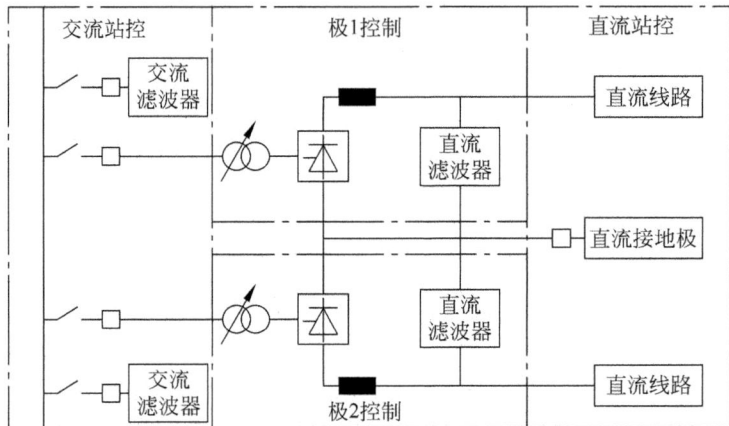

图 6-29   站控与极控功能划分示意图

整流站和逆变站配备完全相同的极控系统,但因参数配置不同,在实际运行中,整流站和逆变站由不同控制环节起作用,从而实现希望的 $U_d - I_d$ 特性。为在各种工况下都能确保直流系统的安全运行,还包括对触发角的限幅,故一套完整的极控系统应包括以下部分:

1. 低压限流(VDCOL)

在 U_d 降低时对 I_d 指令进行限制,以减小逆变站发生连续换相失败几率,提高交直流系统运行的稳定性。

2. 定电流控制(CC)

采用比例积分(PI)控制,对实际 I_d 与整定值间差值实施控制,正常运行时,整流站控制 I_d,逆变站控制 U_d。

3. 定电压控制(CV)

其作用是通过调节触发角 α 使 U_d 维持在整定值,其控制为 PI 调节。

4. 定熄弧角控制（CEA）

通过调节逆变器的 α，维持熄弧角 γ 为整定值。因定电流、定电压及定 γ 控制均作用于 α，当系统运行方式改变时，可能会引起 α 值突变，使直流输送功率波动。故 3 个基本控制间需要配合，见图 6-30，定 γ 控制输出作为 CV 的上限，对 CV 输出角度进行最大限幅控制，CV 的输出又作为 CC 的限幅值，在整流站和逆变站分别作最小和最大限幅值。

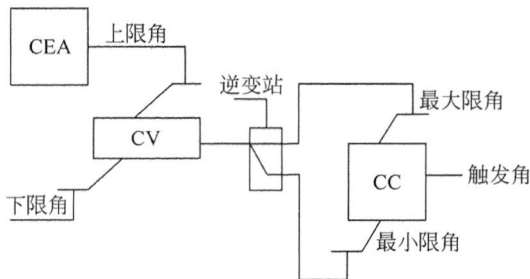

图 6-30　控制器之间配合示意图

5. 限幅环节（LIM-IT）

该环节的作用是使 CC 发出的触发角 α_{ord} 不致过大或过小，从而保证直流系统各种运行工况下的安全运行。包括：

（1）最小触发角 α_{min}，一般整流侧取 $3°\sim5°$ 以保证晶闸管的可靠触发；逆变侧为 $95°\sim110°$，以避免逆变侧进入整流运行模式。

（2）换相失败预测（CFP）。在逆变侧交流系统发生故障时，该模块输出 γ 偏移量 $\Delta\gamma$，以使 CEA 的输出角 α_{CEA} 减小，进而通过 CC 提前产生触发脉冲，避免逆变器连续换相失败。

（3）逆变侧故障恢复启动。当逆变站交流系统发生故障时，随着 I_d 增大超过电流整定值，逆变侧 CC 会一直降低 α_{ord}。因惯性，逆变侧可能会越过 α_{min} 进入整流运行工况。为避免 U_d 出现反相峰值整流，逆变侧故障恢复启动环节将使逆变站以 CEA 的输出值 α_{CEA} 运行。

（4）整流侧最小 α 限制（RMIN）。整流站交流系统发生故障后，随着 $I_d<$ 电流整定值，整流站的 CC 会降低 α_{ord}，为避免 α_{ord} 角减小过多使故障恢复后直流系统出现过电流，该环节会产生 $20°$ 的触发角 α_{RMIN}。

（5）过电压限制（OV）。当直流线路轻载时，可能会出现直流过电压危及绝缘。此时该环节将使其输出 α_{OV} 增大，避免直流线路过电压运行。

6.6.1　极控系统设备配置及其主要功能

　　换流站极控系统采用冗余配置并且具有系统自动选择功能。每极极控系统由系统1、系统2和系统选择切换单元三部分组成。系统1和系统2完全独立,正常时一个系统工作,另一个系统热备用,当工作系统故障时,可由系统选择切换单元自动切换到热备用系统,切换平滑快速且不会丢失信息。每一极两个系统均具有相同的独立辅助电源、SIMADYN D及用于实现测量功能的常规设备。例如,天广直流极控系统采用数字式多处理系统 SIMADYN D 实现,每一套极控系统具有独立、完整的硬件配置和软件配置。极控系统1与极控系统2的硬件配置基本相同,两套系统的出口经过输出信号选择逻辑输出。两套系统通过 CS12 和 CS22 之间的光纤通信交换需要进行双重化处理的信号。对有效系统而言,备用系统送来的信号不起作用;对备用系统,接收到有效系统的信号后与自己系统产生的相应信号进行比较。如果自己系统的信号与有效系统不同或差异较大,则备用系统会更新自己系统的信号,时刻与有效系统进行同步。如果双重化通道出现故障则备用系统不再对有效系统进行跟踪。

　　极控系统是闭环控制系统,其功能通过 SIMADYN D 高速数字式可编程控制器来完成。SIMADYN D 系统采用 STRUC G 图形语言,用于配置、诊断和文件编辑,其编程方式采用标准模块式设计,主要包括计算模块、控制模块、逻辑模块及通信模块等,STRUC G 运行平台为 SCO UNIX 的 PC。极控为分级、分层控制系统,分别实现通用级、双极级、极级和换流器级的控制功能,具体控制功能如表 6-1 所示。

表 6-1　极控系统的控制功能

控制级别	功　　能
通用级	串行通信:控制层的 LAN 网通信、与 I/O 单元的现场总线通信、与对站极控的站间通信
	与极相关事件的事件顺序记录(SER)
	阀厅地刀控制与阀厅联锁
	极开关设备控制与监视
	冗余功能:硬件监控功能、软件监控功能、系统选择切换的控制与逻辑功能、模拟量与数字量的信号转换功能、控制器、变化率发生器、对时装置及触发器的持续功能
	测量功能:交流母线电压测量、网侧交流电流测量、直流电压测量、直流电流测量、阀侧交流电流测量、熄弧角测量、频率测量、直流功率计算、交流有功/无功计算
双极级	手动功率指令计算器
	功率稳定调节指令计算器:功率回降、功率上升、功率摆动抑制、功率摆动稳定、频率控制/频率限制控制
	功率限值
	电流指令计算功能
	双极功率容量计算器
	极-极功率转移

续表

控制级别	功　能
极级	电流指令整定功能：双极功率电流指令计算器、定电流运行模式（手动电流控制方式）、运行模式选择/转换特征、站间通信故障的功率控制、双极功率分配器、电流平衡控制、接地极线路电流限制、极电流限制、极功率容量计算器、最小可持续变化率、电流裕度补偿、极电流指令协调
	接地极线路电流监控
	极级顺序：启动/停运顺序、直流滤波器投退、开路试验顺序
	分接开关控制：定角度控制模式、定电压控制模式、直流降压运行、监视功能
	低负荷下的无功优化功能
换流器级	换流器控制功能：直流电压参数设置、整流器电压计算、直流电压控制、低压限流、直流电流控制、电流误差控制、熄弧角控制、停运控制
	换流器级顺序：解锁/闭锁顺序、ESOF 顺序、直流线路故障恢复顺序
	极控保护功能：空载加压试验故障保护、换相失败监控/跳闸、直流零电流检测、触发角限制保护等

极按启/停操作顺序可分为接地（earthed）、停运（stopped）、备用（standby）、闭锁（blocked）、解锁（deblocked）5 种状态，由极控系统实现顺序操作并监控操作过程中相关设备的动作情况。此外，在极控系统控制下，还可以实现下列操作：

（1）功率输送方向的确定与转换。

（2）确定极控模式，自动和手动控制模式。

（3）确定有功功率控制模式，包括自动和手动控制模式。后者又包含定功率控制模式（P-Mode）和定电流控制模式（I-Mode）。其中 I-Mode 以控制单极电流为目的，P-Mode 以控制双极功率为目的。一般情况下，有功功率为"手动定功率控制模式"，可方便对直流功率进行实时调节。运行状态下 P-Mode 和 I-Mode 可进行在线切换，切换前应注意尽量保持双极功率平衡，避免对交流系统的冲击。

（4）直流功率/电流的参考值、变化率及限值的确定与调整。

（5）确定换流变分接头控制模式，包括自动和手动控制模式。前者有定角度（γ）控制模式和定电压（U_{dio}）控制模式。正常情况下换流变分接头应以"自动定角度控制"模式运行，"定角度 γ 控制"模式下换流变的调压方式以保持换流阀控制角于一定范围为原则（整流站保持触发角在 $12.5°\sim17.5°$ 之间，逆变站保持熄弧角在 $17.5°\sim21.5°$ 之间），当调压方式为"定电压（U_{dio}）控制"模式时，以保持换流变二次侧电压在一个可靠的范围内（$99\%\sim101\%$）。当"自动控制"模式出现故障时，可切换至"手动控制"模式运行。

（6）直流系统的降压运行。

（7）直流系统的启/停顺序操作（包括空载加压试验 OLT）。

（8）直流滤波器的投退操作。

（9）激活低负荷下的系统无功优化功能。

6.6.2　换流器动作顺序

1. 换流器正常闭锁顺序（表 6-2）

表 6-2　换流器正常闭锁顺序

	顺序	换流器控制动作		
		单极闭锁（另一极未解锁）	单极闭锁（另一极解锁）	双极闭锁
整流站	运行人员启动的换流器闭锁顺序	(1) 按整定的功率变化率降低 P_{refDC} 至 P_{min}； (2) 如果 P_{refDC} 已在 P_{min}，则将 I_{ref} 设定为 I_{min}（约 20ms 平滑过渡）；	(1) 按整定的电流变化率降低该极 I_{cap} 至 I_{min}； (2) 如果 I_d 已在 I_{min}；	(1) 按整定的功率变化率降低 P_{refDC} 至 P_{min}； (2) 如果 P_{refDC} 已在 P_{min}，等待 2s 然后将 I_{cap} 设定为 I_{min} 再等 5s；
		(3) 发送闭锁请求至逆变器； (4) 如果已达到 I_{min}，则强制整流器移相至 α 约 120°； (5) 如果 I_d 约为 0 持续 50ms，则强制整流器移相至 α 约 160°； (6) 如果 I_d 约为 0 持续 100ms，则闭锁触发脉冲，停止控制		
	保护启动的换流器闭锁顺序	(1) 将 I_{ref} 设定为 I_{min}（约 20ms 平滑过渡）； (2) 发送闭锁请求至逆变器； (3) 如果已达到 I_{min}，则强制整流器移相至 α 约 120°； (4) 如果 I_d 约为 0 持续 50ms，则强制整流器移相至 α 约 160°； (5) 如果 I_d 约为 0 持续 100ms，则闭锁触发脉冲，停止控制		
	站间通信故障时，整流站通过直流保护的直流低电压检测功能启动闭锁顺序			
逆变站	运行人员启动的/保护启动的换流器闭锁顺序	站间通信正常时，逆变器在接收到整流器发出的闭锁请求且在整流器闭锁后，启动闭锁顺序： (1) 直流线路放电； (2) 如果 I_d 约为 0 持续 500ms，则强制逆变器移相至 α 约 160°，闭锁触发脉冲，停止控制		
		站间通信故障时，逆变站闭锁顺序如下： (1) 投旁通对降低直流电压； (2) 逆变器在整流器闭锁后由直流低电压保护闭锁相应极； (3) 如果 I_d 约为 0 持续 500ms，则强制逆变器移相至 α 约 160°，闭锁触发脉冲，停止控制		

2. 换流器正常解锁顺序

(1) 检查满足站间通信要求，具备独立且冗余的远程控制信道。

(2) 两站解锁条件均满足后，在系统级下由直流顺序操作自动启动换流器解锁顺序，或者在站控级下两站协调(逆变站先解锁,整流站后解锁)启动换流器解锁顺序。

逆变站解锁顺序:①发命令至 VBE 释放触发脉冲;②释放逆变器控制,控制熄弧角至 160°,等待整流器解锁;③检测到整流器解锁产生的直流电流后,直流电压从 2% 上升至正常值。

整流站解锁顺序:①确认逆变器已解锁;②发命令至 VBE 释放触发脉冲;③释放整流器控制,逐渐调整触发角至 α_{min} 产生直流电流;④解锁过程中通过直流指令控制逐渐增加直流电流和电压。

(3) 解锁前,电流值 I_{dref} 被低压限流(VDCOL)功能限制至 0.5p. u.,随着整流器的解锁,两站换流器的直流电流立即开始增加。当 $I_d > I_{min}$,逆变侧 $U_{ref}=0$ 信号被释放,U_{ref} 以定义的变化率上升至正常值,逆变器由此快速建压;当 $I_d > I_{min}$,直流站控发信号按最低要求投入交流滤波器。

(4) 当系统电压确立后,功率以定义的变化率从最小上升至整定值,系统解锁成功。

直流系统的解锁条件通常包括以下方面:两端换流站直流开关场接线方式一致;站内通信正常;触发脉冲同步;换流变分接头在"自动控制"模式且运行正常;无来自继电保护的闭锁信号;相应极在"闭锁"状态且无禁止解锁信号;功率方向已选定;直流功率/电流的参考值、变化率及限值已设定;有功功率控制模式已选定;阀水冷系统已投入正常运行;交流滤波器组处于热备用自动状态;阀基电子设备运行正常;直流滤波器在定义的接入/接地状态;极控系统为"自动控制"模式。

3. 换流器紧急停运顺序

当交、直流系统发生严重或永久性故障而控制系统的调节达到极限时,直流保护动作向整流、逆变站发紧急停运命令(emergency switch off,ESOF)。随后两站分别采用快速移相,或闭锁,或投旁通对闭锁等停运方式控制换流阀,使直流电流、电压相继降到零并随后切除交流滤波器,打开回路断路器以保护交直流系统设备安全。

"快速移相"方式,指迅速将整流器触发角移相到 120°以上,使直流线路两端换流器都处于逆变状态,将直流电流快速降到零。"投旁通对闭锁"方式,指保持最后导通的那个阀的触发脉冲,同时发出与其同一相的另一个阀的触发脉冲,使直流极短路,闭锁其他阀的触发脉冲,使直流电压迅速下降到零。"闭锁"方式,直接闭锁触发脉冲使换流器各阀在电流过零后关断。

换流站采取何种停运方式取决于故障类型。通常在阀故障,如阀短路故障时采用直接闭锁方式,从而使故障后系统可靠停运以保护换流阀设备。而更多的故障保护采用投旁通对闭锁,以更快地降低系统过电压。直流系统故障产生的过电压不仅受到故障前系统条件、故障前系统运行方式、故障发生时刻、故障持续时间等因素的影响,而且还受故障后直流系统紧急停运方式的影响,有必要在选择 ESOF 时刻及动作时序时对过电压进行精确分析,在此基础上采取合理的 ESOF 方式,使设备上出现的过电压及相应避雷器能耗降到合理的程度。

ESOF 顺序是由外部跳闸命令或者保护动作跳开本站换流变交流侧开关,同时由保护启动换流器闭锁顺序。

(1) 整流站闭锁顺序:将 I_{ref} 设定为 I_{min}(约 20ms 平滑过渡);发送闭锁请求至逆变器;如果已达到 I_{min},则强制整流器移相至 α 约 120°;当 I_d 约为 0 持续 50ms,则强制整流器移相至 α 约 160°;持续 100ms 则闭锁触发脉冲,停止控制。

(2) 逆变站闭锁顺序:投旁通对降低直流电压;如果 I_d 约为 0 持续 500ms,则强制逆变器移相至 α 约 160°,闭锁触发脉冲,停止控制。

4. 换流器控制关断(CSD)顺序

以 10MW/s 的功率变化率将 I_{cap} 降低至 I_{min},如果 I_{cap} 达到 I_{min},由保护启动换流器闭锁顺序。

(1) 整流站闭锁顺序:当电流已达到 I_{min},则强制整流器移相至 α 约 120°,同时发送闭锁请求至逆变器;当 I_d 约为 0 持续 50ms,则强制整流器移相至 α 约 160°;持续 100ms 则闭锁触发脉冲,停止控制。

(2) 站间通信正常时,在接收到整流器发出的闭锁请求且在整流器闭锁后,逆变器启动闭锁顺序:直流线路放电;当 I_d 约为 0 持续 500ms,则强制逆变器移相至 α 约 160°;闭锁触发脉冲,停止控制。

(3) 站间通信故障时,逆变站闭锁顺序如下:投旁通对降低直流电压;当 I_d 约为 0 持续 500ms,则强制逆变器移相至 α 约 160°,闭锁触发脉冲,停止控制。

5. 换流器快速停运(FASOF)顺序

以 200MW/s 的功率变化率将 I_{cap} 降低至 I_{min},如果 I_{cap} 达到 I_{min},同控制关断顺序一样由保护启动换流器闭锁顺序。

6.6.3 非正常闭锁的控制

(1) 在换流器级顺序操作中紧急停运 ESOF 命令优先级最高,尽快使换流器与交流系统隔离。对于直流系统的部分故障,还将跳开低压侧的高速中性母线开关,使其与接地极线路隔离。站间通信故障时,整流站发出 ESOF 请求,逆变站通过直流低电压保护闭锁相应极;逆变站发出 ESOF 请求,整流站通过直流低电压保护闭锁相应极。

(2) 当直流站控故障时,极控发出控制关断(CSD)命令,以 10MW/s 的变化率降低直流功率,达到最小电流时闭锁换流器。

(3) 运行中的直流系统阀避雷器监控装置测得换流变二次电压偏高或丢失所有交流滤波器时,直流站控请求极控启动快速停运(FASOF)命令,以 200MW/s 的变化率降低直流功率,达到最小电流时闭锁换流器。

(4) 直流线路保护检测到线路故障后,发送信号至极控,启动直流线路故障恢复顺序 (DFRS),延迟发触发脉冲并重新启动功率传输。其中,重启次数、最大重启直流电压及去游离时间均可设置,最后一次重启失败时闭锁换流器;当直流线路故障恢复顺序功能退出时,线路保护动作将直接 ESOF。

6.7 直流站控系统

直流站控系统主要完成对直流开关场高压设备(如断路器、隔离开关、接地刀闸)的控制和监视功能,以及完成换流站的无功控制(交流滤波器的投/切)等功能。

6.7.1 直流站控系统的主要功能

换流站直流/交流站控均为冗余控制系统,配有两个中央控制器和一个系统切换单元。两套系统的硬件、软件配置完全相同,以主/热备用方式运行,系统采用标准 SIMATIC S5-155H 处理器实现冗余控制。主要功能包括:

(1) 直流开关场设备控制,涉及直流结线方式自动顺序控制,高压直流开关、刀闸、地刀的控制和监视,以及极和接地极的接入/隔离顺序控制。

(2) 系统无功功率控制,涉及无功功率和交流母线电压测量,交流滤波器开关设备的控制与监视,以及根据母线电压条件、交流谐波条件或无功功率条件投退交流滤波器。

(3) 控制级别(系统级或站控级)的协调和切换。

(4) 控制地点(交直流工作站、运行人员工作站或调度工作站)的协调和切换。

(5) 通信功能,涉及与对站的站间通信,与其他控制保护设备的 LAN 通信,以及与外部 I/O 设备的 FieldBus 通信。

(6) 冗余功能。

(7) 事件顺序记录 SER 功能,它能处理从接口屏发来的硬件事件和软件事件。站控软件中关于 SER 的参数有发送的目标、响铃、组事件、软件事件的时标。

±500kV 高压直流输电的接线方式通常有四大类,即双极方式(Bipolar)、单极大地回线方式(GR)、单极金属回线方式(MR)和开路试验(OLT)。有些直流系统(如天广直流工程)除上述接线方式外,还有单极双导线并联方式。由此构成直流开关场接线方式主要有以下九种(其中②,③分别包含两种):

① 双极方式(Bipolar)
② 极一/二单极大地回线方式(pole 1 GR or pole 2 GR)
③ 极一/二单极金属回线方式(pole 1 MR or pole 2 MR)

④ 极一线路开路试验,极二大地回线方式(pole 1 OLT & pole 2 GR)

⑤ 极一线路开路试验,极二隔离(pole 1 OLT & pole 2 DISCONNECT)

⑥ 极二线路开路试验,极一大地回线方式(pole 2 OLT & pole 1 GR)

⑦ 极二线路开路试验,极一隔离(pole 2 OLT & pole 1 DISCONNECT)

通过直流开关场设备控制可以使直流侧在上述九种接线方式下运行。直流接线方式控制包括各种接线方式的顺序操作和接线方式之间转换的联锁,接线方式之间的转换关系主要有以下三类:

(1) 极一/二极接入↔极一/二极隔离↔极一/二极接地;

(2) 接地极线路接入↔接地极线路隔离↔接地极线路接地;

(3) 单极大地回线方式↔单极金属回线方式。

直流站控控制模式有自动和手动两种。对开关的自动控制主要是为了达到某一控制目标,将相关联的一些开关设备按照预先设定的操作顺序进行控制。自动模式下按直流自动顺序自动操作;手动模式下按顺序步骤单步操作。正常情况下采用自动模式,当两站间通信故障时可采用手动模式,此时来自对站的联锁条件将自动视为满足。

6.7.2　系统无功功率控制

高压直流系统满载运行时换流器消耗的无功功率达到最大值,约为额定有功功率的40%~60%,换流站装设的无功补偿容量必须满足这一要求。交直流系统的无功功率水平受三个因素的影响:与母线连接的交流滤波器、换流器消耗的无功功率和系统的无功潮流,三者在任何时候都要保持平衡。但当直流系统轻载运行时,换流器消耗的无功功率急剧减小,如果滤波器补偿的无功功率不变,则换流站过剩的无功功率将流入交流系统,造成换流站交流母线电压升高。因此,必须实时有效地控制滤波器的投切,使直流系统在各种运行条件下,换流站交流母线的电压都能保持在要求的范围以内,或使换流站与交流系统之间交换的无功功率保持在给定的范围之内。

无功功率控制分为自动控制和手动控制模式,前者又分为定无功功率控制和定交流电压控制两种。定无功控制的原理为:在直流换流站稳态运行时,对于换流站无功控制器而言,用于计算无功的参数都是已知的,故可以计算出换流器消耗无功,结合投入滤波器情况便可计算出系统无功,从而根据无功控制的需求情况来确定下一步滤波器的投切。除了控制换流站与交流系统的不平衡无功外,换流站的无功补偿设备还可以用来对换流站母线电压进行控制。当交流母线电压低于设定值下限时,延时 5s 投入一组交流滤波器;当交流母线电压高于设定值上限时,则延时 5s 退出一组交流滤波器。

通常情况下直流系统采用自动定无功功率控制模式,由直流站控系统自动投退。自动投退的原则如下:

(1) 保持交流母线电压在规定范围之内;

（2）按滤除谐波的最优效果进行小组的组合；

（3）保持全站的无功功率在规定范围之内。

以上三个原则的优先顺序为：（1）＞（2）＞（3），并依照先投先退原则进行控制。当无功功率控制为手动控制模式时，交流滤波器也可由交流母线电压限制控制自动投切。

6.7.3　直流系统控制级别

直流系统控制级别分为系统级和站控级。当控制级别为系统级时，一侧换流站为主控站，另一侧为从控站，直流系统的系统级功能（如解/闭锁、单极大地回线方式↔单极金属回线方式的转换等）由主控站单独控制。当控制级别为站控级时，两站各自操作，通过站间电话通信协调完成。

在两站通信（包括站间通信和站内通信）正常时，控制级别的选择和切换由两站的直流站控共同协调完成，在工作站上进行。切换结束后当前控制级别被送到极控和所有SCADA 系统作为指示。控制级别切换至系统级后，如站间通信故障，控制级别将自动退回站控级。

直流站控系统有交直流工作站、运行人员工作站、调度工作站、RCI（远程控制接口）共四个控制地点。各控制地点之间的切换由直流站控实现。如果当前控制地点与 LAN 网通信（包括站控通信和极控通信）故障，系统将判定控制地点为不定义状态，此时其他控制地点只要提出控制申请即成为当前控制地点。

6.8　交流站控系统

6.8.1　交流站控系统的主要功能

交流站控系统主要完成对交流开关场高压设备（如断路器、隔离开关、接地刀闸）和站用电系统的控制和监视功能。交流站控系统采用与直流站控相同的 SIMATIC S5 系统，只是功能有所不同。其主要功能包括：

（1）交流场控制功能，如 500kV 交流开关、刀闸、地刀的控制与监视，站用电系统的控制与监视，设备操作联锁，测量值的采集和预处理，交流控制地点的切换等。

（2）常规通信功能，如与其他控制系统的 LAN 网通信和与外部 I/O 单元的 Fieldbus通信。

（3）扩展功能，如硬件监视、软件监视、控制盘和逻辑系统选择控制等。

（4）事件记录（SER）功能，如 I/O 单元信息处理、软件信息处理、将信息传至工作站系统等。

一般情况下,500kV交流开关场设备由交流站控实现其控制和监视,但下列高压设备可通过直流自动顺序进行操作:

(1) 在"停运"↔"备用"顺序操作中,换流变出线两侧开关间隔的刀闸可自动分合;

(2) 在"备用"↔"闭锁"顺序操作中,换流变出线两侧开关可自动合上;

(3) 在"闭锁"↔"备用"顺序操作中,换流变出线两侧开关可自动断开;

(4) 在"接地"↔"停运"顺序操作中,换流变网侧地刀可自动分合。

6.8.2　交流场设备其他功能的实现方式

(1) 为确保断路器两侧电网频差、压差和角差在一定范围内,降低对设备的损害,断路器同期合闸检测由现场控制级的间隔控制单元实现。

(2) 为减小换流变开关和交流滤波器小组开关分/合闸时产生的涌流及暂态过电压,断路器动作同步检测由合闸监视装置完成。

(3) 交流线路断路器的重合闸功能,由相应的重合闸保护装置实现。

(4) 断路器失灵保护功能,由相应的失灵保护装置实现。

(5) 交流开关场的同一串内设备间联锁功能通过间隔控制单元实现,其他联锁由交流站控实现。

习题 6

6-1　直流输电系统控制系统的基本要求是什么? 为什么要有这些要求?

6-2　直流输电系统控制的基本方式都有哪些? 各自的特点是什么?

6-3　直流输电系统需要满足哪些典型的限制特性? 整流站和逆变站之间的控制应如何考虑相互配合?

6-4　熄弧角的安全调节和经济调节是什么意思? 各自的特点是什么?

6-5　潮流翻转有何意义? 实现方法都有哪些? 典型的调节特性是什么?

6-6　直流系统正常启动控制的基本方法是怎样的?

6-7　极控系统、直流站控系统和交流站控系统的主要功能分别是什么?

7 高压直流输电的保护

在直流系统中,任何一部分设备发生故障都会不同程度地影响整个直流输电系统运行的安全可靠性。为此高压直流输电系统均配备了高压直流保护,其主要任务是在高压直流系统出现各种不同类型故障下,快速、可靠地切除故障,保护高压设备,将故障和异常运行方式对电网的影响限制到最小范围。

7.1 高压直流输电系统保护的配置原则与动作策略

7.1.1 高压直流输电系统故障种类

直流保护设计和配置应考虑直流系统在换流阀故障、换流站直流区域故障以及换流站交流区域故障下的暂态性能要求。这些故障或者不正常状态主要是各种短路、接地故障以及过电流和过电压,具体包括:

(1) 晶闸管阀包括晶闸管元件、阀阻尼均压回路、触发部件、阀基电子设备以及阀的冷却系统等故障。这一部分的保护通常就地配置,如可由阀基电子设备屏、阀冷控制保护屏提供。

(2) 换流桥故障,包括桥臂短路、桥阀短路、阀组过电流、换相失败、阀误导通和不导通故障。

(3) 阀交流侧故障,包括换流变压器阀侧绕组过电压、换流变压器阀侧至阀厅内的交流连线的接地或相间短路故障。

(4) 阀厅内接地故障,包括阀组中点接地故障等。

(5) 极母线设备(包括平波电抗器、直流滤波器等)的闪络或接地故障

(6) 极母线直流过电压、过电流以及持续的直流欠压。

(7) 中性母线开路或接地故障。

(8) 站内接地网过电流。

(9) 直流线路金属性短路、高阻接地故障或开路故障,交直流碰线故障

(10) 金属回线导体开路或接地故障。

（11）接地极引线开路或对地故障、接地极引线过负荷。

（12）直流滤波器过电流、过负荷、失谐，高压电容器不平衡以及故障。

（13）与直流系统相连的交流系统故障，包括换流站远端交流系统短路故障、换流母线故障、交流系统功率振荡或次同步振荡、交流系统持续的扰动、换流站内交流母线电压的欠压和过电压等对直流系统产生的扰动。

（14）直流甩负荷、直流系统或设备在动态过程中发生故障等对直流系统产生的扰动。

（15）直流控制系统误动对直流系统产生的扰动。

（16）换流变压器保护区内接地、相间短路、匝间短路故障。

（17）换流变压器过励磁、直流偏磁等。

此外，直流系统保护策略还要根据系统或设备情况对换流阀点火系统、晶闸管结温、大点火角运行工况等提供必要的监测。

7.1.2　直流输电系统保护配置原则

与交流电网中的保护的目的和原则一样，直流保护的作用是迅速准确地检测到各种可能发生的故障，采取相应的措施消除和隔离故障，并保护电力一次设备不受损坏或减少设备损坏程度，尽量保持整个电网的稳定运行。

交流输电系统中继电保护的配置一般由主保护系统和后备保护系统组成，主保护和后备保护一般采用不同的保护原理、测量回路和电源，具备多重化配置。由于直流输电系统的重要性及复杂性，因此对其暂态性能、系统和相关设备保护的要求更是十分严格，其保护配置原则需满足可靠性、灵敏性、选择性、快速性、可控性、安全性、严密性等方面的要求。由于直流系统的控制是通过改变换流器的触发角来实现的，直流保护动作的主要措施也是通过触发角变化和闭锁触发脉冲来完成的，因此直流输电系统的保护与其控制系统策略和性能有着极密切的关系，两者之间的密切配合将既能确保设备的安全、减少对系统的扰动，又尽可能提高系统的可用率。因此，总体上要求直流保护应在直流系统各种运行方式下，对全部运行设备都能提供完全的保护；相邻保护区有重叠部分，保证无保护死区；各保护之间配合协调，并能正确反应故障区域；每一保护区域具备充分冗余度；与直流控制系统能密切配合。

除了与交流系统继电保护中对选择性、灵敏性和快速性相类似的基本要求，直流保护其他方面的要求简述如下。

（1）严密性

换流站中所有的设备在直流系统各种运行方式下，都应得到全面的保护，使它们不遭受过应力。当某设备运行不正常时，保护应能将其迅速退出运行。每一保护电路的保护区，都应与相邻保护电路的保护区相搭接，不能出现无保护区。

（2）安全性

保护设备本身应设计成耐故障型的,无论硬件或软件,都应具有尽可能完善的自检功能,以防止由于保护设备故障而造成不必要的停运。虽然保护动作要影响两端换流站系统,但不管故障发生在整流侧还是在逆变侧,保护均不应依赖于两端换流站之间的通信。此外,保护应设有试验位置,使得有可能在运行中测试保护功能而不影响直流系统运行。

（3）可靠性

直流系统保护对保护的防拒动性和防误动性要求都较高,既不能损坏设备,又要尽量少切除设备,如避免一极故障切双极,控制系统故障不引起保护跳闸,以减少直流系统的停运。

直流保护按极配置,检测到一个极的故障后只能停运故障极,不能影响另一个极的正常运行。每一保护区至少要有两套独立的保护电路。同一保护区的独立保护电路应使用不同的原理、测量设备及电源。每一设备都应设置两套不同原理的主保护(如无不同原理的则应双重化)和后备保护,万一主保护拒动时,后备保护应能检出故障,将所保护的设备安全停运。

目前直流保护的冗余方案有 2 种:3 取 2 逻辑(3 取 2 方案)和主备通道快速切换(双通道方案)。3 取 2 方案为 3 个通道中至少 2 个通道检测出故障就发跳闸命令。对于双通道方案,在主通道发出跳闸命令之前,只要切换延时能够接受便进行一次通道切换。当备用通道也同时检测出故障并出口时,则保护发出跳闸命令。

（4）双向性

由于直流输电具有双向性(整流和逆变),因此,所设计的保护应既能适用于整流运行,又能适用于逆变运行。

（5）独立性

每一保护都应有通往断路器的单独的跳闸路径和通往换流器控制系统的单独的闭锁路径。每一设备的两套独立保护电路在物理上和电气上都应分开,以便在一套保护检修时,不影响另一套保护运行。双极直流系统中,各极的直流保护应完全独立,必须避免单极故障误引起直流系统双极停运。对于双极公共部分的保护,如双极中性母线的保护,或接地极的保护,应具有准确的判据和措施,尽量减少直流系统双极停运。

（6）正确配合

直流系统保护策略设计应结合直流控制。直流控制对直流系统暂态性能的影响具有决定作用,保护定值的确定应考虑控制的影响,与直流控制参数协调配合。

直流系统保护策略设计应综合考虑交、直流系统故障,并予以区别对待。如换流变压器阀侧交流连线接地保护、单断路器保护等。保护动作的执行要区别不同的故障状态或阶段,以改善直流暂态性能,减少停运和避免设备遭受过应力。所有直流保护之间、直流保护和交流保护之间,都必须正确协调配合,不应无故越级动作。

直流系统保护的功能和参数,必须针对不同工程的交直流系统特性,与直流控制系统,以及与相关交流系统的继电保护和安全自动装置的功能和参数进行统一的研究、设计、匹配和试验,以确保直流系统设备的安全、直流系统的高可靠性和可用率,以及相关交流系统的安全。

7.1.3 直流系统保护动作策略

由于换流阀具有灵活的可控性,直流保护动作后,对故障的处理和交流系统有很大的区别。在交流电力系统中,保护动作后启动断路器跳闸、启动重合闸装置。由于直流系统的控制是通过改变换流器的触发角来实现的,直流保护动作的主要措施也是通过触发角变化和闭锁触发脉冲来完成的,因此直流输电系统的保护与其控制系统策略和性能有着极密切的关系,两者之间的密切配合将既能确保设备的安全、减少对系统的扰动,又尽可能提高系统的可用率。

直流控制始终保持系统输送的功率恒定,当系统发生故障扰动时,控制系统将立即起作用,利用其快速性来抑制事故发展,维持系统稳定。例如,直流控制可在 10ms 左右将直流故障电流抑制到额定值左右;又如,当换相电压急剧下降时,直流控制将自动降低直流电流整定值以避免低压大电流的不稳定工况或故障的发展。而且,根据不同的故障工况,直流保护启动不同的直流自动顺序控制程序,某些保护首先是报警,如果故障进一步发展,则启动保护停运程序。直流系统保护停运的动作,首先是通过换流器触发脉冲的紧急移相或投旁通对后紧急移相,使直流线路迅速去能,然后闭锁触发脉冲并断开所联的交流滤波器和并联电容器,或进一步断开其他的交、直流场设备,如果需要与交流系统隔离,则进一步跳开交流断路器。在断开断路器指令发出的同时应投入断路器失灵保护。因此,直流控制和保护的匹配,既能快速抑制故障的发展、迅速切除故障,又能在故障消除后迅速恢复直流系统的正常运行。只有当系统发生严重故障或设备发生永久故障,以及控制系统达到控制范围极限,直流系统不能恢复稳定时,直流保护才动作停运直流系统,隔离故障设备。直流系统保护动作的策略是:

(1) 告警和启动录波

使用灯光、音响等方式,提醒运行人员,注意相关设备的运行状况,采取相应的措施,自动启动故障录波和事件记录,便于识别故障设备和分析故障原因。

(2) 控制系统切换

利用冗余的控制系统,通过系统切换排除控制保护系统故障的影响。

(3) 紧急移相

紧稳移相是将触发角迅速增加到 90° 以上,将换流器从整流状态变到逆变状态,以减少故障电流,加快直流系统能量释放,便于换流器闭锁。

(4) 投旁通对

同时触发 6 脉动换流器接在交流同一相上的一对换流阀,称为投旁通对。投旁通对可以用于直流系统的解锁和闭锁;直流保护使用投旁通对形成直流侧短路,快速降低直流电压到零,隔离交直流回路,以便交流侧断路器快速跳闸。形成投旁通对一种策略是:当收到投入旁通对命令时,保持最后导通的那个阀的触发脉冲,同时发出与其同一相的另一阀的触发脉冲,闭锁其他阀的触发脉冲。

(5) 闭锁触发脉冲

闭锁换流器的触发脉冲,使换流器各阀在电流过零后关断,在双极都闭锁时,需要同时切除所有交流滤波器。闭锁阀触发脉冲是在整流侧换流器出现严重故障的情况下,保护除了启动紧急停运顺序外,立即关闭阀触发脉冲的一种措施,如换流桥短路保护等,避免由于移相等带来的时间延误。

(6) 极隔离

在一个极故障停运时,为了不影响另一极正常运行,便于停运极直流设备检修,需要同时断开停运极中性母线上的连接断路器和极线侧连接隔离开关,进行极隔离。

(7) 跳交流侧断路器

换流变压器网侧通过交流断路器与交流系统相连。为了避免故障发展造成换流器或换流变压器损坏,一些保护在闭锁换流器的同时,跳开交流侧断路器。

(8) 直流系统再启动

为了减少直流系统停运次数,在直流线路发生闪络故障时,直流线路保护动作,启动再启动程序,将整流器控制角迅速增大到 $120°\sim150°$,变为逆变运行,使直流系统储存的能量很快向交流系统释放,直流电流迅速下降到零。等待一段时间,待短路弧道去游离后,再将整流器的触发角按一定速率逐渐减小,使直流系统恢复正常运行。一般来说,自动再启动恢复直流输电所需的时间要比正常启动的短得多。

因此,直流控制和保护的配合,既能快速抑制故障的发展,迅速切除故障,又能在故障消除后迅速恢复直流系统的正常运行。

7.2　换流站保护的配置

直流输电系统保护包括换流站和线路保护。由于直流输电系统具有大量的设备,这些设备发生故障后,对直流系统的影响的严重程度各不相同,因而处理策略也有差别。例如,直流线路对地短路可以进行再启动,而换流阀臂短路则要求直流系统立即停运。因此,换流站保护采取分区配置,通常分为直流系统保护、交流系统保护和辅助保护三大类,并根据保护对象的不同细分成若干个保护分区,如直流母线、滤波器、换流变压器、换流器、极和中性线等分别予以保护,如图 7-1 所示。换流站交流保护系统主要包括母线保护、线路保护、变压器保护、开关失灵保护、短引线保护等,与常规的交流保护原理及配置基本一致,不再赘述。

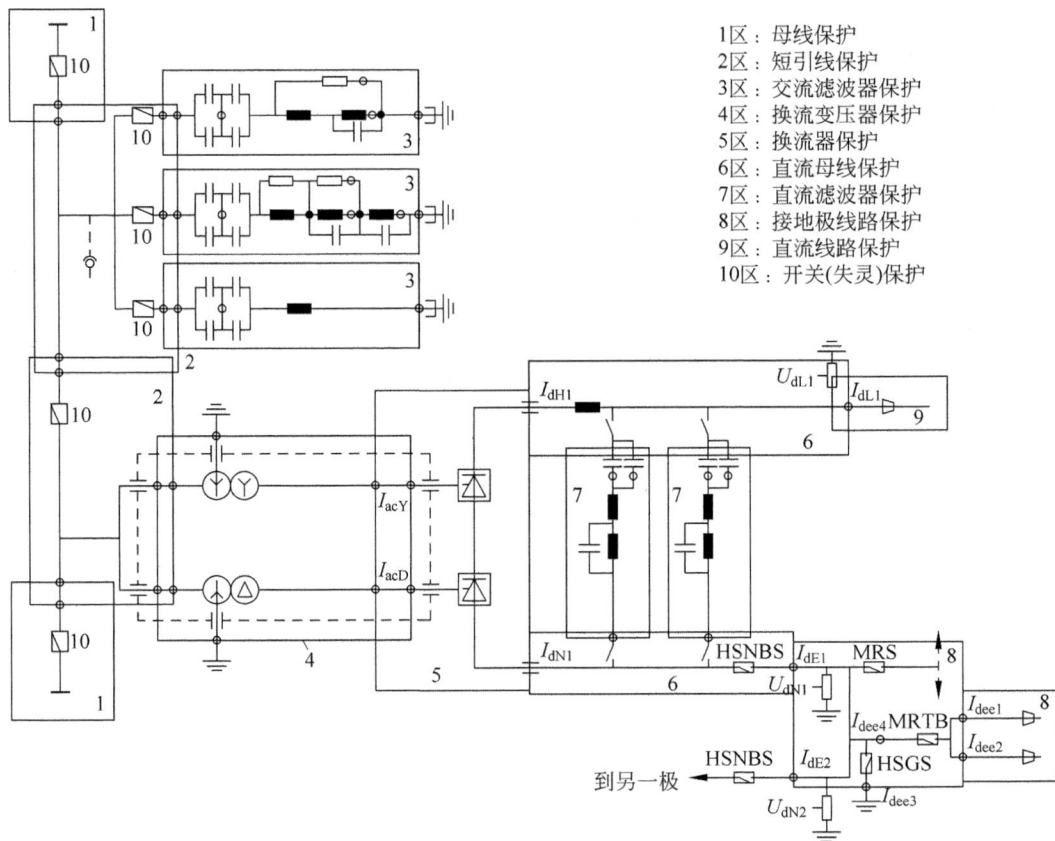

图 7-1　换流站保护区域配置图

1区：母线保护
2区：短引线保护
3区：交流滤波器保护
4区：换流变压器保护
5区：换流器保护
6区：直流母线保护
7区：直流滤波器保护
8区：接地极线路保护
9区：直流线路保护
10区：开关(失灵)保护

7.2.1　主要保护配置

对于直流保护系统,不同供货商的产品在软件功能和硬件结构上有所不同。三常直流输电工程控制保护系统采用 Hidraw 可视化编程软件,硬件采用 MACH2 系列产品。天广直流输电工程控制保护系统采用 STRUC G 自动图形文件编制软件,硬件采用 SIMADYN D 系列产品,配置三套相同的保护装置,其出口采用"3 取 2"的原则。直流保护系统包括换流器保护、直流母线保护、接地极线路保护、直流线路保护和其他一些辅助保护。下面以天广直流输电工程广州换流站为例进行说明。

表 7-1～表 7-4 给出了换流器保护、直流母线、接地极线路和直流线路保护的配置情况,表中的符号与图 7-1 中的符号相对应,ac 表示交流,d 表示直流,H 表示高压,L 表示低压,N 表示中性点,E 表示接地极,Y 表示星形连接,D 表示三角连接。

表 7-1　换流器保护(5 区)的配置

序号	保护名称	保护定值	出口时间	保护动作策略
1	星侧短路保护 (87SCY)	$I_{acY} - \mathrm{MIN}(I_{dH}, I_{dN}) > 2.0\mathrm{p.u.}$	$t = 0\mathrm{ms}$	整流侧：跳开 0010(0020)，启动相应极 ESOF、事故音响、事件记录、故障录波；
2	角侧短路保护 (87SCD)	$I_{acD} - \mathrm{MIN}(I_{dH}, I_{dN}) > 2.0\mathrm{p.u.}$	$t = 0\mathrm{ms}$	逆变侧："极强制移相"信号发送整流侧极控，启动相应极闭锁、事故音响、事件记录、故障录波
3	交流过电流保护 (50/51C)	$I_{ac} > 3.70\mathrm{p.u.}$	$t_1 = 5\mathrm{ms}$	
		$I_{ac} > 2.00\mathrm{p.u.}$	$t_2 = 100\mathrm{ms}$	
		$I_{ac} > 1.65\mathrm{p.u.}$	$t_3 = 15\mathrm{s}$	
		$I_{ac} > 1.50\mathrm{p.u.}$	$t_4 = 60\mathrm{min}$	
4	星侧桥差动保护 (87CBY-1/2)	$I_{ac} - I_{acY} > 0.40\mathrm{p.u.}$	$t_1 = 200\mathrm{ms}$	电流降低至 $0.3I_{dref}$，启动事故音响、事件记录、故障录波
		$I_{ac} - I_{acY} > 0.10\mathrm{p.u.}$ & $U_{ac} > 0.80\mathrm{p.u.}$	$t_2 = 200\mathrm{ms}$	启动相应极 ESOF、事故音响、事件记录、故障录波
		$I_{ac} - I_{acY} > 0.10\mathrm{p.u.}$ & $U_{ac} < 0.80\mathrm{p.u.}$	$t_2 = 1\mathrm{s}$	
5	角侧桥差动保护 (87CBD-1/2)	$I_{ac} - I_{acD} > 0.40\mathrm{p.u.}$	$t_1 = 200\mathrm{ms}$	电流降低至 $0.3I_{dref}$，启动事故音响、事件记录、故障录波
		$I_{ac} - I_{acD} > 0.10\mathrm{p.u.}$ & $U_{ac} > 0.80\mathrm{p.u.}$	$t_2 = 200\mathrm{ms}$	启动相应极 ESOF、事故音响、事件记录、故障录波
		$I_{ac} - I_{acD} > 0.10\mathrm{p.u.}$	$t_2 = 1\mathrm{s}$	
6	阀组差动保护 (87CG-1/2)	$\mathrm{MAX}(I_{dH}, I_{dN}) - I_{ac} > 0.4\mathrm{p.u.}$	$t_1 = 200\mathrm{ms}$	电流降低至 $0.3I_{dref}$，启动事故音响、事件记录、故障录波
		$\mathrm{MAX}(I_{dH}, I_{dN}) - I_{ac} > 1.0\mathrm{p.u.}$	$t_2 = 10\mathrm{ms}$	启动相应极 ESOF、事故音响、事件记录、故障录波
		$\mathrm{MAX}(I_{dH}, I_{dN}) - I_{ac} > 0.1\mathrm{p.u.}$	$t_2 = 1\mathrm{s}$	
7	极差动保护 (87DCM)	$|I_{dH} - I_{dN}| > 0.05\mathrm{p.u.}$	$t = 5\mathrm{ms}$	断开 0010(0020)，启动相应极 ESOF、事故音响、事件记录、故障录波

表 7-2　直流母线保护(6 区)的配置

序号	保护名称	保护定值	出口时间	保护动作策略
1	极母线差动保护 (87HV)	$|I_{dH} - I_{dL}| > 0.5\mathrm{p.u.}$ $|I_{dH} - (I_{dL1} + I_{dL2})| > 0.5\mathrm{p.u.}$	$t = 10\mathrm{ms}$	断开 0010(0020)，启动相应极 ESOF、事故音响、事件记录、故障录波，逆变站禁止投旁通对
2	中性母线差动保护 (87LV)	$|I_{dN} - I_{dE}| > 0.25\mathrm{p.u.}$	$t_1 = 50\mathrm{ms}$	
		$|I_{dN} - I_{dE}| > 0.05\mathrm{p.u.}$	$t_2 = 800\mathrm{ms}$	
3	直流后备差动保护 (87DCB)	$|I_{dL} - I_{dE}| > 0.25\mathrm{p.u.}$ $|(I_{dL1} + I_{dL2}) - I_{dE}| > 0.25\mathrm{p.u.}$	$t_1 = 50\mathrm{ms}$	断开 0010(0020)，启动相应极 ESOF、事故音响、事件记录、故障录波
		$|I_{dL} - I_{dE}| > 0.05\mathrm{p.u.}$ $|(I_{dL1} + I_{dL2}) - I_{dE}| > 0.05\mathrm{p.u.}$	$t_2 = 800\mathrm{ms}$	
4	直流过电流保护 (76)	$I_{dH} > 2.50\mathrm{p.u.}$	$t_1 = 50\mathrm{ms}$	
		$I_{dH} > 2.00\mathrm{p.u.}$	$t_2 = 100\mathrm{ms}$	
		$I_{dH} > 1.65\mathrm{p.u.}$	$t_3 = 15\mathrm{s}$	
		$I_{dH} > 1.50\mathrm{p.u.}$	$t_4 = 60\mathrm{min}$	

表 7-3　接地极线路保护(8 区)的配置

序号	保护名称		保护定值	出口时间	保护动作策略
1	接地极母线差动保护(87EB)	BP	$\|(I_{dE1}-I_{dE2})-(I_{dee1}+I_{dee2})\|$ $>0.25\,\mathrm{p.u.}$	$t_1=300\mathrm{ms}$	启动告警音响、事件记录、故障录波
			$\|(I_{dE1}-I_{dE2})-(I_{dee1}+I_{dee2})\|$ $>0.05\,\mathrm{p.u.}$	$t_2=800\mathrm{ms}$	
		GR	$\|(I_{dE1}-I_{dE2})-(I_{dee1}+I_{dee2})\|$ $>0.25\,\mathrm{p.u.}$	$t_1=300\mathrm{ms}$	相应极闭锁,启动事故音响、事件记录、故障录波
			$\|(I_{dE1}-I_{dE2})-(I_{dee1}+I_{dee2})\|$ $>0.05\,\mathrm{p.u.}$	$t_2=800\mathrm{ms}$	
		MR	$\|(I_{dE1}-I_{dE2})-I_{dL2}+I_{dee4}\|$ $>0.25\,\mathrm{p.u.}$	$t_1=300\mathrm{ms}$	
			$\|(I_{dE1}-I_{dE2})-I_{dL2}+I_{dee4}\|$ $>0.05\,\mathrm{p.u.}$	$t_2=800\mathrm{ms}$	
2	电流不平衡保护(60EL)	GR	$\|(I_{dee1}-I_{dee2})\|>0.05\,\mathrm{p.u.}$	$t=500\mathrm{ms}$	启动告警音响、事件记录、故障录波
		BP	$\|(I_{dee1}-I_{dee2})\|>0.05\,\mathrm{p.u.}$	$t=500\mathrm{ms}$	
3	过电流保护(76EL)		$I_{dee1}>0.9\,\mathrm{p.u.}$	$t=1\mathrm{s}$	相应极闭锁,事故音响、事件记录、故障录波
			$I_{dee2}>0.9\,\mathrm{p.u.}$	$t=1\mathrm{s}$	
4	过电压保护(59EL)	BP	$U_{dN}>80\mathrm{kV}$	$t=20\mathrm{ms}$	合上 0040,启动事故音响、事件记录、故障录波
		GR	$U_{dN}>80\mathrm{kV}$	$t=20\mathrm{ms}$	合上 0040,启动换流器闭锁,事故音响、事件记录、故障录波
		MR	$U_{dN}>80\mathrm{kV}$ $I_{dee4}>180\mathrm{A}$	$t=100\mathrm{ms}$	启动换流器闭锁,事故音响、事件记录、故障录波
5	金属回线故障保护(51MRGF)		$I_{dee4}>90\mathrm{A}$	$t=800\mathrm{ms}$	启动换流器闭锁,事故音响、事件记录、故障录波

表 7-4　直流线路保护(9 区)的配置

序号	保护名称	保护定值	出口时间	保护动作策略
1	行波保护(WFPDL)	$\mathrm{d}u/\mathrm{d}t>17.5\%(0.583\mathrm{kV}/\mu\mathrm{s})$ $\&\,\Delta U_{dL}>40\%(200\mathrm{kV})$ $\&\,\Delta I_{dL}>40\%(680\mathrm{A})$	$t=0\mathrm{ms}$	启动 DFRS、事故音响、事件记录、故障录波
2	欠电压保护(27 $\mathrm{d}u/\mathrm{d}t$)	$\mathrm{d}u/\mathrm{d}t>17.5\%(0.583\mathrm{kV}/\mu\mathrm{s})$ $\&\,U_{dL}<25\%(125\mathrm{kV})$	$t=50\mathrm{ms}$	
3	直流线路差动保护(87DCL)	$\|I_{dL}-I_{dLos}\|>0.05\,\mathrm{p.u.}$	$t=500\mathrm{ms}$	
4	交-直流导线碰线保护(81-1U)	$I_{dL(50Hz)}>0.05I_{dL.\,Actual}$ $U_{dL(50\,Hz)}>0.4U_{dL.\,Actual}$	$t=0\mathrm{ms}$	合上 HSGS,启动相应极 ESOF、事故音响、事件记录、故障录波
5	金属回路导线保护(51MGFP)	$I_{dee4}>90\mathrm{A}$	$t=800\mathrm{ms}$	启动极闭锁、事故音响、事件记录、故障录波

注:在双极运行时,逆变侧直流线路行波保护(WFPDL)自动闭锁退出运行。

7.2.2　其他辅助保护

表 7-5～表 7-8 给出其他辅助保护的配置情况。

表 7-5　高速开关保护

序号	保护名称	保护定值	出口时间	保护动作策略
1	高速中性母线开关保护(82-HSNBS)	$I_{dE}>0.04\text{p. u.}$	$t=150\text{ms}$	重合 HSNBS、重合 HSGS、闭锁另一极,启动事故音响、时间记录、故障录波
2	高速接地开关保护(82-HSGS)	$I_{dee4}>0.04\text{p. u.}$	$t=150\text{ms}$	重合 HSGS,启动事故音响、时间记录、故障录波

表 7-6　基频保护

序号	保护名称	保护定值	出口时间	保护动作策略
1	50Hz 保护(81-50Hz)	$I_{dL(50Hz)1}>0.05I_{dL.\,Actual}$	$t_1=200\text{ms}$	电流降低至 $0.3I_{dref}$、启动事故音响、事件记录、故障录波
		$I_{dL(50Hz)2}>0.05I_{dL.\,Actual}$	$t_2=1.0\text{s}$	换流器闭锁、启动事故音响、事件记录、故障录波
2	100Hz 保护(81-100Hz)	$I_{dL(100Hz)1}>0.05I_{dL.\,Actual}$	$t_1=200\text{ms}$	电流降低至 $0.3I_{dref}$、启动事故音响、事件记录、故障录波
		$I_{dL(100Hz)2}>0.05I_{dL.\,Actual}$	$t_2=1.0\text{s}$	换流器闭锁、启动事故音响、事件记录、故障录波

表 7-7　换流变交流阀侧绕组接地故障保护

保护名称	保护定值	出口时间	保护动作策略
接地故障保护	$U_{oY}>0.1\text{p. u.}(12\text{kV})$	$t=1.0\text{s}$	禁止换流器解锁,启动报警音响、事件记录、故障录波
	$U_{o\Delta}>0.1\text{p. u.}(12\text{kV})$		

注:在换流器解锁成功后,该保护自动闭锁。

表 7-8　直流后备保护

序号	保护名称	保护定值	出口时间	保护动作策略
1	换流器开路保护	$U_d>1.4\text{p. u.}$	$t=2\text{ms}$	整流侧 ESOF,启动事故音响、事件记录、故障录波
		$U_d>1.05\text{p. u.}$ & $I_d<0.05\text{p. u.}$	$t=40\text{ms}$	

续表

序号	保 护 名 称	保 护 定 值	出 口 时 间	保护动作策略
2	OLT 试验故障保护	$I_{dH}>0.08$ p. u.	$t=10$ms	启动相应极闭锁,事故音响、事件记录、故障录波
		$α≤5°$(在 OLT 试验期间)	$t=0$ms	
		$α≤120°$(在 OLT 试验前)	$t=0$ms	
3	交流过电压保护	$U_{ac}>1.5$p. u.	$t=10$ms	
		$U_{ac}>1.3$p. u.	$t=400$ms	
4	交流低电压保护	$U_{ac}<0.3$p. u.	$t=1$s	
5	直流低电压保护	$U_{dL}<0.08$p. u.	$t_1=300$ms	闭锁整流器,启动事故音响、事件记录、故障录波
		$U_{dL}<0.08$p. u.	$t_2=2$s	闭锁逆变器,启动事故音响、事件记录、故障录波
6	直流低电流保护	$I_{dH}<0.08$p. u.	$t=3$s	闭锁逆变器,启动事故音响、事件记录、故障录波
7	触发角限制保护	$60°<a<120°$	$t=10$s	启动极闭锁、事故音响、事件记录、故障录波

注:该后备保护安装于极控系统,作为附加直流后备保护。

7.2.3　极控保护

包含在极控系统中的极控保护是直流系统中系统级的保护,也是直流保护的附加后备保护。每极的极控系统的保护功能完全相同,与直流保护的跳闸出口,是"或"的逻辑关系,它能够与对侧换流站的极控交换信息并启动 BLOCK 顺序、ESOF 顺序。极控中的保护动作后,如果发出 BLOCK 顺序请求和 ESOF 换流器请求,则由极控中的其他模块实现;如果发出紧急跳开交流断路器,则由输出模块通过硬接线,送向直流保护,再由直流保护送向换流变保护来完成。

极控保护由换流器开路保护、开路试验故障、交流过电压保护、直流低电压保护、交流低电压保护、直流零电流保护、触发角过大保护等组成。

1. 换流器开路保护

换流器开路保护的保护范围是整个极,包括换流器和与本极相连的直流线路。在直流线路开路或逆变器闭锁的情况下,如果本站整流器误启动(通过直流电压过电压判别),则本保护会动作出口。动作后果是启动 ESOF 顺序。

2. 开路试验故障保护

开路试验故障保护的保护范围是直流线路和高压直流母线。在开路试验中,本保护会自动投入。如果试验中,如果直流线路电流过大,超过了测量误差,表明有直流线路或高压直流输电母线接地故障存在,则保护动作出口,动作后果是启动闭锁顺序。

3. 交流过电压保护

如果交流系统过电压,而无法通过切除交流滤波器和并联电容器来降低,则本保护会动作出口,启动 ESOF 顺序,跳交流开关。交流过电压保护有两种动作原理,第一种动作原理分两个电压等级,主要通过检测本站交流系统电压 U_{ac} 来确定;第二种动作原理是同时判断本站交流系统电压峰值和逆变侧交流系统情况。

4. 交流低电压保护

主要作为交流侧的后备保护。本保护的保护范围不仅是换流器,还包括整个直流系统,严格来说是一种系统后备保护。当交流系统的电压过低,以至无法恢复交流系统时,本保护动作出口,启动 ESOF 顺序,跳交流开关。

5. 直流低电压保护

本保护的保护区域是换流器。在通信系统故障或者在相关主保护拒动时,若逆变器的旁通对投入,或者换流器的高压侧、中性点发生接地故障时,该保护动作出口,启动 ESOF 顺序。因此该保护也叫后备远方站故障检测保护。另外,当极处于闭锁状态或潮流反转的过程中或其他保护动作而产生强制移相时,会自动闭锁直流低电压保护。

6. 直流零电流保护

该保护只设在逆变侧。在通信系统故障时,如果整流器已经闭锁,则要求逆变器闭锁,此时,逆变侧直流零电流保护检测到直流电流过小,则动作出口,启动逆变侧的 BLOCK 顺序。

7. 触发角过大保护

其保护区域是整个换流器,特别是换流阀的阻尼回路。动作原理是:直流正常运行时,触发角不会低于 120°(逆变侧),也不会高于 60°(整流侧)。当触发角在 60°～120°内持续变化时,延时保护动作出口,闭锁换流器。

8. 直流站控故障保护

在高压直流输电系统运行过程中,如果某个换流站的两套直流站控都发生故障,则交流滤波器将失去自动控制,从而严重威胁系统的稳定性,此时,极控将以一个定义的等变率降低直流电流,达到直流的最小维持电流后,闭锁换流器,并向交流系统发出跳闸命令,跳开换流变的交流侧开关,从而保证设备的安全。

7.3　换流器的保护

换流器是换流站的心脏,同时与交流和直流系统相连,而且其故障形式和机理与交流系统中的一般元件有很大差别,因此保护在直流保护中最重要也最复杂,保护动作后果也是根据故障形式和机理的不同而有所差异。

7.3.1　换流器的故障分析

换流器的故障如图 7-2 所示,可分成主回路故障和控制系统故障两类。主回路故障是指换流器交流侧和直流侧各个接线端间的短路(如阀短路)、换流器的载流元件及接线对地短路(如交流侧单相对地短路)。

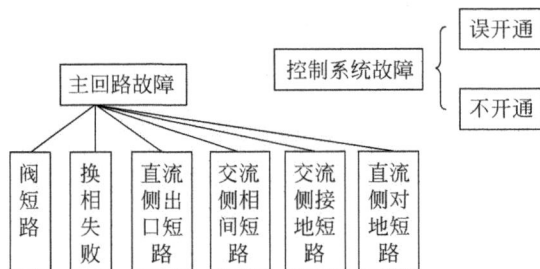

图 7-2　换流器故障形式

1. 换流器阀短路

阀短路是换流器阀正反向丧失阻断能力和内部或外部绝缘损坏或被短接造成的故障,是换流器最为严重的一种故障,见图 7-3 中故障点 3。整流器和逆变器发生阀短路对系统的影响是不一样的。

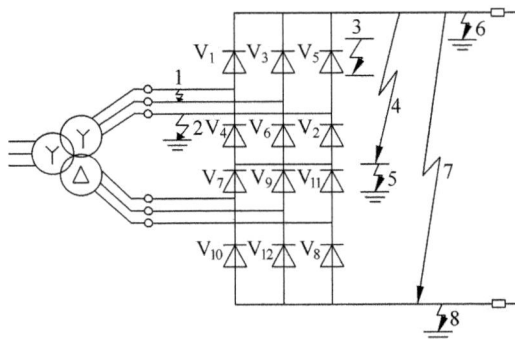

图 7-3　换流器主要故障点示意图

整流器的阀在阻断状态时,大部分时间承受反向电压。当反向电压峰值大幅度的跃变时,或阀出现冷却水系统漏水汽化等可能的绝缘损坏时,将使阀发生短路故障。这时阀相当于在正反向电压作用下均能导通,与同半桥的正在导通的阀构成两相短路。以阀 V_1 发生短路故障为例:在阀 V_1 和阀 V_3 换相结束后,阀 V_2 和阀 V_3 正在导通时阀 V_1 发生故障,交流 AB 相通过阀 V_1 和阀 V_3 形成两相短路;当阀 V_4 导通后,阀 V_2 和阀 V_4 开始换相时,形成交流三相短路。可见,整流侧发生阀短路有如下特征:交流侧交替地发生两相短路和三相短路;通过故障阀的电流反向,并剧烈增大;交流侧电流激增,使换流阀和换流变压器承受比正常运行时大得多的电流;换流桥直流母线电压下降;换流桥直流侧电流下降。12 脉动整流器是由两个 6 脉动整流器串联组成,当一个 6 脉动整流器发生阀短路时,交流侧短路电流,使换相电压减小从而影响到另一个 6 脉动整流器。因此,12 脉动整流器电流也将减小,导致直流输送功率降低。

逆变器的阀在阻断状态时,大部分时间承受正向电压,当电压过高或电压上升率太快时,容易造成阀绝缘损坏而发生短路。例如,当逆变器的阀 V_1 关断加上正向电压后发生短路,相当于阀 V_1 重新开通,当阀 V_3 触发后便与阀 V_1 发生倒换相,而在阀 V_4 导通时,V_1 与 V_4 形成直流侧短路,造成逆变器换相失败。不同的是,由于阀 V_1 的短路造成双向导通,换相失败将周期性的发生。另外,在直流电流被控制后,阀 V_1 与阀 V_3 换相时的交流两相短路电流将大于直流电流。

换相失败是逆变器常见的现象,它是由逆变器多种故障造成的结果,如逆变器换流阀短路、逆变器丢失触发脉冲、逆变侧交流系统故障等均会引起换相失败。换相失败的特征是:关断角小于换流阀恢复阻断能力的时间(大功率晶闸管约 0.4ms);逆变器的直流电压在一定时间下降,甚至为零;直流电流短时增大;交流侧短时开路,电流减小;基波分量进入直流系统。

目前的直流控制系统,一般在逆变器直流侧短路后 120°(约 6.7ms),不能完全控制住短路电流,因此逆变器换相角仍很大,使 V_4 向 V_6 换相仍不成功,直流侧短路继续存在。通常,最大短路电流出现在换相失败后 20ms 时,约为 2 倍的额定电流。在直流侧短路 50ms 左右,整流侧的电流调节器才能将直流电流控制在整定值。此后,V_6 或 V_3 换相成功,解除直流侧短路。

2. 换流器直流端出口短路

直流侧端口短路是指换流器直流侧端子之间发生的短路故障如图 7-3 中的故障点 4 和 7。同样,对整流器和逆变器而言,发生直流侧端口短路对系统的影响也是不一样的。

整流器直流侧端口短路与阀短路的最大不同是换流器的阀仍可保持单向导通的特性。如果整流器两个阀在正常工作期间发生直流出口短路,相当于发生了交流两相短路故障;当下一个阀开通换相时,将形成交流三相短路故障。如果换流阀在进行换相期间发生直流出口短路,就相当于发生了交流三相短路故障。整流器直流端口短路的特征是:交流侧通过换流器形成交替发生的两相短路和三相短路;导通的阀电流和交流侧电流激增,比正常值大许多倍；因短路直流线路侧电流下降；换流阀保持正向导通状态。

逆变器直流侧出口短路，直流线路电流增大，与直流线路末端短路类似，但是由于直流平波电抗器的作用，其故障电流上升速度较慢，短路电流较小。当逆变器发生直流侧短路时，流经被短路逆变器阀的电流将很快降到零，这对逆变器和换流变压器均不构成威胁。实际上，在逆变器触发脉冲的作用下，在每个阀触发时仍有瞬时充电电流存在。通常在整流站电流调节器的作用下，故障电流可以得到控制，但是短路故障不能被清除。

3. 换流器交流侧相间短路

换流器交流侧相间短路，如图 7-3 的故障点 1。故障直接造成交流系统的两相短路，对交流系统来说将产生两相短路电流，对整流器和逆变器来说也将有所不同。

整流器交流侧相间短路，交流侧形成两相短路电流，换流母线电压下降。故障的 6 脉动整流器失去两相换相电压使其直流电压迅速下降，而非故障的 6 脉动换流器由于换流母线电压的下降，其直流电压和电流也下降。

逆变器交流侧相间短路，由于故障的 6 脉动逆变器失去两相换相电压以及相位的不正常，使故障逆变器发生换相失败，其直流回路电流升高，交流侧电流降低。另一方面，故障对于受端交流系统来说相当于发生了两相短路故障，将产生两相短路电流；在直流故障电流被整流侧电流调节器控制后，每周瞬间交流侧两相短路电流将大于直流侧电流。对于非故障的 6 脉动逆变器受到换相电压的下降和故障 6 脉动换流器发生换相失败而使直流电流增加的影响，其换相角增大，因而也发生换相失败。

4. 换流器交流侧相对地短路

对于 12 脉动换流器，高压端 6 脉动换流器交流侧相对地短路是通过低压端 6 脉动换流器形成回路的，如图 7-3 的故障点 2，这对换流器来说形成广义的阀短路故障。

整流器交流侧相对地短路，通过站接地网或直流接地极到达直流中性端而形成相应的阀短路。因此，短路回路电阻相应增加，短路电流比阀短路时的短路电流略有减小。此时，直流中性端电流基本与交流端相同。对于 12 脉动整流器，无论哪个 6 脉动换流器交流侧发生单相对地短路，直流中性母线都是短路回路的一部分。由于高压端 6 脉动换流器的交流短路回路需要通过低压端 6 脉动换流器构成，因此交流侧短路电流相对较小。应该注意的是，在整流器交流侧发生相对地短路期间，二次谐波分量将进入直流侧，如果直流回路的固有频率接近此频率，则可能会引起直流回路的谐振。

逆变器交流侧相对地短路，同样通过站接地网或直流接地极到达直流中性端形成相应的阀短路，其故障过程与阀短路类似，使逆变器发生换相失败。在故障初期，直流电流增加，交流电流减小。当直流电流被整流侧电流调节器所控制、逆变站换相解除直流短路时，反向电压突然建立，使换流器高压端的直流电流瞬间减小(甚至为零)，通过对地短路回路形成的两相短路的交流侧电流和直流中性端电流增加。最后，由相应的保护动作，闭锁换流器，跳开换流变压器交流侧断路器。对于 12 脉动逆变器,由于故障的 6 脉动逆变器发生换相失败,直流电流增加,可能使非故障的 6 脉动换流器也发生换相失败。同样,无论哪个 6 脉动换流器交流侧发生单相对地短路故障,通过大地回路都形成两相短路,使交流侧电流和直流中性端电流增加。

5. 换流器直流侧对地短路

直流侧对地短路,包括 12 脉动换流器中点、直流高压端、直流中性端对地形成的短路故障,如图 7-3 的故障点 5、6、8 所示。其故障机理与直流端短路类似,仅短路的路径不同。

整流器直流高压端对地短路,通过站接地网或直流接地极到达直流中性端,形成 12 脉动换流器直流端短路。短路使直流回路电阻减小,阀、直流中性端及交流侧电流增加,而直流侧极线电流很快下降到零。

逆变器直流高压端对地短路,通过站接地网及直流接地极,形成逆变器直流端短路,其故障过程与逆变器直流侧出口短路类似。故障使直流侧电流增加,而流经逆变器的电流很快下降到零,中性端电流也下降。

整流器直流侧中点对地短路,使低压端 6 脉动换流器通过站接地网或直流接地极到达直流中性点而形成低压端 6 脉动换流器直流端短路。短路使直流回路电阻减小,低压端 6 脉动换流器阀电流及交流侧电流、直流中性点电流增加,直流极线电流下降。

逆变器直流侧中点对地短路,将低压端 6 脉动换流器短路,使直流极线电流增加,可能引起高压端 6 脉动换流器换相失败。同样还会导致中性端电流下降。

整流器或逆变器直流中性端对地短路,因中性端一般处于地电位,对换流器正常运行影响不大。但是,短路电阻与接地极电阻并联,重新分配通过中性点的直流电流。

7.3.2　换流器的保护配置

不同直流系统换流器保护的具体方法和应用逻辑虽不尽相同,但配置原则和基本原理大致相同,一般主要包括在阀厅交、直流穿墙套管之内的换流器等各种设备故障的电流差动保护、过电流保护以及换流器触发保护、电压保护和本体保护等,实现对包括阀短路、换相失败、交流过电压、直流过电压、不正常触发、直流过电流、后备直流过电流、阀直流差动等保护,以及大角度监视、晶闸管在线监测和晶闸管结温监视和检测。典型换流站换流器的保护配置如图 7-4 所示。

1. 电流差动保护

电流差动保护通过对换流变压器阀侧套管中电流互感器、换流器直流高压端和中性端出口穿墙套管电流互感器的测量值比较,根据各种电流的差值情况,区别不同的换流器故障而设置不同的保护。换流器的这些电流差动保护起主保护的作用。

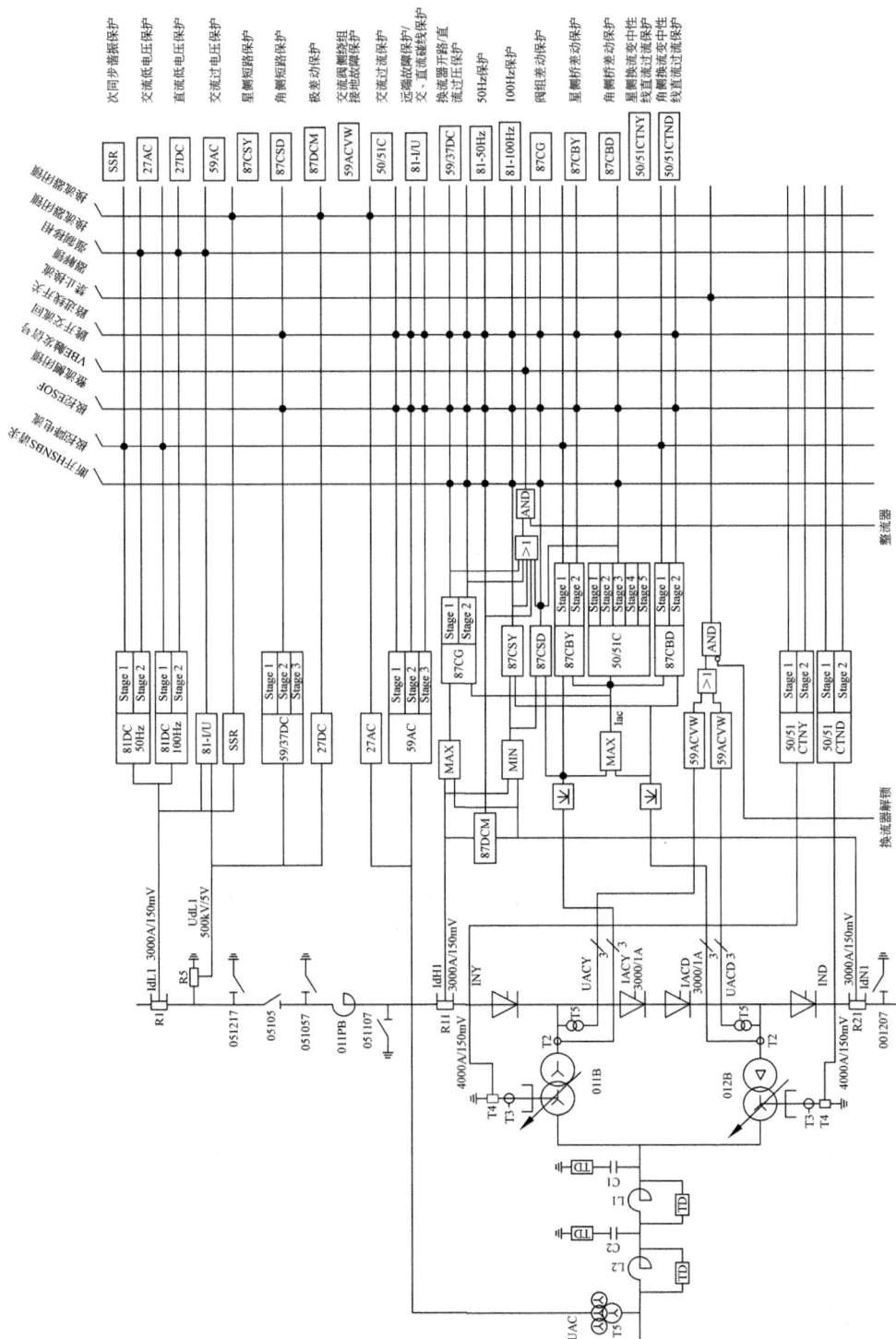

图 7-4 某直流工程换流器保护配置示意图

（1）阀短路保护

阀短路保护旨在防止换流变压器直流侧短路所引起的过电压,包括检测阀短路故障、阀接地故障、换流变阀侧相间短路故障,避免发生短路时换流阀遭受过应力。利用阀短路故障时,换流器交流侧电流大于直流侧电流构造判据,参看表 7-1。

正常运行时电流平衡,桥臂或相间短路时换流变压器电流将大于直流电流,多余的交流量达到定值时保护动作跳闸。桥臂短路时故障阀和下一个导通共极性的健全阀会流过很大的故障电流。若仍按顺序触发共极性组的第 3 个阀,则该阀也将承受故障电流。为此采用了快速检测故障,触发第 3 个阀之前不触发旁通对,闭锁阀。

（2）换相失败保护

换相失败保护旨在检测因交流电网扰动或者其他异常换相条件(如控制脉冲传输故障)造成的换流器换相失败故障。6 脉动桥换相失败故障的特点是交流电流幅值明显降低,直流电流增大。检测到这种情况时,换相失败并不是故障,而是表明控制脉冲传输故障和交流系统故障。一个 6 脉动桥上持续发生换相失败时很可能是阀未正常触发(如无控制脉冲或连续误触发),而两个桥上间歇发生换相失败时则可能是交流系统扰动。据此差别可区分控制脉冲故障和交流系统故障。为提高换流器的恢复能力,在检测到换相失败的同时,增加故障换流器的换相裕度。持续发生换相失败时,通常要求保护在延时后跳换流器,以避免当换相失败可自行恢复时而不必停运直流系统。

（3）阀直流差动保护

检测保护范围内的接地故障并使故障换流器退出运行。检测到高低压测量点的电流差值时表明保护范围内有接地故障,切换到冗余控制系统,如故障未消除则闭锁换流器,跳交流开关。

2. 过电流保护

过电流保护旨在检测换流器设备,尤其是换流阀的过电流,通过对换流器变压器阀侧电流、换流器直流侧中性母线电流以及换流阀冷却水温度等参数的测量,可构成换流器的过电流保护,作为电流差动保护的后备保护;检测直流中性线、换流变压器阀侧绕组的电流最大值,出现过电流时保护动作,发跳闸命令,防止换流设备尤其是晶闸管的损坏;既作为恒电流控制系统失控时的保护,也作为整流桥、直流线路以及逆变器的后备保护,可采用反时限或分段定时限的形式。

3. 过电压保护

过电压保护包括以交流或直流侧电压作为监控对象的保护,保护目的是避免交流电压对所有换流设备产生过高的电气应力,以及防止各种由于换流变压器分接头开关不正常运行造成的换流器开路运行。

（1）交流过电压保护

交流过电压保护旨在通过换流变压器分接头开关控制限制阀上设备的电压,保护阀避雷器,防止换流变压器过励磁。根据换流器母线电压、分接头位置、频率计算出理想空载电压 U_{dio}。U_{dio} 超过整定值时保护启动。计算时考虑频率以补偿 U_{dio},避免低频过励磁。U_{dio} 太高时立即闭锁分接头开关升电压的命令,而发出降电压的命令,转换到冗余极控制。U_{dio} 较高时跳交流断路器。

(2) 直流过电压保护

直流过电压保护旨在保护设备使其免遭由分接头开关不正常操作、逆变器闭锁时整流器运行引起的直流过电压。通过测量直流线路的直流电压和电流以及触发角 α ,判断故障,启动保护。直流电压超过整定值时切换控制通道,闭锁阀。

4. 触发保护

通过对控制系统发出的脉冲与换流器晶闸管元件实际返回的触发脉冲作比较,可作为换流器的误触发或丢失脉冲的辅助保护。在换流阀内还需要为晶闸管设置强迫导通保护,以避免当阀导通时,某个晶闸管开通不了而承受过大的电压应力。

(1) 不正常触发保护

不正常触发保护旨在检测有控制脉冲时的不导通、误导通,防止被选为旁通对的阀不导通和误导通。发出的控制脉冲与阀导通回报信号对比,确定是否有不触发和误触发现象。检测到故障时切换到冗余控制系统,如仍有不正常触发则闭锁换流器、跳交流断路器。

(2) 部分关断保护

在逆变桥的熄弧角不够大的情况下,由于同一个桥臂上的各个晶闸管关断时间内,可能只有部分元件关断,到了阀电压变为正向时,这部分已关断的晶闸管元件将受到过电压而损坏。所以应设置部分关断保护装置在熄弧角不足(一般 $0°\sim90°$)或检测出有部分元件关断时,再触发该阀使之强制换相失败,以免损坏元件。

(3) 防止反向电压作用下误触发保护

防止反向电压作用下误触发保护旨在作为阀误开通、不开通及换相失败等各种故障的保护。保护动作后,依据不同故障类别发出信号,并实现相应的故障控制措施。当逆变桥发生换相失败的故障后,也可以采取立即减小整流桥电流整定值的保护措施。对于两次连续换相失败故障,采用移相、闭锁,并让失流桥停止一段时间后再自动启动。如再启动失败,则停机跳闸。

这是由于反向阀电压作用下,如果施加触发脉冲,将使晶闸管元件的反向漏电流增加很多,而且同一阀串中各元件之间漏电流的差别也增大,造成电压分布不均匀,个别元件将受到过电压。为了防止这种情况发生,可以在阀的反向电压阻断期间采取封锁该阀的触发脉冲的措施。

5. 本体保护

对阀的热过应力进行保护,可通过对阀温度的监视和计算得到阀的热过应力的大小。

以上几种桥阀保护，是以整个臂为保护对象，检测其故障状态，并采取相应的保护措施，但是晶闸管往往用几十个以致几百个元件组成，由于在设计时对元件的数目留有一定的裕度，因此在运行中个别元件损坏，整个桥阀并不会立即出现故障状态。但是这种个别元件的损坏，会加速其他完好元件的损坏。因此对于元件的损坏检测和监视很重要，这样能及时更换损坏的元件。除了直接对元件的损坏进行检测外，还有对元件控制极监视以及元件和冷却介质温度监视等保护措施。

对于换流器本体，通常要求设置阀温度的监视。目前大部分工程使用温度的计算值，以对阀的过热应力进行保护。对于晶闸管元件的监视是换流器必不可少的。当晶闸管元件击穿损坏个数达到一定程度时，必须闭锁换流器。由于换流器中的晶闸管元件备有冗余量，因此，击穿损坏的晶闸管数量不超过冗余量时，可进行报警处理。换流器应避免在过大的触发角下运行，因此还可针对触发角设置保护性监视，以避免阀承受过大的换相应力。

（1）晶闸管在线监测

晶闸管在线监测旨在阀中故障晶闸管达到报警跳闸水平时分别发出报警信号或跳交流开关。在晶闸管阻断期间检测晶闸管的阻断电压，若检测不到，则判断该晶闸管已有故障。检测到故障时根据故障的程度报警、切换到冗余控制系统或闭锁换流器、跳交流开关。

（2）晶闸管结温监视

晶闸管结温监视旨在检测并限制换流器设备，特别是换流阀过热。根据所测直流电流和阀冷却水温计算出的晶闸管结温太高时限制电流。计算的温度超过所设参考值时将发出一个降功率的指令，把直流电流降低 5%，直到温度低于参考值为止。电流指令和测量电流在保护中比较。检测到故障时降低直流功率。

（3）大角度监视

大角度监视旨在检测并限制大角度触发时对主设备的应力。该应力由大角度触发监视功能（HAS）计算。HAS 计算高压直流系统的限制值。HAS 包括阀阻尼回路、阀避雷器、阀电抗器的理论模型。大角度运行且 U_{dio} 太高时，晶闸管应力超过其限制值，则 HAS 发出降低 U_{dio} 的命令并报警，调节分接头开关来降低 U_{dio}，直到应力低于限制值为止。若此时手动调节不起作用或分接头卡死，则晶闸管应力仍将过高，此时就发出报警信号。若晶闸管应力继续增加，则 HAS 将在延时后跳闸。

7.4　高压直流输电线路的保护

7.4.1　直流线路故障类型

直流线路故障是指直流输电系统中换流站间的直流输电线路处于极导线对地或极导线间短路，或主电路导线断路造成的非正常状态。在直流输电系统中直流线路故障将导致输送电量的减少甚至停止送电。

直流架空线路故障方式有极线开路、极线间短路、极对地短路。极线间短路发生概率很小,引起直流线路极线间短路的最大可能原因是直流线路跨度较大时发生风偏舞动。若直流线路跨越交流线路,还可能发生交直流导线碰线的故障。对于长距离高压直流线路而言,发生几率最高的还是雷电引起的或线路绝缘子污秽造成的对地闪络故障,当然输电线路下方明火导致闪络也时有发生。由于污秽导致绝缘子沿面闪络的短路故障一般为瞬时性故障,但也不排除形成永久性故障的可能。直流线路极线开路将引起直流电流中断和直流过电压,引起直流线路开路的最大可能原因是直流线路倒塔和掉串。

直流电缆线路故障海底电缆发生故障的原因主要是船舶抛锚和拖网造成外伤,使电缆外绝缘受损或内绝缘击穿。这种故障一般是持续性的,需要切除损坏部分重新加以连接以清除故障。电缆线路故障的过程与架空线路相类似,但由于线路参数不同,因而故障电流的数值和波形不同。

7.4.2　直流线路故障过程

除了少部分的海底电缆工程和背靠背直流工程外,90％以上的高压直流输电工程采用的是架空线路,因此对高压直流架空线路故障分析很具有代表性。

直流架空线路发生故障时,从故障电流的特征而论,短路故障的过程可以分为行波、暂态和稳态三个阶段。

(1) 初始行波阶段

一根输电线可以看成由无数个长度 dx 的小段所组成,即输电线是一个具有分布参数的电路元件。线路的分布参数特性使得线路中的能量传递或者线路上的扰动均以电压波、电流波的形式在线路中按一定的速度运动,故称之为线路中的行波。故障后,线路电容通过线路阻抗放电,沿线路的电场和磁场所储存的能量相互转化形成故障电流行波和相应的电压行波。其中电流行波幅值取决于线路波阻抗和故障前瞬间故障点的直流电压值。线路对地故障点弧道电流为两侧流向故障点的行波电流之和,此电流在行波第一次反射或折射之前,不受两端换流站控制系统的控制。电压、电流行波的波动方程分别为

$$\frac{\partial^2 u}{\partial x^2} = LC \frac{\partial^2 u}{\partial t^2} \tag{7-1}$$

$$\frac{\partial^2 i}{\partial x^2} = LC \frac{\partial^2 i}{\partial t^2} \tag{7-2}$$

上式的达朗贝尔解为

$$u = u_f\left(t - \frac{x}{v}\right) + u_b\left(t + \frac{x}{v}\right), \quad v = \frac{1}{\sqrt{LC}} \tag{7-3}$$

$$i = \frac{1}{Z_C}\left[u_f\left(t - \frac{x}{v}\right) - u_b\left(t + \frac{x}{v}\right)\right] \tag{7-4}$$

式中，Z_c 为波阻抗；v 为波速；u 的第一部分是指一个前行电压行波（forward wave），第二部分则是指反向电压行波（backward wave）。

（2）暂态阶段

经过初始行波的来回反射和折射后，故障电流转入暂态阶段。直流线路故障电流主要分量有：带有脉动而且幅值有变化的直流分量（强迫分量）和由直流主回路参数所决定的暂态振荡分量（自由分量）。在此阶段，控制系统中定电流控制开始起到较显著的作用，整流侧和逆变侧分别调节使滞后触发角增大，抑制了线路两端流向故障点的电流。

（3）稳态阶段

最终，故障电流进入稳态，两侧故障电流提供的故障电流稳态值被控制到分别等于各自定电流控制的整定值，两侧流入故障点的电流方向相反，故障点电流为两者之差，即为电流裕度 ΔI_d。

直流线路发生故障后，必须使线路储存的能量全部释放，线路故障处才能灭弧，因此直流线路发生短路后，控制系统将尽快将直流电流降至零，通常这个过程需要 10～50ms。不同的故障点，不同的控制调节性能，相对换相时刻不同的故障发生时间，对故障电流的大小和直流电压的变化率都有不同程度的影响。不同直流线路的阻抗不同，也将使线路瞬间对地故障的清除时间有所不同。

7.4.3　高压直流线路保护的要求与配置

对于直流输电架空线路，要求保护能检测到线路的任何一点上可能产生的各种故障，具有全线速动性能，并能区别直流开关场故障、交流侧故障、换流器故障等区外故障，以避免区外故障时线路保护误动。每极都应装设多重快速保护和一些慢速保护来检测快速保护检测不到的持续性故障，如直流线路高阻接地故障。

由于直流输电系统传输功率大，线路发生故障后，要求保护必须尽可能快地切除故障，否则将对整个系统造成很大的冲击。直流线路发生故障时，一方面可以利用桥阀控制极的控制来快速地限制和消除故障电流；另一方面由于定电流调节器的作用，故障电流与交流线路相比要小得多。因此，对直流线路故障的检测，不能依靠故障电流大小来判别，而需要通过电流或电压的暂态分量来识别。

然而，系统中运行的绝大多数继电保护都是反映于故障后稳态工频信息而动作的，例如电流增大、电压降低、电流和功率方向改变、测量阻抗减小等故障信息。并且这类保护依靠的是稳态工频量信息，需要较长的时间（数据窗）来获取，限制了微机保护动作的速度；电流互感器饱和造成二次传变电流失真，使得微机保护中的计算值与实际故障电流的差别很大，从而引起保护装置的不正确动作；工频距离保护不能正确区分线路区内故障和系统振荡。可见，依赖工频量信息的传统保护已经不能适应超高压长距离直流输电的需要了。因此，一种基于故障暂态信息的保护——行波保护成为解决问题的关键。当直流线路发生故障时，从故障点到两端换流站会分别反射不同的故障电压、电流行波,通过整定直流线路电压和电流的变化率,行波保护可以对这种故障进行监测。

目前,高压直流线路保护普遍以行波保护(traveling wave protection)作为主保护,它是利用故障瞬间所传递的电流、电压行波来构成超高速的线路保护。当直流线路发生故障时,从故障点到两端换流站会分别反射不同的故障电压、电流行波,据此可以检测故障。它不需远动通信就可启动直流线路接地故障保护,还可以根据电流变化(di/dt)的方向来区分直流线路故障和直流开关场故障。如果电压的变化率和电压变化的幅值超过了设定值,保护系统计算电流的变化率,如果也超过了设定的值,线路跳闸信号就会在整流站的极控中启动直流线路故障恢复顺序,即按预先设定的次数,按一定的去游离时间,全压启动或降压启动故障的直流极;若经重启动后仍不成功,将闭锁两端阀组。由于暂态电流、电压行波不受两端换流站的控制,其幅值和方向皆能准确反映原始的故障特征而不受影响,可靠性很高;而且,同基于工频电气量的传统保护相比,行波保护具有超高速的动作性能,其保护性能不受电流互感器饱和、系统振荡和长线分布电容等的影响。

另一方面,相比于交流系统,在直流系统中行波保护具有更明显的优越性。首先,在交流系统中,如果在电压过零时刻(初相角为0°)发生故障,则故障线路上没有故障行波出现,保护存在动作死区;而直流系统中不存在电压相角,则无此限制。其次,交流系统中电压、电流行波的传输受母线结构变化的影响较大,并且需要区分故障点传播的行波和各母线的反射波以及透射波,难度较大;由于高压直流线路结构简单,也不存在上述问题,线路内部故障时,由于两端换流器的波阻抗非常大,折射率几乎为零,反射率接近为1,故障行波只在整流器和逆变器之间来回反射;直流线路区外故障时,由于换流器和平波电抗器的作用,折射到保护安装处(安装在平波电抗器线路侧)的故障行波无论是幅值还是波头的陡度都大大的减小了。

同时,高压直流线路保护采用低电压保护、斜率保护、纵差保护等作为行波保护的后备保护。

对于直流线路的高阻接地,直流电压下降幅值和速率都较低,如果行波保护不能满足要求,具有长时限的直流低电压保护(low voltage protection,或称为欠电压保护)可以作为行波保护的后备保护。低电压保护监测直流线路故障,该保护整定一个低电压和直流线路电压的变化率(参见表7-4),启动直流线路故障恢复顺序到极控。

直流线路纵差保护(longitudinal differential protection)作为行波保护和低电压保护的后备保护。该保护比较来自两站的直流线路两端电流的差值(参见表7-4),选择性和灵敏性都较好,动作后发直流线路故障恢复顺序到极控。但此保护需要依靠两端换流站间的通信通道,因而其动作延时较长。

对于直流线路绝缘子瞬时性闪络,如果能将直流短路电流降到零(通常在20ms左右直流电流即可被降到零),那么经过一段去游离时间后,弧道绝缘可能充分恢复,于是直流线路可以重新带电运行。自动执行这种操作的保护顺序称为直流线路故障再启动。如果所选全压再启动次数已经达到,但故障还存在,没能成功地恢复直流传输功率,则保护将进行直流降压再启动尝试。如果全部再启动尝试都不成功,保护应将该故障极线隔离。

一般直流线路还配备过电压保护,对直流线路运行的电压水平进行监视。当工程中采用双极线并列运行时,由于一极线路故障可能在健全极线路上产生较大的电压变化率,健全极线路保护应设置电压闭锁环节防止误动。在直流回路开路的情况下,若相应阀组意外地被启动,则设备将遭受直流过电压。在逆变桥发生连续换相失败故障以及交流侧发生不对称短路故障时,会有交流电压侵入直流线路,可能会引起线路振荡过电压。设置直流过电压保护主要是保护线路和设备的绝缘。

当发生直流线路与交叉的交流线路碰线故障时,直流线路保护应能正确识别,将受影响的换流极停运并隔离,然后合上此直流线路的接地刀闸,以保证交流线路在此情况下能可靠地清除故障。如果经过系统计算发现不能完全排除交直流系统相互作用,产生次同步振荡的可能性,则还应考虑装设次同步振荡保护。

7.4.4　直流线路行波保护

直流线路发生故障时,由于高压直流系统的电流调节器的调节速度很快,短路点的故障电流稳态值是不大的,即使故障的开始的瞬间的过冲电流的幅值也并不像交流线路那样大。理论和实际试验表明,在电流调节器的作用之下一般短路电流增量的峰值与正常的额定电流大致相等,即整流器总电流的峰值等于正常的额定电流的 2 倍。另外,还需要考虑直流线路故障保护的动作的正确性与唯一性。在高压直流系统中,当逆变器发生一次换相失败故障,使得直流线路通过逆变器的一对同相阀形成短路,这种"短路"和直流线路末端短路相比,只相差一个逆变器的电抗器。对于稳态的直流短路电流来说,这个差别几乎无法将两种故障区别开来,但是,又不能将这两种情况混淆处理。因为,一般来说换相失败故障可能经历 6.7ms(1/3 工频周期)之后就能自行恢复;而在直流线路发生故障后,必须使线路储存的能量全部释放,线路故障处的电弧才能熄灭,然后才能使线路试行投入运行。根据理论和实际的研究分析,由于电抗器的存在,直流线路短路故障开始时的线路始端电压变化率比逆变桥换相失败故障时的线路始端电压变化率大得多。因此通过比较线路在正常与故障时的稳态电流的大小来判别故障与否很困难,目前公认的做法是借助电流的暂态分量或借助电压的变化量来识别直流线路故障。

根据电磁场理论,电能以波的形式传播。正常运行和发生故障时线路上都存在运动的电压和电流行波。当线路发生故障时,会从故障点侧以接近光速传播的暂态电流行波和电压行波,而行波信号中包含着故障信息,这些信息包括:故障点产生的初始行波到达检测点标志着故障发生;初始行波和随后的反射行波到达检测点的时间差代表着故障距离;线路两端行波的极性可用于区别区内和区外故障等。对于继电保护来说,充分利用线路故障时产生的暂态故障行波的故障分量,可构成超高速行波保护,能够满足直流输电线路保护要求。

迄今为止,国内外学者提出了基于多种原理的行波保护,按照有无通道可分为有通道保护和无通道保护两类。有通道保护包括:行波差动保护、行波判别式方向保护、行波极性比较式方向保护、行波幅值比较式方向保护和行波电流极性比较式方向保护;无通道保护包括行波距离保护和利用噪声的保护。

行波方向比较式保护是根据行波特征不变性理论推导出正反向故障判据,可以工作于两端纵联方式和单端独立方式。Dommel 和 Mcihel 首先应用行波特征不变性理论推导出利用正向行波及其一阶导数构成反应的行波比较式保护判据,它的基本原理是:根据行波的行进方向判定故障方向,进而根据两端方向元件的动作结果决定保护是否动作。理论上,该保护方向性明确,与故障位置、初相位、故障类型无关。但问题是在行波发生多次折返射后,不再满足方向判据。因此必须在很短的时间内完成判据的快速检测。由于只采用前行波判决,因此在背侧发生故障时,可能由于行波的折射和反射产生误判断。这种方法对噪声非常敏感,各种干扰容易引起误动作,从而限制了其实际应用。

行波极性比较式方向保护是根据故障发生后电压电流故障分量的初始极性关系实现故障方向判别。在输电线路内部发生故障时,线路两端均有同一极性的电流和电压故障分量,外部故障时,近故障端有相同极性的电流和电压分量。理论分析和运行经验表明,在交流系统中,当电压过零前发生故障时,很可能产生不正确的极性判断。另外,某些情况下非故障相的保护会由于相间耦合关系发生不正确的极性判断。而在直流系统中,这些情况都不存在,因此这种保护方式对直流输电线路的保护具有很大优势。

行波差动式基本原理是:由线路一端发出的前向行波经延时后到达另一端,前向行波的形状及大小是不变的,即输电线路上外部故障时满足行波特征不变性。通过数字载波通道利用 PCM 编码传送线路两端行波电流电压的采样值,并且使用了比较完整的行波故障信息。缺点是要求高性能的数字载波通道;保护性能受网络拓扑结构的影响。另外,判决计算中行波波速和线路波阻抗与线路结构及环境条件等因素有关,选择不恰当时也会影响判决计算的正确性。

行波距离保护是以行波反射原理构成,通过检测初始行波和反射行波到达检测母线的时间计算出故障距离。它的优点是仅使用单端量,容易实现,动作速度快。主要问题有:受被保护线路两端母线的结构影响大,其值与它们所连接的其他线路及其末端母线的结构都会严重影响距离继电器的测量结果;由于波的畸变和衰减,使得延时的测量变得困难;而且波速受大地电阻的影响,使得距离保护误差增大。

行波保护在理论上已经比较成熟,但结合考虑实际工程情况,以及目前的 CT 与 PT 的传变性能、A/D 转换速度和 DSP(数字信号处理)速度等因素,在实际高压直流输电工程中具体采用什么样的行波保护判据能具有更高的可靠性、动作速度以及灵敏性都需要仔细研究。下面结合在国内外高压直流输电工程中应用最广泛的 ABB 公司和 SIEMENS 公司直流线路行波保护方案,针对以上几种判据的故障判别能力、抗干扰能力、动作速度、动作可靠性等进行说明。

1. 行波保护方案一

当直流线路上发生对地短路故障时,会从故障点产生向线路两端传播的故障行波,两端换流站通过检测所谓极波(Pole mode wave)的变化,即可检知直流线路故障,构成直流线路快速保护。计算方法是:

$$P_{1w} = Z_p I_{d1} - U_{d1}, \quad P_{2w} = Z_p I_{d2} - U_{d2} \tag{7-5}$$

式中,P_{1w} 和 P_{2w} 分别为极 1 和极 2 上的极波;Z_p 为直流线路的极波阻抗;I_{d1} 和 I_{d2} 分别为极 1 和极 2 上整流侧线路直流电流;U_{d1} 和 U_{d2} 分别为极 1 和极 2 上线路直流电压。

另外,故障时两个接地极母线上的过电压吸收电容器上会分别产生一个冲击电流 I_{CN1} 和 I_{CN2}(中性母线电容电流),利用该冲击电流以及两极直流电压的变化即可构成所谓地模波(Ground mode wave):

$$G_w = Z_g(I_{EL} + I_{CN1} + I_{CN2})/2 - (U_{d1} + U_{d2})/2 \tag{7-6}$$

式中,G_w 为地模行波;Z_g 为直流输电线路的地模波阻抗;I_{EL} 为架空地极线上的电流。根据地模波的极性就能正确判断出故障极。

直流线路故障后直流电流电压的极性和方向如图 7-5 所示。当直流线路正常运行时,极波 P_{1w} 和 P_{2w} 的值和变化率以及地模波 G_w 都接近于零;当极 1 上线路发生故障时,极波 P_{1w} 的上升率将大于一个正的门槛值;当极 2 上线路发生接地故障时,极波 P_{2w} 的下降率将小于一个负的门槛值。由此,即可正确检测出线路故障。当极 1 上线路发生接地故障时,地模波地模波 G_w 的值将大于一个正的门槛值;当极 2 上线路发生接地故障时,地模波地模波 G_w 的值将小于一个负的门槛值。由此,即可正确判别出故障极。

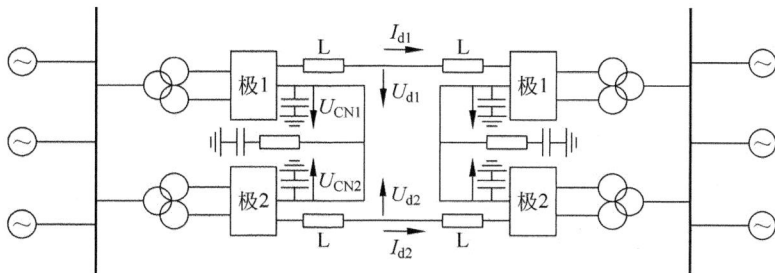

图 7-5 直流电流电压的极性和方向

为检测波头,测量两个采样之间极波 P_w 的差值。如果差值大于整定值,保护将启动并开始三个测量以确定在一定的时间内有充分的波幅。第一个量计算当前波头(波阵面前端点)与两个采样(0.2ms)之后的差值。第二个和第三个量计算当前波头与 5 个和 7 个(0.5ms 和 0.7ms)之后的差值。如果三个量都高于整定值,则初步认为直流线路上有故障。为了确定故障极,还需启动上述的地模波判别式,根据地模波的极性即可判断出故障极。

需要注意的是,两极分别有各自的极波判别式,为了提高抗干扰性能,只有当相应极的极波判别式为真,且地模波判别式的输出判别该极为故障极时,才能判别该极发生了故障。否则,不能判定为发生线路故障,继续往下搜索故障。

2. 行波保护方案二

当直流线路发生接地故障时,在向故障点两端传播行波的同时,两端换流站检测到的直流电压下跌,整流侧直流电流急增,逆变侧直流电流急降。根据以上特点,可采用检测直流线路电压的变化率(du/dt)以及电压的变化幅度是否超过整定限值,同时保护系统开始对电流梯度进行评价,不依赖通信通道检知线路故障。

具体判据为:当直流电压下降率 $du/dt < \Delta_{set}$ 时(Δ_{set} 为给定值),对故障前的与故障后的行波差值 $\Delta b(t) = b(i) - b(m)$ 进行 10ms 积分。若此积分值大于给定值(正值)则判别为极 1 故障;若积分值小于给定值(负值)则判别为极 2 故障,并延时 6ms 后发出行波保护动作信号。在此延时内,若有其他保护动作或另一极行波保护动作,则本级行波保护将被闭锁800ms。这里,$b(t) = Z_p I_d - U_d$,$b(m)$ 为故障前点 m 的行波采样值,$b(i)$ 为故障后点 i 的行波值。其中 du/dt 计算是在保护软件的 $250\mu s$ 中断程序中,采用一个二阶差分功能块构成的 du/dt 运算器,对本站检测到的直流电压求导。当运算器输出大于给定值时,将对故障行波 $b(t)$ 进行积分计算。在直流线路保护区内,不同地点发生故障,在换流站检测到的 du/dt 值是不同的。一般情况下,距离检测点越远,反应越迟,du/dt 值越小。

通过对高压直流输电的故障特征及其线路保护的有关研究表明:

(1) 高压直流输电的故障特征和对线路保护的要求决定了行波保护作为线路保护主保护的地位。

(2) 基于现有的 CT、PT 的传变特性,可采用前述的检测电压下降率,行波突变量以及地模波极性的方法来作为行波保护判据,其动作性能具有一定的可靠性。

(3) 随着光 CT、光 PT、高速数据采集技术、数字信号处理技术以及 GPS 的应用,基于小波变换的行波距离保护作为一种高速可靠的行波保护方案,已具有实用性。

7.4.5　直流线路的主要后备保护

1. 直流低电压保护

直流低电压保护作为行波保护的后备保护。该保护对低电压以及直流线路电压的变化率进行评价。它检测直流线路电压的幅值是否低于定值且电压的变化率是否大于设定值。

当它检测到低电压的持续时间超过电源系统故障的持续时间,或者逆变器换相失败的持续时间,并且从低电压开始时就检测到有一个高的电压变化率(在平波电抗器后,靠近换流器侧发生故障时,直流线路电压的变化率则较小,即陡度小),则将启动直流线路故障恢复顺序。如果启动的次数超过预先整定的次数,该极将被闭锁。

理论上,如果直流线路通过高阻抗短路时,直流电压将以较慢的速度下降,行波保护的电压的变化率元件可能不会动作。这时,需要针对这种情形配置后备保护。根据高压直流系统的特点,由于线路电容放电和定电流调节器调节的作用,将使最终直流电压水平降低,直流低电压保护的电压水平单元可以胜任这个任务。

2. 直流线路差动保护

直流线路差动保护用作行波保护、低电压保护的后备保护。该保护对来至两个站的直流线路电流进行比较。直流线路电流通过两个换流站之间的远程控制通信链路相互传输。如果电流差值超过设定的门槛值,将启动直流线路故障恢复顺序。如果启动的次数超过预先整定的次数,该极将被闭锁。当没有远程控制链路通信时,或者通信暂时中断,则直流线路差动保护将被闭锁。

直流线路通过不大于 100Ω 的高阻抗短路时,由于部分直流电流被短路,两端的直流电流将出现差值,直流线路差动保护可作出正确的响应。同时在发生交流电压降低时,直流侧的电压也会成比例地下降,但由于直流电抗器限制了直流线路释放能量的速度,直流电压下降的速度较慢,所以基于电压导数单元的行波保护的检测单元不会误动。但基于电压水平的直流低电压保护可能误动作(需要引进交流侧电压降低的信号来闭锁,逆变站侧故障还需要将信号传递到整流站侧来实现闭锁)。逆变器发生换相失败等故障时,也可能造成直流电压降低,低电压保护也可能误动作。

线路差动保护只检测两侧的直流电流,进行比较,所以不需要这些闭锁。因此,直流线路差动保护具有很大的优势。

但是,直流线路差动保护具有天生的缺陷性,由于需要对站的直流线路电流,所以要依靠通信通道。然而,通信通道的可靠性差,常导致直流线路差动保护的功能闭锁失去。在天广直流工程中,采用三套保护共用一个信号,即一站在一个发挥直流线路差动保护的对高阻抗接地故障的灵敏优势。

3. 交流-直流导线碰线保护

交流-直流导线碰线保护的运行采用基频保护原理,是对用于保护这类故障的主要直流线路保护的补充。它检测直流线路的线路电流和电压中的基频分量,当50Hz的分量大于设定值时,保护动作。如果该保护动作,将启动极控制的事故切除顺序,从而使该极停运。另外,直流线路的接地开关将闭合以确保可靠地清除在这类故障过程中产生的电弧。

4. 金属回路导线保护

直流线路的接地故障将由接地极母线差动保护进行检测。该保护的动作判据为:

$I_{dee4}>\Delta$。在金属返回运行方式下,只在其中一个站接地(逆变站的站内接地)。在这种情况之下,正常运行时无直流电流流入大地。上面的判据可以对直流电流进行评价。如果在金属回路导线上发生接地故障,将产生流入大地的直流电流。该电流也出现在接地站的接地极线路和高速接地开关上,并被接地极母线差动保护检测到,从而导致以上判据不成立。如果保护动作,则将启动极控制的闭锁顺序,从而使该极停运。

在高压直流系统以单极金属回线方式运行时,运行极的直流线路有本极的直流线路保护的保护。但是,另一极的直流线路充当金属返回回路,它自己的线路保护已经退出。如果金属返回回路上出现接地故障,在运行极的电压和电流没有任何变化,保护不会作出任何响应。发生这种故障,虽然不会对高压直流的设备造成损坏。但是这时很大的直流电流流经站内接地网,将对站内接地网造成严重的电解破坏作用,危及站内设备的安全运行(比如增加变压器的损耗),并且可能造成交流保护误动。

金属回路导线保护正是针对这种情况,根据站内接地点上出现的电流判定发生了故障,从而作出正确的响应。

7.4.6　直流线路故障恢复顺序

对于长距离高压直流输电工程,直流线路故障是不可避免的,因此直流线路保护不仅根据工程特点设置合理的保护定值以可靠地检测出故障,而且要在避免故障扩大的基础上最大限度地限制直流线路故障的再次发生和避免直流系统停运,为此在直流输电控制保护系统中设置了直流线路故障重启动功能 DFRS。该功能主要用于直流架空输电线路瞬时性故障后迅速清除故障、恢复送电,最大限度地确保直流系统的正常运行。从我国直流多年的运行情况来看,直流线路故障恢复顺序的运行情况很好,多次在直流故障后将直流系统重启动成功,极大地提高了输电的可靠性和可利用率。

线路故障重启的整个过程包括 3 个阶段,即系统闭锁阶段、线路去游离阶段和系统重启动阶段。其基本过程是:直流保护检测到直流线路故障后,发出线路故障信号至控制系统,控制系统立即将整流侧的触发角移相,使整流器变为逆变器运行,等待直流电流变为零;电流变为零后,经过预先设定的弧道去游离时间,整流器将移相信号去除,快速将角度前移,使直流电压和电流升到故障前的运行值。如果故障点的绝缘未能及时恢复,在直流电压和电流上升时可能会再次发生故障,这时可以进行多次重启动。为提高重启的成功率,一般在第二次重启动时可适当加长去游离时间或降低重启后的直流电压水平然后再重启动。如果已经达到设定的最大重启次数仍未重启成功,则认为是持续性故障,会启动闭锁时序将直流系统停运。运行人员可根据线路的物理特性决定直流线路的去游离时间的长短,确保在线路故障重启时线路的绝缘能恢复到正常水平。

7.5　换流站的过电压与防护

电力系统过电压是危害电力系统安全运行的主要因素之一。目前我国的高压直流输电系统主要担负着远距离、大容量输电和区域电网互联的重要任务。直流输电系统在遭受雷击、操作、故障或其他原因而产生的过电压后一旦发生设备绝缘击穿事故引起直流系统停运，就有可能造成负荷中心失去大容量的电力供应，进而危及大区电网的稳定运行，后果将十分严重，特别是对于像我国南方电网这样大规模交直流混联系统的破坏将是难以想象的。因而需装设过电压保护装置，对过电压进行限制，对设备提供保护，从而达到提高系统可靠性，降低设备成本的目的。

7.5.1　换流站交流侧过电压

1. 暂时过电压

暂时过电压是指持续时间为数个周波到数百个周波的过电压。除直接作用在设备，尤其是避雷器上引起避雷器能量要求上升外，还作为其他故障和存在的起始条件，将引起操作过电压上升。最典型的暂时过电压发生在换流站交流母线，直接影响着交流母线避雷器，并通过换流变压器传至阀侧，影响阀避雷器。在换流站交流母线上产生的暂时过电压主要有以下 3 种类型。

（1）甩负荷过电压

当换流站的无功负荷发生较大改变时，将产生程度不同的电压变化。特别是当无功负荷突然消失时，电压将突然上升，即为甩负荷过电压。引起甩负荷过电压的一个典型原因是换流器停运。如果发现过电压幅值过高，超过相应电网运行规程规定的母线暂时过电压最高允许值（额定电压的 1.3～1.4 倍），则应该采取相应的措施加以限制，如快速切除并联无功补偿设备。当考虑暂时过电压对阀避雷器应力的影响时，一般不考虑连接在同一交流母线上的所有换流器全部停运，因为换流器停运以后，其避雷器从耐受相间电压变成耐受相对地电压，一般不会再有过应力。另外，在考虑这种工况时，最重要的是甩负荷前后最大的电压变化倍数而不是过电压的绝对值，因为只有这一电压变化量才能通过换流变压器转变为阀避雷器上的过电压绝对值。

（2）换流变压器投入时引起的饱和过电压

换流站装设有大量的滤波器和容性无功补偿设备，与系统感性阻抗在低次谐波频率下可能发生谐振，使得变压器投入时饱和引起的励磁涌流在交流母线上产生较高的谐波电压，并叠加到基波电压上，造成长时间的饱和过电压。由于换流站一般有多个换流器，当其他换流器运行时,不可避免地要投入滤波器和容性无功补偿设备,当最后一台换流变压器投入时,往往会发生饱和过电压的问题。为了降低这类过电压的幅值,几乎所有换流变压器的断路器都加装合闸电阻,这对降低换流变压器投入时的铁磁谐振过电压十分有效。

(3) 清除故障引起的饱和过电压

在换流站交流母线附近发生单相或三相短路时,可使得交流母线电压降低到零。故障期间换流变压器磁通将保持在故障前水平不变。当故障清除时,交流母线电压得以恢复,此时至少有一相的电压相位与剩磁通的相位显著不匹配,从而导致该相变压器发生偏磁性饱和。这种饱和过电压不能通过加装合闸电阻来解决,因而在确定换流站交流母线避雷器能量要求时必须考虑这个工况。

2. 操作过电压

交流母线操作过电压是由于交流侧操作和故障引起的,具有较大幅值的操作过电压一般只维持半个周波。除影响交流母线设备绝缘水平和交流侧避雷器能量外,还可以通过换流变压器传导至换流阀侧,而成为阀内故障的初始条件。引起操作过电压的操作和故障有以下 4 类。

(1) 线路合闸和重合闸

当两端开路的线路在一侧投入到交流系统时,通常在线路末端产生较高的操作过电压,而线路首端的过电压水平相对较低。当换流站交流开关场投运时,总是让第一回投入的线路首先带电,当达到稳定状态后,再接到换流站交流母线上,这样可以避免在交流开关场设备上造成大的操作过电压。另外,线路合闸过电压可通过加装合闸电阻得到改善。

(2) 投入和重新投入交流滤波器或并联电容器

在投入滤波器时,因滤波电容器电压与交流母线电压相位不一致,将产生操作过电压。最严重的情况是滤波器刚刚退出,还未彻底放电,而因为某种原因需再次投入,此时如果电容器残压与交流母线电压刚好反相,将造成严重的操作过电压。因此滤波器必须配备最短投入时间保护,并要求电容器装设放电电阻。限制交流滤波器投入过电压的措施主要为选相合闸和装设合闸电阻。

(3) 对地故障

当交流系统中发生单相短路时,由于零序阻抗的影响,会在健全相上感应出操作过电压。对于直流换流站常用的中性点固定接地系统,则这种操作过电压一般不太严重。

(4) 清除故障

清除故障也会引起操作过电压,但过电压倍数一般不太高。

3. 雷电过电压

换流站交流侧产生雷电过电压的原因有交流线路侵入波和换流站直击雷两类。由于换流站有较多的阻尼雷电波的设备并装设有交流母线避雷器,因此雷电过电压的情况一般没有常规变电所严重。另外,由于换流变压器的屏蔽作用,雷电波不能侵入换流阀侧。因此在通常情况下雷电过电压不作为换流站交流过电压研究和绝缘配合的重点,可直接依照常规交流变电所规程进行处理。

7.5.2　换流站直流侧过电压

1. 暂时过电压

在换流站直流侧产生暂时过电压主要是由于交流侧暂时过电压和换流器故障引起的。换流器运行时,因各种原因在换流站交流母线上产生的暂时过电压能够传导至直流侧。换流器部分丢失脉冲、换相失败、完全丢失脉冲等故障,均能够引起交流基波电压侵入直流侧。如果直流侧主参数配置不当,存在工频附近的谐振频率,则由于谐振的放大作用,将在直流侧引起较长期的过电压。

2. 操作过电压

在换流器内部产生操作过电压主要是由于交流侧操作过电压和换流器内部发生短路故障引起的,交流侧操作过电压可以通过换流变压器传导到换流器。不过,由于交流母线避雷器的保护作用,传导到直流侧的过电压通常不至于对直流设备产生过大的应力。在换流器内部发生短路故障时,由于直流滤波电容器的放电和交流电流的涌入,通常也会在换流器本身和直流中性点等设备上产生操作过电压。

3. 雷电过电压

换流站直流开关场的雷电过电压主要有沿直流线路或接地极线侵入直流场的雷电侵入波过电压和雷电直击直流场的直击雷过电压两类。对于换流阀厅,由于交流侧换流变压器及直流侧平波电抗器的屏蔽作用,因此在一般设计中可不考虑雷击在阀厅引起的过电压。但当换流器内部发生短路故障时,充电的极电容和直流滤波器电容通过平波电流器向未短接的部分放电,如果回路自然频率为雷电波频率,则会在这些阀厅内的设备上产生雷电过电压。

4. 陡波过电压

换流系统对地短路和换流阀全都导通或误投旁通对都会在换流器中产生陡波过电压。当处于高电位的换流变压器阀侧出口到换流阀之间对地短路时,换流器杂散电容上的极电压将直接作用在闭锁的一个阀上,对阀产生陡波过电压;而直流滤波器和极电容上的电压将通过平波电抗器加到未导通的阀上,可以造成雷电波或操作波过电压。当两个或多个换流器串联时,如果某一换流器全部阀都导通或误投旁通对,则剩下未导通的换流器将承受全部极电压,造成陡波过电压。

7.5.3　换流站过电压保护

换流站过电压保护装置经历了保护间隙、碳化硅有间隙避雷器和金属氧化物无间隙避雷器三个发展阶段。

早期的直流输电工程大多采用保护间隙作为主要的过电压保护装置,它的结构简单,价格便宜,坚固耐用,通流能力大,但放电电压不稳定,没有自灭弧能力。因为直流输电系统中有完善的控制调节系统,在保护间隙动作之后,能自动降低直流电流到零,帮助间隙灭弧,然后有可能自动再启动,恢复直流送电能力。

直流避雷器的运行条件与交流避雷器有以下显著的特点:①交流避雷器可利用电流自然过零的时机来切断续流,而直流避雷器没有电流过零点可资利用,因此灭弧较困难;②直流输电系统中电容元件远比交流系统多,而且在正常运行则均处于全充电状态,一旦有某一只避雷器动作,它们将通过这一只避雷器进行放电,所以换流站避雷器的通流容量要比常规交流避雷器大得多;③正常运行时直流避雷器的发热较严重;④某些直流避雷器的两端均不接地;⑤直流避雷器外绝缘要求高。因此,直流避雷器的运行条件要比交流避雷器的严酷得多,为此需要满足非线性好、灭弧能力强、通流容量大、结构简单、体积小、耐污性能好等技术条件。

碳化硅避雷器虽比火花间隙的保护特性有较大的提高,但由于保护特性仍不理想不能有效降低残压,即配合电流下的残压与避雷器额定电压的比值高。这里所谓配合电流,就是指避雷器在过电压下流过电流的最高估计值。为了降低设备绝缘水平,必须降低避雷器额定值。在这种情况下,为了保证避雷器本身的运行安全,必须串联间隙,因此仍然带来一些保护水平的不确定性。

金属氧化物避雷器因其全方位的突出优点,一经推出便迅速地淘汰了传统的碳化硅有间隙避雷器。由于金属氧化物避雷器的伏安特性比碳化硅避雷器优越得多,从而不再需要有串联间隙,故有时也称为无间隙避雷器。

氧化锌避雷器由绝缘套管和串联的避雷器芯片组成,其中芯片是一种陶瓷材料。由氧化锌和其他添加材料,如氧化铋、氧化钴、氧化铬、氧化锰和氧化锑等混合,并磨制成极小的颗粒后压制烧结而成。绕制后的芯片材料主要由低阻性的氧化锌颗粒构成,颗粒直径约为$10\mu m$,在其周围由厚度约为$0.1\mu m$的高阻性氧化物薄膜紧密包裹;随着电场强度的变化,薄膜的电阻率可在$10^{10}\sim1\Omega\cdot cm$之间变化;相对介电常数约为$50\sim1200$,极端情况可达1600。

芯片的导通机理可分为三个阶段。

第一阶段为低电场下的绝缘特性。此时高阻薄膜可看成能量屏障,阻止电子在氧化锌颗粒之间移动;电场有降低屏障能量值的作用,从而允许部分电子以热扩散的方式穿过。

第二阶段为中等电场下避雷器的限压特性。当薄膜内的电场强度达到约$10^6\,V/cm$时,电子将以隧道效应通过薄膜的能量屏障。

第三阶段为高电场强度下的导通特性。此时由穿过薄膜的隧道效应所产生的电压降已很小,电压降大多集中在氧化物颗粒上;当电流继续增大时,避雷器电压线性上升,主要为氧化锌颗粒上的电阻性压降。

7.5.4　换流站过电压保护和绝缘配合

直流输电换流站过电压保护与绝缘配合的目的就是寻求一种避雷器配置和参数选择方案,保证换流站所有设备(包括避雷器本身)在正常运行、故障期间及故障后的安全,并使得全系统的费用最省。

从避雷器安全的角度出发。需要考虑两个主要方面:其一是长期连续运行的安全,防止加速老化。要求能够在规定的环境条件下,在避雷器运行温度不超过保证运行寿命所规定的最高温度时,最高连续运行电压下的电阻性漏电流所引起的损耗能够与散热能力平衡。在工程中,尤其是在交流使用条件下简化为根据最高连续运行电压采用足够高的额定电压。其二是过电压下通过避雷器的能量不能超过其允许值。一般说来,避雷器额定电压越高,单位电压的能量要求就越低,对于内阻抗较小的系统而言情况更是这样。较高的避雷器额定电压可以降低单位电压避雷器的能量要求,因而可以降低避雷制造难度和费用。

对于被保护设备,避雷器额定电压越高,保护水平就越高,设备的绝缘水平也相应提高,因而制造难度和费用增加。为了解决避雷器安全和设备造价之间的矛盾,需要进行精心的优化配置工作。在工程中,除严格按照标准和导则进行规范外,换流站的过电压保护需要依赖工程经验。换流站过电压保护和绝缘配合的一般过程是:第一步,确定避雷器的配置方案;第二步,确定各避雷器的额定电压和保护特性;第三步,初步确定配合电流、保护残压和设备绝缘水平;第四步,进行过电压研究,确定避雷器能量要求,校核实际流过避雷器的电流幅值是否超过配合电流;第五步,如果必要,则进行调整,即一般情况下调整避雷器并联柱数,必要时需调整额定电压甚至配置方案,最终确定保护方案和绝缘水平。

确定换流站过电压防护措施和避雷器配置方案的原则是:①交流侧产生的过电压,尽量在交流侧就地加以限制,主要由接在交流母线上的避雷器来实现;②从直流侧侵入换流站的过电压,先由直流线路避雷器,直流母线避雷器和中性母线避雷器加以限制;③由于换流站内各种设备所受的电应力不同,各点的对地电位也不同,有些设备还是串联连接,为了降低设备造价并且实现对设备的安全保护,换流站还配备了各种不同类型和规格的避雷器。

7.5.5　换流站防雷保护

换流站的防雷保护与常规交流变电所防雷保护相似,都是采用避雷针和避雷线等方法将具有某种强度的雷电波直击概率降低到工程上可以不考虑的程度。

开关场的雷电波来源主要有两个：第一个是线路侵入波，即连接到交流场、直流场和直流中性母线的线路靠近换流站区段落雷，雷电波几乎没有衰减而侵入换流站的对应部位。线路上的落雷又分绕击和反击两种，对于开关场的雷电波绝缘配合，一般只考虑绕击雷。第二个是换流站绕击雷，是换流站进行绝缘配合时选择雷电波配合电流的基础。雷电波绕击开关场的原因是屏蔽失败。

确定换流站各部分防雷标准的基础是绝缘配合中采用的雷电波配合电流。表 7-9 给出换流站各部分雷电波配合电流参考值，这些值除用于换流站防雷设计外，还应用于相应线路的防雷设计。

表 7-9　换流站各部分雷电波配合电流参考值

位　　置	电压水平/kV	雷电波配合电流参考值/kA
交流开关场	220 及以下	10
	220～500	15
	500 及以上	20
直流开关场	200 及以下	10
	220～500	15
	500 及以上	20
交流滤波器低压设备区		2
直流滤波器低压设备区		2
直流中性点区域		2

换流站防雷措施主要有避雷针和避雷线两种。避雷针根据需要可以安装在构架上或独立基础上。避雷针和避雷线的防雷原理及设计方法与交流变电所类同，可根据选定的防雷标准（如 20kA）和规定的屏蔽概率（如 99.99%），通过合理设计避雷针的高度和密度，可以按要求达到覆盖全部变电设备。

在滤波器低压设备区域和直流中性母线区域，由于屏蔽要求较高，如果仍然采用避雷针，则必须提高避雷针的高度，这将引起针体和基础造价的大幅提升，同时影响换流站整体观感；或者提高采用避雷针的密度，引起布置困难并增加占地。因此，可以在构架避雷针和位于站区边沿的独立避雷针之间架设避雷线。避雷线的防雷原理与避雷针极为相似，只是屏蔽区域有显著的扩展，从原来以避雷针为轴心的一个柱体扩展为沿避雷线的一个条状体。

1. 换流站直击雷防护

与交流变电站相同，对于直流换流站的直击雷防护，我国 ±500kV 换流站的直击雷防护措施主要有避雷针和避雷线，大多采用避雷针和避雷线混合使用。运行经验表明，正确设计和安装了避雷针或避雷线的变电站或换流站，其直击雷防护效果是显著和可靠的。

与交流变电站不同之处是，直流换流站的布置比较复杂，它有交流场、交流滤波器场、换流区和直流场，特别是直流场又分为直流极母线区和中性点区，其设备高度和电压等级差别较大，使避雷针和避雷线的设计较为复杂。

2. 换流站雷电侵入波保护

高压直流换流站对于雷电过电压可分为 3 个区域：①换流站交流侧，从交流线路入口到换流变压器的网侧端子；②换流区域，从换流变压器的阀侧端子到直流平波电抗器的站侧端子之间；③换流站直流开关场区域，从直流线路入口到直流平波电抗器的线路端。

与交流变电站相同，高压直流输电工程换流站设备上的雷电过电压主要来自输电线路的雷电侵入波。交流场设备上的雷电过电压是由交流输电线路传入的，而直流场设备上的雷电过电压是由直流输电线路和接地极传入的。

对于换流区段的设备，由于有换流变压器和平波电抗器的抑制作用，来自于交、直流侧的雷击波传递到该区段后，其波形类似操作波形，因此应按操作冲击配合。

对交流侧，换流站交流侧产生雷电过电压的原因与常规的交流变电站相同，可参照常规交流变电站的防雷设计。由于换流站安装有多组交流滤波器和电容器组，它们对雷电过电压有一定的阻尼作用，使得换流站交流设备上的雷电过电压不比常规的交流变电站严重。

对直流侧，设备上的雷电过电压是由雷绕击到直流（含接地极）线路导线或雷击直流（含接地极）线路杆塔反击造成的雷电侵入波，经直流线路传入的。来自直流输电线路的雷电侵入波，首先由直流极线避雷器进行限制，传递到各直流设备上的雷电过电压，由相应位置上的避雷器加以限制。由于换流变压器和平波电抗器的屏蔽作用，换流变阀侧设计中一般可不考虑雷击引起的过电压。接地极线路的雷电侵入波，主要由中性母线避雷器和接在中性母线入口处的冲击吸收电容器来限制。冲击吸收电容器对像雷电冲击这样的陡冲击波的抑制效果非常明显。

直流系统运行方式较多，在单极金属返回运行方式下，当雷电侵入波来自返回的直流输电线路时，因直流输电线路杆塔和耐雷水平较高，雷电侵入波幅值也较高，当此雷电侵入波传递到直流场的中性母线上时，会在中性母线上产生较高雷电过电压，而中性母线的绝缘水平往往设计较低，故在中性母线的防雷设计时应特别考虑单极金属返回运行方式下的雷电侵入波过电压。

同交流侧一样，在直流场上避雷器的安装位置应尽量紧靠被保护的设备，若保护距离较大，应根据具体工程的设计，通过仿真计算来确定，以得到最好的防雷效果。

我国 $\pm500\mathrm{kV}$ 直流输电线路的运行经验表明，直流输电线路雷击闪络率较高，雷击闪络大多由绕击引起。由于自然界负极性雷约占 90%，直流输电线路正极线的雷击闪络远高于负极线。结合运行经验，在直流线路雷电性能计算时需考虑直流电压对击距的影响。

7.6　直流输电线路的过电压与防雷保护

7.6.1　直流线路过电压

1. 雷电过电压

直流线路上的直击雷和反击雷除在直流线路上产生雷电过电压外,还将沿线路传入直流开关场,直流开关场直击雷也将产生雷电过电压。

2. 操作过电压

直流线路上产生操作过电压的情况主要有以下两种。

(1) 在双极运行时,一极对地短路,将在健全极产生操作过电压。这种操作过电压除影响直流线路塔头设计外,还影响两侧换流站直流开关场过电压保护和绝缘配合。过电压的幅值除与线路参数相关外,还受两侧电路阻抗的影响。

(2) 对开路的线路不受控充电(也称空载加压)。当直流线路对端开路,而本侧以最小触发角解锁后,将在开路端产生很高的过电压。这种过电压不但能加在直流线路上,而且也可能直接施加在对侧直流开关场和未导通的换流器上。在现代直流输电工程中,可以采用两种技术避免上述情况发生。其一是在站控中协调两侧的网络状态和解锁顺序,避免对开路的直流线路加电压;其二是在极控中加连锁,避免换流器小角度解锁。通过这两种技术,将这种直流侧最严重的过电压情况发生的概率降低到工程设计中可不予考虑的程度。

无论是交流系统,还是直流系统,输电线路都是电网的重要组成部分,它将电能输送到四面八方的负荷中心。特别对于直流输电线路,承担着长距离大容量的送电任务,其安全运行显得尤其重要。架空输电线路分布很广、纵横交错,容易遭受雷击。我国近几年的架空输电线路故障分类统计表明,在引起高压、超高压交流输电线路跳闸的各种因素中,雷击引起的跳闸次数占 40%~70%,特别是在多雷、土壤电阻率高和地形复杂的地区,雷击输电线路引起的故障率更高。其中,雷击直流输电线路的情况也较突出。另外,输电线路落雷,沿输电线路传入换流站的雷电侵入波也可能造成站内设备的损坏。

7.6.2　直流输电线路的耐雷性能

直流输电线路的雷击闪络特性与交流输电线路有所不同,原因是由于雷击架空输电线路绝缘闪络后,交流和直流系统的保护动作方式不同。

对于交流输电系统,当雷击架空输电线路引起绝缘闪络后,系统继电保护启动,跳开线路两侧的断路器,切断故障电流,并在规定的时间内进行重合闸操作,线路恢复正常送电。

对于直流输电系统,当雷击架空输电线路引起绝缘闪络(即直流线路发生接地故障)时,直流系统的控制保护系统启动,迅速将整流侧的触发角移相至 160°左右,将整流站转为逆变站运行,故障电流降为零,经过一段去游离时间之后,故障点熄弧,再启动直流系统恢复正常送电。故障发生时刻到移相指令开始执行的时差与控制保护时延及故障地点距整流站距离有关,全程时间一般约 150~200ms。

交流输电系统是采用线路两侧的断路器跳开切断故障电流,由于断路器设备对跳闸次数有要求,当跳闸次数超过一定数量后,需要对断路器进行停电检修。所以,交流输电系统把"雷击跳闸率"作为线路的耐雷指标。特别是对于早期的少油断路器设备,为了尽量减少断路器的动作次数,对交流线路的雷击跳闸率指标有较严格的要求。另外,雷击架空输电线路绝缘闪络的同时,由于工频电弧的作用,有时会烧坏绝缘子。故每次雷击跳闸后,运行人员需寻找故障点,必要时更换绝缘子。这也是控制交流线路雷击跳闸率的因素之一。

直流输电系统则是通过控制整流侧移相切断故障电流。由于雷击架空输电线路使绝缘闪络时,直流短路电流也较大,有时会烧坏绝缘子,因此,每次雷击闪络后,运行人员也要寻找故障点,必要时需更换线路绝缘子。

直流线路发生雷击闪络造成的后果不像交流线路那样严重,原因是交流系统短路电流比直流系统大,容易烧坏线路绝缘子,甚至发生掉串事故。

我国交流系统中是用雷击跳闸率作为输电线路的雷电性能指标。110~500kV 交流输电线路每 100km 每年雷击跳闸率的运行统计数据,按电压等级的不同介于 0.12~0.525 次/(100km·a)之间,电压等级越高的雷击跳闸率越低。

我国直流输电线路主要以 ±500kV 等级为主,从 1989 年建设第一条葛南±500kV 直流输电工程至今,7 条±500kV 直流线路的雷击闪络率统计情况如表 7-10 所示。可见,我国 ±500kV 直流线路的雷击闪络率高于交流 500kV 交流线路雷击跳闸率的平均值。另外,有统计表明,正极性导线容易发生雷击闪络,这是由于我国的雷电大多为负极性雷的缘故,约占 90%。

表 7-10 部分±500kV 直流线路雷电闪络统计数据

线路名称	长度/km	雷击闪络次数					雷击闪络率/(次·(100km·a)$^{-1}$)
		2004 年	2005 年	2006 年	2007 年	合计	
葛南线	1024	4	0	3	4	11	0.26
龙政线	895	1	2	1	4	8	0.22
江城线	940	1	2	4	4	11	0.29
宜华线	1070	—	—	—	5	5	0.47
平均							0.28

7.6.3　高压直流线路的防雷保护措施

与交流输电线路相同,高压直流线路的防雷防护措施主要从两方面考虑:

(1) 减小避雷线保护角以减少发生雷击线路的绕击闪络率。由于高压直流线路只有两极导线,若避雷线采用负保护角,不会因 2 根避雷线的距离拉大而产生中相绕击问题,这一点与单回交流线路不同。故在不特别加大线路工程造价的情况下,建议高压直流线路避雷线尽可能采用小的保护角,或通过计算确定不同地形条件下避雷线的保护角。

(2) 增加线路绝缘和减小杆塔接地电阻以减少发生雷击线路反击闪络率。对高压直流线路,因耐污和电磁环境的要求,线路绝缘子较长,且导线极间距较大,使单回线路绝缘水平较高。但对于同塔双回的高压直流线路,由于上导线对下横担的距离不受其他因素控制,为降低杆塔造价,往往设计得较小,此处是雷击闪络的薄弱点。

从我国 ±500kV 高压直流输电运行经验可知,发生雷击闪络故障主要以绕击为主,故高压直流线路的防雷措施重点应放在防线路绕击方面。

7.7　直流输电系统过电压保护和绝缘配合

7.7.1　过电压保护和绝缘配合

高压直流输电系统中换流站过电压保护和绝缘配合的目的,是合理地选择最合适、费用最节省的过电压保护配置方案,并使所有设备能安全、可靠地运行。

直流输电系统绝缘配合为使绝缘故障率降低到经济上和运行上可以接收的水平,综合考虑直流输电系统中可能出现的过电压、保护装置的特性和设施的绝缘特性,以合理地确定各种设备与设施的绝缘水平为主要内容的过电压防护与绝缘的综合设计。按设计对象来分,直流输电系统绝缘配合包括直流输电线路的绝缘配合和换流站的绝缘配合。

(1) 直流输电线路绝缘配合。直流架空线路的绝缘配合的主要内容包括选择线路绝缘子串的绝缘水平,确定线路绝缘子的型式与每串的片数,确定杆塔的空气间隙等;直流电缆线路绝缘配合的内容主要是选择直流电缆本体及附件的绝缘水平。无论是哪一类线路,其绝缘水平均应同时满足线路上出现的长期运行电压、内部过电压和雷电过电压三方面的要求。

(2) 换流站绝缘配合,其主要内容包括过电压防护措施与避雷器配置方案的确定,各种避雷器特性参数的选择,换流站内各种设备绝缘水平的确定。

在研究换流站的绝缘配合时,对换流站中各种避雷器的保护水平和特性参数均需做出选择。氧化锌避雷器的保护水平取决于它在特定波形和幅值的冲击电流下的残压。典型的电流波形有两种：8/20μs(对应于雷电流)和波前为 30μs 的冲击电流(对应于操作波)。由于波前大于 30μs 以后，波前对残压的影响很小，取 30μs 即可。

换流站设备的绝缘配合一般采用惯用法。首先根据系统的运行条件确定最大连续运行电压(MCOV)和避雷器的额定电压；确定流过避雷器的配合电流和残压，从而确定了避雷器的保护水平；按照规定的绝缘裕度则可得到设备的绝缘水平。国际大电网委员会(CIGRE)所推荐的绝缘裕度值：操作冲击全部设备 15%；雷电冲击晶闸管阀 15%；其他设备 20%；陡波前冲击晶闸管阀及其他设备 20%；直流侧的空气绝缘装置(例如支柱式绝缘子、套管、隔离开关、直流滤波器及测量装置等)25%。

基本配置原则如下：

(1) 以 ZnO 避雷器为主进行保护，在交流侧产生的过电压由交流侧避雷器进行保护，在直流侧产生的过电压由直流侧避雷器进行保护。

(2) 对于重要设备的过电压保护，应由与该设备紧密并联的避雷器进行保护。

(3) 在换流变压器的交流进线断路器加装并联合闸电阻，可以降低换流变压器投入时的谐振过电压。

(4) 在直流中性母线上装设中性点冲击电容器，可以限制从接地极线路入侵的各种过电压。

(5) 换流变压器的网侧绕组通常采用中性点接地的 Y 接法，按照普通电力变压器的方式进行保护；换流变压器的阀侧绕组通常一半采用中性点不接地的 Y 接法，另一半采用 Δ 接法，因而作用在每个阀侧绕组的电压是交流电压，但各个阀绕组对地电压既有交流分量又有直流分量。所以阀侧绕组在相间装设交流避雷器进行保护，相对地则用直流避雷器进行保护。

7.7.2　过电压保护和绝缘配合的工程实例

在高肇直流高坡换流站工程过电压保护中，主要采取了以下方案：

(1) 在换流变压器的所有交流进线断路器上均加装了并联合闸电阻。

(2) 在直流中性母线上装设了中性点冲击电容器。

(3) 在换流阀配置避雷器的同时，另外在每个换流阀元件集成一个正向过电压保护触发装置(BOD)，其中避雷器作为阀过电压的主保护，BOD 作为阀过电压的后备保护，这样可以确保阀免遭正向过电压冲击。

(4) 换流站避雷器的配置如图 7-6 所示。

① 交流母线避雷器 A，用于限制交流母线的过电压水平。

② 阀避雷器 V，用于保护阀和换流变网侧绕组的相间绝缘，能限制从交流电网通过换流变压器传递到换流阀的过电压。

③ 换流器避雷器 C,用于保护 12 脉冲阀和平波电抗器的对地绝缘。

④ 直流母线和直流线路避雷器 B、D,用于保护平波电抗器线路侧对地绝缘、平波电抗器的纵向绝缘和限制直流场母线及设备的过电压水平。正常情况下,B 和 D 并联运行,在过电压冲击时,B 主要保护平波电抗器,D 主要保护直流场电气设备。

⑤ 直流中性点避雷器 E,用于限制直流中性母线及设备的过电压水平。

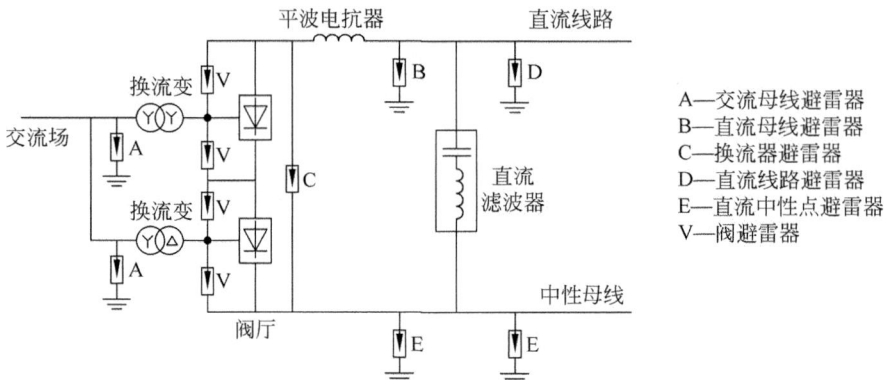

图 7-6 换流站避雷器的配置示意图

此外,交直流滤波器避雷器的配置如图 7-7 所示,包括:

① 交流滤波母线避雷器 A_Q,用于限制交流滤波母线及设备的过电压水平。

② 交流滤波电抗器避雷器 F_{ac1}、F_{ac2},用于保护交流滤波器的高、低压电抗器的对地绝缘。

③ 直流滤波电抗器避雷器 F_{dc1}、F_{dc2},用于保护直流滤波电抗器的对地绝缘。

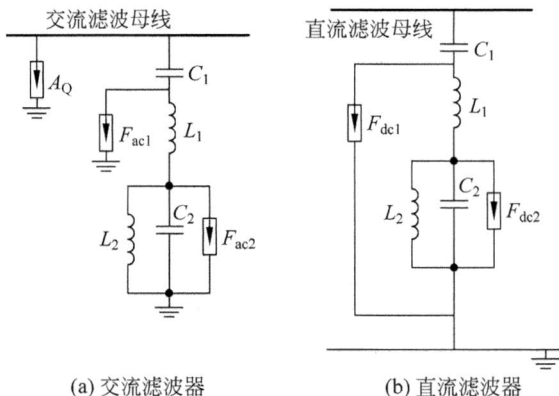

图 7-7 交直流滤波器避雷器的配置示意图

习题 7

7-1　直流保护配置原则是什么？与交流系统的保护相比有何异同之处？

7-2　高压直流输电系统保护动作策略包括哪些方面？都有哪些作用？

7-3　直流线路故障过程是怎样的？相应的故障恢复顺序是什么？

7-4　换流器保护配置通常包括哪些部分？相应的基本原理是什么？

7-5　极控保护都有哪些？它们的基本功能是什么？

CHAPTER 8 直流输电系统的损耗计算

8.1 概述

直流输电系统的损耗包括两端换流站损耗、直流输电线路损耗和接地极系统损耗。两端换流站的设备类型繁多,它们的损耗机制又各不相同,因此如何准确地确定换流站的损耗,是直流输电系统损耗计算的难点。目前所采用的方法是分别计算换流站内各主要设备的损耗,然后把这些损耗相加而得到换流站的总损耗。通常换流站的损耗约为换流站额定功率的 0.5%~1%。直流输电线路的损耗取决于输电线路的长度以及线路导线截面的选择,对远距离输电线路,通常约占额定输送容量的 5%~7%,是直流输电系统损耗的主要部分。接地极系统损耗很小,有时可以忽略不计。

8.1.1 直流输电线路的损耗

直流输电线路损耗包括与电压相关的损耗和与电流相关的损耗。与电压相关的损耗主要指线路的电晕损耗,与电流相关的损耗主要指流过线路的直流电流在线路电阻上产生的损耗。

输电线路的电晕是当导线表面的电位梯度超过一定临界值时,所产生的导线周围的放电现象。电晕损耗是电晕电流和直流电压的乘积。电晕损耗的大小不仅取决于导线截面、分裂数、极间距离等线路设计参数,还与气象条件、导线表面状况及电晕发展阶段等许多因素有关。因此,电晕损耗在不同的时间和环境条件下测量的结果相差很大。

8.1.2 接地极系统的损耗

直流输电的接地极系统主要是为直流电流提供一个返回通路,在运行中也会产生损耗。通常接地极远离换流站数十公里,从换流站到接地极之间还需要架设接地极线路,一般将接地极及其引线称为接地极系统。接地极系统的损耗与直流输电系统的运行方式有关。当直流输电系统运行在单极大地回线方式时,直流负荷电流将全部通过接地极系统,其损耗将按直流负荷电流来计算;当运行方式为单极金属回线时,接地极系统中无直流电流通过,因而不产生损耗;当双极以对称方式运行时,接地极系统的电流小于额定直流电流的 1%,由此产生的损耗可以忽略不计。

接地极系统的损耗包括接地极损耗和引线损耗两部分。接地极损耗即是直流电流在接地极电阻上的损耗,接地极电阻很小,通常小于 0.1Ω,其损耗也很小。在正常运行条件下,接地极线路的电压很低,不存在与电压相关的损耗,只需考虑与电流相关的电阻损耗。

8.1.3 直流换流站的损耗

高压直流换流站的损耗包括换流站设备损耗和换流站的站用电。换流站主要设备有换流阀、换流变压器、平波电抗器、交流滤波器、直流滤波器、无功功率补偿设备等,这些设备的损耗机制各不相同,如换流阀的损耗就不是与负荷电流的平方成正比。其次,换流器运行时会在交、直流侧产生特征谐波,谐波电流通过换流变、平波电抗器将产生附加损耗。另外,在不同的负荷水平下,换流站投入运行的设备也不相同,因而损耗也会发生改变。因此,换流站的损耗计算比较复杂。通常需要在空载和满载之间选择几个负荷点对换流站的损耗进行计算。

换流站的热备用状态是指换流变压器已经带电,但换流阀处于闭锁状态,一旦换流阀解锁,即可进行直流输电的状态。在此状态下,不需要投入交流滤波器和无功功率补偿设备,平波电抗器和直流滤波器也没有带电。但是站用电和冷却设备则需要投入,以便使直流系统在必要时可立即投入运行。换流站在热备用状态下的损耗即称为热备用损耗,它相当于交流变电所的空载损耗。

换流站的运行总损耗是指换流站进行功率传输时的损耗,它包括空载损耗和负荷损耗两部分。每个直流输电工程的直流电流都有一个最小值和最大值。换流站的运行总损耗通常在最小直流电流和最大直流电流之间选择几个负荷点来计算。在不同的负荷水平下,换流站投入运行的设备可能不同。对于不同的负荷水平,在计算运行总损耗时,只需考虑在该负荷水平下投入运行的设备。

对换流站各种电气主设备的损耗确定,IEEE 和 IEC 分别制定了国际适用的标准。"标准"中详细地说明了各种设备的损耗计算公式,及公式中涉及的各个参数的获取方法。对实际的直流换流站,一般来讲都可以采用"标准"中的方法来计算损耗。换流变压器和晶闸管阀是换流站的重要设备,也是主要损耗源,它们的损耗大约占全站损耗的 80%。

1. 晶闸管换流阀的损耗

晶闸管换流阀主要由晶闸管、阀电抗器、阻尼回路、直流均压电阻等组成。换流阀的损耗有 85%~95% 是产生在晶闸管和阻尼回路上。由于换流阀在运行中的波形复杂,目前还没有一个较好的直接测量损耗的办法,通常是采用分别计算出晶闸管阀的各损耗分量,然后加起来而得到换流阀的损耗。换流阀的各损耗分量是采用出厂试验数据和"标准"中的计算公式,以一个阀为单位来求取的。

2. 换流变压器的损耗

换流变压器损耗包括励磁损耗(即铁心损耗)和与电流相关的负荷损耗,负荷损耗又由基波损耗和谐波损耗组成。谐波对换流变的绕组及结构件产生不可忽略的涡流损耗。如何准确地确定换流变压器的负荷损耗是一个比较关键、也比较有争议的问题,目前尚没有一致意见,一般采用的计算方法有三种。

(1) IEEE 1158 方法 1。分别测量换流变在各种谐波频率下的有效电阻,计算换流变的各次谐波电流,通过求和得到换流变的总负载损耗。这种方法计算比较准确,但为获取计算中涉及的变压器参数,需要做大量实验,因而可行性不强。

(2) IEEE 1158 方法 2。是一种近似的计算方法,它直接利用同类型换流变压器用方法1测量的已有数据,推出各次谐波下的有效电阻,并按方法1的步骤进行计算。

(3) IEC 61803 方法。假定绕组中的涡流损耗与频率的平方成正比,金属构件中的杂散损耗与频率的 0.8 次方成正比,通过在工频和一个倍频下测量换流变压器的负荷损耗,计算变压器绕组的工频下的涡流损耗及结构的杂散损耗,然后用公式计算出总的负荷损耗。

一般来说,一个系统的运行损耗可以通过直接测量运行中的能量损耗来确定,即用直接测量系统的输入和输出功率的方法,取输入功率和输出功率之差值作为系统的损耗。但是对于换流站系统来说,这样做有一定的困难:高压直流输电系统满负荷运行时,换流站的损耗功率一般少于传输功率的 1%,输入功率与输出功率的差值是一个较小的数值,将导致直接测量法的结果不精确。因此,可将换流站的损耗按设备种类分为几类,先分别计算每一个设备元件在相应条件下的损耗,然后求和得到换流站设备的总损耗。计算过程中假设系统条件不会变化,取额定交流电压,对称的换流变压器阻抗和触发角,不同的负荷水平下的触发角、直流电流、滤波器的投切等参数应该与各负荷水平对应并满足运行要求。

换流站各设备的实际损耗除与其设备参数、运行环境相关外,与运行参数的关系也比较复杂,它主要取决于换流站负荷、交流系统电压以及换流器触发角等参数。此外,还应考虑交流滤波器和无功补偿设备投入系统的组数。

通常换流站损耗的计算应在额定交流电压和额定频率下进行。如果预计换流站在运行中负荷变化范围较大时,则可根据换流站预计的负荷选定几个典型的负荷水平来计算换流站的损耗。在不同的负荷水平下计算换流站损耗时,其直流电流、触发角、需要投入运行的无功补偿设备和滤波装置、辅助设备和站用电等也必须与相应的负荷水平相一致。一般地,换流变压器和晶闸管换流阀的损耗在换流站总损耗中占绝大部分(约 71%~88%),准确地确定它们的损耗是确定全站损耗的关键。

IEC 61803 标准主要有应用范围、需要参考的标准、定义和字母符号、概述、设备损耗的确定等五大部分。首先,该标准说明了其适用于 12 脉动或 6 脉动的高压直流输电换流站。
然后,该标准详尽地列出了换流站中各种设备的损耗确定方法,详述了设备各个损耗分量的
产生原因、计算方法和公式,及计算中所需要的参数的意义、获取方法等。基础参数表如
表 8-1 所示。通过整理和归纳,总结出直流输电换流站功率损耗计算的具体方法。整个换
流站的损耗分别来自晶闸管阀、换流变压器、交流滤波器、并联电容器组等,下面将按设备的
种类分别说明损耗计算的方法。

表 8-1　基础参数说明

变量	单位	说　明
α	rad	触发角
μ	rad	换相角
f	Hz	交流系统的频率
I_d	A	直流桥的电流
N_t	个	每个换流阀的晶闸管串联数
P	W	设备元件的损耗
Q_n	Var	n 次谐波下电抗器的品质因数
U_d	V	直流电压
U_n	V	n 次谐波电压有效值
U_{V0}	V	换流变压器的阀侧空载线电压有效值

8.2　晶闸管阀的损耗

　　一个典型晶闸管阀的简化等效电路如图 8-1 所
示,它包含了一个阀中串联的 N_t 个晶闸管的作用。
图中 C_S 包括了杂散电容和电涌分布电容;L_S 表示
饱和电抗器(阀电抗器),它限制 di/dt 在安全值范围
内,并改善快速增长的电压的分布;R_S 表示阀导通
时的其他电阻,如母线、接触电阻、饱和电抗器绕组
的电阻等。

　　在该标准中,假设换相期间阀的电流是线性的
(实际上,阀换相期间的电流波形是正弦波形的一部
分)。这种简化对于损耗计算结果几乎没有影响,然
而,梯形电流大大简化了计算过程。

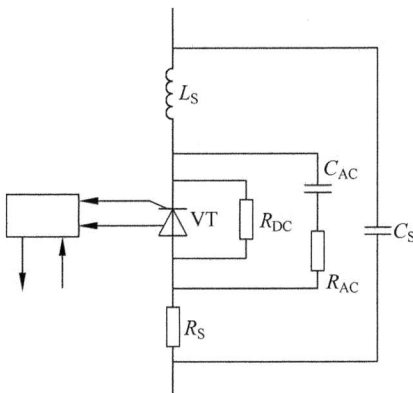

图 8-1　典型晶闸管阀的简化等效图

8.2.1 阀损耗分量

对于每个晶闸管阀而言,它的损耗可大致分为导通过程、导通状态、关断过程、关断状态4 个时间段的损耗,具体来说可分为以下 8 个部分。

1. 每个阀的晶闸管导通损耗

这个损耗分量是导通电流(见图 8-2)和相应的理想通态电压的乘积(见图 8-3,图中 $u_A(t)$ 和 $u_B(t)$ 分别代表理想晶闸管和实际晶闸管的通态电压特性):

$$P_{V1a} = \frac{N_t I_d}{3} \left[U_0 + R_0 I_d \left(\frac{2\pi - \mu}{2\pi} \right) \right] \tag{8-1}$$

$$P_{V1b} = \frac{N_t I_d U_0}{3} + \frac{N_t R_0}{3} \left(I_d^2 + \sum_{n=12}^{n=48} I_n^2 \right) \left(\frac{2\pi - \mu}{2\pi} \right) \tag{8-2}$$

式中,U_0 为晶闸管通态电压平均值,它是与电流大小无关的分量,V; R_0 为晶闸管通态伏安特性的动态电阻平均值,Ω; I_n 为计算得到的直流侧 n 次谐波电流的有效值,A。式(8-1)在直流侧电流足够平滑时使用。假如直流侧谐波电流的有效值超过直流分量的 5%,应该使用式(8-2)。

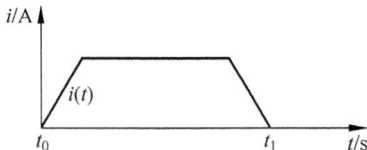

图 8-2　晶闸管的导通电流　　　　图 8-3　晶闸管的电压降

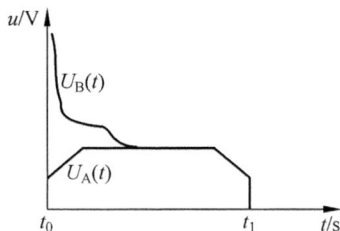

2. 每个阀的晶闸管扩散损耗

这个损耗分量是由晶闸管触发后建立全导通前的延迟过程引起的,它是晶闸管实际通态电压和理想通态电压的差值与电流的乘积:

$$P_{V2} = N_t f \int_0^{t_1} \left[u_B(t) - u_A(t) \right] \cdot i(t) dt \tag{8-3}$$

式中,t_1 为导通的时间,$t_1 = (2\pi/3 + \mu)/(2\pi f)$,s; $U_B(t)$ 为实际的平均晶闸管通态电压降瞬时值,V; $U_A(t)$ 为计算得到的平均晶闸管通态电压降瞬时值,V(假设整个导通过程中都建立了全导通,用代表通态特性的 U_0 和 R_0 计算); $i(t)$ 为晶闸管导通时的瞬时电流,A。

3. 每个阀的其他导通损耗

这种损耗是阀主回路中非晶闸管引起的损耗：

$$R_{V3} = \frac{R_s I_d^2}{3}\left(\frac{2\pi-\mu}{2\pi}\right) \tag{8-4}$$

式中，R_S 为不包括晶闸管在内的阀两端间的直流电阻，Ω。

4. 每个阀的直流电压相关损耗

此损耗分量是阀的并列电阻——断态直流电阻 R_{DC} 中的损耗，由非导通期间阀两端的电压引起。它包括由晶闸管断态时反向电流引起的损耗及由直流均压电阻器、冷却管中冷却剂的电阻、结构的电阻效应等产生的损耗：

$$
\begin{aligned}
P_{V4} = \frac{U_{V0}^2}{2\pi R_{DC}}&\left\{\frac{4\pi}{3} + \frac{\sqrt{3}}{4}\left[\cos(2\alpha)+\cos(2\alpha+2\mu)\right]\right.\\
&\left.+ \frac{6m^2-12m-7}{8}\left[\sin(2\alpha)-\sin(2\alpha+2\mu)+2u\right]\right\}
\end{aligned}\tag{8-5}
$$

式中，$m = L_1/(L_1+L_2)$；L_1 为换相电压源与星形、三角形接线绕组公共耦合点之间的电感；L_2 是从星形、三角形绕组公共结点到阀绕组之间的电感。应该注意的是，式(8-5)只适用于 $\mu<30°$ 的情况。当单独的变压器向星形和三角形阀桥供电，并没有另外的线路侧电感时，$L_1=0$，因此 $m=0$。

5. 每个阀的阻尼损耗(电阻相关量)

这个损耗分量取决于阀阻尼回路的电阻和非导通期间阀两端的电压：

$$P_{V5} = 2\pi f^2 U_{V0}^2 C_{AC}^2 R_{AC}(A+B) \tag{8-6}$$

其中，

$$A = \frac{4\pi}{3} - \frac{\sqrt{3}}{2} + \frac{3\sqrt{3}\,m^2}{8} + (6m^2-12m-7)\,\frac{\mu}{4} + \left(\frac{7}{8}+\frac{9m}{4}-\frac{39m^2}{32}\right)\sin 2\alpha$$

$$B = \left(\frac{7}{8}+\frac{3m}{4}+\frac{3m^2}{32}\right)\sin(2\alpha+2\mu) - \left(\frac{\sqrt{3}\,m}{16}+\frac{3\sqrt{3}\,m^2}{8}\right)\cos 2\alpha + \frac{\sqrt{3}\,m}{16}\cos(2\alpha+2\mu)$$

式中，C_{AC} 为阀两端之间的阀阻尼电容有效值，F；R_{AC} 为阀两端之间的串联阻尼电阻有效值，Ω。C_{AC} 的值是每级晶闸管阻尼电容的设计值除以每个阀的晶闸管级数。R_{AC} 的值是每级晶闸管阻尼电阻的设计值乘以每个阀的晶闸管级数。

6. 每个阀的阻尼损耗(电容充放电引起的分量)

这个损耗分量是由阀电容存储的能量随阀阻断电压的级变(ΔU)而变化产生的。每个级变产生的损耗等于 $C\Delta U^2/2$。下面的公式是一周期内 12 个阻断电压跳变引起的损耗之和：

$$P_{V6} = \frac{U_{V0}^2 f C_{HF}(7 + 6m^2)}{4}\left[\sin^2\alpha + \sin^2(\alpha + \mu)\right] \tag{8-7}$$

式中，C_{HF} 为阀内所有容性分压电路两端有效电容值的和，加上阀两端间的全部有效杂散电容，即 $C_{HF} = C_{AC} + C_S$。

7. 每个阀的关断损耗

这部分损耗是当晶闸管关断时，其中的反向电流在晶闸管和阻尼电阻中产生的额外损耗：

$$P_{V7} = \sqrt{2}Q_{rr}fU_{V0}\sin(\alpha + \mu + 2\pi f t_0), \quad t_0 = \sqrt{\frac{Q_{rr}}{(di/dt)_{i=0}}} \tag{8-8}$$

式中，Q_{rr} 为晶闸管存储电荷平均值，C；$(di/dt)_{i=0}$ 为电流过零时电流变化，A/s。

8. 每个阀的电抗器损耗

电抗器的损耗由三部分组成：绕组的电阻损耗、铁心的涡流损耗和磁滞损耗。其中，前两部分损耗已经在前面的公式计及，磁滞损耗应该按下面的方法计算：

$$P_{V8} = n_L M k f \tag{8-9}$$

式中，n_L 为阀中电抗器铁心的个数；M 为每个铁心的质量，kg；k 为磁滞损耗特性，J/kg。

8.2.2　阀的总损耗

每个阀的运行总损耗由上述 8 部分损耗求和得到：

$$P_{VT} = \sum_{i=1}^{8} P_{Vi} \tag{8-10}$$

以上损耗的计算公式涉及的参数有运行参数，如直流电流、交流系统频率、换流变压器阀侧空载线电压等，以及设备固有参数，如晶闸管阀的阻尼电容和电阻、杂散电容、晶闸管串联级数等。

8.3　其他设备的损耗

8.3.1　换流变压器的损耗

在空载状态下，变压器带电但阀阻断，此时的变压器损耗即为空载损耗。空载损耗（即铁心损耗）应该根据 IEC 60076—1 确定。在运行状态下，变压器的运行损耗应为励磁损耗（即铁心损耗）和由电流大小决定的损耗（负荷损耗）之和，工程中可认为负载运行时的铁心损耗等于空载损耗。

换流器的交、直流侧均会产生高次谐波,这里采用 IEC 61803 附录中的谐波计算公式确定变压器及滤波器中的谐波含量。换流变压器绕组中的电流含有谐波,对于相同均方根值的电流而言,非正弦电流在换流变压器中产生的损耗比正弦波电流要大,因此确定其负荷损耗时应考虑电流的基波、谐波的共同作用。下面介绍两种实用的换流变负荷损耗的确定方法。

1. IEC 标准中的计算方法

在 IEC 标准中,假设 P_1 是基波下的负荷损耗,I_N 是变压器额定电流,I_n 是 n 次谐波电流的均方根值,P_R 是额定电流下的电阻损耗,P_{SE1} 是基频下构件的杂散损耗,P_{WE1} 是基频下绕组的涡流损耗,P_m 是 m 次谐波下的总负荷损耗。换流变的负荷损耗的计算方法分为以下几步:

(1) 根据 IEC 60076—1 在基频(50Hz)下测量负荷损耗 P_1;

(2) 计算 $P_{WE1} + P_{SE1} = P_1 - P_R$;

(3) 在 150Hz 或更高频率 f_m 下测量负载损耗 P_m;

(4) 根据基频和高频下的测量,通过解方程计算 P_{WE1} 和 P_{SE1}:

$$\begin{cases} P_1 = P_R + P_{WE1} + P_{SE1} \\ P_m = P_R + P_{WE1}(f_m/f_1)^2 + P_{SE1}(f_m/f_1)^{0.8} \end{cases} \quad (8\text{-}11)$$

(5) 总负荷损耗为

$$P = P_R + P_{WE1}\sum_{n=1}^{49}\left[(I_n/I_N)^2(f_n/f_1)^2\right] + P_{SE1}\sum_{n=1}^{49}\left[(I_n/I_N)^2(f_n/f_1)^{0.8}\right] \quad (8\text{-}12)$$

2. IEEE 标准中的实用计算方法

在 IEEE 标准推荐的方法 2 中,换流变的负荷损耗计算方法是不需要在谐波频率下进行测量的近似方法,它以换流变压器等效电阻和频率之间的典型关系为基础,这个关系是通过对一些已有换流变压器的相关测量得到的。损耗计算过程有以下几步:

(1) 测量基频下换流变压器的负荷损耗 P_L,计算基频等效电阻 $R_1 = \dfrac{P_L}{I^2}$;

(2) 确定其他谐波频率下的等效电阻 $R_n = k_n R_1$(k_n 值是通过对一些已有换流变压器的相关测量得到的,见表 8-2);

(3) 对基波和各次特征谐波电流产生的损耗求和,得到总的负载损耗

$$P = \sum_{n=1}^{n=49} I_n^2 R_n \quad (8\text{-}13)$$

换流变压器的总运行损耗是空载损耗和总负荷损耗之和。

表 8-2   各特征谐波次数下的 k_n 值

谐波次数	k_n 值	谐波次数	k_n 值	谐波次数	k_n 值
1	1	17	26.6	35	92.4
3	2.29	19	33.8	37	101
5	4.24	23	46.4	41	121
7	5.65	25	52.9	43	133
11	13	29	69	47	159
13	16.5	31	77.1	49	174

8.3.2　并联电容器组的损耗

并联电容器和交流滤波器向系统提供无功功率。并联电容器组在基频下的损耗应该根据 IEC 60871—1 决定。电容器组的三相无功功率额定值应由电容值和其基频端电压共同决定,谐波电流引起的损耗可不计。整个电容器组的损耗应由下式计算:

$$P_{\mathrm{C}} = P_{1\mathrm{C}} \times S_{\mathrm{CN}} \tag{8-14}$$

式中,$P_{1\mathrm{C}}$ 为电容器平均每 kvar 容量消耗的单位功率;S_{CN} 是系统额定电压和频率下电容器组的额定容量。

8.3.3　交流滤波器的损耗

为了确定损耗大小,换流器被看作是谐波电流源,换流器产生的所有谐波电流都看作流入交流滤波器。交流滤波器的总损耗包括电容器损耗、电抗器损耗、电阻损耗三者之和。

（1）交流滤波器的电容器损耗

滤波器电容的基频损耗应该根据 IEC 60871—1 确定(参见上节)。电容器组的额定三相无功功率应该由电容值和电容器组上的基频电压决定。谐波电流产生的损耗很小,可以忽略不计。

（2）交流滤波器的电抗器损耗

电抗器中的基频和谐波电流都应考虑,电抗器的损耗由下式确定:

$$P_{\mathrm{x}} = \sum_{n=1}^{49} \frac{I_n^2 X_n}{Q_n} \tag{8-15}$$

式中,I_n 为电抗器上流过的 n 次谐波电流有效值;X_n 为电抗器在 n 次谐波下的电抗值;Q_n 为每个滤波器支路上所有电抗器在 n 次谐波下的平均品质因数。

（3）交流滤波器的电阻损耗

电阻中的损耗应计及基频和谐波电流，可以由下面的公式得到：

$$P_r = R \sum_{n=1}^{49} I_n^2 \qquad (8-16)$$

式中，R 为电阻值；I_n 为流过电阻的 n 次谐波电流的有效值。

8.3.4　直流滤波器的损耗

计算直流滤波器中流过的谐波电流时应该将换流器用一个电压源和阻抗代替，换流器的谐波电压用 IEC 标准的附录中提供的相应公式来计算。直流滤波器的总损耗包括电容器损耗、电抗器损耗、电阻损耗三者之和。

直流滤波器的电容器损耗主要是直流均压电阻器损耗和电容器的谐波损耗，后者很小，可以忽略不计。均压电阻的损耗计算公式为

$$P_{RC} = U_C^2 / R_C \qquad (8-17)$$

式中，U_C 为电容器组的运行直流电压，R_C 是电容器组的总电阻。

电抗器的损耗计算公式为

$$P_L = \sum_{n=12}^{48} \frac{I_n^2 X_n}{Q_n} \qquad (8-18)$$

式中，I_n 为流过电抗器的 n 次谐波电流有效值；X_n 为电抗器在 n 次谐波下的电抗值；Q_n 是电抗器在 n 次谐波下的品质因数。

计算电阻损耗时应考虑所有的谐波电流，电阻器的损耗计算公式为

$$P_R = R \sum_{n=12}^{48} I_n^2$$

式中，R 是电阻值；I_n 是流过电阻的 n 次谐波电流有效值。

8.3.5　平波电抗器的损耗

平波电抗器中的电流是含有谐波的直流电流。

平波电抗器损耗的直流分量应由工厂试验得到。谐波电流引起的绕组损耗应由计算得到。计算中用到各负荷水平下的谐波电流幅值和对应的谐波电阻值。谐波电流值由相关的谐波计算公式计算。如果采用铁心-油箱结构，还应计算励磁损耗。

平波电抗器总的运行损耗应为直流损耗、谐波损耗（及励磁损耗）之和。

8.3.6　辅助设备和站用电的损耗

换流站消耗的站用电由换流站的服务设施、运行需要和环境条件变化等因素决定,另外它也随间歇性负载如供热、冷却、照明和维护等设备的投入而变化。

总的站用电损耗应该分别在空载及各种负荷水平下,直接在每个损耗源的主馈线进行测量。只在特殊条件下(如维修供电中断期间)投入的辅助设备产生的损耗,可以不计入损耗总量。

对间歇性负载的损耗,应该在一定的运行时间内测量,然后对结果取平均值。当主馈线还对其他设备供电时,应该减去这类设备的损耗。

8.3.7　PLC 滤波器的损耗

PLC 滤波器可能是由串联在系统中的电抗器支路组成,也可能是并联的支路,并联支路的损耗很小,可忽略不计。对于串联滤波器,仅考虑电抗器中的损耗。对于交流侧 PLC 滤波器,应采用下式计算损耗:

$$P_{\mathrm{ac,PLC}} = \sum_{n=1}^{49} \frac{I_n^2 X_n}{Q_n} \tag{8-19}$$

而直流侧 PLC 滤波器损耗的计算公式为

$$P_{\mathrm{dc,PLC}} = I_\mathrm{d}^2 R_{\mathrm{PLC}} + \sum_{n=12}^{48} \frac{I_n^2 X_n}{Q_n} \tag{8-20}$$

式中,R_{PLC} 为电抗器的直流电阻;I_n 为通过电抗器的 n 次谐波电流;X_n 是电抗器在 n 次谐波下的电抗;Q_n 是电抗器在 n 次谐波下的品质因数。

8.4　功率损耗计算的工程实例

综上所述,高压直流系统的换流站的损耗可以分为晶闸管阀损耗、换流变压器损耗、交流滤波器损耗、并联电容器组损耗等几部分,采用相应的公式分别计算各部分损耗,再求和即可以得到整个换流站的损耗。在各个运行工况下的系统的运行参数、设备投入系统的组数都不同,这些都会影响损耗值的大小。要注意根据换流站电气接线图,弄清同一类设备在不同工况下投入运行的个数,以免遗漏计算或重复计算。

8.4.1　贵广一回/二回直流系统的损耗计算

当系统以双极全压运行,且传输功率为额定功率时,贵广一回和二回直流系统损耗值的计算情况见表 8-3。该表格最后一行的括号中的数据是不计并联电容器和 PLC 滤波器损耗的总损耗,以便在同等条件下和高肇的损耗值相比较。

表 8-3 贵广一回/二回直流系统损耗值的比较   kW

损 耗 分 类	贵广二回系统损耗		贵广一回系统损耗	
	兴仁站	宝安站	安顺站	肇庆站
1. 换流变总损耗	**10 647**	**8970**	**11 596**	**9515**
固定损耗	1560	1440	1493	1588
可变损耗	6906	5552	7635	5800
谐波损耗	1713	1528	1862	1672
冷却、站用电损耗	468	450	606	455
2. 换流阀损耗	**7052**	**6074**	**7093**	**6452**
阀、阻尼及均压损耗	6872	5894	6894	6264
控制、冷却辅助用电	180	180	199	188
3. 平波电抗器损耗	**1348**	**1346**	**1318**	**1318**
电抗器损耗	1260	1258	1236	1236
冷却和辅助损耗	88	88	82	82
4. 交流滤波器损耗	**938**	**749**	**1190**	**1233**
基波损耗	676	201	591	624
谐波损耗	262	548	599	609
5. 并联电容器损耗	**63**	**70**	—	—
6. 直流滤波器损耗	**17**	**17**	**36**	**36**
7. PLC 滤波器	**64**	**64**	—	—
8. 站用电设备	**109**	**82**	**200**	**200**
9. 其他损耗	**278**	**278**	**141**	**206**
换流站总损耗	20 516(20 389)	17 650(17 516)	21 574	18 960

8.4.2 计算结果分析

在同等条件下,和高肇直流输电系统相比,兴仁换流站的损耗比安顺站下降了近 1200kW,宝安换流站的损耗比肇庆站的损耗下降了近 1500kW,两站的损耗降幅分别约为 6%和 8%(以高肇直流各站总损耗为基准)。其中,换流变压器、交流滤波器等设备的损耗有了较大幅度的降低。可见,兴仁直流系统与规模相当的高肇直流系统相比,换流站损耗大大降低,处于先进水平。究其原因,主要是因为换流变压器的空载损耗、绕组电阻等参数较小,以及滤波器损耗较低,从而显著提高了整个系统的运行效率,使其处于领先水平。

由前面的计算可知,当系统双极全压运行、传输功率为额定功率时,换流站各设备的损耗所占全站损耗的比例如表 8-4 所示。

表 8-4　各种设备的损耗占全站损耗的比例 %

设备	阀	换流变	并联电容器	交流滤波器	平波电抗器	直流滤波器	PLC 滤波器
兴仁站	35.44	52.49	0.32	4.83	6.50	0.08	0.33
宝安站	35.57	51.42	0.42	4.52	7.59	0.10	0.39

可见,换流站损耗的主要来源是阀、换流变压器这两种设备,其次是平波电抗器、交流滤波器。要降低整个系统的损耗,应主要从降低阀和换流变压器的损耗来考虑。

习题 8

8-1　直流输电系统的损耗由哪些部分构成?哪些是主要分量?其计算的复杂程度表现在什么方面?

8-2　如何实现换流站的节能降耗运行?

8-3　降低直流线路功率损耗的手段都有哪些?

9 高压直流输电的可靠性评估

高压直流输电的问世,特别是整流器和晶闸管的问世,为高压直流输电创造了必要条件。对于远距离、超高压、大容量的输电系统来说,直流输电更显其可靠性和优越性。因为直流输电系统不存在同步运行的稳定性问题,而且输送功率和距离不会像交流那样受网络参数和结构的限制,两端交流系统可以各自调频,也能各自调度运行,互不干扰,便于管理和运行。采用直流互联不会增加两端系统各自的短路电流。改善高压直流输电可靠性将给整个电力系统的安全、可靠和经济运行带来巨大的效益,因此,定量评估高压直流输电系统的可靠性指标,分析各种因素,并提出相应的对策是一项非常重要的工作。

可靠性技术在高压直流输电系统中最早应用于加拿大的伊尔河工程,当时使用的技术包括:①系统可靠性预测(评估);②可靠性指标目标分解;③故障模式及后果分析。有关高压直流输电系统可靠性评估的第一篇论文是在 1968 年发表的。同年,国际大电网会议也开始对高压直流输电工程进行可靠性估计和分析。20 世纪 80 年代初,伴随着葛南直流输电工程的开展,国内学者也开始了高压直流输电系统可靠性的研究。

9.1 基本概念

电力系统可靠性是对电力系统按可接受的质量标准和所需数量不间断地向电力用户供应电力和电能能力的度量。电力系统可靠性包括充裕度(adequacy)和安全性(security)两个方面。

充裕度是指电力系统维持连续供给用户总的电力需求和总的电能量的能力,同时考虑系统元件的计划停运及合理的期望非计划停运。充裕度又称静态可靠性,也就是在静态条件下,电力系统满足用户对电力和电能量需求的能力。

安全性是指电力系统承受突然发生的扰动,如突然短路或未预料的短路、失去系统元件现象的能力。安全性也称动态可靠性,即在动态条件下电力系统经受住突然扰动,并不间断地向用户提供电力和电能量的能力。

电力系统规模很大,习惯上将电力系统分成若干子系统,可根据这些子系统的功能特点分别评估各子系统的可靠性。

发电系统可靠性是对统一并网后的全部发电机组按可接受标准及期望数量,满足电力系统负荷电力和电能量需求之能力的度量。

输电系统可靠性是对从电源点输送电力到供电点,按可接受标准及期望数量满足供电负荷电力和电能量需求之能力的度量。它也包括充裕度和安全性两个方面。

发输电系统可靠性是由统一并网后运行的发电系统和输电系统综合组成的发输电系统,按可接受标准和期望数量向供电点供应电力和电能量之能力的度量。其可靠性包括充裕度和安全性两方面。

配电系统可靠性是对从供电点到用户包括配电变电所、高低压配电线路及接户线在内的整个配电系统及设备,按可接受标准及期望数量满足用户电力及电能量需求之能力的度量。

发电厂变电所电气主接线可靠性是对在组成主接线系统的元件(断路器、变压器、隔离开关、母线)可靠性的指标已知和可靠性准则给定的条件下,评估整个主接线系统按可靠性准则满足供电电力及电能量需求之能力的度量。

直流输电系统可靠性是对包括直流输电线路及两端换流站在内的整个直流输电工程的输送电力及电能量之能力的度量。

电力系统可靠性是通过可靠性指标来度量的。一般可以由故障对电力用户造成的不良影响的概率、频率、持续时间、故障引起的期望电力损失及期望电能量损失等指标描述,不同的子系统可以有专门的可靠性指标。

在电力系统的规划、设计、运行的全过程中,坚持系统全面的可靠性定量评估制度,是提高电力系统效能的有效方法。在可靠性评估中,除了对可能出现的故障进行故障分析,采取相应措施,以降低故障造成的影响外,还可对可靠性投资与相应带来的经济效益进行综合分析,以确定合理的可靠性水平,并使电力系统的综合效益达到最佳。为了实现电力系统可靠性评估,首先要确定可靠性目标,然后应用评估手段,依据可靠性准则确定故障准则,并对故障严重性做出估计。

9.1.1 目标、任务和评估手段

可靠性评估贯穿于电力系统规划、设计和运行等各个阶段中。为保证电力系统可靠性达到期望的水平,在各阶段都必须实现以下目标:保证电力系统的充裕度;保证电力系统的安全性,采取措施使系统能经受住可能的偶发事故而不必削减负荷或停电,并避免对系统和元件造成严重损坏;保持电力系统的完整性,限制故障扩大,减小大范围停电;保证停电后系统迅速恢复运行。

各阶段电力系统可靠性评估的任务如下:

(1)规划阶段。规划系统的可靠性评估有以下方面的工作任务:对未来的电力系统和电能量需求进行预测;收集设备的技术经济数据;制定可靠性准则和设计标准,依据准则

评估系统性能,识别系统的薄弱环节;选择优化方案。

(2) 设计阶段。设计阶段的重点是发输电系统的可靠性评估,其可靠性设计原则应是:当遭受超过设计规程规定的大扰动时,不利影响扩散的风险最小;应使系统有足够备用容量来限制扰动后果的蔓延,避免停电范围扩大,保护运行人员免遭伤害,保护设备免遭损坏。

(3) 运行阶段。对运行系统进行可靠性评估,以便在可接受的风险度下建立和实施各种运行方式,确定运行备用容量,安排计划检修,确定购入和售出电量,确定互联系统的输送电力和电能量。

评估手段主要有以下 3 种:

(1) 建立可靠性评估模型。在认真观察过去的系统行为的基础上,建立元件和系统的可靠性模型并采用相应的评估软件进行评估。目前主要是解析法和蒙特卡洛法(或称模拟法)。解析法基于马尔可夫模型,准确度较高,但计算量随着元件数的增多呈指数增长,当系统规模大到一定程度时采用此法有一定的困难。蒙特卡洛法则利用计算机做随机试验,最后对试验结果进行统计与计算,其计算结构简单,但计算误差与试验次数的平方根成反比,为降低误差必须显著增加计算时间。因此必须把这两种方法有机地结合起来。

(2) 建立可靠性信息管理系统。其任务是根据现场运行设备状态的观察记录,用计算机进行处理,使之成为符合可靠性评估要求的数据。建立可靠性信息管理系统是一项基础工作,它可以使可靠性信息作为一种资源更充分地发挥作用。北美电力可靠性协会开发了发电设备可靠数据系统(generating availability data system,GADS),包括北美电力系统的发电机、汽轮机、锅炉、反应堆等主机和辅机的全部可靠性数据,能向电力公司和制造企业提供有效、准确的运行和设计数据。中国自 1983 年起也建立了发电设备可靠性数据、配电系统供电可靠性数据和输变电设备可靠性数据的管理系统,能向电力公司和制造企业提供有效的可靠性数据。

(3) 建立重大事故监测装置。以地区为基础安装故障扰动监测设备,如事件顺序监测设备、故障记录设备、动态扰动记录设备等。发输电系统的故障和扰动信息对判定系统元件的行为、分析扰动性质和原因、改进可靠性建模都是十分必要的。

9.1.2　可靠性准则

为在电力系统中达到所需可靠性水平应满足的条件,可靠性评估应以相应的可靠性准则为基础。可靠性准则分为以下两类:

(1) 概率性指标或变量的准则。规定满足可靠性目标值的数值参数,或者不可靠度的上界,如供电可用率为 0.999,相应的不可用率为 0.001,即一年中允许停电的上限为 8.76h。这些准则的应用形成了概率可靠性评估的基础。

（2）确定性行为或性能试验准则。规定电力系统应能承受的发电系统或输电系统计划和非计划停运组合的条件。每种故障组合的定义,应包括扰动本身以及扰动前的系统运行状况。如目前中国及许多国家在电力系统中采用 $N-1$ 准则,就是考虑在 N 个元件(发电机、变压器、线路等)的系统中失去一个元件后,系统仍然能正常供电。不允许因故障而导致削减用户的电力和电能量的供应。$N-1$ 准则的概念清晰,可操作性好,应用广泛。

为了计算可靠性概率指标,或应用确定性的可靠性准则检验电力系统,评估电力系统可靠性,必须首先规定系统故障的准则。同时,因各种系统故障的严重性不同,还要进行系统故障严重性估计并规定一些反映严重性程度的指标。

1. 系统故障的准则

在计算电力系统可靠性概率指标或应用确定性可靠性准则考验电力时,一旦发生下列情况,便认为系统处于各种故障状态:负荷越界;频率越界;电压超过极限;有功功率不足;无功功率不足,电压下降;不可控的解列;不稳定;连锁反应;电压崩溃;频率崩溃。

国际大电网会议于 1987 年公布的《电力可靠性分析应用导则》中还将电力系统状态划分为安全状态、警戒状态、警报状态、紧急状态、特紧急状态、部分停机限电状态、全停状态等7种。前 4 种属于发输电合成系统的正常状态;后 3 种属于故障状态。

2. 系统故障严重性估计

进行可靠性预测时,应考虑所有可能的故障模式,并对故障严重性做出评估。确定性行为或性能试验是将预先考虑的突发事故加到设想的正常系统中,并模拟系统的响应和恢复过程。以概率指标为基础的系统可靠性预测需具有跟踪系统进入故障状态的能力,以便对突发事故造成的故障的严重程度做出估计。

9.1.3　高压直流输电系统的可靠性指标

直流输电系统可靠性评价的主要指标有以下 8 个。

1. 能量可用率 EA(energy availability)

EA 指在统计期间内,直流输电系统能够输送能量的能力,其计算式为

$$EA = \frac{h_A - h_{EO}}{h_P} \times 100\%, \quad h_{EO} = \sum_i \left(\frac{P_{DO,i}}{P_M} \times h_{DCS,i} \right) \tag{9-1}$$

式中,h_A 表示统计时间内,系统处于可用状态下的小时数;h_P 为系统处于使用状态下所选取统计期间的小时数;h_{EO} 为降额运行等效停运小时,它是实际降额停运时间 h_{DCS} 按降额运行状态下少输送的容量 P_{DO} 在系统额定容量 P_M 中所占比例进行折算后的数值。

2. 能量不可用率 EU(energy unavailability)

在统计时间内,由于计划停运、非计划停运或降额运行造成的直流输电系统的输送能量能力的降低量为

$$\begin{cases} \text{EU} = 1 - EA = \dfrac{h_{\text{U}} + h_{\text{EO}}}{h_{\text{P}}} \times 100\% \\[2ex] \text{UEU} = \dfrac{h_{\text{UO}} + h_{\text{EO}}}{h_{\text{P}}} \times 100\% \\[2ex] \text{PEU} = \dfrac{h_{\text{PO}}}{h_{\text{P}}} \times 100\% \end{cases} \tag{9-2}$$

式中,h_{U} 为统计期间内系统处于不可用状态下的小时数;h_{UO} 为非计划停运小时数;h_{PO} 为计划停运小时数。系统的能量不可用率指标可进一步分解为计划能量不可用率 PEU 和非计划能量不可用率 UEU。前者是指按照规程要求退出,进行计划检修等;后者是指由于设备故障而迫使高压直流输电系统退出正常运行状态。非计划停运或降额运行会使整个电力系统以及负荷遭受突发性的冲击,因此不难理解这两类不可用状态的性质是不同的,它们所造成的损失也是有很大区别的。

3. 系统运行率 SR(service rate)

在统计时间内,直流输电系统处于运行状态的概率为

$$\text{SR} = \frac{h_{\text{S}}}{h_{\text{P}}} \times 100\% \tag{9-3}$$

式中,h_{S} 为统计期间内,系统处于运行状态下的小时数。

4. 能量利用率 U

在统计时间内,直流输电系统实际输送能量的能力为

$$U = \frac{E_{\text{TT}}}{P_{\text{M}} \times h_{\text{P}}} \times 100\% \tag{9-4}$$

式中,E_{TT} 为统计期间内,系统输送电量之总和。

5. 单极计划停运次数 MPOT

其指在统计时间内,直流输电系统发生单极计划停运的次数。

6. 双极计划停运次数 BPOT

其指在统计时间内,直流输电系统发生双极计划停运的次数。

7. 单极非计划停运次数 MUOT

其指在统计时间内,直流输电系统发生单极非计划停运的次数。

8. 双极非计划停运次数 BUOT

其指在统计时间内,直流输电系统发生双极非计划停运的次数。

9.1.4　提高高压直流输电系统的可靠性措施

通常,提高高压直流输电系统的可靠性主要措施有:

(1) 有备用的系统里,设备的停运时间可以减少到零或者仅仅是开关的切换时间,阀、辅助电源、继电保护、断路器、换流变压器、平波电抗器等都应该有备用。这对改善系统可靠性指标有着非常显著的作用。对于阀来说,一般为额定容量的 3%～4%。目前的高压直流输电系统一般采用双极。备用可分为两种,一种是有效备用,另一种是热备用。热备用是两极之间相同元件互相备用,这就要求两极之间有互相切换的开关措施。

(2) 降低直流线路的故障率,是提高整个高压直流输电系统可靠性的有效措施。

(3) 缩短直流线路的维修时间,对降低系统的不可用率有较大作用。

(4) 降低换流阀的故障率,是提高换流站可靠性指标的重要措施。

(5) 改善交流滤波器的可靠性,对提高整个高压直流输电系统可靠性指标有较大的影响。

除此以外,对高压直流输电系统的各组成部分尤其是直流输电线路坚持合理的设计,提高施工质量,坚持检修维护,提高运行人员的素质,健全运行制度,实施科学的管理,都是提高整个高压直流输电系统可靠性指标的重要因素。

9.2　可靠性评估的数学基础

9.2.1　马尔可夫方程

由于马尔可夫方程是以状态空间图为基础的,所以又称为状态空间法。这种方法的主要优点是所有状态及其相互转移有着很清晰的图形表示,它在设计如第 2 章所述的元件停运模型时特别有用。这个方法的缺点是对大系统的应用相当困难。对于由 N 个两状态(运行和停运)元件组成的系统,其系统状态数为 2^N。当 N 较大时,状态空间图的建立几乎是不可能的。

马尔可夫方法可用于计算与时间相关的状态概率,或者极限(稳态)的状态概率。前者涉及微分方程组,而后者涉及代数方程组。电力系统可靠性评估通常是一种极限状态概率问题,因而这里只讨论极限状态概率的马尔可夫方程的求解。

以一个可修复两元件系统为例来解释马尔可夫方法。这个过程包括如下步骤。

第1步：按元件状态的转移构成状态空间图。图9-1所示为这个可修复两元件系统的4个状态和它们之间的转移。图中 λ 为失效率（失效次数/年），μ 为修复率（修复次数/年）。

第2步：根据状态空间图建立转移矩阵。矩阵的维数为系统状态数，即每一状态对应于一列和一行。逐一核对状态空间图中的系统状态，如果从状态 i 向状态 $j(i \neq j)$ 有转移，则该转移率作为第 i 行和第 j 列的元素填入，否则该元素为零，

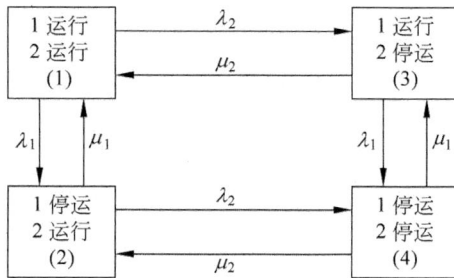

图9-1　可修复两元件的状态空间图

每一行的对角线元素等于该行其余元素之和的负数。对于图9-1所示系统，其矩阵为

$$A = \begin{array}{c} \\ 1 \\ 2 \\ 3 \\ 4 \end{array} \begin{array}{cccc} 1 & 2 & 3 & 4 \\ \begin{bmatrix} -(\lambda_1 + \lambda_2) & \lambda_1 & \lambda_2 & 0 \\ \mu_1 & -(\mu_1 + \lambda_2) & 0 & \lambda_2 \\ \mu_2 & 0 & -(\mu_2 + \lambda_1) & \lambda_1 \\ 0 & \mu_2 & \mu_1 & -(\mu_2 + \mu_1) \end{bmatrix} \end{array} \tag{9-5}$$

应当注意的是，由于 λ 和 μ 不是概率，因此得出的式(9-5)并不是概率矩阵，而是转移率矩阵。这是研究马尔可夫方程求解极限状态概率问题中的一种表达方式。

第3步：应用马尔可夫过程逼近原理，即极限状态概率在进一步转移过程中保持不变。数学上可表示为

$$pA = 0 \tag{9-6}$$

式中，p 是极限状态概率矢量，A 是转移率矩阵。上式展开后有如下完整形式：

$$\begin{bmatrix} p_1 & p_2 & p_3 & p_4 \end{bmatrix} \begin{bmatrix} -(\lambda_1 + \lambda_2) & \lambda_1 & \lambda_2 & 0 \\ \mu_1 & -(\mu_1 + \lambda_2) & 0 & \lambda_2 \\ \mu_2 & 0 & -(\mu_2 + \lambda_1) & \lambda_1 \\ 0 & \mu_2 & \mu_1 & -(\mu_1 + \mu_2) \end{bmatrix} = \begin{bmatrix} 0 & 0 & 0 & 0 \end{bmatrix} \tag{9-7}$$

式中，$p_1 \sim p_4$ 分别对应于图9-1所示4个状态的概率。对上式作转置运算，给出矩阵代数方程的一般表达式

$$\begin{bmatrix} -(\lambda_1 + \lambda_2) & \mu_1 & \mu_2 & 0 \\ \lambda_1 & -(\mu_1 + \lambda_2) & 0 & \mu_2 \\ \lambda_2 & 0 & -(\mu_2 + \lambda_1) & \mu_1 \\ 0 & \lambda_2 & \lambda_1 & -(\mu_1 + \mu_2) \end{bmatrix} \begin{bmatrix} p_1 \\ p_2 \\ p_3 \\ p_4 \end{bmatrix} = \begin{bmatrix} 0 \\ 0 \\ 0 \\ 0 \end{bmatrix} \tag{9-8}$$

第 4 步：加入全概率条件——所有系统状态的概率总和为 1。对于本例，即为

$$p_1 + p_2 + p_3 + p_4 = 1.0 \qquad (9\text{-}9)$$

重要的是应当清楚，第 3 步得出的马尔可夫矩阵的秩是 $N-1$，这里 N 是系统状态数。换言之，仅 $N-1$ 个方程是独立的，而必须增加全概率条件，即必须从式(9-8)矩阵的 4 个方程中任取一个由式(9-9)代替，才能求解出该系统的 4 个系统状态概率。例如，式(9-8)中第一个方程由式(9-9)代替，则得

$$\begin{bmatrix} 1 & 1 & 1 & 1 \\ \lambda_1 & -(\mu_1+\lambda_2) & 0 & \mu_2 \\ \lambda_2 & 0 & -(\mu_2+\lambda_1) & \mu_1 \\ 0 & \lambda_2 & \lambda_1 & -(\mu_1+\mu_2) \end{bmatrix} \begin{bmatrix} p_1 \\ p_2 \\ p_3 \\ p_4 \end{bmatrix} = \begin{bmatrix} 1 \\ 0 \\ 0 \\ 0 \end{bmatrix} \qquad (9\text{-}10)$$

第 5 步：应用线性代数算法解第 4 步得出的马尔可夫矩阵方程。解得结果为

$$\begin{cases} p_1 = \dfrac{\mu_1\mu_2}{(\mu_1+\lambda_1)(\mu_2+\lambda_2)} \\[2mm] p_2 = \dfrac{\lambda_1\mu_2}{(\mu_1+\lambda_1)(\mu_2+\lambda_2)} \\[2mm] p_3 = \dfrac{\mu_1\lambda_2}{(\mu_1+\lambda_1)(\mu_2+\lambda_2)} \\[2mm] p_4 = \dfrac{\lambda_1\lambda_2}{(\mu_1+\lambda_1)(\mu_2+\lambda_2)} \end{cases} \qquad (9\text{-}11)$$

第 6 步：如果需要，可应用下节介绍的频率-持续时间法计算频率和持续时间。

9.2.2　频率-持续时间法

频率-持续时间法(又称为频率和平均持续时间法，简称 FD 法)是高压直流输电系统可靠性评估的实用方法之一，是由状态概率和转移率计算频率和持续时间的基本方法。通过建立各子系统的状态空间图并获得相应的模型，再将各子系统等效模型进行组合而建立整个高压直流输电系统的状态空间图，然后求解得到系统的可靠性指标。

1. 进入每个状态的频率

进入状态 i 的频率计算如下：

$$f_i = p_i \sum_{k=1}^{M_d} a_k = \sum_{j=1}^{M_e} p_j a_j \qquad (9\text{-}12)$$

式中，p_i 为状态 i 的概率；p_j 为与状态 i 直接连接的状态 j 的概率；a_k 或 a_j 为转移(失效或修复)率；M_d 为离开状态 i 的转移数；M_e 为进入状态 i 的转移数。

式(9-12)还表明了频率平衡中的一个基本原则，即在一个遍历系统中，离开任一状态的频率等于进入该状态的频率。例如，图 9-1 中离开或进入状态 1 的频率为

$$f_1 = p_1(\lambda_1 + \lambda_2) = p_2\mu_1 + p_3\mu_2 \frac{\mu_1\mu_2(\lambda_1 + \lambda_2)}{(\lambda_1 + \mu_1)(\lambda_2 + \mu_2)} \tag{9-13}$$

2. 两状态间的转移频率

从状态 i 向状态 j 的转移频率可由下式计算：

$$f_{ij} = p_i\lambda_{i-j} \tag{9-14}$$

式中，p_i 为状态 i 的概率；λ_{i-j} 为从状态 i 向状态 j 的转移率。一般来说，当一个遍历系统中存在着从状态 i 向状态 j 和从状态 j 向状态 t_1 的双向转移时，$f_{ij} = f_{ji}$。例如，图 9-1 中状态 1 和状态 2 之间的两个转移频率为

$$f_{12} = f_{21} = p_1\lambda_1 = p_2\lambda_2 = \frac{\mu_1\mu_2\lambda_1}{(\lambda_1 + \mu_1)(\lambda_2 + \mu_2)} \tag{9-15}$$

3. 两状态集合间的转移频率

电力系统的可靠性评估中，常根据系统状态的后果把系统状态分成各种集合，例如，导致系统负荷削减的所有状态构成一个系统失效状态集合。停留在一个状态集合的概率直接是该集合中所有状态概率之和，进入一个状态集合的频率可由下式估计：

$$f_s = \sum_{k \in s} f_k - \sum_{i,j \in s} f_{ij} \tag{9-16}$$

式中，f_s 为进入状态集合 s 的频率；f_k 为进入属于 s 的状态 k 的频率；f_{ij} 为从状态 i 向状态 j 的转移频率；i 和 j 分别代表集合 s 中有直接联系的两个状态。需要注意的是，f_{ij} 和 f_{ji} 均应包含在第二项中。

例如，将图 9-1 中状态 3 和状态 4 看成一个集合，进入该状态集合的频率则为

$$f_{s(34)} = f_3 + f_4 - f_{34} - f_{43} = (p_3 + p_4)\mu_2 \tag{9-17}$$

从图 9-1 所示的状态空间图可看出，式(9-16)的本质是将状态集合看成为超状态，且仅考虑穿过超状态和其他状态之间的边界的那些转移。

4. 停留在每个状态的平均持续时间

停留在每个状态的平均持续时间是离开该状态的转移率总和的倒数，且可由状态空间图直接计算如下：

$$d_i = \frac{1}{\sum\limits_{k=1}^{M_d} \lambda_k} \tag{9-18}$$

式中，d_i 是停留在状态 i 的平均持续时间；λ_k 和 M_d 与式(9-12)中定义相同。

以图 9-1 中的状态 1 为例，平均持续时间为

$$d_1 = \frac{1}{\lambda_1 + \lambda_2} \tag{9-19}$$

5. 停留在每个状态集合的平均持续时间

将式(9-18)代入式(9-12)可得

$$p_i = f_i d_i \tag{9-20}$$

这个公式表明状态概率可看成频率和持续时间的乘积,这是频率-持续时间法中一个最重要的概率。式(9-20)中 p、f 和 d 的关系具有普遍性。换言之,它不仅适用于单个状态,也适用于状态集合。

如果把式(9-20)用于图 9-1 中的状态 1,可得出如下与式(9-19)计算相同的结果:

$$d_1 = \frac{p_1}{f_1} = \frac{\mu_1 \mu_2}{(\lambda_1 + \mu_1)(\lambda_2 + \mu_2)} \frac{(\lambda_1 + \mu_1)(\lambda_2 + \mu_2)}{\mu_1 \mu_2 (\lambda_1 + \lambda_2)} = \frac{1}{\lambda_1 + \lambda_2} \tag{9-21}$$

将式(9-20)应用到状态 3 和状态 4 的集合可得

$$d_{s(34)} = \frac{p_3 + p_4}{f_{s(34)}} = \frac{p_3 + p_4}{(p_3 + p_4)\mu_2} = \frac{1}{\mu_2} \tag{9-22}$$

9.3　等值模型法

高压直流输电系统由换流桥、控制系统、换流变压器、交流滤波器、直流滤波器、直流线路及其极设备组成。由于整个高压直流输电系统的元件多,关系复杂,一般先将系统分成若干子系统,对它们的内部特性进行研究,作出其状态空间图并简化得出等效模型,同时全面考虑它们之间的关系,然后得出能表征整个高压输电系统运行状态及其转移关系的空间状态图。

9.3.1　子系统及等值模型

在建立状态空间图及各子系统等效模型的组合过程中,对系统的实际条件进行了必要和合理的简化。在不影响精度的情况下,可以假设:

(1) 系统和元件都是可维修的。

(2) 各元件在有效运行期间内,故障率为常数。

(3) 运行人员能够在规定的时间内完成对元件的检修。

(4) 当系统中元件处于停运期间,同一极元件(直流线路除外)不会发生故障。

(5) 直流输电系统允许采用大地作为回路的运行方式,因此直流输电系统有 3 种可以使用的容量状态:100%、50%、0。

通常设计中考虑如下运行条件:

(1) 在两个换流站中,换流变压器和换流阀均没有备用。

（2）在两个换流站中，一端的正、负极线路在必要时可以相互切换。

（3）在两个换流站中，一端的上、下两套交流滤波器在必要时可以相互切换。

子系统的划分应计及备用模式和运行条件的影响，一般遵循以下原则：

（1）归入同一系统的元件具有相同的备用模型。

（2）同一子系统中任一元件故障对系统功能的影响是相同的。

考虑到双极双桥高压直流输电系统的典型备用模式和运行条件，对其子系统划分如下：

（1）桥子系统。一个换流桥包含 6 个晶闸管阀臂，整个高压直流输电系统中有 8 个这样的子系统。

（2）换流变压器子系统。通常所用的是单相三绕组换流变压器。换流变压器子系统包括一端一极上 3 个这样的单相变压器。共有 4 个这样的子系统。

（3）控制子系统。由于控制系统的特性和所作的可靠性评估是长期评估，所以只考虑阀控制系统的可靠性。一个控制子系统包括同端极上 2 个换流桥的相应控制系统。共有 4 个这样的子系统。

（4）交流滤波器子系统。一个交流滤波器子系统包括一端一极上的各滤波支路。共有 4 个这样的子系统。

（5）直流线路子系统。直流输电线路和它两端的极设备具有不同的运行条件，如果归并到一个子系统会引起一定误差。这里直流输电线路子系统就指一极线路，而整个双极高压直流输电系统就有 2 个这种子系统。

（6）极设备子系统。一个极设备子系统由一端一极上的平波电抗器、直流滤波器等元件组成，共有 4 个这样的子系统。

由于每一种子系统的状态空间图都含有多个状态，如果直接将子系统的状态空间图组合成整个系统的状态空间图，那将是十分复杂的。而且由于运行条件的限制，直接组合的某些状态在实际运行中是不可能出现的，在建立状态空间图时应考虑的逻辑关系将非常复杂，容易出错。通常，由于每个子系统状态空间图中的多个状态分属几个不同容量水平，可将相同容量水平的各个状态合并成一个状态，这样可将子系统的状态空间图化为相应的等效模型。等效模型中的各状态与原子系统中各状态的关系是：①各容量度对应的可用率相同；②对应各容量水平的平均持续时间和频率分别相等。

按照以上两原则，可以将等效模型中各状态之间的等效转移率求出。必须注意的是，等效模型中各状态空间图所对应的系统不再是马尔可夫系统，但是由于我们实际上考虑的是高压直流输电系统的稳态可靠性指标，建立等效模型遵循了上述原则，所以从这个角度来看，两者是等效的。不过，如果是与时间相关的一些可靠性指标，就不能利用等效模型来推算了。

整个高压直流输电系统的子系统和有关等效模型的组合关系如图 9-2 所示。

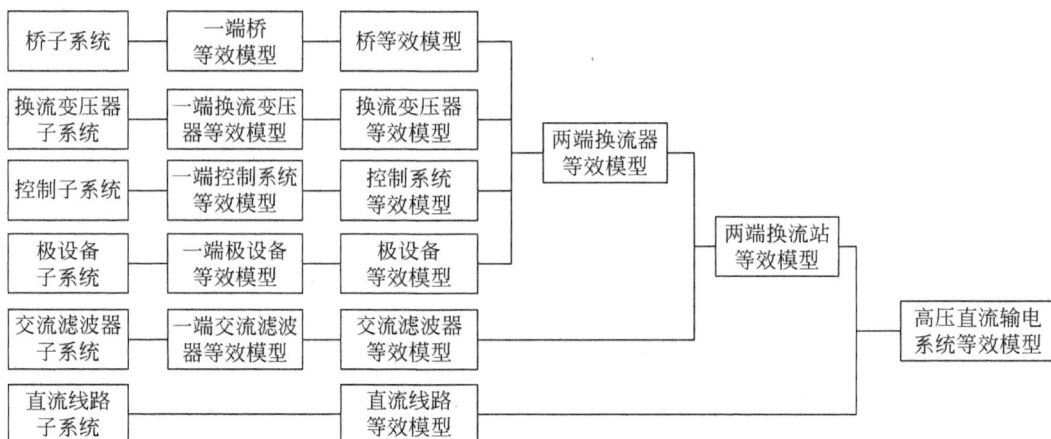

图 9-2　高压直流输电系统子系统及等效模型组合关系图

9.3.2　子系统状态空间图的建立及等效模型

1. 桥子系统

当子系统只有 1 容量和 0 容量两种状态时,子系统所经历的状态过程是工作—故障—修复—安装—工作。以换流桥子系统为例,在无备用的情况下,其状态空间如图 9-3(a)所示。1 个换流桥子系统由 6 个晶闸管阀臂组成,桥正常工作的条件是 6 个阀臂都正常。任一阀臂故障都将导致桥退出运行,而当桥退出运行后,桥内其他健全的阀臂不再发生进一步的故障。

图 9-3(a)中,1 为桥的正常工作状态(U);2 为桥的故障状态(D),且故障阀臂尚未修复(0S);3 仍为桥的故障状态(D),但此时故障阀臂已经修复,处于备用状态(1S),等待安装以恢复桥的正常运行。λ_v、μ_v、γ_v 分别是阀臂的故障率、修复率和安装率。状态 1 表示换流桥的 1 容量状态,状态 2 和 3 均表示换流桥的 0 容量状态,为简化状态空间,将状态 2 和 3 合并为一个累积状态(即图 9-3(b)中的状态 2′),得到换流桥的等效容量模型如图 9-3(b)所示,λ_b 和 μ_b 是等效转移率。

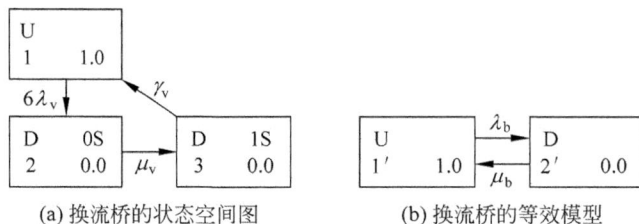

(a) 换流桥的状态空间图　　　　　　(b) 换流桥的等效模型

图 9-3　换流桥的状态空间图和等值模型

根据图 9-3(a)列出转移率矩阵 $\boldsymbol{A}$ 为

$$\boldsymbol{A} = \begin{bmatrix} -6\lambda_v & 6\lambda_v & 0 \\ 0 & -\mu_v & \mu_v \\ \gamma_v & 0 & -\gamma_v \end{bmatrix} \tag{9-23}$$

应用马尔可夫理论可以得到方程组

$$\begin{cases} \begin{bmatrix} p_1 & p_2 & p_3 \end{bmatrix} \boldsymbol{A} = \boldsymbol{0} \\ p_1 + p_2 + p_3 = 1 \end{cases} \tag{9-24}$$

式中，p_1、p_2、p_3 分别表示状态 1、2、3 的稳态概率，可通过对方程组进行求解得到：

$$p_1 = \mu_v \gamma_v / (\mu_v \gamma_v + 6\mu_v \lambda_v + 6\lambda_v \gamma_v) \tag{9-25}$$

$$p_2 = 6\lambda_v \gamma_v / (\mu_v \gamma_v + 6\mu_v \lambda_v + 6\lambda_v \gamma_v) \tag{9-26}$$

$$p_3 = 6\lambda_v \mu_v / (\mu_v \gamma_v + 6\mu_v \lambda_v + 6\lambda_v \gamma_v) \tag{9-27}$$

再由累积状态之间转移频率平衡的概念，得到

$$\lambda_b p_1 = f_{1-2} = p_1 \times 6\lambda_v \tag{9-28}$$

$$\mu_b (p_2 + p_3) = f_{2-1} + f_{3-1} = p_2 \times 0 + p_3 \gamma_v \tag{9-29}$$

求解以上两式，得到等效转移率 λ_b 和 μ_b 为

$$\lambda_b = 6\lambda_v \tag{9-30}$$

$$\mu_b = \gamma_v \mu_v / (\mu_v + \gamma_v) \tag{9-31}$$

在没有备用的情况下，两容量状态子系统的等效模型均可按照上述方法求得。

同时考虑送端和受端的桥等效模型，其状态空间图如图 9-4(a)所示。用 S 和 R 分别表示送端和受端，图 9-4(a)中状态 $1'$ 为 2Sb 和 2Rb，其意义为送端两桥都正常运行、受端两桥亦正常运行的状态。其他各状态的意义可照此类推，如状态 $2'$ 为送端 1 桥正常运行(1Sb)，而受端两桥正常运行(2Rb)等。根据运算条件，当一极停运时，该极上除直流输电线路外不可能发生进一步的故障。因此从状态 $2'$ 或 $3'$ 向 $6'$ 转移都是指正在运行的那一极上换流桥

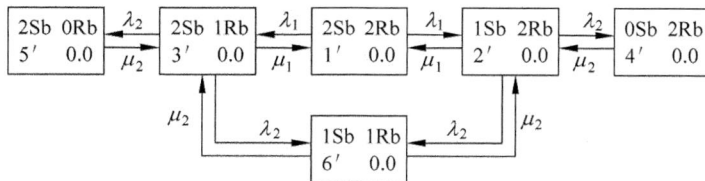

(a)

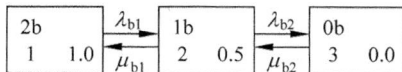

(b)

图 9-4　两端桥模型及其等效模型

发生了故障。显然状态 6′中送、受端各有一极换流桥处于正常工作状态,但它们处于不同的极上,不能构成单极运行方式,从而状态 6′是 0 容量。

图 9-4(a)中的 6 个状态,可按容量水平归并到 3 个累积状态,等效模型如图 9-4(b)所示。

等效转移率的计算方法与上述相同。

换流变压器子系统、控制系统、直流线路子系统和极设备子系统均与桥子系统相类似,其等效模型分别如图 9-5～图 9-7 所示。

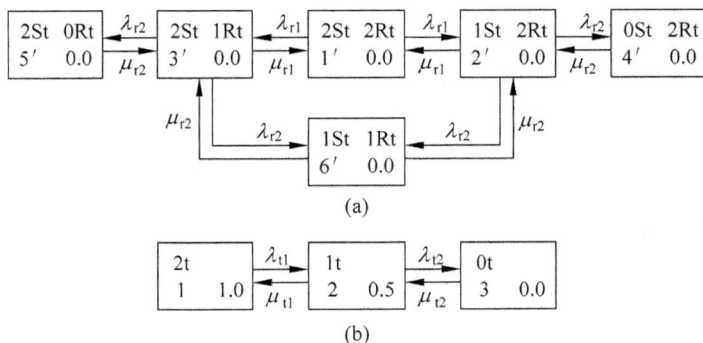

(a)

(b)

图 9-5　换流变压器状态空间图和等效模型

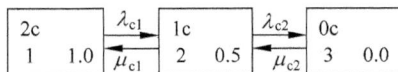

(a)

(b)

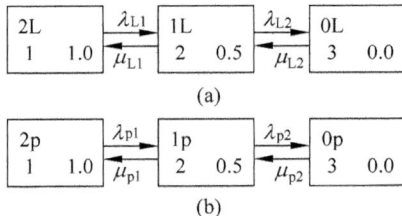

图 9-6　控制系统等效模型　　　**图 9-7　两极直流线路等效模型和极设备子系统等效模型**

2. 交流滤波器子系统

一端交流滤波器子系统的等效模型与换流变压器子系统相似,同样可以获得三状态的等效模型。由于同一端两极上的交流滤波器组可以相互切换,所以两端交流滤波器的状态空间图如图 9-8(a)所示。图 9-8(a)中的 4′是 0.5 容量状态(而不是 0 容量状态),因为两端能正常工作的滤波器组总可以切换到同一极上实现单极运行。于是从状态 4′出发,可能会发生进一步故障(转移到状态 7′和 8′)。两端交流滤波器的等效模型如图 9-8(b)所示。

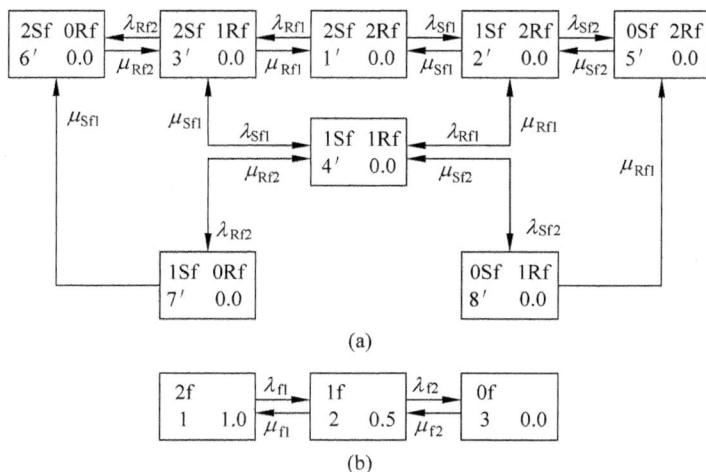

图 9-8　两端交流滤波器的状态空间图和等效模型

9.3.3　组合模型和整个高压直流输电系统的状态空间图

得到了各子系统的等效模型,为建立整个高压直流输电系统的状态空间创造了条件。然后,将各子系统的等效模型按照图 9-2 所示的关系逐次组合:先将桥与控制系统等效模型组合得到相应的等效模型;然后将所得的等效模型再与换流变压器及极设备等效模型逐一地叠加组合,得到两端换流器等效模型;再将所得的两端换流器等效模型与两端交流滤波器等效模型组合,得到两端换流站等效模型;最后,将直流输电线路等效模型与两端换流站等效模型组合,得到整个高压直流输电系统的状态空间图。这样做适当增加了求解等效模型的次数,但降低了求解问题的阶数,总体上简化了计算工作量。

1. 桥与控制系统等效模型的组合

桥和控制系统组合的状态空间图如 9-9(a)所示,相应的三状态等效模型如图 9-9(b)所示。

2. 桥-控制系统与换流变压器等效模型的组合

由图 9-9(b)所示的等效模型和图 9-5 所示的换流变压器等效模型,可以组合成新的状态空间图 9-10(a),将其等效模型进一步与极设备的等效模型相结合,类似地可简化为如图 9-10(b)所示。有关的转移率可以相应地求得。

3. 两端换流站等效模型

将图 9-10(b)所示的等效模型再与上面两端交流滤波器的等效模型(图 9-8(b))组合,

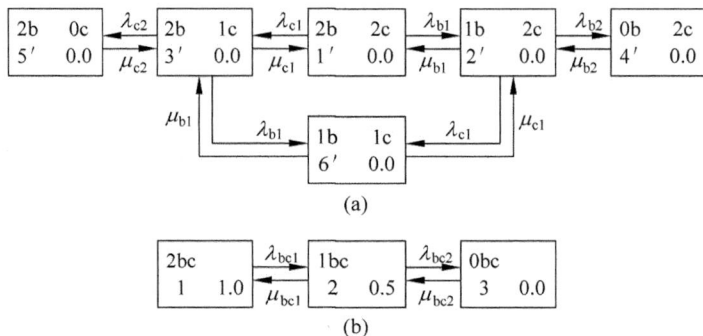

图 9-9　桥与控制系统等效模型的组合

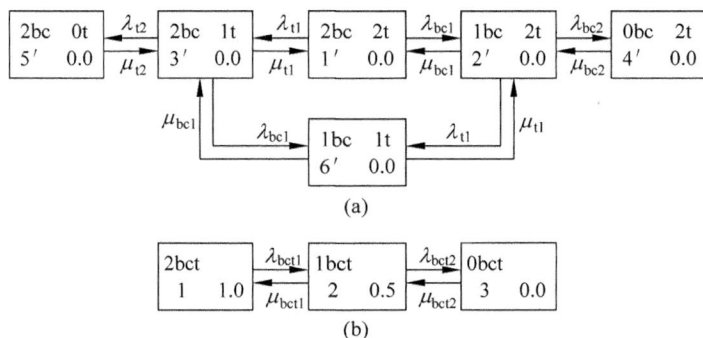

图 9-10　桥-控制系统与换流变压器、极设备等效模型的组合

即可得到两端换流站的等效模型,如图 9-11(a)所示,这时也应考虑到同一端交流滤波器能在两极所对应的交流母线上互相切换。经简化后得到的等效模型如图 9-11(b)所示。

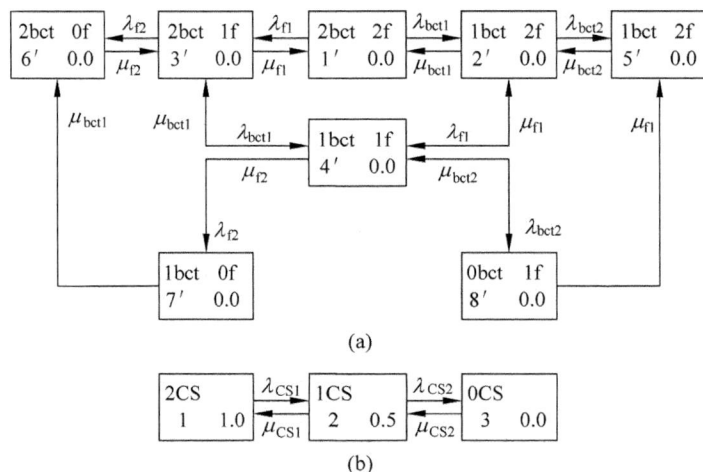

图 9-11　换流站两端模型

4. 高压直流输电系统的状态空间图

将图 9-11(b)所示的等效模型与直流输电线路等效模型相结合,即可得到整个高压直流输电的状态空间图,如图 9-12(a)所示。这时,不仅要考虑到两极直流输电线路的可切换性,而且要考虑到直流线路在不送电时仍然可能发生故障。经简化后得到的最终的高压直流输电系统的三状态等效模型如图 9-12(b)所示。

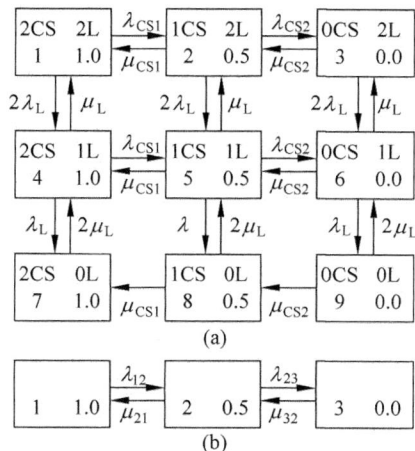

图 9-12　高压直流输电系统的状态空间图及等效模型

9.4　交直流并联输电系统的可靠性评估

在高压输电线路设计中,线路的设计功率通常远小于线路的热稳定极限,而对线路输电能力起决定性作用的常常是静态稳定极限。以简单的单机无穷大发输电系统为例,如图 9-13 所示,假设远方电厂经两回相同的交流输电线路接入受端系统,线路被中间开关站分为相等的 2 段,若发电机和变压器的阻抗电抗分别为 X_G 和 X_T,单回线路的电抗为 X_L,则该输电系统的静态稳定功率极限为

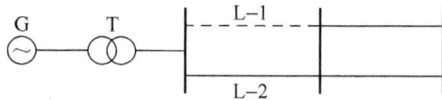

图 9-13　简单的单机无穷大发输电系统

$$P_M = \frac{E_q U}{X_G + X_T + \frac{1}{2} X_L} \tag{9-32}$$

假设其中一段一回线路因故障断开(图中虚线段),则功率极限变为

$$P'_{\mathrm{M}} = \frac{E_{\mathrm{q}}U}{X_{\mathrm{G}} + X_{\mathrm{T}} + \dfrac{3}{4}X_{\mathrm{L}}} \tag{9-33}$$

可见,并联输电系统其中一段线路断开后,输电能力并非减少 50%,而是与线路的拓扑结构、元件参数以及系统电压相关。由此可见,交直流并联输电系统的输电可靠性较之纯交流输电系统更为复杂,因为其交流线路的稳定极限和电压水平与直流线路的输送功率及调节特性紧密相关。

9.4.1　运算条件

由前面的分析可见,交直流并联输电系统的输电能力不适宜用传统的"运行-停运"两态输电线路模型来表示,而必须结合静态稳定极限和直流系统控制模式进行综合评估,也就是必须全面地考虑元件随机故障,有功、无功以及电流、电压约束,换流器运行点的限制以及系统运行稳定性的影响。

下面以图 9-14 所示的交直流并联输电系统为例进行分析。

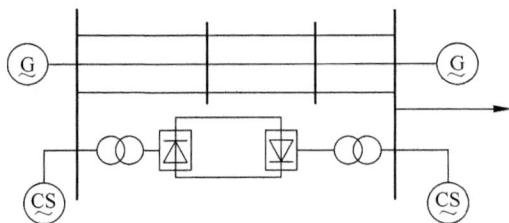

图 9-14　交直流并联输电系统示意图

忽略换流变压器分接头的影响,直流系统的运行参数可表示为

$$U_{\mathrm{dI}} = \frac{3\sqrt{2}}{\pi}U_I\cos\beta - \frac{3}{\pi}X_{\mu I}I_{\mathrm{d}} \tag{9-34}$$

$$P_{\mathrm{dI}} = \frac{3\sqrt{2}}{\pi}U_I I_{\mathrm{d}}\cos\beta - \frac{3}{\pi}X_{\mu I}I_{\mathrm{d}}^2 \tag{9-35}$$

$$U_{\mathrm{dR}} = \frac{3\sqrt{2}}{\pi}U_I\cos\beta + \left(R_{\mathrm{d}} - \frac{3}{\pi}X_{\mu I}\right)I_{\mathrm{d}} \tag{9-36}$$

$$P_{\mathrm{deR}} = U_{\mathrm{dR}}I_{\mathrm{d}} \tag{9-37}$$

$$\cos\phi_1 = \cos\beta - \frac{X_{\mu I}I_{\mathrm{d}}}{\sqrt{2}U_I} \tag{9-38}$$

$$\cos\alpha = \frac{\dfrac{3\sqrt{2}}{\pi}U_I\cos\beta + \left(R_{\mathrm{d}} - \dfrac{3}{\pi}X_{\mu I} + \dfrac{3}{\pi}X_{\mu R}\right)I_{\mathrm{d}}}{\dfrac{3\sqrt{2}}{\pi}U_R} \tag{9-39}$$

式中，α、β 为整流器触发延迟角和逆变器关断角；I_d、U_d 为直流电流和直流电压；R_d、X_μ 为直流线路电阻和换相电抗；P_d 为直流功率；U 为交流侧线电压的有效值；ϕ 为换流器功率因数角；下标 R、I 分别表示整流侧和逆变侧。

交流线路可采用长线等值 II 型模型表示，如图 9-15 所示，其相应导纳矩阵中的对应元素分别为

$$Y_{RR} = y_{R0}\, e^{-j(90°-\alpha_{RR})} \qquad (9-40)$$

$$Y_{II} = y_{I0}\, e^{-j(90°-\alpha_{II})} \qquad (9-41)$$

$$-Y_{RI} = -Y_{IR} = y_{RI}\, e^{-j(90°-\alpha_{RI})} \qquad (9-42)$$

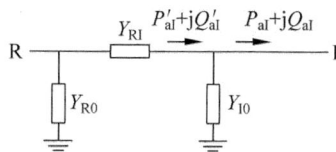

图 9-15　交流线路等值 II 型网络

令串联阻抗 $Z_{RI} = 1/Y_{RI} = R_{RI} + jX_{RI}$，则线路压降的纵、横分量分别为

$$\begin{cases} \Delta U = \dfrac{P'_{aI}R_{RI} + Q'_{aI}X_{RI}}{U_I} \\[3mm] \delta U = \dfrac{P'_{aI}X_{RI} - Q'_{aI}R_{RI}}{U_I} \end{cases} \qquad (9-43)$$

忽略 y_{I0} 的电导部分，即设 $y_{I0} = jb_{I0}$，则有

$$\begin{cases} \Delta U = \dfrac{P_{aI}R_{RI} + Q_{aI}X_{RI}}{U_I} - X_{RI}b_{I0}U_I \\[3mm] \delta U = \dfrac{P_{aI}X_{RI} - Q_{aI}R_{RI}}{U_I} + R_{RI}b_{I0}U_I \end{cases} \qquad (9-44)$$

送端电压幅值和超前于受端电压的相位分别为

$$U_R = \sqrt{(U_I + \Delta U)^2 + \delta U^2} \qquad (9-45)$$

$$\delta_{RI} = \arctan \frac{\delta U}{U_I + \Delta U} \qquad (9-46)$$

送端和受端系统的摇摆方程分别为

$$\frac{T_R}{\omega_n} \times \frac{\mathrm{d}^2\delta_R}{\mathrm{d}t^2} = P_{mR} - P_{aR} - P_{dR} \qquad (9-47)$$

$$\frac{T_I}{\omega_n} \times \frac{\mathrm{d}^2\delta_I}{\mathrm{d}t^2} = P_{mI} + P_{aI} + P_{dI} \qquad (9-48)$$

式中，ω_n 为同步转速，δ_R 和 δ_I 分别为送端和受端系统的等值功角；T_R 和 T_I 分别为送端和受端系统的等值惯性时间常数；P_{mR} 和 P_{mI} 分别为送端和受端系统的等值输入机械功率；P_a 和 P_d 分别为交流和直流线路上的输送功率。

由式(9-47)和式(9-48)可知，两端等值系统间的相对摇摆方程为

$$\frac{1}{\omega_n} \times \frac{\mathrm{d}^2\delta_{RI}}{\mathrm{d}t^2} = \left(\frac{P_{mR}}{T_R} - \frac{P_{mI}}{T_I}\right) - \left(\frac{P_{aR}}{T_R} + \frac{P_{aI}}{T_I} + \frac{P_{dR}}{T_R} + \frac{P_{dI}}{T_I}\right) \qquad (9-49)$$

由此可以导出，交直流并联输电系统两端保持并列运行稳定性的转子最大相对角应满足

$$\cot\delta_{\mathrm{RIm}} = \frac{(1-k)T_{\mathrm{R}} - (1+k)T_{\mathrm{I}}}{(1+k)(T_{\mathrm{R}} + T_{\mathrm{I}})}\tan\alpha_{\mathrm{RI}} \tag{9-50}$$

$$0 < \delta_{\mathrm{RIm}} < \pi$$

式中，k 为直流功率按交流线路功率变化成比例调节的比例系数。

当 $k=0$，即直流输电系统功率不反映交流线路上的有功变化时，有

$$\cot\delta_{\mathrm{RIm0}} = \frac{T_{\mathrm{R}} - T_{\mathrm{I}}}{T_{\mathrm{R}} + T_{\mathrm{I}}}\tan\alpha_{\mathrm{RI}} \tag{9-51}$$

当 $k=1$，即直流线路输送功率的调节量与交流线路上的有功变化量相同时，有

$$\cot\delta_{\mathrm{RIm1}} = \frac{-T_{\mathrm{I}}}{T_{\mathrm{R}} + T_{\mathrm{I}}}\tan\alpha_{\mathrm{RI}} \tag{9-52}$$

可见，$\delta_{\mathrm{RIm1}} > \delta_{\mathrm{RIm0}}$。

这说明，直流输电系统的调节作用使得交直流并联输电系统的稳态运行域扩大。同时应该说明，式(9-50)确定的最大相对角实际上是根据静稳定的实用判据 $\frac{\mathrm{d}P}{\mathrm{d}\delta}$ 推导出的，它忽略了阻尼功率的作用。直流输电系统的调节性能有助于改善系统的阻尼特性。

交直流并联输电系统可靠性评估的运算条件仍包括两个方面的内容：①元件故障、修复以及计划检修的模式；②系统失负荷的条件以及失负荷量的判定方法，即故障判据。

使得交直流混合输电系统可靠性评估的运算条件更为复杂的是，系统各元件在运行中的故障和修复虽然属于随机事件，但这些事件之间并非完全独立，可能存在一定的相关性。例如，两个及以上的元件可能由于共因故障而同时停运。通常认为，交直流并联系统中的元件，除线路以外，在失电状态下发生进一步故障的可能性极小，可忽略不计，即认为元件在失电状态下不会发生进一步故障。正如前面在高压直流输电系统可靠性评估中所考虑的一样，如果一极直流系统因为换流桥故障而处于停运状态，那么对应于该极的其他换流站设备在换流桥的故障检修期内都不会发生故障，但是架空线路由于受其走向及环境因素的影响在停运时仍可能发生故障。此外，还可更一般地考虑元件在不同的运行工况中具有不同的故障率等参数。元件的检修通常考虑为按确定的方式进行（即计划检修），当然计划检修也可能随系统具体状态的变化而被提前、推迟或取消。

元件退出运行后可能会引起交直流并联输电系统输送能力的降低，需要适当调整交、直流输电系统的运行参数，并充分利用线路过负荷能力，以便尽量满足负荷需求。

交直流并联输电系统在运行中应满足的运行约束如下。

(1) 线路静稳定约束

$$\delta_{\mathrm{RI}} \leqslant (1-k_{\mathrm{r}})\delta_{\mathrm{RIm}} \tag{9-53}$$

式中，k_{r} 为静稳定储备系数。

(2) 送、受端电压约束

送、受端交流母线电压幅值应在给定范围内，即

$$\begin{cases} U_{Rm} \leqslant U_R \leqslant U_{RM} \\ U_{Im} \leqslant U_I \leqslant U_{IM} \end{cases} \tag{9-54}$$

（3）直流系统运行约束

触发角和关断角应满足

$$0 \leqslant \cos\alpha \leqslant \cos\alpha_0 \tag{9-55}$$

$$0 \leqslant \cos\beta \leqslant \cos\beta_0 \tag{9-56}$$

式中，α_0 和 β_0 分别为最小触发角和关断角。式（9-55）及式（9-56）等价于 $\alpha_0 \leqslant \alpha \leqslant 90°$、$\beta_0 \leqslant \beta \leqslant 90°$。

送、受端直流侧电压也应在相应的范围 $[U_{dm}, U_{dM}]$ 内。考虑送、受端直流电压的变化范围相同，由于送端直流侧电压总是高于受端直流侧电压，于是有

$$U_{dR} \leqslant U_{dM}, \quad U_{dI} \geqslant U_{dm} \tag{9-57}$$

由上可得

$$\frac{3\sqrt{2}}{\pi} U_I \cos\beta + \left(R_d - \frac{3}{\pi} X_{\mu I} \right) I_d \leqslant U_{dM} \tag{9-58}$$

$$\frac{3\sqrt{2}}{\pi} U_I \cos\beta - \frac{3}{\pi} X_{\mu I} I_d \geqslant U_{dm} \tag{9-59}$$

此外，直流电流不超过最大容许值 I_{DM}，同时也不应低于最小电流限制值 I_{dm}：

$$I_{dm} \leqslant I_d \leqslant I_{dM} \tag{9-60}$$

（4）无功平衡约束

一般认为，输电系统的送端发电机和无功补偿装置能够提供足够的无功功率，使送端总能保持无功平衡。然而，对于远距离输电系统，要维持送端无功平衡并非易事，再加上各种无功电源因随机故障或检修而退出运行的可能性，送端的无功平衡约束将成为交直流并联输电系统输送能力的不可或缺的一个限制性条件。

受端系统无功平衡的表示方法与受端系统类似。由于受端母线通常处于负荷中心，因此，在向负荷提供有功功率的同时，还必须提供相应的无功功率

$$Q_L = K_L P_L \tag{9-61}$$

式中，$K_L = \dfrac{\sqrt{1-\cos^2\varphi_L}}{\cos\varphi_L}$，$\cos\varphi_L$ 是受端系统所要求的功率因数。

负荷和逆变器的无功需求 Q_L 和 Q_{dI}，由交流线路送至受端的无功功率 Q_{aI} 以及安装在逆变站或受端系统内部的补偿装置共同承担。因此，无功补偿装置的最大容量 Q_c 必须满足

$$Q_c + Q_{aI} \geqslant Q_L + Q_{dI} \tag{9-62}$$

以上所介绍的运算条件适用于一般的交直流并联输电系统，对于特殊的情况，应当根据具体的系统情况来进行分析。

9.4.2 交直流并联输电系统的可靠性指标

交直流并联输电系统的可靠性指标,除了可以从系统输送能力的角度来定义外,还可以从满足受端负荷要求的角度来定义。主要有如下指标。

(1) 系统期望输送能力(expected transmission capability,ETC)

$$\text{ETC} = \int_{x \geqslant 0} x \, dF_{\text{TC}}(x) \tag{9-63}$$

式中,$F_{\text{TC}}(x)$ 是系统综合输送能力(TC)的概率分布函数。

ETC 指标的物理意义是:如果交直流并联系统的输送能力保持为 ETC 不变,那么长期运行中单位时间内可输送的电量(MW·h)与实际输送电量(考虑随机故障)的期望值相等。

(2) 输送能力低于某一规定水平 x_0 的概率 $P(x_0)$ 和频率 $f(x_0)$

$P(x_0)$ 可以理解为长期运行中系统输送能力低于 x_0 的时间比例,而 $f(x_0)$ 则被定义为长期运行中单位时间内发生输送能力 TC 由于元件故障而降低到 x_0 以下的期望次数。

显然,$P(\text{ETC})$ 和 $f(\text{ETC})$ 是对 ETC 指标的适当补充。

(3) 总等效停运时间(total equivalent outage time,TEOT)

TEOT 定义为系统累计等效停运小时数的期望值,即

$$\text{TEOT} = E\left(\sum_i \text{EOH}_i\right) \tag{9-64}$$

式中,EOH_i 为一年中第 i 次停运的等效停运小时数,是实际停运时间按停运容量在系统额定容量中所占比例进行折算后的数值。

额定容量是指在全部元件均为正常的情况下交直流并联系统的设计输送能力。

(4) 失负荷概率(lost of load probitity,LOLP)

LOLP 定义为交直流并联系统的输送能力不能满足受端负荷需求的概率,即

$$\text{LOLP} = P_r(L > \text{TC}) \tag{9-65}$$

(5) 失负荷频率(lost of load frequency,LOLF)

LOLF 定义为长期运行中单位时间内出现因元件故障而引起失负荷事件的期望次数。

设系统的某一次状态转移使输送能力从 TC_i 变化为 TC_j,且状态转移时负荷为 L_i,如果 $\text{TC}_i \geqslant L_i$ 而 $\text{TC}_j < L_i$,则此次系统状态转移导致了一次失负荷事件。但如果在系统输送能力变化为 TC_j 之后,负荷需求变为 L_j,虽然可能仍有 $\text{TC}_j < L_j$,但这次负荷需求的变化并不引起一次新的失负荷事件。此外,如果 $\text{TC}_i \leqslant L_i$,而 $\text{TC}_j < L_j$,则此次状态转移导致了一次失负荷事件;然而如果 $\text{TC}_i \leqslant L_i$,而 $\text{TC}_i < \text{TC}_j \leqslant L_j$,则此次状态转移将不会导致一次新的失负荷事件。对 LOLP 指标的计算是建立在上述解释的基础上的。

(6) 年电量不足期望值(expected energy not served,EENS)

EENS 定义为长期运行中一年内因元件强迫停运而引起的少向负荷(受端系统)提供的

电能期望值。如果说 LOLP 指标只反映是否失负荷的话,那么 EENS 指标还反映每次失负荷的量。

(7) 总等值失负荷时间(total equivalent loss of load time,TELT)

TELT 是将一年中每次失负荷时间都按损失全部负荷而折算成等值的失负荷时间,即

$$\text{TELT} = E\left[\sum_i T_i \left(1 - \frac{\text{TC}_i}{L_i} \right) \right] \tag{9-66}$$

式中,T_i 为故障 i 引起的实际停运时间;TC_i 为状态 i 输送能力;L_i 为状态 i 负荷需要。

TELT 指标反映了从全年平均来看,任一时刻负荷得不到满足的程度。

9.4.3　交直流并联输电系统可靠性的蒙特卡洛模拟

用解析法仅能解决上节所述运算条件下的交直流系统的可靠性评估问题,当用从蒙特卡洛模拟法评估交直流并联输电系统可靠性时,这些运算条件最终都可以在一种综合算法里加以考虑,以确定在元件因故障退出运行而引起系统输送能力降低时受端必要的负荷削减量。但是,负荷削减量与受端母线上的负荷水平有关。在交流发输电系统的可靠性评估中,目前解析法还仅限于对单一负荷水平的考虑。蒙特卡洛模拟法也为考虑系统的多个负荷水平创造了条件。在实际系统中,负荷需求是随时间变化的,且具有随机性。如果可靠性评估是为了获得交直流并联输电系统的稳态可靠性指标,并注意到负荷水平的变化与元件的状态转移过程是彼此独立的,则可以认为每个系统状态所对应的负荷水平都是独立同分布的随机变量。这里有

$$P_r\{L \leqslant x\} = F_L(x) \tag{9-67}$$

即 $F_L(x)$ 是负荷水平 L 的概率分布函数。

对应于系统状态 i,设最大输送能力为 LC_i,系统在状态 i 中的平均持续时间为 D_i,则与状态 i 相对应的平均失负荷时间和电量不足的数学期望如下:

$$\Delta T'_i = D_i \left[1 - F_L(\text{LC}_i) \right] \tag{9-68}$$

$$\Delta E'_i = D_i \int_{\text{LC}_i}^{\infty} (x - \text{LC}_i) \mathrm{d}F_L(x) \tag{9-69}$$

根据前面关于失负荷频率(LOLF)指标的定义,可得由系统状态 i 而引起的期望故障失负荷次数为

$$\Delta f'_i = \begin{cases} \int_{\text{LC}_i}^{\text{LC}_{i-1}} \mathrm{d}F_L(x), & \text{LC}_i < \text{LC}_{i-1} \\ 0, & \text{LC}_i \geqslant \text{LC}_{i-1} \end{cases} \tag{9-70}$$

由此可见,在交直流并联输电系统可靠性评估中,十分重要的一个问题是确定系统在各状态下的最大输送能力 LC,当 LC<L 时便会现负荷削减。通过整个交直流并联系统输送到受端系统的有功功率可表示为

$$P_{ad} = P_{aI} + \frac{3\sqrt{2}}{\pi}U_I I_d \cos\beta - \frac{3}{\pi}X_\mu I_d^2 \tag{9-71}$$

在前一节所述的约束条件之下,使 P_{ad} 达到最大值是一个非线性规划问题。为了在可靠性评估中,能应用蒙特卡洛法反复地模拟系统的各种随机状态,下面介绍一种在给定状态下能迅速确定交直流并联输电系统最大输送能力的启发式算法(heuristic method)。

为了使交流线路上的输送功率为最大,设送端和受端母线的电压幅值分别为 U_{RM} 和 U_{Im},同时其相角应满足关系式(9-53),即 $\delta_{RI} \leqslant (1-k_r)\delta_{RIm}$,由此有

$$\left(P_{aI} + \frac{U_{Im}^2 R_{RI}}{R_{RI}^2 + X_{RI}^2}\right)^2 + \left(Q_{aI}' + \frac{U_{Im}^2 X_{RI}}{R_{RI}^2 + X_{RI}^2}\right)^2 = \frac{(U_{Rm}U_{Im})^2}{R_{RI}^2 + X_{RI}^2} \tag{9-72}$$

$$\{X_{RI} - R_{RI}\tan[(1-k_r)\delta_{RIm}]\}P_{aI} - \{R_{RI} + X_{RI}\tan[(1-k_r)\delta_{RIm}]\}Q_{aI}' \leqslant U_{Im}^2\tan[(1-k_r)\delta_{RIm}] \tag{9-73}$$

在满足式(9-73)的约束条件下,令 P_{aI} 最大的问题可以用图 9-16 来直观地进行说明。式(9-72)所对应的轨迹是图 9-16 所示 P_{aI}-Q_{aI}' 平面上的一个圆,式(9-73)则对应于图 9-16 中相应直线确定的上半平面。

对应于图 9-16 中实线的情况,式(9-73)的解为 A 点;对于图 9-16 中虚线的情况,式(9-73)的解为 A' 点。求出在上述条件下最大输送功率时的 P_{aI} 和 Q_{aI}' 后,有 $Q_{aI} = Q_{aI}' + b_{I0}U_{Im}^2$。在一般情况下,

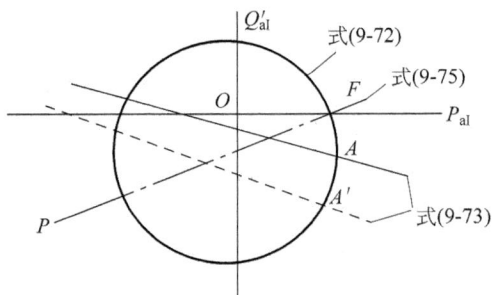

图 9-16 交流线路最大输送功率图解

线路输送的有功功率可能大于自然功率,则需要受端倒送无功功率。

但如果 $Q_{aI} < 0$,则受端系统一般不可能提供这种倒送的无功功率。这时送端电压升高超出 U_{Im},为此必须限制线路上的有功功率。无论是增大或是减小 P_{aI},其作用都将使交流线路两端电压的相角差趋于减小,这可从如下关系式看出:

$$\tan\delta_{RI} = \frac{P_{aI}X_{RI} - Q_{aI}R_{RI} + R_{RI}b_{I0}U_I^2}{U_I^2 + P_{aI}R_{RI} + Q_{aI}X_{RI} - X_{RI}b_{I0}U_I^2} \tag{9-74}$$

于是,这种情况下可以松弛系统稳定性约束,因为要求交流线路受端不倒送或少倒送无功功率后,静稳定性约束是自然能够得到满足的。这时决定交流线路输送功率的是式(9-72)和所要求的交流线路受端功率因数 $\cos\varphi_0$,所以

$$Q_{aI} = (\sqrt{1 - \cos^2\varphi_0}/\cos\varphi_0)P_{aI} \tag{9-75}$$

这种情况也可用图 9-16 来直观地说明,式(9-75)在 P_{aI}-Q_{aI}' 平面上的轨迹为点划线 PF。

然后,确定直流输电系统输送的最大功率。设送端直流电压为 $U_{dR} = U_{dM}$,直流电流为 $I_d = I_{dM}$。已知送、受端换流站交流母线的电压幅值分别为 U_{RM} 和 U_{Im},在此条件下可计算送端 $\cos\alpha$、受端 $\cos\beta$ 和逆变侧功率因数 $\cos\varphi_I$。

如果式(9-41)～式(9-46)的约束条件都能得到满足,则

$$P_{dI} = U_{dR} I_d - R_d I_d^2 \qquad (9-76)$$

将约束条件式(9-55)～式(9-62)表示在平面上,则它们所限定的可行域如图 9-17 所示。

图 9-17 中,直线 1 表示触发角约束 $U_{dR} = \dfrac{3\sqrt{2}}{\pi} U_R \cos\alpha_0 - \dfrac{3}{\pi} X_{\mu R} I_d$;直线 2 表示关断角

约束 $U_{dR} = \dfrac{3\sqrt{2}}{\pi} U_I \cos\beta_0 + \left(R_d - \dfrac{3}{\pi} X_{\mu I}\right) I_d$,直线 3 表示电压、电流约束 $U_{dm} = U_{dR} - R_d I_d$。

当约束式(9-55)或式(9-56)被违反时,把相应的不等式约束转化为等式约束,相当于将直流系统的运行点放到其可行域的边界上。例如违反约束式(9-55)时,令

$$U_{dR} = \frac{3\sqrt{2}}{\pi} U_R \cos\alpha_0 - \frac{3}{\pi} X_{\mu R} I_d \qquad (9-77)$$

于是

$$P_{dI} = \frac{3\sqrt{2}}{\pi} U_R I_d \cos\alpha_0 - \left(R_d - \frac{3}{\pi} X_{\mu R}\right) I_d^2 \qquad (9-78)$$

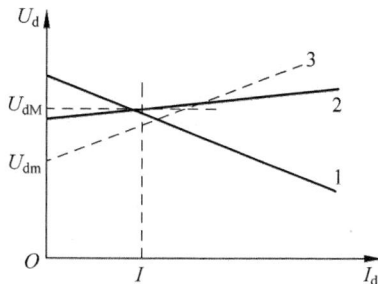

图 9-17　直流系统约束的可行域

可以十分简捷地从图 9-17 中确定直流电流 I_d 的允许变化范围,并求出在此范围内使式(9-78)达到最大的工作点(I_{d0}, U_{dR0})。

当约束条件式(9-55)和式(9-56)同时都被违反时,则分别将它们处理成等式约束,求出在各自情况下的最大直流输送功率,取大者。

当约束条件式被违反时,说明逆变侧的无功功率不足,解决这一问题的最有效措施就是减小直流电流 I_d,进而减少逆变侧的无功消耗。也就是给直流电流设置一个增量$-\Delta I_d$,令

$$I_d^{(k+1)} = I_d^{(k)} - \Delta I_d \qquad (9-79)$$

然后重新计算并检查有关的约束条件,直到全部约束条件都能得到满足。

当 I_d 减小后,系统的运行点应仍在图 9-17 所限定的可行域内。减小直流电流 I_d 不仅可以降低直流线路上的发热功率损耗,而且还可以提高逆变器运行的功率因数,从而最有效地减少逆变器换相过程中吸收的无功功率。

在分别确定了交流和直流系统的最大输送功率之后,需进行交、直流输电系统之间无功功率分配的协调,并调整受端交流侧线电压幅值以获得整个交直流并联输电系统的最大输送能力。

于是,根据 9.2 节中关于系统状态的随机模拟及其转移过程的基本原理,采用蒙特卡洛法评估交直流并联输电系统可靠性的计算机程序如图 9-18 所示。

首先应用蒙特卡洛法随机地模拟系统状态的转移过程,然后根据上述的分析步骤计算当前状态下交直流并联输电系统的输送能力。若该输送能力大于负荷需求,则系统不会失负荷;若不能满足负荷要求,则需进行交、直流系统间的协调以获得整个交直流并联输电系统的最大输送能力,进而判断是否会失负荷。

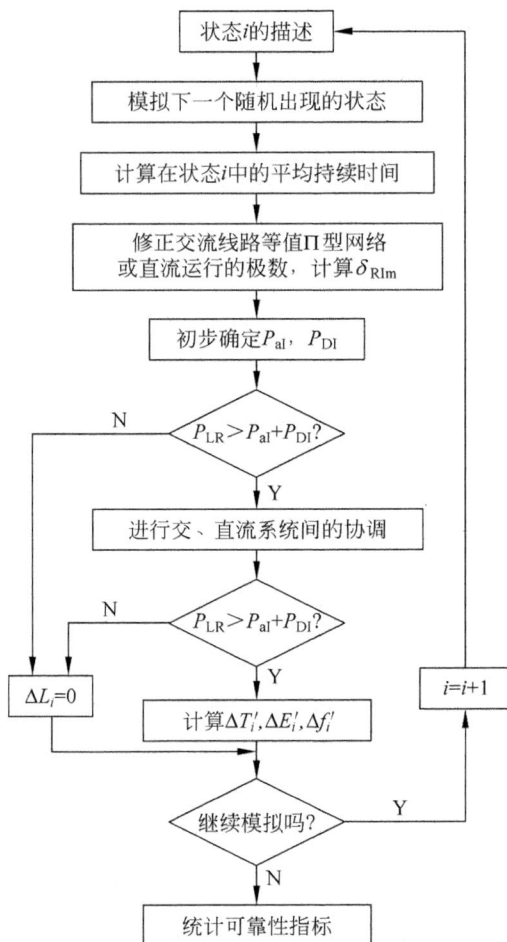

图 9-18　交直流并联输电系统可靠性蒙特卡洛模拟的程序框图

　　当模拟的样本足够大时,就可以得出系统可靠性指标的统计值,包括系统失负荷概率 LOLP、系统失负荷频率 LOLF 及年电量不足期望值 EENS 等:

$$\text{LOLP} = \frac{1}{\sum_i D_i} \sum_i \Delta T'_i \tag{9-80}$$

$$\text{LOLF} = \frac{1}{\sum_i D_t} \sum_i \Delta f'_i \tag{9-81}$$

$$\text{EENS} = \frac{1}{\sum_i D_i} \sum_i \Delta E'_i \tag{9-82}$$

　　除此之外,根据 9.4.2 节中的定义,还可以统计其他可靠性指标。

9.4.4　计算实例

图 9-19 为一典型的交直流并联输电系统,由一回直流和三回交流线路组成,系统的结构和有关的额定值如图中所示。

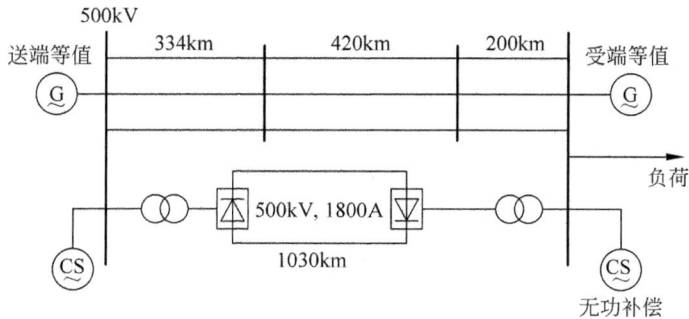

图 9-19　交直流并联输电系统可靠性评估算例示意图

系统的电气计算参数如表 9-1 所示。受端负荷需求的概率分布如表 9-2 所示。各元件的故障率、修复率等可靠性原始参数如表 9-3 所示。

表 9-1　系统电气计算参数

元　　件	电气计算参数
两端系统	惯性时间常数比: $T_i/T_j = 1.25$
	交流线路静稳定储备系数: 0.15
	交流母线电压上限: 525kV
	交流母线电压下限: 495kV
交流线路	电阻 r_0: 0.0197Ω/km
	电抗 x_0: 0.278Ω/km
	电纳 b_0: 4.7×10^{-6}S/km
	串联补偿度: 50%
直流线路	线路电阻 r_0: 0.0186Ω/km
	直流母线电压上限: 525kV
	直流母线电压下限: 490kV
	最大直流电流: 1.8kA
	最小触发角: 5°
	最小关断角: 15°
	稳定调节系数 k: 0.35
换流变压器	容量: 1100MV·A(一端一极)
	阀侧线电压: 210kV(一极)
	U_k%: 14.5%
受端	无功补偿安装容量: 2500Mvar(包含系统提供的)

表 9-2　受端负荷需求的概率分布

负荷水平/MW	功率因数	概率	负荷水平/MW	功率因数	概率
5500	0.96	0.01	4600	0.96	0.45
5200	0.96	0.05	4500	0.96	0.20
4700	0.96	0.10	4100	0.96	0.19

表 9-3　元件可靠性原始参数　　　　　　　　　次/年

元件	故障率	修复率	安装率
交流线路(100km)	0.450	876.00	
换流器阀臂	0.355	1102.72	6570.00
换流变压器	0.007	362.66	24.16
直流线路(100km)	0.440	1101.89	
极设备	0.071	758.44	
交流滤波器	0.366	525.72	
控制及保护	0.200	1095.00	

由以上参数所求得的系统可靠性指标如表 9-4 所示。

表 9-4　系统可靠性指标

可靠性指标	数值	可靠性指标	数值
失负荷概率 LOLP	0.001 768 1	等值失负荷时间 TELT/(h/年)	0.9023
失负荷频率 LOLF/(次/年)	2.712	系统期望输送能力 ETC/(MW)	5574.797
年电量不足期望 EENS/(MW·h/年)	4511.49	总等值停运时间 TEOT/(h/年)	32.353

习题 9

9-1　已知一双极直流输电系统,正常运行时输电功率为额定容量 3000MW,在投运的 10 000h 中,有 100h 处于双极停运状态,200h 处于单极停运状态,停运容量为 1500MW,试求该系统的容量可用率 EA 和容量不可用率 EU。

9-2　已知一双极直流输电系统两端换流站发生单极和双极停运的故障率分别为 2 次/年和 0.5 次/年,单极和双极停运的修复率分别为 1000 次/年和 800 次/年,直流输电线路的故障率和修复率分别为 3 次/年和 2000 次/年,试画出该系统的可靠性等值模型,并求出相应的可靠性等值参数。

9-3　已知一双极双桥直流系统含 4 套极设备,各套设备的故障率和修复率分别为 0.5 次/年和 2000 次/年,试画出整个极设备系统的状态空间图和等值模型,并求出相应的可靠性等值参数。

10 特高压直流输电

10.1 概况

特高压输电技术指的是比超高压输电更高一个电压等级的输电技术，也就是 1000kV 以上的交流和 ±800kV 及以上的直流输电技术。从国外研究结果和工程实践看，技术问题早已不是特高压输电发展的限制性因素，特高压电网出现和发展是由超大容量、超远距离输电和用电负荷快速增长而推动的。

特高压直流输电技术起源于 20 世纪 60 年代，瑞典 Chalmers 大学 1966 年开始研究 ±750kV 导线。1966 年后苏联、巴西等国家也先后开展了特高压直流输电研究工作，20 世纪 80 年代曾一度形成了特高压输电技术的研究热潮。20 世纪 80 年代，苏联曾动工建设哈萨克斯坦—中俄罗斯的长距离直流输电工程，输送距离为 2414km，电压等级为 ±750kV，输电容量为 6GW。该工程将哈萨克斯坦的埃基巴斯图兹的煤炭资源转换成电力送往前苏联欧洲中部的塔姆包夫斯克，设计为双极大地回线方式，每极由两个 12 脉动桥并联组成，各由 3×320Mvar Y/Y 和 3×320Mvar Y/△ 单相双绕组换流变压器供电；但由于 80 年代末到 90 年代初苏联政局动荡，加上其晶闸管技术不够成熟，该工程最终没有投入运行。

10.1.1 特高压输电的定义

更大输电容量和更长输电距离的需求，促进了输电技术的不断进步，使得更高电压等级的电网不断得到发展。自 1875 年法国巴黎建成第一座火力发电厂，世界进入电气时代的 100 多年里，电网电压由最初的 13.8kV 逐步发展到 20kV，35kV，66kV，110kV，134kV，220kV。从 20 世纪 50 年代起，世界发达国家进入经济快速发展时期，用电负荷保持快速增长，带动了发电机制造技术向大型、特大型机组发展。以大型和特大型发电机组为基础建立的大容量和特大容量发电厂，由于供电范围扩大，越来越向远离负荷中心的一次能源地区发展。大容量远距离输电的需求，使电网电压等级迅速向超高压的 330kV、400kV、500kV、750kV 发展；20 世纪 60 年代末，开始进行 1000～1150kV 电压等级和 1500kV 电压等级特高压输电工程的可行性研究和特高压输电技术的研究与开发。

对于超高压(extra high voltage,EHV)与特高压(ultra high voltage,UHV)的划分方法,在现阶段尚无统一的国际标准,各国习惯也颇不一致。美国国家标准(ANSIC92.2—1981)规定:超高压为高于242kV、低于1000kV的系统电压;特高压为1000kV及以上的系统电压。中国将标称电压分为三段,与美国标准类似:高压通常指35～220kV的电压;超高压通常指330kV及以上、1000kV以下的电压;特高压指1000kV及以上的电压。高压直流(HVDC)通常指的是±600kV及以下的直流输电电压,±600kV以上的电压称为特高压直流(UHVDC)。

交流输电线路的输电能力与电网电压的平方成正比,与线路的阻抗成反比。输电线路阻抗随线路距离增加而增加,因此线路的输电能力可大致认为与输电线路的距离成反比,即输电线路越长,输电能力越小。要大幅度提高线路的输电能力,特别是远距离输电线路的功率输送能力,必须提高电网的电压等级。在估计不同电压等级、相同输电距离的输电线路的输电能力时,近似认为线路具有相同的阻抗幅值,因而可以认为交流电压升高1倍,功率输送能力便提高到4倍。

直流输电线路的输电能力与电压成正比,与电流也成正比。直流输电的输送能力与输电距离没有直接关系。但是直流输电线路的电压降落与电流成正比,直流线路的电能损耗与电流平方成正比;它们都与线路的电阻成正比。所以对于超远距离的直流输电来说,直流线路的电压降和损耗将会显著增大到相当比例。对于长度在2000km左右的超长距离直流线路,如果仍采用±500kV电压等级,电压降和线路损耗都将超过10%。在长距离直流输电工程中,客观上需要更高的电压等级以降低线路损耗。采用特高压直流输电,为满足电磁环境限值必须使用大截面导线;以较小的代价增大直流电流,可以大大增加直流输电系统输送功率水平和效率。

电网电压等级越高,技术要求越高。因此输电网电压的高低,标志着电网的容量规模、覆盖供电区域、输电平均距离的大小和输电技术水平的高低。

10.1.2　推动特高压输电发展的因素

从世界各国电网发展的历程看,推动超高压电网向特高压电网发展的因素主要有6个方面。

1. 用电负荷增长

按照引入新的更高输电电压等级的一般规律,当电网内用电负荷增长达到现有最高输电电压等级引入时的4倍以上时,开始建设更高电压等级的输电工程是经济合理的。按此折算,若用电负荷年均增长7%～8%及以上,新一级输电电压引入的时间大约为15年。若用电负荷年均增长5%～6%,新一级输电电压引入的时间约为20年。我国第一条超高压平顶山—武昌凤凰山 500kV 交流线路于 1981 年建成投产,近 30 年来用电负荷年均增长 10%,500kV 电网越来越难以满足持续发展的电力输送、效率和安全的要求。因此,大约在 20 世纪 90 年代中期就有了引入特高压输电的需求。

2. 发电机和发电厂规模经济性

不断增长的用电需求促进发电技术,包括火力、水力发电技术向单位容量造价低、效率高的大型、特大型发电机发展。随着技术的进步,大型和特大型发电机组已发展到亚临界、超临界和超超临界高效率机组。大型和特大型高效发电机组进一步降低了发电煤耗,有利于进一步降低发电厂建设和运行成本。由于大容量发电厂供电范围的扩大和需要燃料的增加以及环保要求的提高等方面的因素,发电厂厂址宜建在远离负荷中心的煤矿坑口、大的集运港口和道口及大河沿岸,并形成发电基地或电源中心,以较低的电煤价格降低发电成本。水力发电技术的发展促进了在远离负荷中心的地区建设大型电站及梯级电站,从而形成水力发电中心。从超高压和特高压各电压等级的输电能力可看出,大型和特大型机组及相应的大容量发电厂的建设更增加了对特高压输电的需求。我国当前主要发展高效率的 600MW 及以上容量机组,建设大规模火电发电中心,开发西部大型电站或梯级电站群。新增电力装机有很大数量在西部大水电基地和北部的火电基地。这些集中的大电站群装机容量大,距离负荷中心远。如金沙江的溪洛渡、向家坝水电厂,总装机容量达到 18.6GW,送电到距电厂 1000~2000km 的华中、华东地区;云南的水电有约 20GW 容量要送到 1500km 外的广东;筹划中的陕西、山西、宁夏、内蒙古的大火电基地将送电到华北、华中和华东的负荷中心,距离也在 1000~2000km。在这种背景下,要求输电工程具有更高的输电能力和输电效率,实现安全可靠、经济合理的大容量远距离送电。特高压直流输电是满足这种要求的关键技术之一。

3. 燃料、运输成本和发电能源的可用性

未来的燃料和运输成本以及各种燃料的可用性,对电源的总体结构和各种发电电源在地域上的布局有重要影响。对于同一种燃料来说,运送燃料到负荷中心地区发电,还是在燃料产地发电并以远距离输电向负荷中心供电,两者的经济比较和环境保护的制约是决定发电厂厂址的重要因素。在燃料运输成本上升,运力受制约而使燃料的保证率变低,运送燃料的经济性不如输电的情况下,在燃料产地建设大容量的发电厂,以特高压向负荷中心输电是经济合理的。发电能源地理分布的不均衡性,使得各地电源和电力负荷不平衡。电力负荷中心经济发展快,用电需求增长快,但往往比较缺乏一次能源;而具有丰富一次能源如矿物燃料、水力资源的地区,用电增长相对较慢或人均用电水平较低。这种电源和电力负荷的不平衡既由资源的地理分布所决定,也是由社会经济发展的历史所形成的。加拿大、美国、俄罗斯、巴西和中国等国都存在这种不平衡情况。这种不平衡情况增加了远距离大容量输电和电网互联的需求。

4. 网损和短路电流水平

以我国为例,随着地区负荷密度的增加,输电容量的要求越来越大,若继续采用500kV交流输电加±500kV直流输电为主的点对点进行大容量输电,不但电网线损率增加,而且输电线路密度将增加,有些地区将很难选择合适的线路走廊和变电站站址。同时500kV电网的短路电流水平将进一步增加。在电压等级不变的情况下,远距离输电意味着线路电能损耗的增加。当输送的功率一定时,提高输电电压等级,将降低输电线路通过的电流,从而减少电能损耗。提高远距离输送电力的能力,同时又降低输电电能损耗,是特高压输电的主要目标。不同容量的发电厂按其电力流向应分层、分区接入不同电压等级的电网,以降低电网的短路电流水平。由于特高压的引入,特大容量发电厂可直接接入特高压电网。这样,可减少发电厂直接接入超高压电网的容量。这也是发展特高压电网的一个重要因素。

5. 生态环境和土地环保压力

输电线路和变电站的生态环境影响主要表现在土地的利用、电晕所引起的通信干扰,以及可听噪声、工频电磁场对生态的影响等方面。当输电线和变电站随电力负荷增加而数目增多时,环境问题可能成为影响输电网发展的突出问题。一方面,特高压输电由于其输送功率大,可大大减少线路走廊占用土地,从而减少对环境的影响而受到青睐;另一方面,特高压输电的电磁场对生态环境的影响和电晕产生的干扰问题也受到社会广泛关注。这是发展特高压输电需要深入研究和解决的矛盾。解决问题的目标是既满足电力增长需求,又对生态环境影响最小。我国现有500kV电网输送能力已经不能满足大范围电力资源优化配置和电力市场的要求。输电走廊限制了输电线路的建设,沿海经济发达地区线路走廊尤其紧张,规划建设的火电基地规模巨大,要求将其电力送往用电负荷中心。如果全部采用500kV及以上电压等级的输电线路,则回数过多,线路走廊紧张的矛盾难以解决。

6. 政府的政策和管理

从各国电力工业的发展来看,电力负荷的增长非常明显地受到政府的经济政策和管理行为的影响。政府的产业政策、产业结构调整、货币和财政政策等都将影响投资决策,影响轻重工业的比例和布局以及一、二、三产业的发展等。它们的发展明显影响总的电力负荷的增长和各地区电力负荷的增长率。根据各产业的发展趋势,研究正确的负荷预测方法以预测未来电力负荷的需求,减少预测的偏差,对电源建设和超高压-特高压电网的需求都是极其重要的。能源政策直接激励各种不同发电资源的开发力度,也将对电网的发展产生重要影响。

在我国,发展特高压输电也是西电东送、南北互供、全国联网和超大容量、超远距离输电的需要。根据有关规划的预测,陆上西电东送(如图 10-1 所示)、南北互供、全国联网的平均大容量输电距离将超过 500km,西南水电送出到华东的距离甚至超过 2000km。西电东送、南北互供的输电容量到 2020 年将超过 200GW。

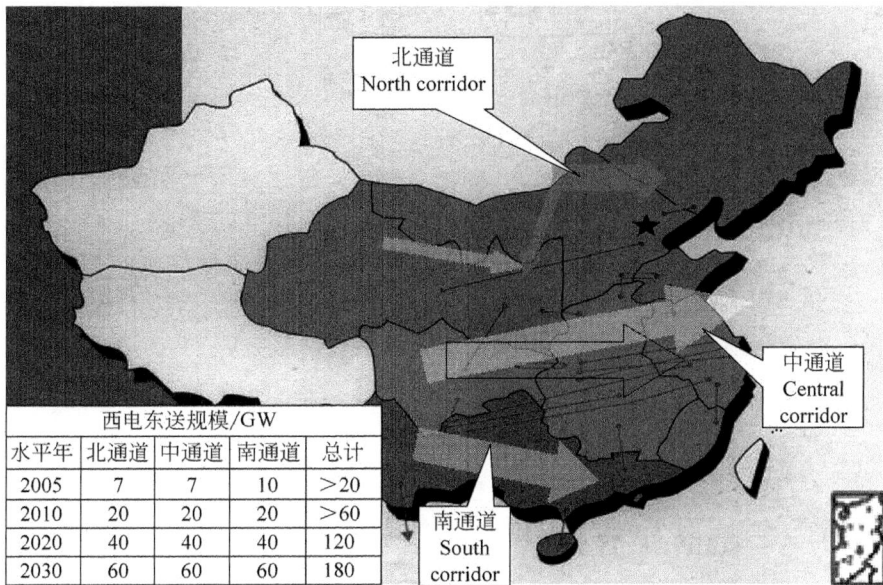

图 10-1　西电东送的格局

10.1.3　特高压直流输电在中国的发展

2009 年 12 月 24 日,世界第一个±800kV 特高压直流输电工程——云南—广东特高压直流输电工程(楚穗直流)单极 800kV 成功送电,树立起世界直流输电领域新的里程碑。2010 年 6 月 18 日,云广特高压直流双极投产,500 万 kW 电力从云南楚雄换流站输送到广州增城穗东换流站,输送到珠三角电力负荷中心。该工程直流电压±800kV,直流电流 3125A,送电功率 5GW,线路长度 1418km(其中高海拔重冰区占 6.6%)。该工程起点在云南省禄丰县楚雄换流站,终点在广州市增城穗东换流站,采用双 12 脉动阀组串联接线方式。工程动态总投资 137 亿元,扣除特高压研究试验费 1.5 亿元后,单位投资 1.88 万元/(万 kW·km),比兴仁±500kV 直流输电工程的 2.03 万元/(万 kW·km)低约 7%。

金沙江一期溪洛渡、向家坝电站总装机容量 18.6GW,是规划的西电东送主要水电电源之一。电站送出采用特高压直流输电技术,将电力送往 1000~2400km 外的华东、华中负荷中心,实现了能源资源的优化配置,满足了电站电力外送的需要。

根据金沙江一期溪洛渡、向家坝电站输电系统规划研究成果,从提升我国输变电设备制造业自主创新能力、促进我国电网技术升级、提高远距离大容量输电效率和经济性、节约输电走廊资源和实现电力工业可持续发展的要求出发,溪洛渡、向家坝电站送出采用 3 回 ±800kV 特高压直流输电工程的方案如下(如图 10-2 所示):

(1) 向家坝—上海±800kV 特高压直流输电工程,是目前我国自主设计和建设的世界上电压等级最高、输送容量最大、输送距离最远、技术水平最先进的高压直流输电工程。该工程西起四川复龙换流站,东至上海奉贤换流站,全长约 1907km,额定输送功率 6.4GW,最大连续输送功率达 7GW。于 2010 年 7 月 8 日投入运行,在世界范围内率先实现了直流输电电压和电流的双提升,输电容量和送电距离的双突破,标志着国家电网全面进入特高压交直流混合电网时代。

(2) 溪洛渡左—湖南±800kV 特高压直流输电工程,起点四川宜宾县凤仪换流站,落点湖南株洲换流站,线路长度约 970km,计划 2014 年单极投运,2015 年双极投运。

(3) 溪洛渡右—浙江±800kV 特高压直流输电工程,起点四川高县罗场换流站,落点浙江浙西换流站,线路长度约 1728km,计划 2015 年单极投运,2016 年双极投运。

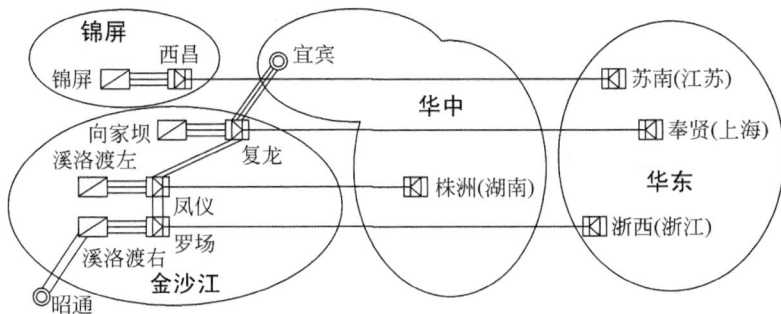

图 10-2　溪洛渡、向家坝、锦屏输电系统规划示意图

锦屏—苏南±800kV 特高压直流输电工程计划于 2012 年 6 月低端送电,年底全面建成投运,与向家坝—上海特高压直流工程相比,输送容量更大、送电距离更远、自主化水平更高,创造了特高压直流工程建设的新纪录,代表了世界高压直流输电技术的新高峰。该工程额定输送功率 7.2GW,线路全长 2058km,包括裕隆换流站(含接地极及其线路)、同里换流站(含接地极及其线路)和±800kV 输电线路(含大跨越)。

十二五期间,±800kV 哈密—郑州(输送容量 7.6GW,工程投资 216 亿元,线路全长 2207km)、±800kV 溪洛渡—浙西(输送容量 7.5GW,线路全长 1728km)、±800kV 哈密—重庆(输送容量 8GW,工程投资 240 亿元,线路全长 2230km)、±800kV 宁东—浙江(输送容量 7.6GW,线路全长 1700km)、±800kV 糯扎渡—江门(输送容量 5GW,线路全长 1413km)、±1100kV 准东—成都(输送容量 10GW,线路全长 1728km)等一系列的特高压直流工程等也将陆续建设。预计到 2020 年,我国将会建成 30 多个特高压直流输电系统。在高压/特高压直流换流阀方面,此前我国还没有充分掌握相关核心技术,虽然国产化率逐步得到提高,但受核心技术的制约,难以进一步提升。因此,有必要开展具有自主知识产权高压直流相关核心技术的研究开发,这对于打破国外技术垄断、提高我国电网发展速度、降低工程造价以及振兴高端装备制造业等方面都具有重要的战略意义。

金沙江水电送出采用特高压直流具有经济优势明显和节约输电走廊资源的特点。具体来说,采用 3 回 ±800kV(6.4GW) 方案,比 4 回 ±800kV(4.8GW) 方案节省综合投资约 76 亿元。与 5 回 ±620kV(3.8GW) 方案相比也可节省综合投资约 75 亿元。计入二期后一共可节省 150 亿元,经济效益巨大。此外,±800kV 工程的走廊宽度约为 76m,±620kV 工程走廊宽度约为 62m。金沙江一期工程,3 回 ±800kV 的直流送出方案比 4 回 ±800kV 方案少一回走廊,节省走廊资源 129km;比 5 回 ±620kV 工程少占用两条输电走廊,节省走廊资源 139km。考虑金沙江二期送出,节省输电走廊的规模更大,而且为西南水电后续工程的送出预留了发展空间。

从输送能力来看,单回 1000kV 特高压交流线路输送的自然功率与 ±800kV 级直流的输送功率基本相当,都可以达到 5000MW 或以上。特高压交流与 ±800kV 级直流的应用各有特点,两者可以是相辅相成和互为补充的。

从我国能源流通量大、距离远的实际情况看,特高压交流输电网络的建立,可以减轻运力不足的压力,和超高压输电相比还可以大大减少输电损耗。此外,500kV 电网短路电流过大、长链型交流电网结构动态稳定性较差、受端电网直流集中落点过多等诸多问题均可以得到较好的解决。从电网规划方案安全稳定性和经济性计算结果看,对于输电距离为 1400km 之内的大容量输电工程,如果在输电线路中间落点可获得电压支撑,则交流特高压输电的安全稳定性和经济性较好,而且具有网络功能强、对将来能源流变化适应性灵活的优点。因此,对于具体的大容量、远距离输电工程,应从可靠性、经济性等方面对特高压交流和特高压直流方案进行技术经济论证比较,选择输电成本较低的方案。

但是在特高压交流输电工程建设初期,由于网络结构薄弱、中间电压支撑较差等原因,其实际输电能力将受系统稳定问题的限制,是达不到自然功率的。从输电距离来看,特高压交流与 ±800kV 级直流之间有各自的经济输电适用距离。当输电距离在 800km 内,特高压交流输电方案经济性优于特高压直流输电;当输电距离超过 1200km,特高压直流输电方案优于特高压交流输电;当输电距离超过 1400km 时,±800kV 级特高压直流输电方案在经济性方面的优势更加明显。从电网特点看,特高压交流具备交流电网的基本特征,可以形成坚强的网架结构,理论上其规模和覆盖面是不受限制的,对电力的传输、交换、疏散十分灵活。特高压直流则不便形成网络,必须依附于坚强的交流输电网才能发挥作用。

因此,发展特高压交流输电定位于更高一级电压等级的网架建设和跨大区联网送电;而特高压直流输电将定位于我国西部大水电基地和大煤电基地的超远距离、超大容量的电力外送。

10.1.4　特高压直流输电的技术难点

特高压直流输电面临的技术挑战主要有：

（1）设备制造难度大

±800kV 特高压直流输电中换流变压器、换流变压器套管、穿墙套管、换流阀等特高压直流输电设备的设计制造难度加大。

（2）设备外绝缘要求高

特高压对线路绝缘子的绝缘要求很高，绝缘子在特高压情况下受直流积污效应的影响所能承受的电压与绝缘距离的关系较常规电压变化很大，可能存在拐点，即当电压达到一定数值时，绝缘子长度继续增加，所能承受的电压却变化很小。换流站的开关场的外绝缘也要采取特殊办法，设备所要求的空气净距更大。另外还必须考虑高海拔对外绝缘的影响。

（3）换流站主接线的基本结构复杂

±800kV 特高压直流输电换流阀采用双 12 脉冲阀串接，晶闸管的数量大大增加。换流变压器台数增加，一个换流站需要 24 台变压器，运行方式复杂，控制保护的要求高，设备布置难度大。

（4）电磁环境的要求更高

电磁环境主要涉及可听噪声、无线电干扰、地面场强等方面。

（5）接地极入地的电流更大

±800kV 特高压直流输电单极运行时，接地极入地的电流达 3125A 或 4000A，如此大的入地电流会对周围环境造成很大的影响。

（6）极闭锁故障对电力系统的冲击

因为特高压直流输电容量大，单极故障或双极故障将造成受电端系统供电容量的严重不足，这会对电力系统造成很大的冲击，如果交流系统不能承受，将造成电网崩溃，引起灾难性后果，因此对受电端交流系统提出了较高的要求。

直流架空线路与交流架空线路相比，在机械结构的设计和计算方面，并没有显著差别。但在电气方面，则具有许多不同的特点，需要进行专门研究。对于特高压直流输电线路的建设，尤其需要重视以下 3 个方面的研究。

（1）电晕效应

直流输电线路在正常运行情况下允许导线发生一定程度的电晕放电，由此将会产生电晕损失、电场效应、无线电干扰和可听噪声等，导致直流输电的运行损耗和环境影响。特高压工程由于电压高，如果设计不当，其电晕效应可能会比超高压工程的更大。我国地域复杂，大气条件变化很大，特别是高海拔地区范围广，同时又是我国水电资源和大型燃料动力综合基地。电晕放电是高海拔输电的突出问题之一。应通过对特高压直流电晕特性的理论和试验研究,合理选择导线型式和绝缘子串、金具组装型式,降低电晕效应,减少运行损耗和对环境的影响。

(2) 绝缘配合

直流输电工程的绝缘配合对工程的投资和运行水平有极大影响。由于直流输电的"静电吸尘效应",绝缘子的积污和污闪特性与交流的有很大不同,由此引起的污秽放电比交流的更为严重,合理选择直流线路的绝缘配合对于提高运行水平非常重要。所谓直流的"静电吸尘效应",就是在直流电压下,空气中的带电微粒会受到恒定方向电场力的作用而被吸附到绝缘子表面。由于它的作用,在相同环境条件下,直流绝缘子表面积污量可比交流电压下的大一倍以上。随着污秽量的不断增加,绝缘水平随之下降,在一定天气条件下就容易发生绝缘子的污秽闪络。因此,由于直流输电线路的这种技术特性,与交流输电线路相比,其外绝缘特性更趋复杂。由于特高压直流输电在世界上尚属首例,国内外现有的试验数据和研究成果十分有限,因此有必要对特高压直流输电的绝缘配合问题进行深入的研究。直流输电线路的绝缘配合设计就是要解决线路杆塔和挡距中央各种可能的间隙放电,包括导线对杆塔、导线对避雷线、导线对地,以及不同极导线之间的绝缘选择和相互配合,其具体内容是:针对不同工程和大气条件等选择绝缘子型式和确定绝缘子串片数,确定塔头空气间隙、极导线间距等,以满足直流输电线路合理的绝缘水平。

(3) 电磁环境影响

随着全球经济的不断发展和民众环境意识的增强,输电工程的电磁环境影响越来越受到人们的关注,受到环保的严厉制约,电磁环境成为决定输电线路结构、影响建设费用等的重要因素。在条件基本相同的情况下,直流输电线路对环境的各种影响一般比交流的影响要小,这是直流输电的优点之一。采用特高压直流输电,对于实现更大范围的资源优化配置,提高输电走廊的利用率和保护环境,无疑具有十分重要的意义。但与超高压工程相比,特高压直流输电工程具有电压高、导线大、铁塔高、单回线路走廊宽等特点,其电磁环境与±500kV直流线路的有一定差别,由此带来的环境影响必然受到社会各界的关注。同时,特高压直流工程的电磁环境与导线型式、架线高度等密切相关。因此,认真研究特高压直流输电的电磁环境影响,对于工程建设满足环境保护要求和降低造价至关重要。

输电工程的电磁环境主要包括电场效应、无线电干扰和可听噪声等方面内容,它们是输电工程设计、建设和运行中必需考虑的重大技术问题。

特高压直流输电线路除了具有与交流输电线路相似的电磁环境问题外,还存在两个不同问题:①直流特有的离子流场问题。离子流是由空间电荷运动所形成,人体截获直流输电特有的离子流效应可能对人体造成一定影响。此外,离子流场对导线下物体产生较明显的灰尘吸附作用。②换流站的电磁环境问题。对国内±500kV直流输电工程换流站的电磁环境研究表明,换流站的可听噪声很大,且换流站接地极的地电位对交流系统的影响比较严重。而对于特高压直流线路,这些问题会更加严重。

高压直流输电线路线下的电场效应与交流相比有很大的不同,体现在:合成电场普遍高于同一电压等级的交流线路线下的电场;在正常运行的直流输电线路下,没有通过电容耦合的感应现象。关于直流电场和离子流在实验室的研究结果与高压直流线路电磁环境关系方面,已发表有大量文献。许多试验研究既报道了直流电场对植物和动物存在有益影响,也报道了存在有害影响。但对离子流产生的生物作用,在科学上至今仍在继续争论。

随着电压等级的升高,输电线路的可听噪声已成为设计特高压线路必须考虑旳重要因素。交流输电线路可听噪声,在晴天时小,在小雨、雾和下雪时大,是线路设计考虑的主要条件。而直流输电线路在下雨时的可听噪声较晴天反而有所减小,下雪天的噪声与晴天差别不大,因此晴天的可听噪声是设计直流线路时首先要考虑的。美国能源部(DOE)建议将直流输电线路可听噪声限制在 40~45dB(A) 范围内,50% 以上的好天气不超过该值。这是根据美国 BPA 早期的有关调查研究结论得来,即 40dB(A) 是一个界限,超过这个界限由直流输电线路产生的噪声则不可接受。日本将直流线路晴阴天气 50% 的可听噪声目标值定为 40dB(A)。

无线电干扰方面,主观评价结果认为:对直流输电线路允许的无线电干扰的信噪比为 20~21dB,即广播信号必须比直流电晕干扰高出 20~21dB。而对交流输电线路,较为满意的收听的信噪比为 24dB。由此可见直流输电线路因电晕对无线电广播的干扰要比交流线路小。美国规范规定走廊边缘上 80% 全天候的无线电干扰为 53~58dB,日本将目标值定在 50dB,为晴阴天气 50% 的值。

◢ 10.2 特高压直流系统的工程实例

10.2.1 主回路接线方式

典型的 ±800kV 特高压直流输电示范工程,每极采用两个 12 脉动换流单元串联接线,如图 10-3 所示。串联电压组合为 ±(400＋400)kV,换流变采用单相双绕组型式的方案。换流站接线与目前典型的 ±500kV 双极直流场接线相近。主要不同点有:

(1) 对每个 12 脉动阀组,设置旁路断路器和旁路隔离开关。

(2) 每极装设电感量为 300mH 的干式平波电抗器。极母线和中性母线各装设 150mH 的平波电抗器,分别采用 2 台 75mH 电抗器串联组成。

(3) 在受端接地极线路两端入地构架上各安装一台单相低压手动隔离开关。

典型 ±800kV 直流输电工程主回路参数见表 10-1 所示。

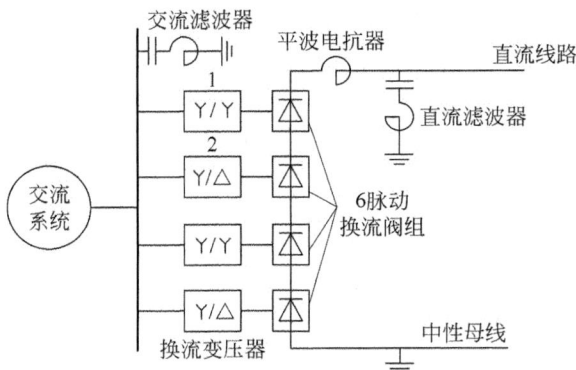

图 10-3　典型的±800kV 换流站接线示意图(单极)

表 10-1　典型特高压主回路参数

项　　目	整流侧	逆变侧
额定功率(整流器直流母线处)P_N/MW	5000	
最小功率 P_{min}/MW	500	
额定直流电流 I_{dN}/A	3125	
额定直流电压 U_{dN}/kV	±800/±400(极对中性母线)	
直流降压运行电压(80%)U_{r1}/kV	640(极对地)	
直流降压运行电压(70%)U_{r2}/kV	560(极对地)	
额定触发延迟角 α/(°)	15	—
额定熄弧角 γ/(°)	—	18.7
单相双绕组换流变容量/(MV·A)	250.21	244.0
换流变短路阻抗/%	18	18.5
换流变网侧绕组额定线电压/kV	525	525
换流变阀侧绕组额定线电压/kV	169.9	165.9
换流变分接开关级数	+18/−6	+16/−8
分接开关的档距/%	1.25	1.22

10.2.2　换流阀

同高压直流输电的换流阀的结构一样(参见图 3-4),特高压直流系统换流阀的基本组成单位为晶闸管,15 个晶闸管元件与 2 台阀电抗器串联后,再与一只均压电容器并联构成一个晶闸管阀段(valve section),两个阀段串联后构成一个换流阀组件(thyristor module),两个阀组件串联构成一个换流阀(thyristor valve,也称换流臂、桥臂),两个换流阀串联构成一个二重阀(quadruple valve),即一座阀塔;单个阀组由 6 座阀塔构成。每个阀组(每个阀厅)用到 720 块晶闸管元件,全站 4 个阀组共用到 2880 块晶闸管元件。阀塔为悬吊式,采用空气绝缘,其结构如图 10-4 所示。

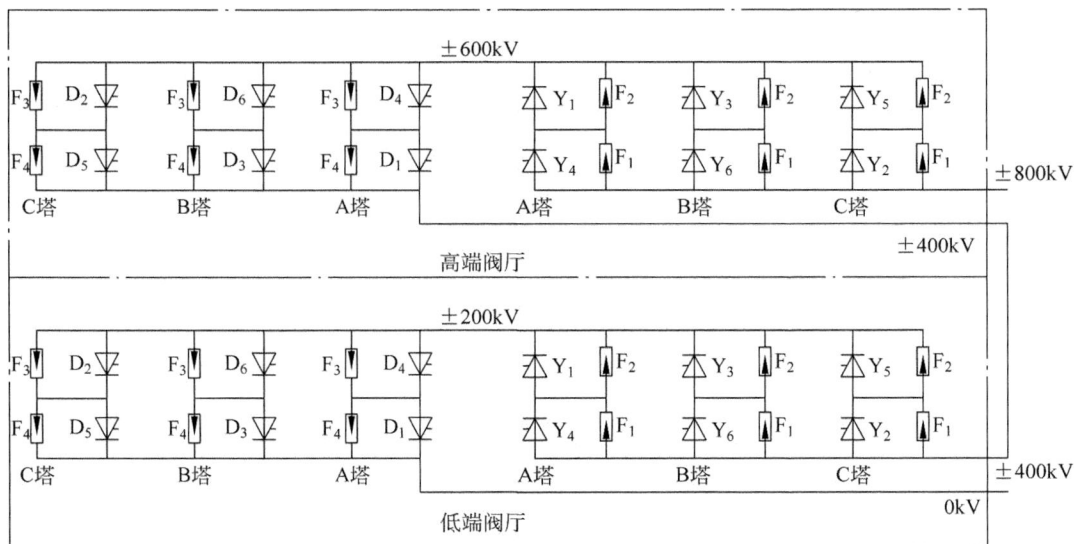

图 10-4　换流阀塔接线图

　　单个阀片级包括晶闸管元件、阀电压监测 PCB 板(TVM)、主动式散热装置、与晶闸管元件并联的 RC 阻尼回路和直流分压电阻(安装在 TVM 板上)等元件。

　　晶闸管换流阀采用 5 英寸光直接触发晶闸管阀(LTT),晶闸管元件型号为 T2563 N80T-S34(8kV 5″ LTT),其技术参数如表 10-2 所示。12 脉动阀组的结构型式采用二重阀,换流阀的冷却方式采用空气绝缘水冷却的方式。换流站均采用直流双极配置,每极 2 组 12 脉动换流阀组,每站共 4 组 12 脉动换流阀组。换流阀持续运行的额定值如表 10-3 所示。

表 10-2　晶闸管元件技术参数

参 数 名 称	符 号	单 位	数 值
断态重复峰值电压	V_{DRM}	kV	7.5
反向重复峰值电压	V_{RRM}	kV	8.0
保护关断电压	V_{BO}	kV	7.5~10
维持电流	I_H	mA	100
擎住电流	I_L	mA	1000
浪涌电流(90°,工频)	I_{TSM}	kA	38
通态电流临界上升率	$(di/dt)_{cr}$	A/μs	300
断态电压临界上升率	$(du/dt)_{cr}$	kV/μs	2.0
换向关断时间	t_q	μs	<400
门极控制开通时间	t_{gd}	μs	5
门极触发光功率	P_{LM}	mW	>40
额定电流(3125A)时最高工作结温	$T_{vj\ max}$	℃	≤80
3s 过负荷(4539A)时最高结温	$T_{vj\ max}$	℃	≤95.8
通态平均电流(结温 85℃,工频)	I_{TAVM}	A	2560
通态平均电流(结温 60℃,工频)	I_{TAVM}	A	3570

表 10-3　换流阀基本系统运行参数

项　目	条件	整流站	逆变站
触发角 α 额定运行范围	—	12.5°～17.5°	—
触发角 α 最小值	—	5°	—
70%降压运行触发角最大值	额定电流下	35°	—
关断角 γ 额定运行范围	—	—	17.0°～19.5°
70%降压运行关断角最大值	额定电流下	—	45°
每个 6 脉动桥正常运行直流电压		200kV	192.1kV
每个 6 脉动桥最大运行直流电压		204kV	203.3kV
阀短路电流耐受值	最大运行方式下	≤33(kA)	
断路器分闸最大周期数		3	
阀短路电流后的恢复电压		≤1.10(p.u.)	
阀短路电流	最小运行方式下	≤25(kA)	
断路器分闸最大周期数		3	
阀短路电流后的恢复电压		≤1.30(p.u.)	
过负荷能力	长期	120%(3797A)	
	2h	120%(3797A)	
	5s	130%(4138A)	
	3s	140%(4483A)	

　　阀控系统用于触发并监视晶闸管元件。阀控系统的主要组成部分为阀基电子设备（valve base electronics，VBE）、阀电压检测板（thyristor voltage monitoring board，TVM 板）、多模星型耦合器（multimode star coupler，MSC）和恢复保护单元（recovery protection unit，RPU）。阀控的基本功能包括：发送触发脉冲至所有晶闸管元件，监测晶闸管元件及其辅助设备的状态，保护晶闸管元件在恢复期间免受陡变电压波形击穿，以及指示通态晶闸管元件的关断时间点。

　　VBE 包括阀控制与监视系统（thyristor control and monitoring system，TC&M）、光信号发送器与接收器、RPU 控制、电源以及与极控的接口部分。VBE 有两套并行运行且功能相同的系统 A 与系统 B，其执行功能时两套系统二取一。VBE 设备中仅光接收器没有冗余配置，其通过光纤直接连接阀厅中的 TVM 板，用于接收阀回检信号。

　　TVM 在每个阀片级内均包含一块，其主要功能是保证在一个桥臂内串联状态下所有晶闸管单元承受相同的直流电压，同时监测阀片级内部电压并产生回检光信号。TVM 完成对晶闸管元件的监测功能包括：检测晶闸管元件的关断容量；探测晶闸管元件是否能开通，检测电流流通结束点，以及探测晶闸管元件是否因过电压保护导致开通。TVM 板与阻尼回路并联，但不与阻尼回路进行分流，同时其自身也不包含任何完整的逻辑电路设备，不会受到电磁干扰。

　　每个阀段配备一块 RPU，与均压电容器串联并由后者提供工作电源。RPU 的功能是晶闸管元件在关断以后的恢复期间保护换流阀,在此期间如果电压变化率超过保护预设值,RPU 将发送一个光触发脉冲送至 MSC,将阀段内的阀片触发开通。RPU 受 VBE 控制,RPU 单元也会发出触发脉冲信号送至 MSC 中,作为冗余触发信号。

每个阀段使用一个多模星型耦合器(MSC),将来自 VBE 光信号发送器板 3 个激光二极管的信号分别发送至 15 个光触发晶闸管元件上。

VBE 系统在下列情况下发告警信号:系统一路电源出现故障,或一套阀控制与监测系统出现故障,或单个换流阀内两个晶闸管元件出现无回检信号故障;在下列情况下发跳闸信号:两路电源均出现故障,或两套阀控制与监测系统均出现故障,或单一换流阀内有两个以上晶闸管元件出现无回检信号故障,或单一换流阀内 5 个及以上晶闸管元件保护性开通。

极 1、极 2 分别设高、低端各两个阀厅,共 4 个阀厅,因而分别设置 4 套独立的阀冷却系统。每套阀冷却系统由阀内冷却系统与喷淋水系统组成。换流阀内冷却循环水系统主要是为晶闸管阀提供冷却水,将运行中的换流阀散发出的热量吸收,以维持换流阀的正常工作温度,确保晶闸管阀可靠运行。内冷却水采用去离子水,经过精过滤及离子交换器处理,确保其电导率为 $0.2\sim0.5\mu S/cm$。该系统为密闭式单循环回路,闭式回路内部主要包括主循环回路、旁路循环去离子回路、补水系统。外冷水系统为开式循环系统。喷淋水泵从室外冷水池抽水,均匀地喷洒到冷却塔内的换热盘管表面,吸收内冷水的热量,冷却塔不停地将吸热后形成的水蒸气排至大气,冷凝水回流至喷淋水池,以实现对内冷水连续降温的目的。

阀冷系统有 3 种模式:ON(自动)、OFF(检修和测试)和 Emergency Off。自动模式是阀冷系统的正常模式,此时所有控制系统都处于运行状态。当选择 OFF 模式时,运行泵和冷却风扇将停运,此时直流系统将跳闸。在 OFF 模式,所有泵和风扇在操作面板上可以手动启停。在换流阀充电前,阀冷系统必须处于 ON 模式并且所有相关的跳闸信号全部复位。

10.2.3　换流变压器

典型 ±800kV 换流变压器额定参数如表 10-4 所示。

表 10-4　换流变压器额定参数

项　目	单位	整流站	逆变站
额定直流电流	kA	3.125	
直流最大短路电流	kA	33	
额定直流电压(极对中性线)	kV	$\pm800/\pm400$	
连续过载能力	p.u.	1.1	
短时过载能力(2h,40℃)	p.u.	1.2	
暂时过载能力(10s,40℃)	p.u.	1.4	
额定空载直流电压	kV	229.4	223.65
理想空载直流电压最小值	kV	204.6	201.8

续表

项　目	单位	整流站	逆变站
理想空载直流电压最大值	kV	235.9	229.5
换流变容量(单相双绕组换流变)	MV·A	250.21	244.1
换流变短路阻抗	%	18	18.5
换流变网侧绕组额定(线)电压	kV	525	525
换流变阀侧绕组额定(线)电压	kV	169.9	165.59
换流变分接开关级数	1	25(+18/−6)	25(+16/−8)
分接开关的分接间隔	%	1.25	1.22

　　穗东换流站共有换流变压器 28 台,每极有 12 台运行,即高端换流变 HY、高端换流变 HD、低端换流变 LY 和低端换流变 LD 各 3 台,另有 4 台备用;结构均为单相双绕组换流变,其中高端 HY 换流变是三柱两旁轭结构,而其他换流变是两柱两旁轭结构。高端换流变主要是进口或者合资制造,低端换流变全部国产。

　　每台换流变压器的有载分接开关均为真空分接开关,真空分接开关主要包括电动机构、分接选择器和切换开关 3 部分。电动机构主要由传动机构、控制机构和电气控制设备、箱体等组成。分接选择器是能承载电流但不接通和开断电流的装置,它由级进选择器、触头系统和转换选择器组成。每台换流变分接开关均只有一个油室,油室里边装有切换开关。真空分接开关的在真空泡中灭弧。有载调压开关操作方式有:自动调节;控制室"运行人员工作站"远方手动调节;现场电动或手动调节。在正常运行时,换流变压器有载调压开关选择远方自动控制,不应在现场进行电动和手动操作。当检修、调试、远方控制回路故障和必要时,可使用就地电气控制或手动操作。若出现失步状况而导致远方控制功能闭锁时,可在现场电动操作换流变压器有载调压开关使其同步,但不得现场手动操作,必要时可申请停电处理。

　　换流变压器运行中可能遇到的问题主要包括:换流变油温过高、换流变本体油位下降/过高、换流变冷却器故障、换流变分接开关故障、换流变着火、换流变阀侧套管 SF_6 压力低告警/跳闸、换流变本体或者分接开关压力释放装置动作、换流变重瓦斯保护动作、换流变轻瓦斯保护告警以及差动保护、绕组差动保护、阻抗保护、过励磁保护、过电压保护、过电流保护或者零序过电流保护动作等,表现在事故音响启动、SER 发相应跳闸信号、故障录波装置启动、换流变压器开关跳闸、相应阀组停运等方面,应引起重视。

10.2.4　滤波器

　　特高压直流系统也主要采用无源滤波器进行交流侧和直流侧的滤波。交流滤波器的作用除了滤除由换流器产生的交流侧谐波之外,还承担了维持交流母线电压在设定范围内和提供换流器所需的无功功率的作用;而直流滤波器主要起到滤除由换流器产生的直流侧谐波的作用。

穗东换流站全站共有 15 组交流滤波器,可分为 3 种类型:A 型,双调谐滤波器 DT 11/24,主要滤除 11、23、25 次特征谐波,共 4 组;B 型,双调谐滤波器 DT 13/36,主要滤除 13、35、37 次特征谐波,共 3 组;C 型,并联电容器 Shunt C,共 8 组。每个交流滤波器小组提供无功功率 190Mvar,每个并联电容器小组提供无功功率 210Mvar。15 组交流滤波器分 4 个大组,每个大组作为一个元件接入 500kV 配电装置 3/2 断路器接线串中,其中 3 个大组各有 A 型 1 组、B 型 1 组和 C 型 2 组,还有 1 个大组仅有 A 型 1 组和 C 型 2 组,这是因为 35 和 37 次特征谐波含量比 23 和 25 次特征谐波含量要少的缘故。

另外,全站共有 2 组直流滤波器,每极各设置一组直流滤波器,均为 TT 12/24/45 三调谐无源滤波器。

特高压系统的交流直流滤波器的运行和控制与常规高压直流系统类似。

10.2.5　接地极

穗东换流站接地极按与 ±500kV 贵广二回(兴安)直流输电工程宝安换流站共用接地极考虑。在两站接地极线路和接地极之间均设置隔离开关,以方便运行检修之用。接地极位于清远市飞来峡区,距穗东站 95km。

接地极的设计条件技术规范包括:额定入地电流 3155A;额定电流运行时间 183 天;最大持续入地电流(过电流)3470A;最大跨步电压计算电流 6438A;最大跨步电压检验电流 7325A;不平衡电流 61A(其中楚穗直流 31A,兴安直流 30A);地面最大允许跨步电压 5(V/m);最大允许接触电势 5V;最大转移电势 60V;接地电阻(计算值)0.228Ω;土壤最大允许温度 90℃;设计寿命 37 年。设计参数如表 10-5 所示。

表 10-5　特高压接地极典型设计参数

项　目	参　数	项　目	参　数
形状参数/m	φ940＋φ700(两同心圆环)	馈电钢棒/mm	外环φ70,内环φ60
跨步电压/V	6.29/7.1(按 7325A 检验值)	焦炭截面/(m×m)	外环 1.1×1.1,内环 0.7×0.7
最高温升/℃	59.2	接地极埋深/m	外环 4.0,内环 3.5
接地电阻计算值/Ω	0.228		

因共用接地极的电阻小于 0.5Ω,所以云广和贵广Ⅱ在 BP、MR、GR 运行方式下的稳态和故障暂态过程中,故障逆变站接地极线路电流通过共用接地极,对正常运行的逆变站的接地极线路影响较小。

高压直流输电系统在双极和单极大地回线两种运行方式时,接地极处于运行状态;在单极金属回线运行方式时,接地极处于隔离状态。各站接地极线路与接地极之间均设置隔离刀闸,接地极线路检修,合上接地极线路地刀前应拉开此刀闸,防止将宝安站接地极电流造成分流,对穗东站合上接地极线路地刀造成危险,同时危及穗东站地网安全。

10.2.6　控制系统与保护

控制系统采用 SIMATIC TDC 模块化的多功能处理器系统,主要分为直流站控、极控、组控、交流站控等系统,均为两套相互冗余配置并分置于独立的屏柜中,每块屏内均配有对应的系统切换模块(COL)以确保运行系统故障时自动、平滑地切换到热备用系统。其中直流站控系统按站配置,主要实现双极层的控制功能;极控系统按极配置,主要实现极层的控制功能;组控系统按阀组配置,主要实现换流器层的控制功能;交流站控系统按站配置,主要实现 500kV 交流场以及站用电系统设备的控制和监测。

站内直流站控、极控、组控系统相互之间可通过控制总线、站内 LAN 网实现通信。站间通信分别由极控和直流站控完成。交流站控系统也通过站内 LAN 网与其他控制系统通信。

直流站控的功能主要包括:

(1) 双极控制,如按预定功率值进行电流控制指令的计算,双极功率调制指令的计算,双极功率限制计算,双极功率、直流电压、双极功率容量的计算,功率反送逻辑,电流平衡控制,低负荷无功优化,接地极 AH(接地极作为阳极运行的安时数)计算等。

(2) 直流场控制,如直流接线方式自动顺序控制,高压直流开关、刀闸、地刀的操作和监视,极和接地极的接入/隔离/接地顺序控制等。

(3) 交流滤波器控制,如无功功率和交流母线电压测量,交流滤波器开关设备的控制与监视,根据母线电压条件/交流谐波条件/无功功率条件投退交流滤波器等。

(4) 控制级别的协调和切换,如系统级或站控级的协调和切换等。

(5) 控制地点的协调和切换,如交直流工作站、运行人员工作站或调度工作站的协调和切换等。

极控系统与常规高压直流系统相类似,由于每个极采用了双 12 脉动阀组构成,因此与常规高压直流输电系统相比,特高压增加了一层组控系统。组控的运行需要注意以下一些特点:

(1) 一极双阀组解锁时,设置优先闭锁的阀组应考虑高、低端阀组的设备状况等因素,依调度指令设置优先闭锁的阀组。

(2) 第一个阀组解锁前,必须手动采用旁路开关或旁路刀闸以旁路第二个阀组。极 2 低端阀组投运前,必须确立高端阀组旁路刀闸的控制方式。

(3) 一极的一个阀组在解锁状态,投入第二个阀组前,需核对整流站本极双阀组换流变分接头挡位,禁止在换流变分接开关未调整到位的情况下解锁第二个阀组。

(4) 换流变分接头未调整到位时,对阀组进行备用与闭锁之间的状态转换操作会导致控制系统报 OLTC 故障。

(5) 对单极双阀组进行状态操作时,要密切关注对站的阀组状态,避免因操作不当产生差流。

（6）若双套组控系统故障，该组将被 ESOF，跳开交流侧出线开关，合上该组旁路断路器，该组转为备用状态。

交流站控的功能主要包括：

（1）交流场控制功能，如 500kV 交流场设备的控制与监视（换流变间隔除外），站用电设备的控制与监视，设备操作联锁，测量值的采集和预处理，交流控制地点的切换，500kV 交流场最后线路/开关的逻辑判断等。

（2）一般功能，如与其他控制系统的 LAN 网通信，与外部 I/O 单元的 Fieldbus 通信等。

（3）冗余功能，如硬件监视功能、软件监视功能、系统选择的控制逻辑等。

（4）SER 功能，如 I/O 单元信息处理，软件信息处理，来自冗余交流站控系统的信息处理，将信息传至工作站（human machine interface，HMI）等。

±800kV 换流站继电保护系统分为直流系统保护、交流系统保护和站用电系统保护。两套主保护一般采用不同的保护原理、测量回路和电源。对不能采用不同原理的保护，保护系统应采用完全冗余方案配置，以保证故障设备的安全停运和可靠隔离。其中直流系统保护包括阀组保护、直流母线保护、接地极线路保护、直流线路保护、高速开关保护、直流滤波器保护；交流系统保护包括换流变压器保护、交流滤波器组保护、500kV 交流母线保护、500kV 交流场开关失灵保护、500kV 交流线路保护。这里涉及的保护类型和原理与传统高压直流输电保护系统类似，故不再展开赘述。

10.3　特高压直流对受端系统电压稳定的影响

10.3.1　电压稳定的概念

换流站交流母线的电压稳定性问题是高压直流输电正常运行需要解决的重要问题，当高压直流输电接入到弱受端系统时尤其严重。

电压稳定性是电力系统遭受偏离给定的起始运行条件的扰动后，维持系统中各节点稳定电压的能力。引起电压不稳定的主要原因是电力系统没有满足无功功率的要求。电力系统电压稳定性涉及发电、输电和配电。在实际系统运行中，电压控制、无功补偿和管理、转子角度（同步）稳定性、继电保护以及控制中心的操作，也都会影响电压稳定性。

电压崩溃是指伴随着一系列电压不稳定事件，导致电力系统中电压大面积、大幅度下降的过程。

电压稳定可分为静态电压稳定和动态电压稳定。静态电压稳定分析以电网潮流为基础，是电力系统进行电网规划与设计的一个重要依据。相对来说，静态电压稳定分析只是反映系统电压稳定的总体轮廓。动态电压稳定是一个很复杂的动态过程，涉及发电机、无功补偿、负荷等元件的动态特性,也包含一些控制装置的时间特性问题。动态电压稳定分析需要对电力系统各元件建立比较精确的动态模型,这样才能比较准确地分析动态电压,给出更为丰富的系统信息。

根据电压稳定分析时间框架的不同,可以将电压稳定问题分为短期电压稳定和长期电压稳定两大类。

(1) 短期电压稳定性

这一类型的问题关注的研究周期是故障后几秒的数量级,包括各种快速动作的元件,如电动机、电子控制负荷以及高压直流输电换流器等的动态。需要求解相应的系统微分方程组。当系统中存在大量电动机负荷模型后,短期电压稳定问题可能较突出。

(2) 长期电压稳定性

这一类型的问题关注的研究周期可以扩展至几分钟或几十分钟,包括各种慢动态设备,如分接头可调变压器、恒温控制负荷以及发电机电流限制器等。为了分析系统的动态特性,需要对系统进行长期动态仿真分析。该阶段系统发生电压不稳定现象是由于失去长期平衡点,扰动也可能是持续的负荷增长。在许多情况下,静态分析可以用来估计稳定裕度、识别影响稳定性的因素。

静态电压稳定分析的裕度指标包括:

$$\text{电压裕度} \quad V_{\text{Margin}} = \frac{V - V_{\text{cr}}}{V} \times 100(\%) \tag{10-1}$$

$$\text{有功裕度} \quad P_{\text{Margin}} = \frac{P_{\text{Lmax}} - P_{\text{L}}}{P_{\text{Lmax}}} \times 100(\%) \tag{10-2}$$

$$\text{无功裕度} \quad Q_{\text{Margin}} = \frac{Q_{\text{Lmax}} - Q_{\text{L}}}{Q_{\text{Lmax}}} \times 100(\%) \tag{10-3}$$

上述裕度指标中,V,P_{L} 和 Q_{L} 指当前方式负荷节点的电压、有功和无功。对系统安排某一种负荷增长方式,进行连续潮流计算可获得系统到达临界电压崩溃时的状态,即得各负荷节点的临界点电压 V_{cr}、临界点的有功负荷 P_{Lmax} 和临界点的无功负荷 Q_{Lmax}。扫描系统所有负荷节点的稳定裕度,即可检验出在给定的运行方式和负荷增长方式下,系统的最薄弱环节或最有可能发生电压崩溃的节点。

基于连续潮流的功率裕度(有功,无功)指标是衡量系统电压稳定分析最基本的指标,适用于任何电力系统。功率裕度指标准确直观,物理意义明确,是衡量其他电压稳定性指标的基准。

10.3.2　电压稳定与无功补偿

动态电压失稳主要归因于局部的无功电源不足以供应无功负荷的动态需求增加,例如部分节点的负荷功率快速增大或者负荷结构中压缩机负荷比重迅速上升等,即使在全网静态无功容量充裕的前提下,也可能由于某些故障或操作引发。1987 年日本东京的大停电事故发生前就已将所有电容器全部投入,但仍未能制止电压崩溃事故的发生。大量静电电容器在受端系统中采用,虽然在静态稳定中起到了积极的作用,但是在动态电压失稳过程中则可能会恶化系统的电压稳定性。

由于静态并联电容器在电压降落的时候无功出力反而减少,因此动态电压支撑的任务主要由能够快速响应动态无功需求的无功源来承担,主要包括发电机、同步调相机和FACTS 设备(静止无功补偿器 SVC、静止同步补偿器 STATCOM 等)。它们能够在紧急事故方式下实现电压的快速支撑,并提高静态无功补偿装置的出力,达到系统的动态无功平衡。另外,由于交流系统的特性决定了在重载条件下无功功率无法远距离输送。因此,从提高电压稳定性的角度,仅仅进行静态无功电源的补偿是不足够的,还需要在负荷中心进行动态无功的补偿。同时,随着负荷中心用地空间日趋紧张,以及环境保护等原因,在负荷中心新建电厂从现实条件来看都是相当困难的。因此采用 SVC、STATCOM 的动态无功补偿方案就成为解决受端电网电压稳定的重要手段。

为了衡量交直流混合系统的受端系统强弱程度,采用有效短路比来衡量系统的强弱。有效短路比(effective short circuit ratio,ESCR)的计算方法为

$$\mathrm{ESCR} = \frac{S - Q_\mathrm{c} + Q_\mathrm{dy}}{P_\mathrm{d}} \tag{10-4}$$

式中,S 为换流站母线的短路容量;Q_c 为换流站并联补偿电容器容量;Q_dy 为换流站连接的动态无功补偿容量;P_d 为直流线路传输的功率。

一般来说,ESCR>2.5 时,交流系统为强系统;2.5>ESCR>1.5 时,交流系统为弱系统;ESCR<1.5 时,交流系统为极弱系统。并联补偿电容器会削弱受端系统,而动态无功补偿则有利于加强受端系统。

根据以上关系,可以判断出交流系统的强弱程度。当直流连接的是一个弱交流系统时,除了增加系统的短路容量的方式,还可以通过增加动态无功补偿容量来提高。

10.3.3　大型受端电网的电压稳定问题

资料表明,1987 年日本东京的大停电是由于负荷上涨而无功补偿能力严重不足引发电压崩溃所致,损失负荷 1400 万 kW;2003 年 9 月 28 日意大利电网由于对外来电力过分依赖且动态无功支撑不足,在一条瑞士—意大利联络线故障跳闸后引发快速电压崩溃导致全国大停电;2003 年美加"8·14"大停电同样在多条 345kV 线路连锁故障后发生电压崩溃使得停电面积迅速扩大,导致停电 29h,损失负荷 6000 万 kW,影响 5 千万人口,直接损失10.5 亿美元,间接约 300 亿美元。大型受端电网的电压稳定问题由此凸显出来。

随着我国经济的快速发展,受制于客观原因,电源和电网的规划在全国范围内逐渐形成了京津塘、上海(长三角)、广东(珠三角)等几个大型的受端系统,共同的特点是:

（1）电网规模庞大，负荷高速增长，负荷密度大。

（2）受端能源不足，外来电力比例大且有不断增大的趋势。外来电力通过多条交流或直流的大功率线路馈入，任何一条线路的故障对受端电网的扰动都非常大，特别是随着特高压输电工程的投产，其故障对受端的冲击更大，且存在发生连锁故障的风险。多馈入直流输电对受端系统的电压稳定性带来更大的挑战。

（3）动态无功电源相对缺乏，负荷中心新建电厂的难度非常大，使得受端系统存在一定的电压支撑薄弱环节，而无功是不能靠远距离传送的。

（4）国民经济生产对电力依赖性高，大面积停电的后果非常严重。

以南方电网为例，随着西电东送策略实施的不断深入，外网送入广东的电力不断增多，使得广东受端系统远方电源供电比重逐渐增大，电压稳定问题日益突出。此外，导致广东受端系统电压稳定问题加剧的因素还有：

（1）负荷中心的空调负荷所占比例越来越大，而且随天气变化其数量增减剧烈，难以预测。

（2）电网中的容性断续调节的并联装置（并联电容补偿装置、滤波器等）数量巨大，（多数是手动的）。电容补偿装置来不及应对突增负荷，且所发无功随电压下降的平方倍减少。

（3）随着电力电子技术的广泛应用，很多负荷对电压的灵敏度降低，类似恒定功率性质，不利于电压的恢复。

大型受端电网发生电压崩溃的典型过程如下：

不管是由于受端系统负荷突增，还是由于并联运行的输电线路断开引起功率转移，或者由于其他原因致使远距离输电线路输送功率突增时，必然导致送端和受端向该线路提供更多的无功功率。如果该线路两端有足够的无功电源储备，那么电压可以维持。如果受端没有足够的无功电源储备，那么受端所需的无功必然从远方的送端传输过来，从而导致受端电压降低。如果受端负荷的负荷特性能够在此时使有功和无功减少足够的量，从而使输电线路的输送功率相应减少足够的量，则使受端在较低电压下达到无功平衡，系统维持稳定；否则，随着受端电压的降低，输电线路的充电容性功率减少，而线路上的无功损耗逐渐增大，又会促使输电线路从受端索取更多的无功功率，从而使受端的电压进一步下降。这是一个正反馈过程，最终导致受端电压崩溃。在受端电压不断降低的过程中，该输电线路两端的相角差也不断拉大，到一定程度时就导致了功角失稳。因此电压崩溃总是与功角失稳相伴而生，交织发展，最终导致系统瓦解。

另外，在直流输电的受端，目前普遍采用交流滤波器和并列电容器作为无功补偿和电压调节装置。在交流系统发生故障期间，随着电压的骤降，这些容性无功电源的输出迅速大幅下降，又使得交流电压进一步下降，形成一个正反馈。加上电压下降后会导致高压直流输电换相失败，进而导致直流系统闭锁，相邻交流送电通道潮流增大后无功损耗加大，受端电压也会进一步下降。在这种情况下将加速电压崩溃的发生。

电压崩溃的主要诱因包括：事故后潮流大转移引起受端电压急剧下降；受端（送端）主

力机组失磁；受气温影响空调负荷突增；功角稳定诱发动态电压稳定；交直流混合联网直流双极闭锁。

10.3.4 特高压直流对受端系统电压稳定性的影响

以南方电网为例，2010 年南方电网西电东送广东规模达到 23 180MW，其中云电送广东 7800MW，贵电送广东 8000MW，广西龙潭 2100MW。由于外送功率进一步增大，所以广东电网的受端特性更加明显，特高压直流线路对电网稳定性的影响较大。

预计 2010 年广东电网全社会用电最高负荷可达到 73 510MW。粤中负荷中心形成"江门—西江—罗洞—北郊—增城—穗东—横沥—东莞—龙中—岭澳—深圳—鹏城—沙角—广南—南沙—顺德—江门"双回路环网。并在外围建成"蝶岭—高明—砚都—花都—博罗—惠城"双回路输电通道。广东电网的网架结构进一步增强，系统的稳定性进一步提高。

然而，送电容量约占南方电网西电东送容量的 1/4 的云广特高压直流投入运行后，一旦发生双极闭锁故障时，其输送的 5000MW 功率将转移到交流输电通道上，交流线路达到其传输极限，造成电网功角和电压相继失稳。同时，当多条高压直流输电线路的受端落点电气距离很近，形成多馈入直流输电系统的时候，一次故障可能引起多个逆变站同时或相继发生换相失败，甚至导致直流功率传输的中断，给整个多馈入直流输电系统带来巨大冲击。在特高压直流多馈入的受端电网，多条直流同时与交流系统相互作用，系统暂态、中期和长期的功角和电压稳定问题可能非常严重，应该引起高度重视。

当送端云南电网发生故障时，可能引起云广特高压直流发生单极或双极闭锁，这时云南电网将承受电网本身故障以及直流闭锁的双重冲击；当广东电网故障时，可能造成直流输电系统换相失败，将阻断或降低云南电网的功率外送；云广特高压直流本身故障导致直流单极或双极闭锁时，对云南电网和广东电网的功角和电压冲击甚大。云广特高压直流闭锁时，瞬间大量直流功率将不能正常送出，将导致受端广东电网面临大容量的功率缺额，将引起发电机组减速、功角下摆、频率下降，严重威胁受端电网的系统稳定和安全，必须采取及时切负荷及相关的紧急控制措施才能保证电网的稳定运行；而对于送端云南电网，瞬间大量功率无法送出将引起电网频率的大幅度上升，必须采取切机及相关的紧急控制措施。因此，在特高压直流系统发生故障的情况下，若能将直流传输的大量功率安全转移到并行的交流输电通道进行传输，将能最大程度地减少特高压直流系统故障可能带来的负荷和电源损失，维持互联电网的功率平衡。但在潮流转移的过程中，系统可能面临一系列由功角稳定、电压稳定及动态稳定等交织在一起的电网稳定问题，控制不当将可能诱发电网出现连锁故障，发生大停电事故。

在夏大方式该故障条件下，云广直流发生双极闭锁故障的结果电压、功角变化曲线见图 10-5。为了维持系统稳定，云南送端需要切除小湾和金安桥共 3700MW 机组，系统能够保持稳定，结果曲线见图 10-6。在冬大方式下，云广直流双极运行送电功率为 2500MW，当云广直流发生双极闭锁，系统失稳。切除小湾 1 台机组 700MW 后，系统能够保持稳定。

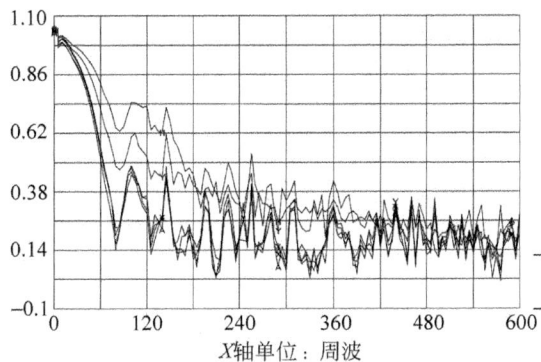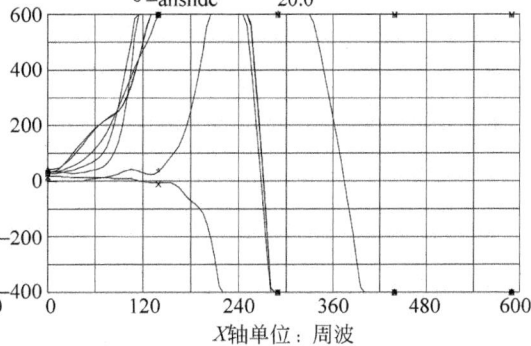

(a) 电压变化　　　　　　　　　　　(b) 功角变化

图 10-5　云广特高压直流双极闭锁后仿真

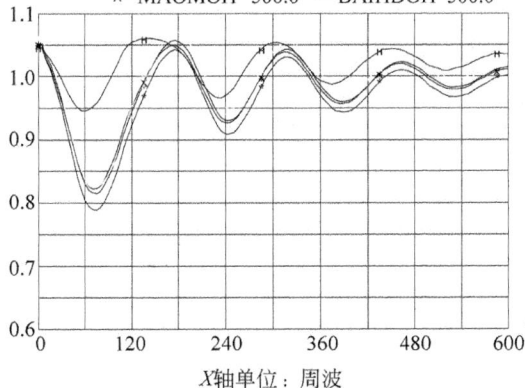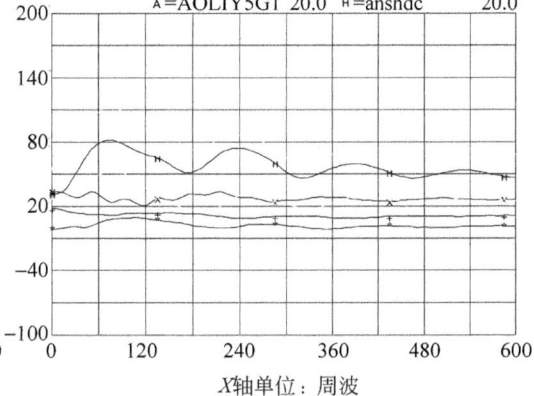

(a) 电压变化　　　　　　　　　　　(b) 功角变化

图 10-6　云广特高压直流双极闭锁后考虑云南切机仿真

如果天广、兴仁、高肇高压直流输电双侧频率调制投入运行，则仅需切除小湾 1 台机组，金安桥 2 台机组，共 1900MW 机组，系统能够维持稳定。罗洞 500kV 母线在故障后 55 周波的暂态电压最低 0.89，结果曲线见图 10-7。

众多文献的研究表明，对于云广特高压投运后的南方电力系统：①交流线路发生三相、单相接地故障重合闸不成功，故障切除后直流均能恢复，系统均能保持稳定；②在交流系统

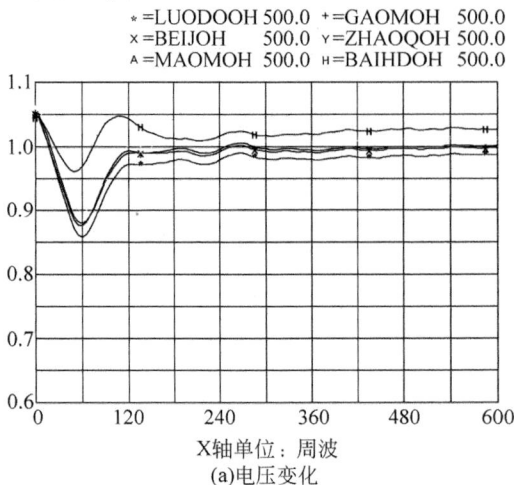
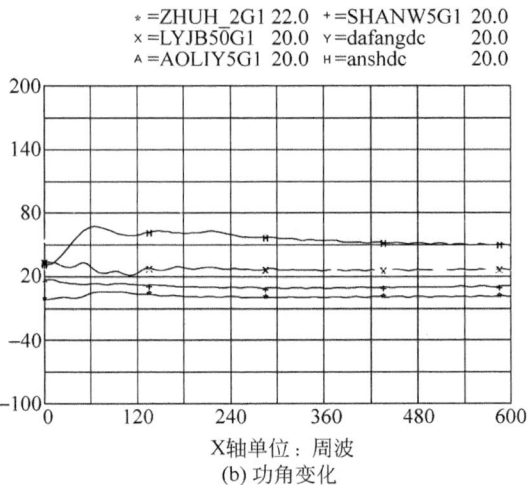

1：母线电压p.u.

* =LUODOOH 500.0　+ =GAOMOH 500.0
× =BEIJOH 500.0　Y =ZHAOQOH 500.0
△ =MAOMOH 500.0　H =BAIHDOH 500.0

X轴单位：周波

(a)电压变化

1：发电机角度(°)

* =ZHUH_2G1 22.0　+ =SHANW5G1 20.0
× =LYJB50G1 20.0　Y =dafangdc 20.0
△ =AOLIY5G1 20.0　H =anshdc 20.0

X轴单位：周波

(b) 功角变化

图 10-7　云广特高压直流双极闭锁后考虑直流调制后仿真

严重故障时,虽然故障切除后直流都能够恢复,整个系统可以保持稳定,但是直流恢复时间变长,情况比三相故障、单相接地故障重合闸不成功更严重;③云广直流双极紧急停运不会直接影响其他直流的运行,但会对交流系统产生较大影响,导致系统失稳,需要采取安全稳定措施;④云广直流线路故障对其他直流的运行无明显影响,不会引起其他直流功率发生较大变化;随着故障时间和重启动次数的增加,对交流系统的扰动也会增加,但是均不会破坏交流系统的稳定;⑤要防止特高压接入受端系统后的小概率多重故障对系统引发大面积停电的风险。

10.4　特高压直流输电的过电压与绝缘配合

建设特高压直流输电系统遇到的基本问题之一是确定线路与换流站设备的绝缘水平。随着系统电压升高,绝缘费用在系统建设总投资中所占的比重越来越大,正确解决绝缘配合问题显得更为重要。解决绝缘配合问题的关键之一是充分掌握过电压的产生机理、分布规律及其限制措施。直流系统中的过电压分雷电过电压与内部过电压,后者包括操作过电压、对地闪络过电压等。对于超高压或特高压直流架空线路,其绝缘水平的选择主要取决于工作电压与内部过电压的幅值。直流系统双极运行时,直流线路的两根极线之间有电磁耦合,因此当一极发生接地故障时会在另一极上引起电压突变,它叠加在该极对地的正常作电压上而形成过电压。直流线路终端连接着换流站的各种设备,源于直流线路对地闪络的过电压侵入换流站后也具有操作波的性质。

10.4.1 直流输电系统过电压保护

金属氧化物避雷器(metal oxide arrester,MOA)也是特高压直流输电工程过电压保护的核心手段,对直流输电工程的绝缘配合和工程造价起着非常重要的作用。

选择避雷器保护方案的基本原则:①在交流侧产生的过电压,应尽可能用交流侧的避雷器加以限制;②在直流侧产生的过电压,应由直流线路避雷器、直流母线避雷器和中性母线避雷器等加以限制;③关键的设备(如阀、交流和直流滤波器等)应分别由各自紧靠连接的避雷器保护。±800kV 换流站其中一极交、直流设备的 MOA 的推荐安装位置如图 10-8 所示。

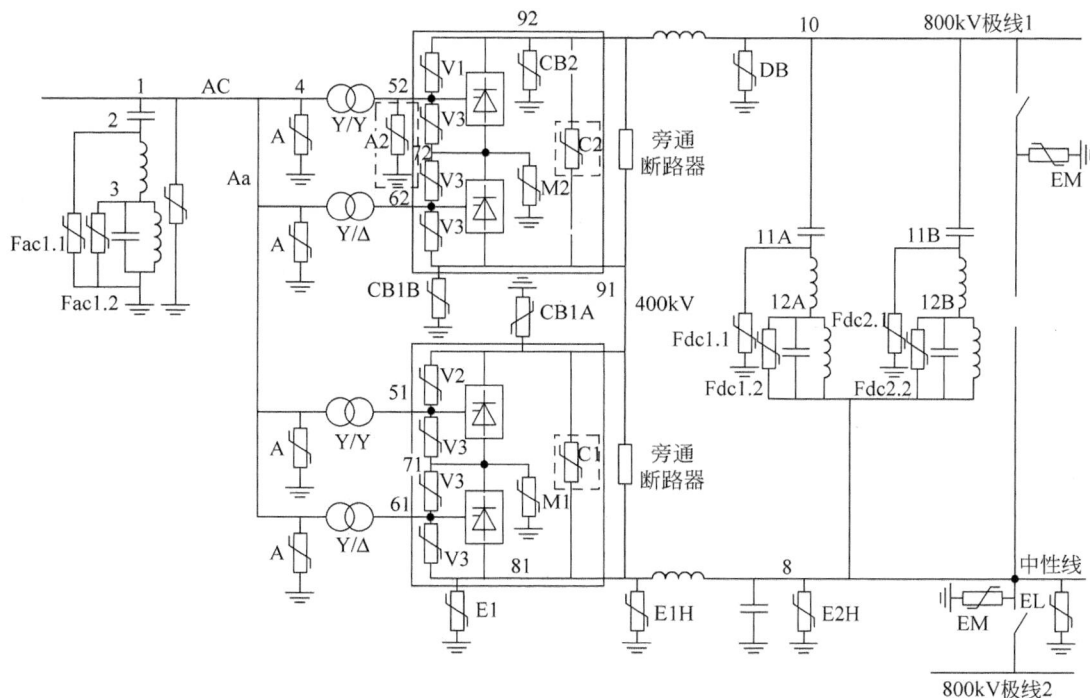

图 10-8 典型±800kV 换流站避雷器布置示意图

在避雷器生产技术一定的情况下,所谓确定避雷器参数就是确定避雷器的额定电压(或与之相当的参数,如参考电压)和避雷器的通流能量。前者决定避雷器耐受正常工作电压和暂时过电压的能力,同时也基本上决定了保护点的保护水平和设备绝缘水平;后者决定避雷器在过电压下能否安全地消耗掉因保护动作而产生的能量,同时也间接地影响保护水平。

MOA 在运行使用过程中要承受各种电压的应力,有长期工作电压和各种瞬时过电压。在确定 MOA 性能参数时,首先应能保证 MOA 在长期工作电压下的老化性能不会引起其电气性能的裂坏或自身的损坏。所以,应首先计算该工程在各种运行工况下安装 MOA 各点的长期各种电压值和波形以确定 MOA 最小长期运行电压值。对于 MOA 保护水平的选取,从绝缘配合的角度当然是 MOA 保护水平越低越好。但 MOA 保护水平取得过低,会使其吸收的能量过大,需要的 MOA 数量或体积非常大,其制造难度和成本大增。所以,MOA 保护水平和吸收能量一般是通过细致的电磁暂态计算确定以兼顾上述技术经济性的需要。

10.4.2　换流站电气设备的绝缘配合

绝缘配合是根据系统设备上可能出现的过电压水平,同时考虑相应避雷器的保护水平,来选择确定电气设备的绝缘水平。直流换流站绝缘配合的一般方法与交流系统绝缘配的方法相同,采用惯用法进行绝缘配合,要求在电气设备上可能出现的最大过电压与惯用的雷电或操作冲击耐受电压之间应留有一定的裕度,即与惯用的基本雷电冲击绝缘水平(BLL)和基本操作冲击绝缘水平(BSL)之间留有一定的裕度。±800kV 直流输电工程的绝缘配合裕度可按 CIGRE/33.05 工作组 1984 年提出的《高压直流换流站绝缘配合和避雷器保护导则》的原则选取,如表 10-6 所示。

表 10-6　±800kV 换流站绝缘配合裕度推荐值

设 备 类 型	操作过电压	雷电过电压
交流开关场母线、户外绝缘子及其他常规设备	1.20	1.25
交流滤波器	1.15	1.25
换流变压器网侧	1.20	1.25
换流变压器阀侧	1.15	1.20
换流阀	1.15	1.15
直流阀厅设备	1.15	1.15
直流场户外设备	1.15	1.20

换流站交流母线产生的雷电过电压的原因与常规的交流变电站相同。由于换流站安装有多组交流滤波器和电容器组,它们对雷电过电压有一定的阻尼作用,使得换流站交流设备上的雷电过电压不比常规的交流变电站严重。所以换流站交流设备的绝缘配合和设备的雷电冲击绝缘水平可按常规的交流变电站设备选取,即交流母线和变压器电网侧的雷电冲击绝缘水平可按 1550kV 选取。

换流区段的设备,由于有换流变压器和平波电抗器的屏蔽作用,来自交、直流侧的雷击波传递到该区段后,其波形类似操作波形,因此应按操作冲击配合考虑。换流站直流开关场设备上的雷电过电压是由直流线路的雷电侵入波引起的,它由直流线路避雷器 DB(见图 10-8)来限制。接在直流母线上的设备的雷电冲击绝缘水平是由避雷器 DB 的雷电冲击保护水平决定的。DB 在 20kA 雷电流下的雷电冲击保护水平为 1651kV。按表 10-6 中推荐的配合裕度 1.20,则要求的雷电冲击耐受电压为 1981kV。按标准电压等级,直流母线设备(包括直流滤波器、平波电抗器、接在直流母线上的开关和分压器等)的雷电冲击绝缘水平建议选 2100kV。目前云广±800kV 换流站直流极母线绝缘水平是 1950kV,避雷器的雷电冲击保护水平是 1579kV。

　　换流站各设备的操作过电压是由紧密连接的 MOA 操作冲击保护水平限制的。直流母线避雷器 DB 在 2kA 雷电流下的雷电冲击保护水平为 1398kV。按配合裕度 1.15 计算则操作冲击绝缘水平为 1608kV。按标准电压等级,直流母线设备的操作冲击绝缘水平建议选 1675kV。

习题 10

　　10-1　特高压直流输电发展的主要原因是什么?我国如何对特高压交流输电和特高压直流输电进行功能定位?

　　10-2　特高压直流对受端系统电压稳定性有何影响?

　　10-3　请简述大型受端电网发生电压崩溃的主要诱因和典型过程。

CHAPTER 11 现代高压直流输电新技术

高压直流输电已经成为一种重要的输电方式,随着近年来电子信息技术和电力电子技术的快速发展,越来越多的新技术被应用到高压直流输电系统中,大大地促进了高压直流输电技术的发展。这些技术包括:实时多处理器、光传送和通信、局域网分布信息传送、全球卫星定位系统、光直接触发晶闸管阀、电压源换流器、电容换相换流器等。

中国拥有世界上最先进的直流输电技术,如换流站中首次采用 GIS 全封闭组合电气及户内直流开关场,既有传统的电触发也有大功率光触发晶闸管换流阀及有源滤波器技术,直流线路用 720mm^2 大截面导线及 OPGW 复合地线光缆。通过实践和积累,我国直流工程在建设、设计、设备选用和施工等方面都有较大进步。

本章主要介绍基于电压源换流器 VSC 的柔性直流输电、多端直流输电和电容换相换流器等前沿技术的原理。理论研究和实践探索都表明了这些新技术正在对传统直流输电技术带来革新。

11.1 电压源换流器的换流原理与柔性直流输电

由前面的介绍可知,传统高压直流输电的核心是相控换流器(PCC)技术,基于 PCC 技术的高压直流输电具有以下不足:①不能向小容量或无源交流系统供电;②换流器产生的谐波次数低、容量大;③换流器吸收较多的无功功率;④换流站投资大、占地面积大。

随着风力发电等新能源的开发,迫切需要将这些分散化、小型化的电能通过经济环保的方式输送到电网中。此外孤岛用电、城市扩容送电等都对现有的输电模式提出了很高要求。采用电压源换流器 VSC 和大功率可关断电力电子器件绝缘栅双极晶体管 IGBT 的柔性高压直流输电便应运而生。

柔性高压直流输电系统一般由两个(多个)电压源换流站和连接于换流站之间的一对地下(海底)直流电缆组成。两个换流站点对点连接两个交流系统。多个换流站则可以组成多端直流输电网,用于交流系统的多点连接或不同交流系统之间的互联。直流电网可以是辐射型、网络型或两者相结合,可以任意配置、改变或扩展。它可实现无源逆变,控制采用 PWM 技术,可根据接入交流系统的需要快速调整电压、相位、有功和无功。这些新的技术被 ABB 公司称为轻型直流输电,西门子公司则称之为新型直流输电,国际大电网会议组织 CIGRE 和电气电子工程师协会 IEEE 都将该技术正式称为电压源换流器高压直流输电 (VSC-HVDC)。为了形成自有知识产权,国内将该技术统一命名为柔性直流输电(high voltage direct current transmission flexible,HVDC Flexible)。

11.1.1　电压源换流器与 IGBT

柔性直流输电的换流器(如图 11-1 所示)由换流桥、换流电抗器、直流电容器和交流滤波器组成。换流桥是由 6 个阀臂组成,分为正负两极。每个阀由若干个 IGBT 串联而成。每个 IGBT 配备一个反向并联的二极管,它不仅为负载向直流侧反馈能量提供通道,还起着使负载电流连续的作用。

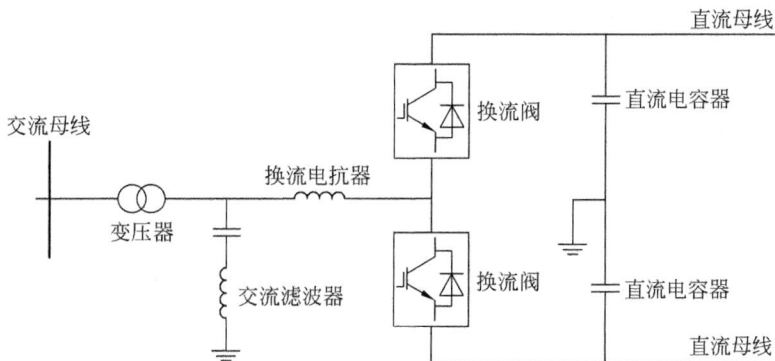

图 11-1　柔性高压直流输电换流原理图

桥阀和交流电网之间不需要特殊的换流变压器互联,当直流电压等级和交流系统电压等级不同时,只需在桥阀和交流电网之间连接一个普通的交流变压器即可。桥阀的交流侧安装有交流滤波器、换流电抗器,而直流侧安装有直流电容器。

IGBT 是一种电压控制型、可以自关断的半导体元件,它所需驱动功率小,控制电路简单,导通压降低。其功率只需要用缓冲器电路提供,在 kHz 级换相频率范围内仍具有很好的电压分布。

如图 11-2 所示,每个 IGBT 压装组件根据额定电流的不同,由 2~6 个子模块(子组件)组成。而每个子模块又由 6 个 IGBT 芯片和三个二极管芯片组成。ABB 公司 150kV 的轻型高压直流输电所采用的阀由大约 300 个 IGBT 串联而成。

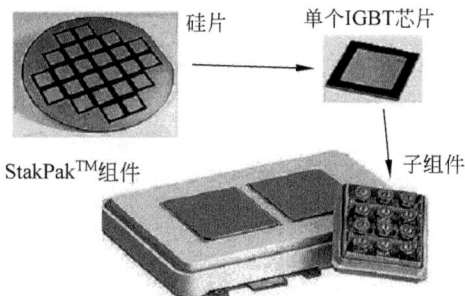

图 11-2　IGBT 压装组件

在脉宽调制中,换流桥在两个固定电压+U_d和-U_d之间快速地切换从而产生交流电压,如图 11-3、图 11-4 所示。对高频脉宽调制电压进行低通滤波获得基波电压。采用 PWM 技术的逆变输出交流电压更加趋近于标准的正弦波,谐波分量大大减小,减少滤波的占地和投资。

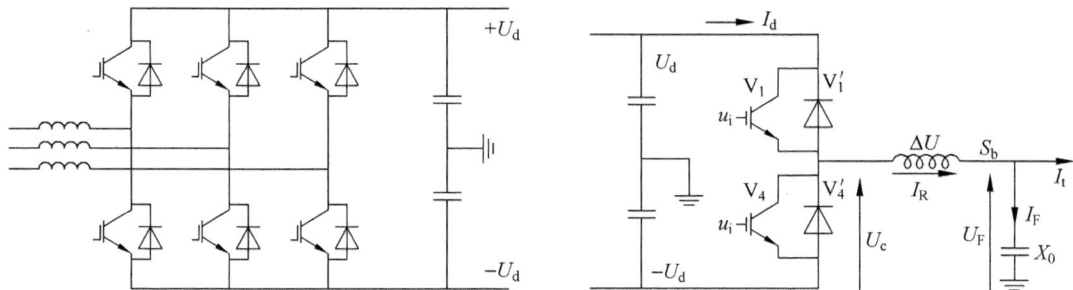

图 11-3　VSC 三相换流桥与换流原理单相示意图

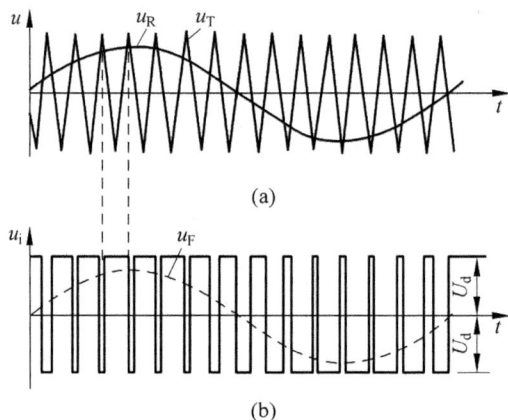

图 11-4　PWM 原理示意图

通过快速改变 PWM 模式,可获得在某个范围内任意相角或波幅的基波,从而可以独立地控制有功和无功,使得经过脉宽调制的电压源换流器近乎一个理想的输电网络元件。

其工作原理是:工频正弦波控制信号 u_R 经与三角波载波信号 u_T 比较产生触发信号 u_i。如图 11-3 所示,当 V_1 被触发导通后,输出电压 $U_C=U_d$;当 V_4 被触发导通后,$U_C=-U_d$。由于 V_1 和 V_4 不同时触发导通,所以 U_C 只有±U_d 两种数值。由调制波和三角载波比较产生的触发脉冲使 VSC 上下桥臂的开关管高频开通和关断,则桥臂中点电压 U_C 在两个固定电压+U_d 和-U_d 之间快速切换。经换流电抗器和滤波器滤除 U_C 中的高次谐波分量后,交流母线上可得到与 u_R 波形相同的工频正弦波电压 U_F。其中,u_T 决定开关的动作频率,u_R 决定输出电压 U_C 的相位和幅值。改变 u_R 的相位,即改变 U_C 与 U_F 的相位关系,可改变有功功率的大小和方向；改变 u_R 的幅值，即改变 U_C 与 U_F 的数值关系，可改变无功功率的大小和极性（感性或容性）。因此，VSC 换流器可单独调节有功功率和无功功率。

如图 11-3 所示，设换流电抗器和交流滤波器母线之间的传输功率为 S_b，其中有功功率和无功功率分别为 P 和 Q，忽略电抗器损耗和谐波分量，则

$$S_b = P + jQ = \sqrt{3} U_F I_R^*　　　　　　　　(11-1)$$

$$P = \frac{U_F U_C \sin\delta}{\omega L}　　　　　　　　(11-2)$$

$$Q = \frac{U_F(U_F - U_C \cos\delta)}{\omega L}　　　　　　(11-3)$$

式中，δ 为滤波器电压 U_F 和换流器电压 U_C 之间的相位角；L 为换流电抗器电感。

因此，当 U_F 超前 U_C δ 角时，有功功率由交流侧注入直流侧，换流器工作在整流状态，而当 U_F 落后 U_C δ 角时，有功功率则由直流侧注入交流侧，换流器工作在逆变状态。当 U_F 大于 $U_C \cos\delta$ 时，换流器消耗无功功率，相反则产生无功功率。通过改变相角 δ（或者 U_F 和 U_C 的幅值），可以控制流经换流电抗器和滤波器母线之间的有功功率（或者无功功率），从而控制由换流器注入交流电网的有功功率（或者无功功率）。从系统的角度看，VSC 可以看成是一个无转动惯量的电动机或者发电机，几乎可以顺势实现有功无功的独立调节，实现四象限运行，如图 11-5 所示。

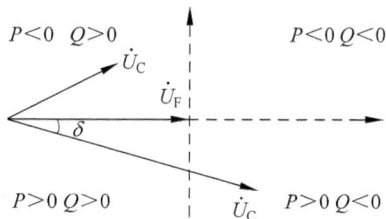

图 11-5　柔性高压直流输电换流器稳态运行相量图

11.1.2　柔性直流输电与传统直流输电的差异

（1）传输功率

传统直流输电一般应用于大功率传输，输送功率一般都在 1000MW 以上；而柔性直流输电则用于中小容量的功率传输，传输功率从几十 MW 到几百 MW。目前 ABB 公司正在发展直流电压为 ±300kV、输送功率为 1000MW 的柔性直流输电系统。

（2）传输导线

传统的直流输电采用架空线或者直流电缆。直流电缆一般为浸渍电缆，如铜芯油浸渍纸绝缘电缆。柔性直流输电采用新型的聚合材料挤压的单极性电缆，导体屏蔽层、绝缘层、绝缘屏蔽层三层同时挤压成绝缘层，中间导体一般为铝材单芯导体。这种电缆具有强度高、环保和便于掩埋的特点，也适用于深海敷设。

（3）换流技术

柔性直流输电采用 VSC 技术和 IGBT，而传统直流输电采用自然换相的换流器技术和晶闸管，具体比较如表 11-1 所示。

表 11-1　传统直流输电与柔性直流输电换流电路的比较

比 较 项 目	传统直流输电	柔性直流输电
换流阀	晶闸管	IGBT
阀与交流系统之间的连接	换流变压器	换流电抗器（以及普通变压器）
滤波与无功补偿	大量的滤波器和并联电容器	小型滤波器
直流平波	平波电抗器＋直流滤波器	直流电容器
换流站之间的快速通信	需要	不需要

（4）对受端电源的依赖性

柔性直流输电不依赖受端交流电网来维持电压和频率的稳定，可以向无源网络供电。而传统直流输电则需要电网提供短路容量和换相电压，其受端网络必需要发电机和同步调相机的支撑，不能向无源网络输送电能。

（5）无功的控制

传统直流输电通过投切滤波器和并联电容器或者调整触发角来对无功进行有限度控制；而柔性直流输电通过 PWM 技术可以独立控制有功和无功，还可以有效地控制电压闪变。传统的直流输电采用自然换相的换流器技术，需要消耗大量的无功功率，造成无功补偿的投资和维护费用很高；而柔性直流输电无须交流侧提供无功功率，还能够动态补偿交流母线的无功功率，稳定交流母线的电压。

（6）潮流控制

柔性直流输电能在低功率情况下运行，有功和无功的独立控制，使其在零有功的情况下仍能输出全额的无功。柔性直流输电不需改变控制模式就能快速实现潮流翻转。与传统直流输电不同，柔性直流输电不是通过改变直流电压的极性，而是通过改变直流电流的方向来实现潮流翻转。

11.1.3　柔性直流输电的应用

VSC-HVDC 经过近十年的发展，已经日趋成熟并被广泛应用。它具有设备重量轻、占地面积小，安装和调试时间短，运行和维护费用低等技术特点，是一种非常环保、经济的技术。从 1997 年瑞典的 Hellsjon 工程（如图 11-6 所示）试验成功到现在全世界共有十多个

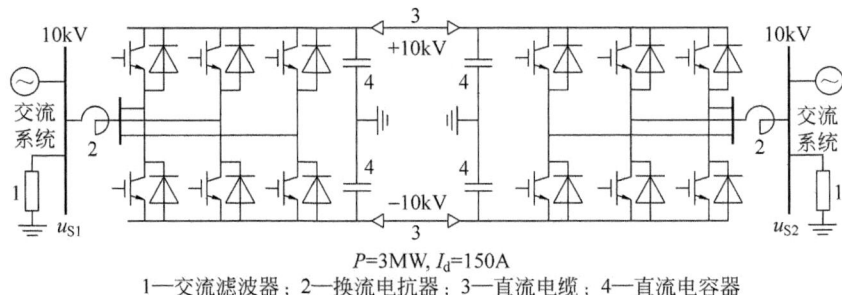

$P=3\text{MW}$，$I_d=150\text{A}$

1—交流滤波器；2—换流电抗器；3—直流电缆；4—直流电容器

图 11-6　赫尔斯扬（Hellsjon）轻型直流输电原理图

VSC-HVDC 工程投入商业运行。这些工程主要用于风力发电、无功补偿、钻井平台供电、系统互联和电力交易等方面,工程主要技术指标如表 11-2 所示。

表 11-2　柔性直流输电工程的主要技术指标

工 程 名 称	国家	投运年	传输功率/MW	直流电压/kV	电缆长度/km	主要用途
Hellsjon	瑞典	1997	3	±10	架空线 10	工业试验
Gotland	瑞典	1999	50	±80	2×70	风力发电、电压支撑
DirectLink	澳大利亚	2000	3×60	±80	6×65	电力交易、系统互联
Tjaereborg	丹麦	2000	8	±9	2×4.5	风力发电、示范工程
Eagle Pass	美国	2000	36	±15.9	背靠背	电力交易、系统互联
Cross sound cable	美国	2002	330	±150	2×42	电力交易、系统互联
Murraylink	澳大利亚	2002	200	±150	2×180	电力交易、系统互联
Tornio	芬兰	2002	160Mar	—	—	无功补偿
Evron	法国	2003	±17Mar	—	—	无功补偿
Holly	美国	2004	95Mar	—	—	无功补偿
Troll A	挪威	2005	2×40	±60	4×68	钻井平台供电
Estlink	芬兰	2006	350	±150	2×105	电力交易、系统互联

2011 年 7 月 25 日,我国首个柔性直流输电示范工程——上海南汇风电场柔性直流输电工程投入正式运行。该工程连接上海南汇风电场与书柔换流站,输送容量 20MW,直流电压等级±30kV,输送距离 8.6km,是我国首条拥有完全自主知识产权、具有世界一流水平的柔性直流输电线路,也是我国在大功率电力电子领域取得的又一重大创新成果,标志着国家电网公司成为继 ABB、西门子之后全球第三家掌握柔性直流输电技术的公司。

柔性直流输电是当前国际公认的风电场等可再生能源并网最佳技术解决方案,采用基于电压源换流器的新一代直流输电技术,可以独立地控制输出电压相位和幅值,从而快速、灵活地调节输出有功和无功功率,具有运行方式灵活、可控性强、适用场合多、占地面积小、环保性好等突出优势,具备优异的风电场并网性能和较强的抗干扰能力,能有效改善低电压穿越能力,满足并网系统对暂态性能的要求,在新能源并网、孤岛和城市配网供电领域具有广阔的应用前景。我国风能、太阳能资源开发集中度高,且远离负荷中心,柔性直流输电技术以其显著的技术特点和优势,在我国新能源并网领域具有广阔的应用前景。

(1) 适用于风力发电

风能是一种清洁能源,我国正在加快发展风力发电。随着大量风力发电设备的不断接入,必然对电网的稳定产生很大的影响。使用柔性直流输电技术则不需要额外的补偿装置,而且还能改善电压质量和提供无功支撑,因此特别适合用于大量风力发电与电网之间的互联。

（2）适用于背靠背互联

邻近地区非同步运行的两个系统通常在电网的薄弱点进行互联。利用柔性直流输电对非同步运行的两个系统进行背靠背互联有以下优点：①共享备用容量；②紧急功率支援；③电压支撑；④降低短路容量；⑤具备黑启动能力。

（3）适用于海底电缆输电——岛屿、钻井平台供电

岛屿、钻进平台的用电一般由当地的柴油和天然气发电提供，既不经济也不环保。通过柔性直流输电技术，可以由陆上或附近岛屿向其供电。一方面可以减少甚至取代当地小规模的发电机组，节约能源，符合环保的要求。

（4）适用于地下电缆输电

便于实现系统互联、电力交易，解决传输瓶颈，向负荷集中的大城市供电和向重要负荷供电。

通过新的线路走廊来进行系统互联和电力交易正面临着环保和经济等多方面的限制，柔性直流输电采用地下电缆输电，相对架空线路来说，地下电缆更易于敷设。采用柔性直流输电实现交流系统的互联时除了可以控制电网连接端的电压和无功功率，提高系统稳定性之外，还可以避免出现环流，共享储备容量和提供紧急功率支援等。此外，快速、精确的潮流控制方便两个电网之间的电力交易，如澳大利亚的 Directlink 工程，连接新南威尔士电网和昆士兰州电网，电力交易频繁时，传输线上的功率每 5 分钟就要改变一次。

利用柔性直流输电和现有的交流传输线进行交直流并联运行，可解决传输瓶颈问题。柔性直流输电快速稳定的电压控制还可以使交流传输线运行在最大允许电压附近，从而降低线损，提高交流线的传输能力。

大城市的负荷增长越来越快，采用新架空线向城市中心输电已经不可能了，而采用柔性直流输电电缆取代架空线路是实际可行的。敷设电缆占用空间小，换流站占地面积小、噪声小，不影响市容。柔性直流输电还不会增加电网的短路容量。

有些负荷对电压质量要求非常高，采用交流电网直接供电时，电压和频率指标均不能满足要求，采用柔性直流输电供电，可以控制电压和频率，提高电能质量，有效地抑制电压闪变。

显然，柔性直流输电拓展了直流输电的应用范围：

（1）将分布式发电的电源与电网相连

利用 VSC-HVDC 具有独立控制有功和无功能力的特点，可以把径流小水电、风力发电、潮汐发电、太阳能发电等具有不稳定工况的分布式发电电源与系统连接起来，而不会影响电网的电能质量水平，克服了小容量交流输电损耗大的问题，有利于可再生能源的合理开发利用。特别是 VSC 技术允许风机、水轮机可以变速运行，使它们运行在能输出最大功率的转速下，这种变速运行可提高风力发电和水力发电 3%～10% 的输出功率，明显提高经济效益。

（2）构建城市直流输配电网，扩大城市供电容量

随着大城市负荷密度的迅速增加和走廊资源的日益局限，城市电网发展的矛盾越来越尖锐。在扩容的同时也增加了供电网的短路容量，使开关设备有超过容量极限的危险。采用 VSC-HVDC 和直流电缆构建城市直流电网，比交流的供电能力更加强，且不会出现交流电缆运行中的电容电流；利用直流输电良好的功率控制能力，可大大限制短路容量，提高供电网的可靠性。

（3）向远方小型负荷区供电

利用交流输电技术向远方小型负荷供电，特别是向一些海岛输电，输电费用高、损耗大。在这些地方往往采用柴油发电机组、小火电厂等供电，发电成本高，环境污染严重。使用 VSC-HVDC 技术可从大电网获得大量的优质、廉价的电力。在通过海底直流电缆向远离大陆的海上石油天然气平台供电的同时，也可以利用开采中排放的废气来发电，送入大陆主网中，取得良好的经济效益。

目前，VSC-HVDC 输电技术的发展还由于以下不足尚无法取代传统直流输电：

（1）受电力电子器件性能和串联技术水平的限制，其电压等级和传输容量有待进一步提高。

（2）换流设备价格昂贵，开关功率损耗大。

（3）不能单极运行，当直流传输线发生短路故障时，整个系统退出运行。

（4）为了降低直流传输线故障几率，只能采用直流电缆进行电能传输，但直流电缆价格昂贵。VSC 输电采用架空线的能力，不管是建造新的线路还是替换现有的交流输电线路，仍是一个值得关注的领域。

总体上看，柔性直流输电与传统直流输电相比进一步改善了性能，大幅度简化了设备、减少了换流站的面积，适用于向岛屿等“孤岛”负荷、大城市的供电，系统互联、电力交易，配合新能源发电等方面。大功率电力电子器件的发展日新月异，柔性直流输电技术正在不断的进步和成熟，输电容量和电压等级会进一步提高，使其在输电系统中越来越具有竞争力。在新技术条件下，随着新能源发电和分布式发电技术的发展，电力市场的日益发展和完善，高品质电能和电网运行的灵活性和可靠性的要求越来越高，柔性直流输电技术必将得到越来越广泛的应用。

11.2　多端直流输电

传统的直流输电仅能实现点对点的直流功率传送，随着经济发展和电网的建设，必然要求电网能够实现多电源供电以及多落点受电，因此在 2 端直流输电系统上发展而来的多端直流 MTDC 输电系统受到了越来越多的关注。

多端直流输电系统由 3 个或 3 个以上的换流站及连接换流站之间的高压直流输电线路

组成。它与交流系统有 3 个或 3 个以上的连接端口,能够实现多个电源区域向多个负荷中心供电,比采用多个 2 端直流输电系统更为经济。MTDC 输电系统中的换流站既可作为整流站运行,也可作为逆变站运行,运行方式更加灵活,能够充分发挥直流输电的经济性和灵活性。

近年来,随着 2 端直流输电技术的日臻完善,越来越多的国家开始积极探讨和研究 MTDC 输电技术的应用。可以预见,MTDC 输电工程将在今后的远距离、大容量电力传输中发挥重要的作用。

11.2.1　多端直流输电的发展现状

从 1987 年第一个 3 端的意大利科西嘉-撒丁岛直流输电工程(200kV,200MW)投运以来,世界上已有数项 MTDC 输电工程,例如加拿大魁北克-新英格兰 5 端及日本的 10.6kV 新信浓背靠背 3 端直流系统,此外,加拿大的纳尔逊河以及美国的太平洋联络线±500kV 直流输电工程也具有 4 端直流输电系统的特性。

意大利科西嘉-撒丁岛 3 端直流输电工程是世界上第 1 个正式运行的 MTDC 输电工程,其运行方式以调频为主。加拿大魁北克-新英格兰±500kV 5 端直流系统是目前世界上已运行的规模最大的 MTDC 输电工程,该工程将魁北克北部梯级水电站的廉价电力送往美国东北部的新英格兰电网以及魁北克南部的负荷中心,由拉底松、尼克莱、迪斯凯通、康姆福、桑地庞 5 个换流站组成,除拉底松只能作为整流站运行以外,其他换流站兼备整流站和逆变站运行功能,工程可根据系统需要采用 2~5 端运行(通常 3 端运行)。日本新信浓 3 端直流输电工程是首个背靠背电压源换流器(VSC)多端直流工程,实现了日本东部 50Hz 电网与西部 60Hz 电网的互联。加拿大纳尔逊河 4 端直流输电由 2 个双极直流输电系统所组成,正常情况下双极独立运行,必要时可双极线路或双极换流器并联运行构成 MTDC 系统。美国太平洋联络线端直流工程于 1970 年建成后在 1989 年的扩建工程中,每端新增加一个双极换流站,通过新、老站的并联运行形成了 4 端直流输电系统。

MTDC 输电系统的结构方式可分为并联、串联以及混合接线方式,其中并联式又分为放射式和环网式,如图 1-5 和图 1-6 所示。并联式的换流站之间以同等级直流电压运行,功率分配通过改变各换流站的电流来实现;串联式的换流站之间以同等级直流电流运行,功率分配通过改变直流电压来实现;既有并联又有串联的混合式则增加了 MTDC 接线方式的灵活性。在设计阶段,应根据投资、损耗、可靠性、灵活性、具体工程的特殊要求等多方面的分析和比较选择合适的接线方式。

多端直流输电系统主要应用于:由多个能源基地输送电能到远方的多个负荷中心;不能使用架空线路走廊的大城市或工业中心;直流输电线路中间分支接入负荷或电源;几个孤立的交流系统之间利用直流输电线路实现电网的非同期联络等。随着大功率电力电子全控开关器件技术的进一步发展、新型控制策略的研究、直流输电成本的逐步降低以及电能质量要求的提高,基于电压源型换流器的 MTDC 输电技术将得到快速发展,将大大提高 MTDC 输电系统的运行可靠性、实用性和应用范围,为大区电网提供更多的新型互联模式,为大城市直流供电的多落点受电提供新思路,为其他形式的新能源接入电网提供新方法。当前,国内首个柔性多端直流输电工程——南澳柔性直流输电项目已经启动建设,作为国家"863"计划课题的配套示范工程,建成投产后将大大增强南澳岛内风能的外送能力,为南澳发展海上风能提供有力支撑。

11.2.2　多端直流输电的关键技术

1. 高压直流断路器

采用晶闸管换流阀的整流器,具有快速切断电流的能力,因此在 2 端直流输电系统中,直流停运可通过整流器完成,不需要装设直流断路器。对于 MTDC 输电系统,如果按照传统方法进行处理,需要短时停运整个 MTDC 系统以清除故障,然后重启直流系统,这会导致与其相连的交流系统受到较大冲击,对弱交流系统的影响更为显著,甚至会带来系统失稳的风险。因此有必要像交流系统一样在 MTDC 系统上安装高压直流断路器,以切断故障电流并使故障部分退出运行,这将大幅缩短故障后的恢复时间,且不需停运整个 MTDC 系统。然而由于直流电流无自然过零点,需强迫过零,同时要综合考虑燃弧时间和系统过电压,因此开断直流电流相比开断交流电流要困难很多,高压直流断路器成为 MTDC 输电技术发展和应用的瓶颈。

目前高压直流断路器开断直流电流的方式主要有两种。

(1) 叠加振荡电流法

该方法利用电弧的负阻特性,在直流电流上叠加一个振幅逐渐增大的振荡电流来制造"人工电流零点",完成直流电流开断。然而当电弧电流大至一定程度时,其负阻特性将变得不明显,不能保证振荡电流稳定振荡到可产生零点的幅值,因此该类断路器开断电流的能力有一定的限制。但由于结构简单,容易控制等优点,已成为目前实际工程中应用最多的一类直流断路器。太平洋联络线直流工程应用了该类型断路器,1985 年在成功进行现场测试后,包括开断线路、开断负载、切除故障和多端系统转换 4 种工况,该类型断路器已用于太平洋直流联络线的开断;此外,20 世纪末,日本东芝公司制造的 $\pm 500 \mathrm{kV}/3500 \mathrm{A}$ 直流断路器也属于该类断路器,作为金属回路转换断路器被用于日本的本洲-四国的直流输电工程中。

(2) 电流转移法

该方法通过一预充电电容放电来产生一个与系统电流方向相反的电流来制造"人工电流零点"。采用该原理的断路器可以开断较大的直流电流,且开断时间较短,但该类型断路器的控制较为复杂,可靠性稍弱。

研发、制造、完善高压直流输电工程中实用的直流断路器,是发展 MTDC 输电技术亟需解决的关键问题。一些国际知名大公司目前都把直流断路器的开发作为重点攻关项目。

2. 协调控制问题

2 端直流输电系统的基本控制模式原则上均可移植到多端直流系统中,但在 MTDC 输电系统中不同的接线方式采用的控制方式有所不同。

并联式 MTDC 系统的基本控制方式有 4 种,即定电流模式、电压限制模式、最小关断角模式及分散控制模式。此外,还有若干在此基础上发展的控制模式,例如多点直流电压控制方法。在该控制方案中,所有具备功率调节能力的换流器都运行于直流电压控制方式,将有利于 VSC 多端直流系统故障时的解列运行以及故障后的恢复。

串联式 MTDC 输电系统由于通过各个换流站和直流线路的电流相同,通常选定一个换流站为定电流控制方式,所有其他换流站承担直流电压的控制,或运行于定触发角或定熄弧角控制。

由于多端直流控制中需协调配合、集中控制多个换流站,因此在主控制以上的高层控制比 MTDC 的控制更加复杂。总体上,对于并联接线式的 MTDC 输电系统,需保持各换流站直流电流的协调配合;对于串联接线式的 MTDC 输电系统则需保持各换流站直流电压的平衡。相对来说,并联系统的协调控制问题更加突出。

对此,国内外已经着手了一些研究,比如采用基于功率控制方式与直流电压控制方式之间自动转换的 MTDC 系统控制模式,或者基于直流电压-有功功率调节特性的控制策略,但是实际应用效果还有待进一步检验。

3. 仿真分析技术

由于 MTDC 系统中存在多个整流器或逆变器,拓扑结构相对复杂,其整流和逆变的配合与协调控制也更加复杂,因此,与 2 端直流系统的仿真分析类似,MTDC 系统仿真分析中也面临着直流模型的准确性问题,特别是直流换相特性和控制保护系统的准确模拟。

全数字实时仿真是目前国际上仿真研究的发展趋势,但对于换流阀等大功率电力电子器件快速电磁暂态过程的模拟,数字仿真的精度还需进一步提高。因此采用数模混合仿真,即全数字模型仿真大部分交流系统和一部分直流输电系统,用物理模型仿真需要深入研究物理响应特性的交/直流输电系统,并将它们连接起来,成为精确模拟大规模交/直流输电系统仿真研究的较好方案——既能充分发挥全数字实时仿真规模大、效率高的特点,又能准确真实地模拟大功率电力电子器件。

中国电力科学研究院国家电网仿真中心采用全数字实时仿真装置与物理仿真装置的联合仿真技术,该项技术达到国际仿真技术的前沿。通过这些仿真装置已开展并完成了多项以特高压骨干网架为重点的大规模交/直流混合电网的研究、国内多个直流工程控制保护策略研究及直流控制策略的电磁暂态仿真建模技术研究,目前正在对 MTDC 系统控制保护特性及其与接入系统间的电磁暂态和机电暂态特性等相关问题开展前瞻性研究。

11.2.3　新型多端直流输电技术的发展趋势

全控型功率半导体器件的技术进步促进了以 VSC 为核心的电力电子换流装置的迅速发展。与传统的由晶闸管构成,基于自然换相的电流源换流器(current source converter, CSC)相比,VSC 具有全方位的优势。

电压源换流器多端直流输电(VSC-MTDC)作为一种新型输电方式,可应用于分布式发电、可再生能源发电、城市直流配电等领域中,以增强风电场的供电稳定性和提高电能质量。在发展 MTDC 输电系统时,如果在传统 CSC-HVDC 的基础上直接通过串联或并联 VSC,即可扩展为混合多端直流输电系统,这将在启动、稳态运行、直流和交流故障等情况下展现出更为良好的运行特性。虽然 VSC-MTDC、混合 MTDC 输电技术已取得了一定的研究成果,但在运行方式、潮流计算、故障保护、控制策略以及如何减小高频脉宽调制控制的开关损耗等方面仍需深入研究。

此外,灵活交流输电系统(FACTS)的出现为现代电力系统的安全经济可靠和优质运行提供了十分有效的控制手段。将 FACTS 技术与 MTDC 输电技术相结合,能够提高 MTDC 系统的稳定性,增强控制系统的灵活性。

我国能源资源与生产力呈逆向分布,大型电源基地远离负荷中心,为将部分优质电源在受端电力市场进行优化配置,以及加强电网间的互联,多端直流输电在我国具有广阔的应用前景:

金沙江乌东德水电站是"西电东送"的重要电源点。它的建成投产将是中国继三峡工程、溪洛渡水电站和向家坝水电站之后的又一座特大型水电站。预计电站初始装机容量为 8.7GW,多年平均年发电量约 387 亿 kW·h。由于开发规模大,未来可以采用 1 个送端、2 个受端的方式,将乌东德水电分别送至湖南和浙江,每个受端逆变站的容量约为 4~5GW。

内蒙古呼盟地区煤炭资源丰富,是我国重要的火电基地。未来为实现大规模的火电资源外送,可采用 1 个送端、2 个受端的方式,将一部分电力送入辽宁负荷中心消纳,输电容量为 3~4GW,同时,将另一部分电力送入华北负荷中心(京津唐地区)消纳,输电容量为 4~5GW。

向更远景展望,西藏水电将是我国未来重要的接续能源,开发规模巨大,但输电走廊紧张,且藏东三江上游的单个水电规模较小,因此可利用多端直流输电形成多个送端的优势,将三江上游规模较小的电源汇集,通过多端直流输电方式送至多个受端,形成多送端、多受端的直流输电系统。

11.3　电容换相换流器

换流器是直流输电系统中最重要、最关键的设备。由于它结构复杂、价格昂贵、在运行时要消耗大量的无功功率,其技术性能又关系到整个系统的安全、可靠运行,因此换流器的研制工作备受人们的关注。早在 20 世纪 50 年代,Busemann 就指出串联电容换相逆变器在触发角接近 180°时明显优于它类逆变器。之后的四十余年内,众多学者对电容换相换流器 CCC 以及强迫换相换流器进行了大量的研究。近年来,随着计算机技术、现代控制技术、自动调谐滤波器的发展以及电容器自身的制造水平和质量的大幅度提高,CCC 技术将成为新一代直流输电系统中的核心技术。

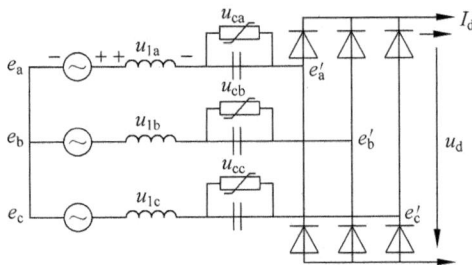

图 11-7　电容换相换流器原理接线图

串联电容器接入换流器后,如图 11-7 所示,将附加的电容电压叠加在换流阀上,使阀上交流电压的波形和相角发生变化。随串联补偿度的不同,使换流器的运行状态发生很大变化,甚至可能使换流器由感性变为容性。

11.3.1　工作机理

换流器在实际运行中,将向交流系统取用大量无功功率,数值约为系统传输直流总功率的 40%～60%。最早将电容器引入换流器,是作为一种超前相角控制的强迫换相技术。其将附加的电容电压预加在欲开通的后一相晶闸管阳极上,使换流器落在第 3、4 象限的超前功率因数运行范围,发出感性无功功率,从而实现逆变器的 $\alpha \geq 180°$ 及整流器的 $\alpha \leq 0°$ 运行状态。经过改进而得到的 CCC,是在普通换流器的换流变压器与换流阀间串接入电容器和氧化锌避雷器的并联支路,将交流电源电压与电容电压叠加,共同作用于换流阀,以实现对换流过程的人工控制。

设电容器的串联补偿度

$$K = \sqrt{\frac{X_C}{X_L}} = \frac{1}{\omega}\frac{1}{\sqrt{LC}} = \frac{\omega_n}{\omega} \tag{11-4}$$

式中换流器固有频率 $\omega_n = \dfrac{1}{\sqrt{LC}}$。以逆变运行状态的 a 相为例,随串联电容容量不同,可实现欠补偿、全补偿及过补偿运行状态,矢量关系如图 11-8 所示。设换流器运行所需的感性无功功率为 Q,则欠补偿($K<1$)时,$\varphi<180°$,$Q>0$;全补偿($K=1$)时,$\varphi=180°$,$Q=0$;过补偿($K>1$)时,$\varphi>180°$,$Q<0$,表明此时换流器可向系统发出感性无功功率。

在 CCC 中,原三相交流电源电势与电容电势联合作用加于阀上。若忽略阀电势波形畸变,以逆变器为例,相应的电势、电流波形如图 11-9 所示。若以移相

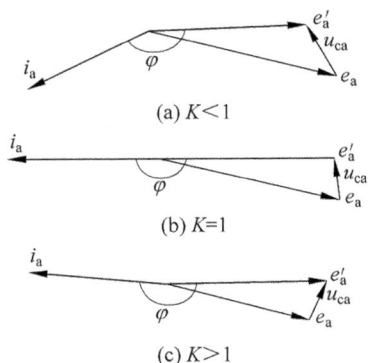

(a) $K<1$

(b) $K=1$

(c) $K>1$

图 11-8　阀上的交流电势、电流矢量图

后实际加于阀上电势波形的自然换相点为参考,则 $\beta'=\mu+\gamma$,实际加于换流阀上的电势波形向后平移了一个角度 $\Delta=\beta+\beta'$,通过适当选取串联电容参数,调整 Δ,可使换流器处于 $\beta<0°$ ($\alpha>180°$)而仍有足够大的 γ 角的运行范围,从而实现超前相角控制,提高换流器的功率因数。另外,Δ 的大小与直流电流 I_d 也有关系,I_d 越大,Δ 也越大,若 $I_d=0$,则 $\Delta=0$。

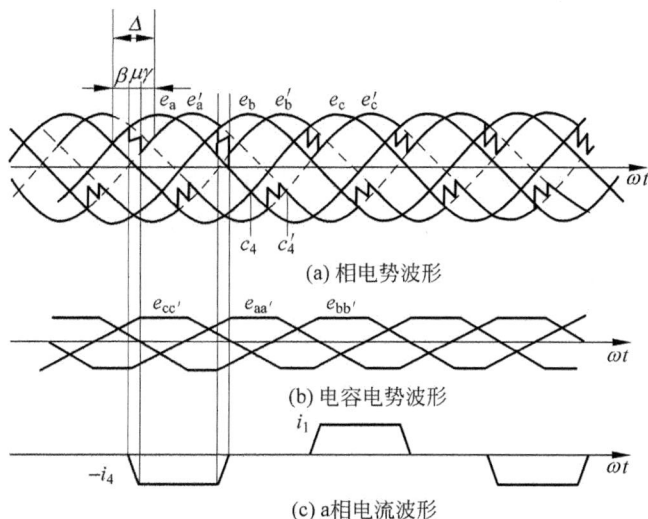

图 11-9　电容换相换流器波形图

11.3.2　运行特性

1. 提高正常运行状态的稳定性

普通换流器的额定电流工作点 a 接近于最大可用功率(MAP)点功率,如图 11-10 所示,受扰动作用后易工作于不稳定运行区。电容换相换流器的额定电流点 b 的功率远离 MAP

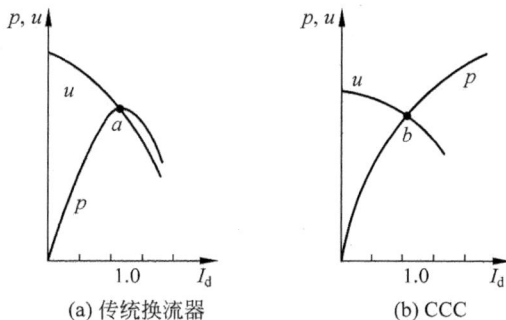

图 11-10　换流器运行的功率特性和电压特性

点,对扰动作用的敏感性下降,运行稳定性提高。此外,为保障不发生换相失败,对 CCC 的逆变运行状态应施行定熄弧角控制,由此决定正常运行时的稳定工作点。同时,为了获得更优的经济性能,整流运行状态应施行定触发角控制。CCC 使定触发角控制点更接近于稳定运行点,从而优化了经济性能。

2. 有效地防止换相失败

附加电容电压叠加作用于换流阀,使阀电压的幅值增加、相角后移,如图 11-9 所示。若仍以交流系统电源电压的自然换相点为参考,可知 β 减小,适当选取电容参数,可使逆变器在 $\alpha > 180°$(即 $\beta + \mu/2 \to 0$)时,仍能顺利换相。对欠补偿逆变器而言,恒有 $\mu < \mu_{KP}$(其中,μ_{KP} 为换相角随换流器直流电流增加而趋向的临界换相角),当触发角 α 一定时,$\mu + \gamma =$ 常数。调整参数,可使 $\mu < \mu_0$ 时,总有防止换相失败的约束条件 $\gamma > \gamma_0$ 成立(其中,γ_0、μ_0 分别为防止换流器换相失败的最小熄弧角与最大换相角)。

3. 降低换流器的故障率

电容器的引入大大降低了交流系统故障对换流器的影响;电容电压的辅助换相作用有效地防止了换相失败的发生;逆弧电流的数值与持续时间均有所降低;电压突变(幅值不超过 $0.15 \sim 0.20 \mathrm{p.u.}$)时,CCC 的抗干扰能力更强;阀侧短路故障时,并联氧化锌避雷器使短路电流大为降低(约为普通换流器值的 50% 以下);避免了铁磁谐振。但由于电容器自身的限制,系统可容忍的电容过电压小,不允许电容持续充电,且一旦发生换相失败,电容电压会阻止自恢复过程,后果更为严重。

4. 对谐波的影响

(1) 削弱交流侧谐波

不同于其他的人工换相换流器,CCC 阀上的交流电压波形近乎正弦,没有大的跃变。这不但有利于消除交流电压谐波,而且使设备的绝缘要求降低。又因有电容电压的作用,使换相角 μ 基本不变。故与自然换相方式相比,交流侧电流谐波幅值基本恒定。

(2) 加大直流侧谐波

由于电容电压对阀上交流电压的移相作用远大于产生的形变,与其他人工换相换流器相比,对阀电压产生的畸变较小,使得直流电压纹波及电流谐波均减小。但与自然换相比较,由于电容电压的叠加使阀上交流电压幅值增加以及并联氧化锌避雷器的过电压保护作用使阀可能承受大的熄弧电压跃变,从而,直流电流谐波依序增加,且随直流电流的增加,电容电压 u_C 正比变化,各次谐波分量将进一步增加。

可见,CCC 技术的优越性体现在:

① 优化换相性能。附加电容电压可有效地防止逆变器换相失败,熄弧角 γ 随直流负荷电流 I_d 实现自动调节。

② 优化运行性能。在正常运行时,串联电容可提高换流器功率因数,减少谐波,增强抗干扰能力,避免铁磁谐振。故障状态下,交流侧短路电流及负荷过电压倍数均降低。

③ 简化相关设备。以串联电容器装置替代并联电容器及附加无功补偿切换装置,简化了交流开关站,减少回路断路器用量以及高压直流输电站的占地面积。配合小容量并联无功发电机、换相变压器与小型高性能的交流滤波器,即可满足运行需要。

④ 更优的经济性能。以 CCC 替代传统的换流单元,虽加装了电容器,但综合考虑相关设备的变动后,其经济性能仍优于一般的换流器。特别是用于联络特长直流电缆或弱馈电网时,技术经济性能优越。

当然,目前 CCC 技术还存在一些问题:

① 对运行性能的不良影响。在换相故障时,电容器持续充电至过电压,换流器失去自恢复能力。

② 对相关设备的性能要求。除应加装氧化锌避雷器,对串联电容器实现过电压保护外,要求换流阀工作稳定、故障率低、能承受大的电压跃变,并应配合小型高性能滤波器。

③ 将电容器引入换流器,加大了直流侧谐波,造成直流输电系统中的电流谐波污染问题,有待妥善解决。

串联换相电容的引入,可实现触发角 α 的全周期 360°触发控制,使 $\cos\varphi=1$ 的换流器运行状态成为可能,同时,提高了换流装置的稳定性。适当控制触发角 α,还可改变加于导通阀上的电压。在一些特殊问题上,有必要采用 CCC,如换流器停运或阻断时,交流电压随之增加,此时,CCC 可作为交流系统中串接的电容器,吸收过剩感性无功,防止过电压。

11.3.3　无功功率特性

根据直流电流 I_d 与触发角 α 及换相角 μ 的关系为

$$I_d^* = \sqrt{3}\,K_I \sin(\mu/2)\sin(\alpha+\mu/2) \tag{11-5}$$

式中,$K_I = \dfrac{1}{K^2-1}\dfrac{K\cot\dfrac{\mu}{2}-\cot K\dfrac{\mu}{2}}{\cot K\dfrac{\mu}{2}-K\left(\dfrac{2\pi}{3}-\dfrac{\mu\pi}{360}\right)}$,得到不同情况下的直流电流 I_d 与换相角 μ 的特

性曲线如图 11-11 所示。可见,自然换相与 $K<1$ 时的电容换相有着类似的性质:当 α 一定时,μ 随着 I_d 的增加而增大,不存在临界换相角 μ_{cr},由于阻抗呈感性,无功功率欠补偿,需要另外补偿无功功率;而当 $K>1$ 时,电容换相与上述两种换相相比,明显的差别在于阻抗由感性转为容性,存在临界换相角 μ_{cr},使得当 $I_d \to \infty$ 时,$\mu \to \mu_{cr}$,而不是无限增长,从而保证了换流器的正常运行。由于串联电容的电压叠加作用,使得触发角 α 有可能在大于 180°的范围内运行,但有熄弧角 $\gamma>0$ 的限制,使得换流器在一定的直流电流 I_d 运行时,α 有一允许的变化范围。在图 11-11(c)虚线以下部分,换流器始终运行在 $\alpha+\mu/2<180°$ 的状况,表现为

无功功率欠补偿,需要另外补偿;在虚线以上,换流器始终运行在 $\alpha+\mu/2>180°$ 的状况,表现为无功功率过补偿,换流器向系统送出无功功率。

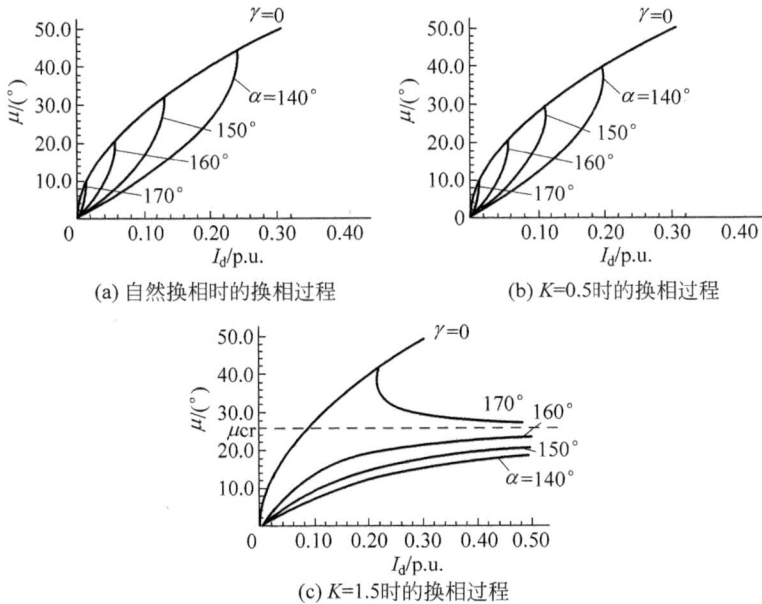

(a) 自然换相时的换相过程

(b) $K=0.5$ 时的换相过程

(c) $K=1.5$ 时的换相过程

图 11-11　换流器 I_d-μ 关系特性曲线的换相过程

若计及包含串联电容的换流器无功功率,并采用视在功率基准值

$$S_B = V_B I_B = \frac{2\sqrt{3}}{\pi}\frac{E^2}{X_L} \tag{11-6}$$

式中,E 为串联电容器组母线侧线电压有效值,kV;则得正常情况下的换流器基波无功功率标么值

$$
\begin{aligned}
Q^* &= \sqrt{3}\,EI_{(1)}\sin\varphi_{(1)}/S_B \\
&= \frac{\sqrt{2}}{2}\Bigg\{-A[\sqrt{3}\sin(\mu+\alpha)] \\
&\quad + \frac{B}{2}\Big[\frac{\sqrt{3}}{2}\sin(2\mu+\alpha)+\sqrt{3}\,\mu\cos\alpha-\frac{\sqrt{3}}{2}\sin\alpha\Big] \\
&\quad + \frac{D}{2}\Big[\frac{\sqrt{3}}{2}\cos\alpha-\sqrt{3}\,\mu\sin\alpha-\frac{\sqrt{3}}{2}\cos(2\mu+\alpha)\Big] \\
&\quad -\sqrt{3}\,(A+B)\Big[\frac{K\sin K\mu\cos(\mu+\alpha)-\cos K\mu\sin(\mu+\alpha)+\sin\alpha}{K^2-1}\Big] \\
&\quad -\sqrt{3}\,F\Big[\frac{K\cos K\mu\cos(\mu+\alpha)+\sin K\mu\sin(\mu+\alpha)+K\cos\alpha}{K^2-1}\Big]\Bigg\}
\end{aligned}
\tag{11-7}
$$

式中，$I_{(1)}$ 为换流器交流电流的基波分量，kA；$\varphi_{(1)}$ 为换流器交流侧基波功率因数角，(°)；

$$A = I_d / \sqrt{6}; \qquad B = \frac{\sqrt{2}\cos\alpha}{2(K^2 - 1)}; \qquad D = -\frac{\sqrt{2}\sin\alpha}{2(K^2 - 1)};$$

$$F = \frac{2AK\pi}{3} - \frac{1}{1 + \cos K\mu}\left[A\left(K\mu + \sin K\mu + \frac{2K\pi}{3}\cos K\mu - \frac{2K\pi}{3}\right) \right.$$
$$\left. + B(\sin K\mu - K\sin\mu) + DK(\cos\mu + 1) \right]$$

根据公式(11-7)得到正常工作情况下的电容换相换流器无功功率 Q 与 α、γ、I_d 以及补偿度 K 的特性曲线如图 11-12 和图 11-13 所示。由图 11-12 可见，当 I_d 和 K 一定时，随着 α 的增加，电容换相换流器所需的无功功率将逐渐减小。当 $K<1$ 时，I_d 越大，α 运行的允许范围就越小，这与普通换流器有着类似的性质，换流器不可能出现过补偿。与普通换流器不同之处在于，当 $K>1$ 时，I_d 和 K 越大，α 运行的允许范围就越大，使得换流器由欠补偿变为过补偿，向交流系统倒送无功功率。I_d 和 K 的减小，有利于换流器在欠补偿情况下吸收较少的无功功率，而在过补偿情况下发出较多的无功功率。由图 11-13 可见，在 γ 不变的情况下，$K<1$ 时的电容换相换流器的 I_d-Q 特性曲线与普通换流器的类似，要输送较多的直流功率必须向换流器提供更多的无功功率；当 $K>1$ 时，K 越大，则换流器所处的欠补偿区域($Q>0$)越小。在采用联合控制的高压直流系统中，考虑到交流滤波器必须提供无功功率，在换流站无功功率就地平衡的原则下，此换流器必须工作在欠补偿区域内，且区域的范围小于上述范围。

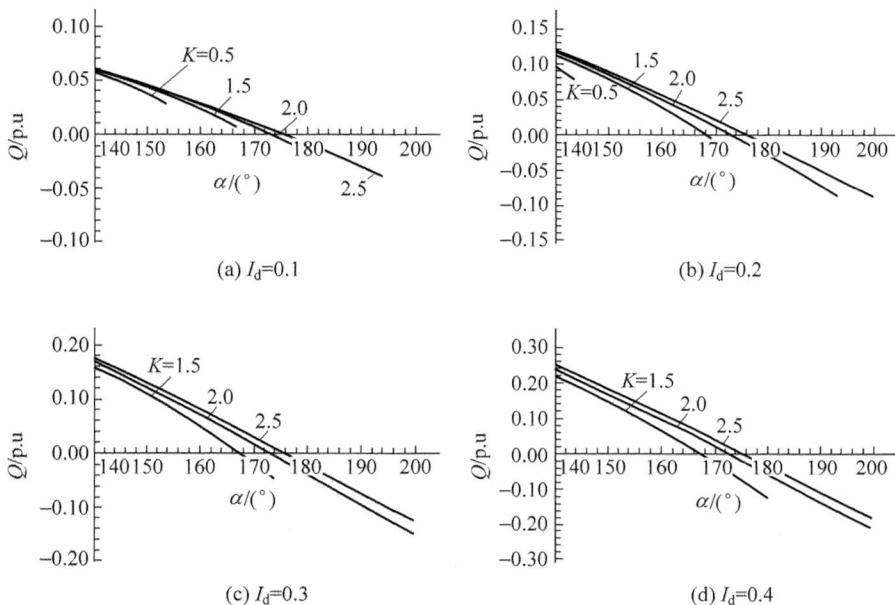

图 11-12 I_d 恒定时 CCC 的 α-Q 特性

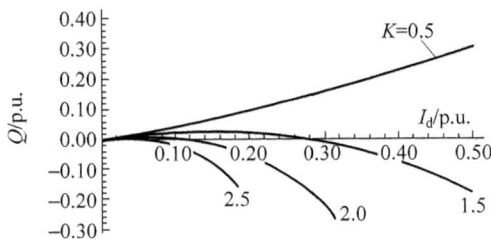

图 11-13 $\gamma=18°$ 时 CCC 的 I_d-Q 特性

11.3.4 串、并联电容器组的基波无功功率

根据换流器的基波无功功率 Q^*，类推求得其有功功率 P^*，因此串联电容器组基波无功功率标么值为

$$Q_{sc}^* = 3I_{(1)}^2 X_c/S_B = 3[I_{(1)}^2 \sin^2\varphi_{(1)} + I_{(1)}^2 \cos^2\varphi_{(1)}]X_c/S_B \tag{11-8}$$

将式(11-4)、式(11-6)及式(11-7)代入式(11-8)得

$$Q_{sc}^* = \frac{2\sqrt{3}}{\pi}K^2(Q^{*2} + P^{*2}) \tag{11-9}$$

在无功功率就地平衡的原则下，并联电容器组发出的基波无功功率标么值为

$$Q_{pc}^* = Q^* + Q_{ex}^* \tag{11-10}$$

式中，Q_{ex}^* 为换流变压器的励磁无功功率，其大小为 $I_0\% S_N/(100S_B)$。根据公式(11-9)及式(11-10)作出的无功功率曲线如图 11-14 所示。随着补偿度 K 的增加，串联电容器组发出的无功功率不断增加，且 K 越大，曲线斜率越大。这表明此时增加单位补偿度 K 所需的串联电容器组的无功功率较多。同时并联电容器组发出的无功功率在不断下降，直至最后为零。这表明此时不再需要并联电容器组作无功补偿。

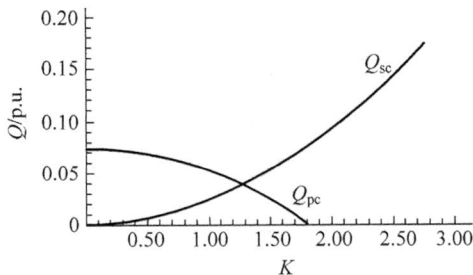

图 11-14 串、并联电容的 K-Q 特性($\gamma=18°$，$I_d=0.15$)

11.3.5 CCC 的经济补偿度

假设串联电容器组的单位投资 C_1(元/kvar)，并联电容器组的单位投资 C_2(元/kvar)，则换流器无功补偿设备的总投资为

$$T = C_1 Q_{sc}(K) + C_2 Q_{pc}(K) \tag{11-11}$$

最小投资下的补偿度，可由上式求导得出，即

$$C_1 \mathrm{d}Q_{sc}(K)/\mathrm{d}K + C_2 \mathrm{d}Q_{pc}(K)/\mathrm{d}K = 0 \tag{11-12}$$

此时，$K = K_{min}$ 即为经济补偿度，表示在该补偿度下的换流器无功补偿设备的投资最小。由于当 Q_{pc} 为零后 Q_{sc} 仍会不断增大，意味着换流器向交流系统提供超前的无功功率，此时设备投资继续增加。可见经济补偿度存在于全补偿点附近或欠补偿区域内。当考虑了交流滤波器所必须提供的无功功率部分后，其值将会有所减小，确保该补偿度处于欠补偿区域内，从而能充分发挥电容换相换流器的自身优势。考虑到 C_1、C_2 的取值不仅与要求提供的无功功率有关，而且还与所处的电压等级有关，若 $C_1 > C_2$，可能出现 K 越大设备投资越大的情况，此时便不存在经济补偿度。

算例：分析对象为一电容换相的单桥逆变器。已知参数 $E = 198.5\mathrm{kV}$，$I_d = 1.8\mathrm{kA}$，$\gamma = 18°$，$X_L = 13.96\Omega$，当换流站无功功率过补偿时，采用系统"无功不计"方式，求取在额定工作情况下的不同补偿度 K 时换流器无功功率设备的投资曲线，如图 11-15 所示。从 $K = 0$ 开始，随着 K 的增大，投资 T 逐渐减小。当 $K = 1.62$ 时 T 达到最小，$T_{min} = 360$ 万元。与普通换流器的投资($T = 430$ 万元)相比，降低了 16.3%。之后，随着 K 的继续增大，串联电容器组的投资继续增大，而并联电容器组投资已经减为零，因而使投资 T 逐渐增加。

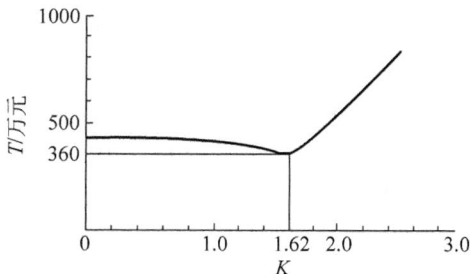

图 11-15 投资与补偿度关系

习题 11

11-1 柔性直流输电与传统直流输电的差异性体现在哪些方面？其具体优势是什么？

11-2 多端直流输电发展的动力是什么？发展的趋势是什么？

11-3 电容换相换流器的工作原理和运行特性是怎么样的？

附录　部分专业词汇对照表

英　文	中　文	缩　写
Active DC Filter	有源直流滤波器	ADF
Active Power	有功功率	
Active Power Filter	有源滤波器	APF
Active Power Line Conditioner	有源电力在线调节器	APLC
Adequacy	充裕度	
Advanced Static Var Generator	高级静止无功补偿器	ASVG
Anode	阳极	
Arrester	避雷器	
Back to back	背靠背	
Backward Wave	反向行波	BW
Basic Lightning impulse insulation Level	基本雷电冲击绝缘水平	BLL
Basic Switching impulse insulation Level	基本操作冲击绝缘水平	BSL
Bipolar	双极	
Blocked	闭锁	
Break Over Diode	击穿二极管	BOD
Capacitor	电容器	
Capacitor Commutated Converter	电容换相换流器	CCC
Cathode	阴极	
Characteristic harmonic	特征谐波	
Circuit breaker	断路器	
Commutation angle	换相角	
Commutation Failure	换相失败	CF
Comunication Failure Prediction	换相失败预测	CFP
Constant Current Control	定电流控制	CC
Content rate of harmonic	谐波含有率	HR
Converter failure	换流器故障	
Current Source Converter	电流源换流器	CSC
DC line Fault Recovery Sequence	直流线路故障恢复(重启动)顺序	DFRS

续表

英　　文	中　文	缩　　写
DC magnetic biasing	直流偏磁	
DC reactor	直流电抗器	
Deblocked	解锁	
Delay angle	延迟角	
Digital Signal Processing	数字信号处理	DSP
Double-Tuned Filter	双调谐滤波器	DTF
Earthed	接地	
Effective Short Circuit Ratio	有效短路比	ESCR
Electronic Triggered Thyristor	电触发晶闸管	ETT
Emergency Switch OFf	紧急停运	ESOF
Energy Availability	能量可用率	EA
Energy Unavailability	能量不可用率	EU
Expected Energy Not Served	年电量不足期望值	EENS
Expected Transmission Capability	系统期望输送能力	ETC
Extinction angle	熄弧角	
Extra High Voltage	超高压	EHV
Firing angle	触发角	
Flexible AC Transmission System	柔性交流输电系统	FACTS
Forward Wave	前行行波	FW
Frequency	频率	
Frequency and average Duration method	频率和平均持续时间法	FD
Gate Turn-Off thyristor	门极关断晶闸管	GTO
Generating Availability Data System	发电设备可靠数据系统	GADS
Ground fault	接地故障	
Ground mode wave	地模波	
Ground Return	大地回线	GR
Harmonic frequency	谐波频率	
Heuristic method	启发式算法	
High Pass Filter	高通滤波器	HPF
High Voltage Direct Current transmission	高压直流输电	HVDC
High Voltage Direct Current transmission Flexible	柔性直流输电	HVDC Flexible
Human Machine Interface	工作站（人机界面）	HMI
HVDC-Light	轻型直流输电	HVDC-Light
Insulation level	绝缘水平	
Insulted Gate Bipolar Transistor	绝缘栅双极晶闸管	IGBT
Integrated Gate Commutated Thyristor	集成门极换向型晶闸管	IGCT
Inter-station commucation	站间通信	

英　文	中　文	缩　写
Invert	逆变	
Inverter	逆变器	
Leading angle	超前角	
Light Triggered Thyristor	光触发晶闸管	LTT
Local interlocking	就地联锁	
Longitudinal Differential Protection	纵差保护	LDP
Loss Of Load Frequency	失负荷频率	LOLF
Loss Of Load Probability	失负荷概率	LOLP
Low Voltage Protection	低电压保护	LVP
Main transformer	主变压器	
Mathematical model	数学模型	
Maximum Available Power	最大可用功率	MAP
Metal Return	金属回线	MR
Mono-pole	单极	
Multimode Star Coupler	多模星型耦合器	MSC
Multiple valve unit	多重阀(阀塔)	
Multi-Terminal Direct Current	多端直流	MTDC
Nominal field	标称电场	
Open Line Test	空载加压试验	OLT
Operation circuit	操作回路	
Operation mode	运行方式	
OPtical fiber composite overhead Ground Wire	光纤复合架空地线	OPGW
Over Voltage	过电压	OV
Overhead line	架空线路	
Overload	过负荷	
Passive Filter	无源滤波器	PF
Phase Commutated Converter	相控换流器	PCC
planned Energy Unavailability	计划能量不可用率	PEU
Pole mode wave	极波	
Power networks	电网	
Power systems	电力系统	
Process interlocking	进程联锁	
Pulse	脉冲	
Pulse Width Modulation	脉宽调制	PWM
Quadruple valve	二重阀	
Rated current	额定电流	
Rated power	额定功率	

续表

英　文	中　文	缩　写
Rated voltage	额定电压	
Reactive power	无功功率	
Reactor	电抗器	
Recovery-Protection-Unit board	恢复保护单元板	RPU
Rectifier	整流器	
Rectify	整流	
Reference value	基准值	
Reliability	可靠性	
Saturable Reactor	饱和电抗器	SR
Security	安全性	
Sequence Events Recorder	事件顺序记录	SER
Service Rate	系统运行率	SR
Short Circuit Ratio	短路比	SCR
Short-circuit calculation	短路计算	
Short-circuit impedance	短路阻抗	
Shunt Capacitor	并联电容器	SC
Shunt reactive power compensation	并联无功补偿	
Single-Tuned Filter	单调谐滤波器	STF
Smoothing reactor	平波电抗器	
Standby	备用	
STATic synchronous COMpensator	静止同步补偿器	STATCOM
Static Synchronous Series Compensator	静止同步串联补偿器	SSSC
Static Var Compensator	静止无功补偿器	SVC
Static Var Generator	静止无功发生器	SVG
Stopped	停运	
Sub-Synchronous Oscillation	次同步振荡	SSO
Tap changer of transformer	变压器分接头(抽头)	
Telephone Influence Factor	电话干扰系数	TIF
Thyristor	可控硅元件,晶闸管阀	
Thyristor Control and Monitoring system	阀控制与监视系统	TC&M
Thyristor Control System	阀控制系统	TCS
Thyristor Controlled Reactor	晶闸管控制电抗器	TCR
Thyristor Controlled Series Compensator	可控串联补偿器	TCSC
Thyristor Controlled Transformer	晶闸管控制(高阻抗)变压器	TCT
Thyristor Electronic	晶闸管电子设备	TE 板
Thyristor module	换流阀模件	
Thyristor Monitoring System	阀监视系统	TMS

英　文	中　文	缩　写
Thyristor Switched Capacitor	晶闸管投切电容器	TSC
Thyristor Switched Reactor	晶闸管投切电抗器	TSR
Thyristor valve	换流阀（也称换流臂、桥臂）	
Thyristor Voltage Monitoring board	阀电压检测板	TVM
Total Equivalent Loss of load Time	总等值失负荷时间	TELT
Total Equivalent Outage Time	总等值停运时间	TEOT
Total field	合成电场	
Total Harmonic Distortion	总谐波畸变率	THD
Traveling Wave Protection	行波保护	TWP
Ultra High Voltage	特高压	UHV
Unplanned Energy Unavailability	非计划能量不可用率	UEU
Valve Base Electronics	阀基电子设备	VBE
Valve bridge	阀桥	
Valve section	阀段	
Voltage	电压	
Voltage Dependent Current Order Limit	低压限流	VDCOL
Voltage Source Converter-High Voltage Direct Current tranmission	电压源换流器高压直流输电	VSC-HVDC
Voltage Source Converters	电压源换流器	VSC
Voltage stability	电压稳定性	
Zero-sequence component	零序分量	

参 考 文 献

[1] 王官洁,任震. 高压直流输电技术[M]. 重庆:重庆大学出版社,1997.

[2] 徐政. 交直流电力系统动态行为分析[M]. 北京:机械工业出版社,2004.

[3] 浙江大学发电教研组直流输电科研组. 直流输电[M]. 北京:电力工业出版社,1982.

[4] 特高压直流输电技术研究成果专辑(2005年)[M]. 北京:中国电力出版社,2006.

[5] 中国南方电网公司超高压输电公司. ±800kV 直流换流站运行技术[M]. 北京:中国电力出版社,2012.

[6] 波谢. 直流输电结线及运行方法[M]. 华北电力学院,译. 北京:水利电力出版社,1979.

[7] 任震. 高压直流输电系统可靠性评估[M]. 北京:中国电力出版社,1996.

[8] 戴熙杰. 直流输电基础[M]. 北京:水利电力出版社,1990.

[9] 林水生,胡良珍,严朗威. 高压直流输电[M]. 上海:上海科学技术出版社,1982.

[10] 李兴源. 高压直流输电系统的运行和控制[M]. 北京:科学出版社,1998.

[11] 乌尔曼. 直流输电[M]. 张金堂,等,译. 北京:科学出版社,1983.

[12] 阿律莱加. 高压直流输电[M]. 任震,等,译. 重庆:重庆大学出版社,1987.

[13] 胡毅. 输电线路运行故障分析与防治[M]. 北京:中国电力出版社,2007.

[14] 赵婉君. 高压直流输电工程技术[M]. 北京:中国电力出版社,2004.

[15] 熊开纬. 直流输电晶闸管换流器[M]. 北京:水利电力出版社,1979.

[16] 夏道止,沈赞埙. 高压直流输电系统的谐波分析及滤波[M]. 北京:水利电力出版社,1994.

[17] 汤广福. 基于电压源换流器的高压直流输电技术[M]. 北京:中国电力出版社,2010.

[18] 韩民晓,文俊,徐永海,等,高压直流输电原理与运行[M]. 北京:机械工业出版社,2008.

[19] 任震,黄雯莹,冉立. 高压直流输电系统可靠性评估[M]. 北京:中国电力出版社,1996.

[20] 袁清云. 直流输电换流站换流器保护的配置及原理[J]. 高电压技术,2004,30(11):13-14.

[21] 艾琳,陈为化. 高压直流输电线路保护的探讨[J]. 继电器,2004,32(4):62.

[22] 史丹,任震,余涛. 高压直流换流站损耗计算软件的开发和应用[J]. 电力系统自动化,2007.

[23] 任震,何畅炜,高明振. HVDC 系统电容换相换流器特性分析(Ⅰ):机理与特性[J]. 中国电机工程学报,1999,3.

[24] 任震,高明振,何畅炜. HVDC 系统电容换相换流器特性分析(Ⅱ):无功功率特性[J]. 中国电机工程学报,1999,4.

[25] 袁旭峰,程时杰. 多端直流输电技术及其发展[J]. 继电器,2006,34(19):61-67.

[26] 张文亮,汤涌,曾南超. 多端高压直流输电技术及应用前景[J]. 电网技术,2010,34(9):1-5.

[27] 罗远峰,李标俊. 贵广Ⅱ回直流输电系统无功控制功能优化和改进[J]. 电力建设,2008,29(8):29-32.

[28] 娄彦涛,吕金壮,苟锐锋,等. 直流输电系统紧急停运方式对系统过电压的影响[J]. 南方电网技术,2009,3(6):13-17.

[29] 李新年,李涛,王晶芳,等. 云广±800kV 特高压直流对南方电网稳定性的影响[J]. 电网技术,2009,33(20):21-26.

［30］ 龙英，袁清云. 高压直流输电系统的保护策略［J］. 电力设备，2004，5(11)：9-13.

［31］ 李立涅. 特高压直流输电的技术特点与工程应用［J］. 电力设备，2006. 7(3)：1-4.

［32］ 李立涅，司马文霞，杨庆，等. 云广±800kV 特高压直流输电线路耐雷性能研究［J］. 电网技术，2007，31(8)：1-5.

［33］ 张勇军，李勇，蔡广林，等. 广东受端电网动态电压支撑优化建模［J］. 电力系统自动化，2007，31(24)：29-33.

［34］ Zhang Y J, Chen C, LI Y, Wu G B. Dynamic voltage support Planning for receiving end power systems based on evaluation of state separating and transferring risks［J］. Electric Power Systems Research，2010，80(12)：1520-1527.

［35］ 廖民传，蔡广林，张勇军. 交直流混合系统受端电网暂态电压稳定分析［J］. 电力系统保护与控制，2009，37(10)：1-4, 18.

［36］ 徐政，陈海荣. 电压源换流器型直流输电技术综述［J］. 高电压技术，2007，33(1)：1-10.

［37］ 夏拥. 高压直流换流站控制保护策略研究［D］. 华南理工大学，2007.

［38］ 朱艺颖. ±800kV 直流输电工程内过电压研究［R］. 北京：中国电力科学研究院，2006.

［39］ 中国南方电网公司超高压输电公司广州局. ±800kV 云广特高压直流输电系统穗东换流站运行规程［Z］. 中国南方电网公司超高压输电公司广州局，2009.

［40］ 中国南方电网公司超高压输电公司广州局. ±500kV 贵广直流输电系统肇庆换流站运行规程［Z］. 中国南方电网公司超高压输电公司广州局，2008.